国防电子信息技术丛书

干涉仪测向原理、方法与应用

石 荣 著

U0178324

电子工业出版社
Publishing House of Electronics Industry
北京·BEIJING

内 容 简 介

本书对干涉仪测向的技术原理与设计方法进行了全面讲解，主要从干涉仪通道间信号的相位差测量及误差特性、干涉仪的单元天线及其模型近似、干涉仪的各种天线阵型、同频多信号同时进入干涉仪的效应四个专题方向对干涉仪测向工程应用中面临的挑战与解决措施进行了透彻的分析，最后介绍了干涉仪测向在无源定位中的应用，以及无线电波干涉测量技术在雷达、通信、测控、导航、深空探测与电子干扰等领域中的应用。全书图文并茂，条理清晰，内容广泛，体系完整，技术理论与工程实践结合紧密，为相关科技人员更加深刻地认识与理解干涉仪测向，以及在工程上更加灵活地应用干涉仪测向提供了全面的指导。

本书可作为从事电子对抗系统设计、设备研制、综合应用的工程技术人员与科研人员的参考用书，同时也可供雷达、通信、导航、测控等学科领域中从事测向研究与应用的科技人员参考使用，以及高等院校理工科相关专业的教师、高年级本科生与研究生阅读参考。

图书在版编目（CIP）数据

干涉仪测向原理、方法与应用/石荣著. —北京：电子工业出版社，2023.1
（国防电子信息技术丛书）
ISBN 978-7-121-44266-7

Ⅰ. ①干…　Ⅱ. ①石…　Ⅲ. ①干涉仪—测向　Ⅳ. ①TN965

中国版本图书馆 CIP 数据核字（2022）第 163163 号

责任编辑：徐蔷薇　　文字编辑：赵　娜
印　　刷：北京七彩京通数码快印有限公司
装　　订：北京七彩京通数码快印有限公司
出版发行：电子工业出版社
　　　　　北京市海淀区万寿路 173 信箱　邮编　100036
开　　本：787×1 092　1/16　印张：18.25　字数：479 千字
版　　次：2023 年 1 月第 1 版
印　　次：2024 年 3 月第 3 次印刷
定　　价：108.00 元

前　言

　　波的干涉是广泛存在的一种自然现象，每个人儿时在水池边玩耍时几乎都见过水波的干涉，涟漪交叠，波光粼粼，荡漾而美丽，这也是人们对波的干涉现象最直观、最形象的认识。像水波这样的机械波具有干涉现象，电磁波同样也具有干涉现象，在中学物理课堂上教师给学生重现过杨氏双缝干涉实验的结果，一束激光通过双缝在后面的遮光板上显现出明暗相间的干涉条纹，工整而神奇，令人惊叹。光波是一种电磁波，人们日常生活中广泛使用的手机、对讲机、卫星电话、车载导航仪等电子设备收发的无线电波也是一种电磁波，同样具有干涉现象，只不过人们看不见、摸不着，所以对无线电波干涉现象的观察与感受对于普通大众而言稍微陌生了点，但实际上通过各种仪器和各类设备同样能够对无线电波的干涉进行观测与利用，干涉仪就是利用电磁波干涉效应来对各种物理量进行测量的仪器设备。在理工科大学物理课堂上使用的迈克尔逊干涉仪，通过对光波干涉条纹的计数来进行微米量级的精密距离测量。干涉仪不仅能够测距，而且还可以对电磁波的频率、波长等物理量进行测量，对无线电波的来波方向进行测向。干涉仪测向作为无线电波干涉测量的重要应用之一，已有半个多世纪的发展历史。截至目前，干涉仪测向在电子对抗、雷达、通信、导航、测控等领域中的应用越来越广泛，发挥的作用也越来越重要。

　　本书取名为《干涉仪测向原理、方法与应用》，主要目的就是对无线电波的干涉仪测向构建一个完整的框架体系，全面地反映该方向上的技术研究成果与工程应用进展。实际上，除了在电子对抗教科书中有少量章节对干涉仪测向技术进行过十分概要的介绍，有关干涉仪测向的方法与应用的大量研究成果散见于各种学术文献上，截至目前，并没有一本书将上述成果有序地串联起来形成一个完整的体系，让大家看到这一领域的全貌。于是作者对干涉仪测向原理、方法与应用的相关内容进行了梳理与升华，归纳总结了大量公开文献报道过的干涉仪测向工程应用实例，并结合自己的研究工作构建了一个由浅入深、层次分明、有机联系的完整体系，力求条理清晰，例证丰富，图文并茂，理论分析与工程实践结合紧密。

　　全书共 8 章，分别从不同方面对干涉仪测向的原理、方法与应用进行了完整全面的阐述。第 1 章绪论部分在对电磁波基本特性高度概括的基础上，对电磁波干涉现象及干涉仪的基本作用进行了介绍，回顾了历史上两项极其著名的光波频段的干涉测量实验，并对电子对抗侦察中的瞬时测频与干涉仪测向进行了概要性介绍。第 2 章干涉仪测向的理论模型与解算方法分别以长短基线组合干涉仪和相关干涉仪这两类典型的干涉仪为代表，对其测向模型、相位差解模糊方法、求解技巧、工程应用边界条件等内容进行了分析。第 3 章关注"干涉仪通道间信号的相位差测量及误差特性"专题，主要围绕干涉仪通道间信号的相位差测量方法、误差特性、提升测向精度的改进措施等内容进行了研究。第 4 章针对"干涉仪的单元天线及其模型近似的相关问题"，介绍了各种典型的干涉仪单元天线及其特性，分析了与单元天线相关的各种因素对干涉仪测向的影响。第 5 章针对"干涉仪的各种天线阵型及其与应用相关的问题"，重点分析了干涉仪的天线阵型设计，并结合工程实际对不同阵型的应用特点进行了对比，归纳总结了影响干涉仪测向工程应用的内外因素与改善措施。第 6 章关注"同频多信号同时进入干涉仪的效应"专题，重点讨论了在同频多信号同时到达条件下干涉仪测向所面临的问题及其相关的解决措施。第 7 章主要是基于干涉仪测向的无源定位，分别从单条测向线与约束面相交的无源定位、多条测向线相互交叉的无源定位、超长基线干涉仪的近场定位、基于干涉仪相位差变化率的运动单站无源定位，以及基于旋转干涉仪的运动单站无源定位等多个方面，阐述了与干涉仪相关的各种无源定位模型的构建、解算方法、定位精度及其误差特性等内容。第 8 章概要性总结了无线电波干涉效应在雷达、通信、测控、导航、深空探测与电子干扰等电子信息领域中的应用情况，通过与干涉仪测向处理之间的对比来揭示其在技术上的本质特点，以展现利用无线电波干涉原理进行参数测量的广泛性与重要性。上述内容也为大家更加深刻地认识与理解干涉仪测向，以及在工程上更加灵活地应用干涉仪测向提供了借鉴与参考。

阅读本书需要的先导知识并不多，只要具备理工科大学阶段的数学与物理方面的基础知识即可，如果大家对电子对抗、雷达、通信方面的技术原理有一定的掌握，那么阅读体验会更好。本书可供电子对抗、雷达、通信、导航、测控等学科领域的科研人员与工程技术人员参考使用，也可供高等院校理工科相关专业的教师、高年级本科生与研究生阅读参考。另外，本书中的信号统一用大写字母表示。

本书的出版得到了中国电科技术创新基金项目的资助，对此作者表示衷心的感谢。本书在成稿出版过程中得到了电子信息控制重点实验室主任、中国电子科技集团公司第二十九研究所何涛副所长、顾杰副主任、刘江副主任、史小伟副主任、马达副主任等领导的大力支持与热切鼓励，中国电子科技集团公司首席科学家周彬副总工程师、首席专家张雁平副总工程师对全书进行了审阅并提出了中肯的建议，实验室编辑团队刘永红老师、肖霞老师和电子工业出版社徐蔷薇老师对本书的出版也做了大量的工作，在此作者向各位领导、专家与老师表示衷心的感谢。

由于作者视野与水平有限，书中难免存在不准确与不深刻甚至错误之处，恳请相关专家与同行批评指正。

石　荣
2022 年 1 月

目　　录

第1章 绪 论

把某一物理量的振动或扰动在空间中逐点传递时所形成的运动称为波。波是物质运动的重要形式，广泛存在于宇宙与自然界中，例如，机械振动的传递形成机械波，电磁振动的传播构成电磁波。波动中一定有振动，但振动不一定形成波；振动是形成波动的原因，波动是振动传播的结果。波的传播一定伴随着能量的传输，机械波传输机械能，电磁波传输电磁能。这些振动的物理量既可以是标量，也可以是矢量，相应的波分别称为标量波和矢量波，例如空气中的声波是标量波，电磁波是矢量波。振动方向与波的传播方向一致时称为纵波，相互垂直时称为横波，大部分声波都是纵波，而电磁波则是典型的横波。不同形式的波虽然产生机理、传播方式以及与物质之间的相互作用等各不相同，但它们在很多方面具有的共性能够由相同形式的数学模型来加以描述，如时间周期性与空间周期性，波函数中会有代表时间的自变量 t 与代表空间的自变量 r，所以一个波动表达式通常记为 $S_{wave}(r,t)$。更广义地讲，凡是描述运动状态的函数具有时间和空间周期性特征的都可称为波。除了周期性，各种波在不同介质的界面上能产生反射和折射，波在传播路径上遇到障碍物时会产生衍射，横波还会产生极化偏振，两个或两个以上的波在一定条件下能产生干涉等现象。图 1.1(a)展示了水面上的两个点源的机械振动导致的两个水波所形成的干涉条纹；图 1.1(b)展示了一束白光通过双缝之后所产生的干涉条纹。由图 1.1 可见，无论是水波还是光波，产生干涉时都能形成波峰与波谷相间的特有图案，而这些条纹图案中不仅蕴含了大量有关波源振动的特有信息，也反映了波在传播过程中的相关特性，从而为与波源和传播路径相关的物理量测量提供了新的手段。

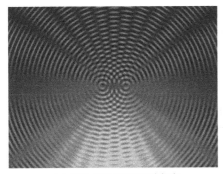 

(a) 两个点源水波的干涉条纹　　　　　(b) 白光通过双缝后产生的干涉条纹

图 1.1　水波与光波的干涉条纹图案示例

尽管大千世界中有各种各样的波，但本书重点关注电磁波，电磁波是由同相且相互垂直的电场和磁场在空间中衍生发射的振荡波，其传播方向垂直于电场和磁场构成的平面，是以波动形式传播的电磁场，具有波粒二象性。但在此我们并不关注其粒子性，而只讨论其波动性，电磁波的波动性完全由麦克斯韦方程组描述。由麦克斯韦方程组能够立即推导出亥姆霍兹方程，如式（1.1）所示，这是一个典型的波动方程，并由此可计算出电磁波在真空中的传播速度等于光速 $c = 299792458\text{m/s} \approx 3 \times 10^8\,\text{m/s}$，其实光也是一种电磁波[1-3]。

$$\text{麦克斯韦方程组} \begin{cases} \nabla \times \boldsymbol{E}_{em} = \dfrac{-\partial \boldsymbol{B}_{em}}{\partial t} - \boldsymbol{M}_{em} \\ \nabla \times \boldsymbol{H}_{em} = \dfrac{\partial \boldsymbol{D}_{em}}{\partial t} + \boldsymbol{J}_{em} \\ \nabla \cdot \boldsymbol{D}_{em} = \rho_{em} \\ \nabla \cdot \boldsymbol{B}_{em} = 0 \end{cases} \Rightarrow \begin{array}{l} \text{亥姆霍兹方程} \\ \nabla^2 \boldsymbol{E}_{em} + \omega^2 \mu \varepsilon \boldsymbol{E}_{em} = 0 \end{array} \tag{1.1}$$

式中，∇ 是三维向量微分算子，∇^2 是拉普拉斯算子，$\boldsymbol{E}_{em}$ 表示电场强度，$\boldsymbol{B}_{em} = \boldsymbol{H}_{em}\mu$ 表示磁感应强度，$\boldsymbol{M}_{em}$ 表示磁流密度，$\boldsymbol{H}_{em}$ 表示磁场强度，$\boldsymbol{D}_{em} = \boldsymbol{E}_{em}\varepsilon$ 表示电位移，$\boldsymbol{J}_{em}$ 表示电流密度，ρ_{em} 表示电荷密度，μ 表示磁导率，ε 表示介电常数，$\omega = 2\pi f$ 表示波动角频率，f 表示电磁波的频率。于是电磁波的波长 λ 由式（1.2）求出：

$$\lambda = c / f \tag{1.2}$$

按照电磁波的波长（或频率）连续排列的电磁波族谱构成了电磁频谱，如图 1.2 所示。人类当前开发利用的电磁频谱已经非常广阔，各种应用不计其数，包含无线通信电台、雷达、广播、电视、手机、无线局域网、卫星导航等各种无线电设备。从波长为 1000m 量级的长波无线电到波长为 1μm 量级的可见光都在人们的生产生活与军事国防中发挥着极其重要的作用，但并不仅仅局限于此，更长或更短波长的电磁波在未来还将会得到进一步的开发与利用。

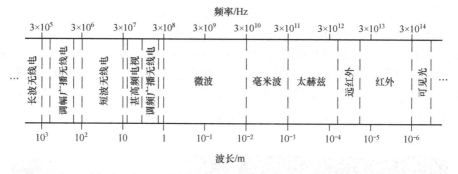

图 1.2　由不同频率/波长的电磁波族谱构成的电磁频谱

为了研究与应用的方便人们将整个电磁频谱进行了频段划分，按照不同标准划分的结果各不相同，其中常见的电磁频谱的频段划分如表 1.1 所示。

表 1.1　电磁频谱的常见频段划分

频段名称	频率范围	频段名称	频率范围
低频（LF）	30～300kHz	中频（MF）	300kHz～3MHz
高频（HF）	3～30MHz	甚高频（VHF）	30～300MHz
特高频（UHF）	300～1000MHz	L 频段	1～2GHz
S 频段	2～4GHz	C 频段	4～8GHz
X 频段	8～12GHz	Ku 频段	12～18GHz
K 频段	18～26.5GHz	Ka 频段	26.5～40GHz
U 频段	40～60GHz	V 频段	50～75GHz
W 频段	75～110GHz	F 频段	90～140GHz

虽然所有电磁波无论频率是否相同，在真空中的传播速度都一样，但相同频率的电磁波

在不同介质中的传播速度却不同，不同频率的电磁波在同一介质中的传播速度也不同，频率越大折射率越大，传播速度越小；而且电磁波只有在同种均匀介质中才会沿直线传播，介质不均匀时其折射率是变化的，所以在非均匀介质中电磁波沿曲线传播。如前所述，无论是电磁波还是机械波，所有的波都具有反射、折射、衍射、干涉等现象，电磁波所具有的以上这些特性在物理教科书与各种公开文献中都有详细的阐释[4-6]，在此不再重复介绍，大家直接查阅文献即可。正如本书书名《干涉仪测向原理、方法与应用》所示，在本书中我们讨论的重点主要是与电磁波干涉相关的工程应用性问题。

1.1 电磁波的干涉现象与干涉测量

1.1.1 电磁波的各种干涉现象

两个具有相同频率、相同振动方向，且相位差固定的同类波在空间中共存叠加时会产生振幅相互加强或减弱的现象，称为波的干涉。在一定空间范围内，波的干涉所形成的条纹图案称为干涉图样。电磁波作为波的一种形式，同样也存在干涉现象，能够发生干涉的两个电磁波也称为相干电磁波。在本书后续内容中未经特别说明，所讨论的电磁波都默认为具有相同的振动方向。

1. 空间中一个点上的干涉信号

两个具有相同频率 f_c 的单频电磁辐射源所发射的信号在到达空间中同一点时，将该点处的这两个电磁波信号 $S_{w,1}(t)$ 和 $S_{w,2}(t)$ 表示成复信号的形式如下：

$$\begin{cases} S_{w,1}(t)=A_1\exp\left[j\left(2\pi f_c t+\phi_1\right)\right] \\ S_{w,2}(t)=A_2\exp\left[j\left(2\pi f_c t+\phi_2\right)\right] \end{cases} \tag{1.3}$$

式中，A_1 和 A_2、ϕ_1 和 ϕ_2 分别表示两个信号的幅度与初相，$j=\sqrt{-1}$ 表示虚数单位。于是这两个同频电磁波信号在该点处叠加在一起，形成的干涉信号 $S_{In}(t)$ 如式（1.4）所示，其频率仍然为 f_c。

$$\begin{aligned} S_{In}(t)=S_{w,1}(t)+S_{w,2}(t)&=\left[A_1\exp(j\phi_1)+A_2\exp(j\phi_2)\right]\exp(j2\pi f_c t) \\ &=A_{In}\exp(j\phi_{In})\exp(j2\pi f_c t) \end{aligned} \tag{1.4}$$

式中，$A_{In}\exp(j\phi_{In})=A_1\exp(j\phi_1)+A_2\exp(j\phi_2)$ 表示 $S_{In}(t)$ 的复振幅。当 $A_1=A_2$，且 $\phi_1=\phi_2+2k\pi$，k 为整数时，该点处的两个电磁波同相叠加产生干涉相长，干涉信号 $S_{In}(t)$ 的振幅 A_{In} 是单个信号振幅的两倍，即 $A_{In}=2A_1=2A_2$；当 $A_1=A_2$，且 $\phi_1=\phi_2+(2k+1)\pi$ 时，该点处的两个电磁波反相叠加产生干涉相消，干涉信号 $S_{In}(t)$ 为零。

将上述两个同频电磁波信号的干涉情况推广到多个信号，于是 N_s 个相同频率的单频电磁波信号 $S_{w,i}(t)$，$i=1,2,\cdots,N_s$，在该点处叠加在一起，所形成的干涉信号 $S_{In}(t)$ 如式（1.5）所示：

$$S_{In}(t)=\sum_{i=1}^{N_s}S_{w,i}(t)=\left[\sum_{i=1}^{N_s}A_i\exp(j\phi_i)\right]\exp(j2\pi f_c t) \tag{1.5}$$

式中，A_i 和 ϕ_i 分别表示第 i 个电磁波的幅度与初相。由此可知：多个同频电磁波发生干涉所产生的信号仍然为同频信号，其振动特性由复振幅 $\sum\limits_{i=1}^{N_s} A_i \exp(\mathrm{j}\phi_i)$ 决定。

2. 空间中两个相同频率的等幅单频电磁波形成的干涉图样

前面讨论了两个相同频率的单频电磁波在空间中同一个点上发生干涉时信号的波动特性，如果将关注的维度从一个点扩展成一条线或一个面，则能够观察到空间中的干涉图样，在部分应用中也称为干涉条纹。下面以位于同一条直线上传播方向相反的两个相同频率的单频平面电磁波辐射源为例进行简要说明。

以这两个电磁波辐射源连线方向建立一维坐标轴，记为 X 轴。沿 X 轴正向传播与负向传播的两个平面电磁波 $S_{\mathrm{w},1}(t,x)$ 和 $S_{\mathrm{w},2}(t,x)$ 如式（1.6）所示：

$$\begin{cases} S_{\mathrm{w},1}(t,x)=A_1 \exp\left\{\mathrm{j}\left[2\pi\left(f_c t-x/\lambda\right)+\phi_1\right]\right\} \\ S_{\mathrm{w},2}(t,x)=A_2 \exp\left\{\mathrm{j}\left[2\pi\left(f_c t+x/\lambda\right)+\phi_2\right]\right\} \end{cases} \quad (1.6)$$

当这两个电磁波的幅度相等，即 $A_1=A_2=A_c$ 时，在 X 轴上形成的干涉信号 $S_{\mathrm{In}}(t,x)$ 如下：

$$\begin{aligned} S_{\mathrm{In}}(t,x) &= \left[S_{\mathrm{w},1}(t,x)+S_{\mathrm{w},2}(t,x)\right]\Big|_{A_1=A_2=A_c} \\ &= A_c \exp(\mathrm{j}2\pi f_c t)\left\{\exp\left[\mathrm{j}(-2\pi x/\lambda+\phi_1)\right]+\exp\left[\mathrm{j}(2\pi x/\lambda+\phi_2)\right]\right\} \end{aligned} \quad (1.7)$$

在式（1.7）中，X 轴上的坐标位置 x 连续变化时，$\exp\left[\mathrm{j}(-2\pi x/\lambda+\phi_1)\right]$ 和 $\exp\left[\mathrm{j}(2\pi x/\lambda+\phi_2)\right]$ 可看成两个反向旋转的模值相等的复矢量 A_{v1} 和 A_{v2}，而且其旋转角速率在数值上完全相等，于是这样的两个复矢量求和之后，和矢量 A_s 始终位于复平面中的同一条直线上，且这条直线对应的矢量辐角 $\phi_{\mathrm{In}}=(\phi_1+\phi_2)/2+k\pi$，$k$ 为整数，如图 1.3 所示。

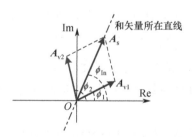

图 1.3　两个以相同角速率反向旋转的复矢量求和的几何关系图示

由式（1.7）可推导得到沿 X 轴正向与负向传播的两个等幅同频平面电磁波 $S_{\mathrm{w},1}(t,x)$ 和 $S_{\mathrm{w},2}(t,x)$ 所形成的干涉图样的最大振幅分布 $S_{\mathrm{In,max}}(x)$ 如下：

$$\begin{aligned} S_{\mathrm{In,max}}(x) &= \max_t \left\| S_{\mathrm{In}}(t,x)\right\| = A_c \sqrt{2+2\cos\left[-4\pi x/\lambda+(\phi_1-\phi_2)\right]} \\ &= 2A_c \left|\cos\left[-2\pi x/\lambda+(\phi_1-\phi_2)/2\right]\right| \end{aligned} \quad (1.8)$$

由式（1.8）可知：当 $-2\pi x/\lambda+(\phi_1-\phi_2)/2=k\pi$ 时，$S_{\mathrm{In,max}}(x)=2A_c$。记这些位置在 X 轴上的坐标为 x_p，于是有 $x_\mathrm{p}=(\phi_1-\phi_2)\lambda/(4\pi)-k\cdot\lambda/2$ 成立。将 $x=x_\mathrm{p}$ 代入式（1.7）可得：

$$\begin{aligned} S_{\mathrm{In}}(t,x_\mathrm{p}) &= A_c \exp(\mathrm{j}2\pi f_c t)\left(\exp\left\{\mathrm{j}\left[(\phi_1+\phi_2)/2+k\pi\right]\right\}+\exp\left\{\mathrm{j}\left[(\phi_1+\phi_2)/2-k\pi\right]\right\}\right) \\ &= 2A_c \exp(\mathrm{j}2\pi f_c t)\exp\left[\mathrm{j}(\phi_1+\phi_2)/2\right]\cdot(-1)^k \end{aligned} \quad (1.9)$$

由上可知，沿 X 轴分布的干涉条纹的第 1 个特性为：当 $x=x_\mathrm{p}$ 时，在 x_p 位置处出现干涉条纹的最大振幅，且相邻的两个最大振幅在 X 轴上的距离为 $\lambda/2$，相位刚好反相 $180°$。

当 $-2\pi x/\lambda+(\phi_1-\phi_2)/2=k\pi+\pi/2$ 时，$S_{\text{In,max}}(x)=0$。记这些位置在 X 轴上的坐标为 x_z，于是可得 $x_z=(\phi_1-\phi_2)\lambda/(4\pi)-k\cdot\lambda/2-\lambda/4=x_p-\lambda/4$。实际上，将 $x=x_z$ 代入式（1.7）也能够得以验证：

$$
\begin{aligned}
S_{\text{In}}(t,x_z)&=A_c\exp(\mathrm{j}2\pi f_c t)\left(\exp\left\{\mathrm{j}\left[(\phi_1+\phi_2)/2+k\pi+\pi/2\right]\right\}+\exp\left\{\mathrm{j}\left[(\phi_1+\phi_2)/2-k\pi-\pi/2\right]\right\}\right)\\
&=A_c\exp(\mathrm{j}2\pi f_c t)\exp\left[\mathrm{j}(\phi_1+\phi_2)/2\right]\cdot\left\{\exp\left[\mathrm{j}(k\pi+\pi/2)\right]+\exp\left[-\mathrm{j}(k\pi+\pi/2)\right]\right\}=0
\end{aligned}
$$

$$(1.10)$$

由上可知沿 X 轴分布的干涉条纹的第 2 个特性为：当 $x=x_z$ 时，在 x_z 位置处会出现干涉条纹的最小振幅，且最小振幅为零，相邻两个零点在 X 轴上的距离为 $\lambda/2$。

按照上述特性 1 与特性 2，并根据式（1.8）可绘制出沿 X 轴正向与负向传播的两个等幅平面电磁波的干涉图样的最大振幅分布图，如图 1.4 所示。图 1.4 中以 $(\phi_1-\phi_2)/2=\pi/3$ 为例进行干涉图样的绘制。

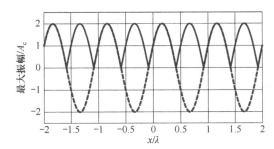

图 1.4　两个反向传播的等幅平面电磁波的干涉图样的最大振幅分布图

最大振幅分布 $S_{\text{In,max}}(x)$ 如图 1.4 中实线所示，从图 1.4 可明显看出干涉图样中相邻两个峰值振幅之间的间距为 $\lambda/2$，相邻两个零点之间的间距同样为 $\lambda/2$，且峰值振幅与零点交叉排列，二者之间的距离为 $\lambda/4$。图 1.4 中绘制的虚线是为了显示干涉图样中相邻两个峰值振幅在相位上刚好相反，相差 $180°$ 的特性。这也意味着：参照上述干涉图样，两个传播方向相反的等幅同频电磁波在空间中发生干涉后所形成的合成振动在步调上是完全一致的，在进入稳态之后，除了振幅大小随空间位置而变化之外，根本观察不到电磁波 $S_{\text{w,1}}(t,x)$ 和 $S_{\text{w,2}}(t,x)$ 的波形沿空间传播的表象，这两个电磁波似乎驻留在了原地一般，所以在一些工程应用场合中也形象地称之为驻波振动。

3. 空间中两个相同频率的不等幅单频电磁波形成的干涉图样

前面分析了空间中两个相同频率的等幅单频平面电磁波沿相反的方向传播时所形成的干涉图样，即式（1.7）中 $A_1=A_2=A_c$。如果这两个电磁波的幅度并不相等，不失一般性，假设 $A_1>A_2$，并记二者幅度之间的差值 $A_\Delta=A_1-A_2$，在此情况下将具有较大振幅的电磁波 $S_{\text{w,1}}(t,x)$ 分解成两个部分之和，第 1 部分与 $S_{\text{w,2}}(t,x)$ 具有同样的振幅，记为 $S_{1,\text{M}}(t,x)$，第 2 部分记为 $S_{1,\Delta}(t,x)$，如式（1.11）所示：

$$
\begin{cases}
S_{1,\text{M}}(t,x)=A_2\exp\left\{\mathrm{j}\left[2\pi(f_c t-x/\lambda)+\phi_1\right]\right\}\\
S_{1,\Delta}(t,x)=A_\Delta\exp\left\{\mathrm{j}\left[2\pi(f_c t-x/\lambda)+\phi_1\right]\right\}
\end{cases}
$$

$$(1.11)$$

于是第 1 部分 $S_{1,M}(t,x)$ 与 $S_{w,2}(t,x)$ 就构成了空间中沿相反方向传播的两个等幅同频平面电磁波，所形成的干涉图样的最大振幅分布如图 1.4 所示，其特性在前面已进行了详细描述。在此基础上再叠加上单独的第 2 部分 $S_{1,\Delta}(t,x)$，这是一个沿 X 轴正向传播的平面电磁波。于是上述情况所产生的波形叠加在一起便构成了在同一条直线上沿两个相反方向传播的不等幅同频平面电磁波的干涉图样。

实际上在微波工程应用中经常会遇见两个相反方向传播的不等幅同频电磁波发生干涉的现象，并采用驻波系数这一参数来进行描述。一般来讲，传输线上同时存在着入射波（入射到负载端的波）和反射波（从负载端反射回来的波），反射波的复电压 V_- 与入射波的复电压 V_+ 之比称为电压反射系数，简称反射系数，记为 C_{ref}，如式（1.12）所示：

$$C_{ref} = V_-/V_+ \tag{1.12}$$

虽然反射系数 C_{ref} 是一个复数，但反射系数的模值在均匀传输线上处处相等，即反射系数的模值在均匀传输线上是不变的。当终端负载阻抗等于传输线的阻抗，即终端匹配时，传输线工作在行波状态，此时反射系数等于 0，即 $C_{ref}=0$；当终端短路、开路或终端负载阻抗为纯电抗时，反射系数的模值等于 1，即 $\|C_{ref}\|=1$，此时传输线入射功率全部被反射回来，反射波与入射波同频叠加，从而产生电磁波的干涉现象，于是在传输线上形成驻波，所以传输线的全反射工作状态也被称为纯驻波状态。

一般情况下传输线处于驻波状态是最常见的一般工作状态，而前两种状态（行波状态和纯驻波状态）是它的特例，因为在绝大多数情况下负载只能吸收入射波的一部分功率，而其余部分的功率被反射回去，所以通常情况下反射系数的模值大于 0 而小于 1，即 $0<\|C_{ref}\|<1$。为了度量反射功率的相对大小，把电压驻波系数 $\rho_{v,sta}$（简称驻波系数）定义为传输线上的电压幅度的最大值与最小值之比，其与反射系数模值的关系如式（1.13）所示：

$$\rho_{v,sta} = \frac{1+\|C_{ref}\|}{1-\|C_{ref}\|} \geq 1 \tag{1.13}$$

由式（1.13）可见，驻波系数 $\rho_{v,sta}$ 始终是一个大于等于 1 的参数，驻波系数越大，反射系数也越大，传输线中的反射功率就越大，所以在微波工程应用中对各种微波部件都有驻波系数的指标要求，通常追求的目标是驻波系数越接近于 1 越好。

由上可见，电磁波的干涉实际上是工程应用中一个十分常见的现象。那么如何利用这些电磁波干涉现象来进行相关的物理参数的测量，这就是接下来要阐述的内容，即干涉仪的常见应用——对电磁波进行干涉测量。

1.1.2　使用干涉仪对电磁波进行干涉测量

在各种实验与应用中利用电磁波的干涉现象，即同频电磁波的叠加特性，来获取电磁波的相位信息，从而推算出实验与应用所关心的物理量，被称之为电磁波的干涉测量，这一过程中所使用的实验装置与应用设备称为干涉仪。干涉仪是光学测量领域中十分常见的仪器，但干涉仪并不仅仅局限于对光频电磁波进行干涉测量，在微波与毫米波等无线电波频段同样有干涉测量，所以干涉仪在光学、遥感、雷达、通信、电子对抗等领域中都有广泛的应用。

由前文可知：两个具有固定相位差的相同频率的单频电磁波叠加将导致合成信号的振幅发生变化，在空间中的某一点上对其进行观测，则合成信号如式（1.4）所示，其物理意义可由图 1.5 中复平面上的矢量相加法则所形成的三角形几何关系来解释。

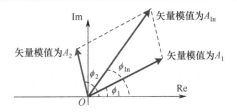

图 1.5　两个相同频率的单频电磁波叠加过程中复振幅相加的几何关系图示

由图 1.5 所示的几何关系通过余弦定理求得合成的干涉信号 $S_{In}(t)$ 的振幅 A_{In} 如下：

$$A_{In} = \sqrt{A_1^2 + A_2^2 + 2A_1A_2\cos(\phi_2 - \phi_1)} \tag{1.14}$$

由式（1.14）可见，两个同频电磁波信号叠加之后的振幅 A_{In} 与两个电磁波的相位差 $\phi_2 - \phi_1$ 有关，在 A_1 和 A_2 已知的条件下，通过测量振幅这个物理量能够比较容易地获得两个电磁波的相位差信息，即由干涉合成信号的振幅 A_{In} 的测量值通过式（1.14）可求解出相位差 $\phi_2 - \phi_1$ 的数值。另外，在测量与实验记录条件允许的情况下，也能够对空间中一条线或一个面上的电磁波干涉条纹进行连续观测与记录，从而获得一个空间区域中的干涉图样，由此干涉图样还能够对更多的物理参数进行测量，包括相位差、电磁波的波长和频率、驻波系数、两个相干电磁辐射源之间的距离变化量等。也正因为如此，在各种工程实践中干涉仪的应用才会十分广泛，包括长度变化量的测量、传播介质的折射率测定、电磁波波长的测量、电磁波来波方向的测量等众多方面。其中大家印象最深刻的代表性应用是：在理工科院校的大学物理实验课程中曾使用过缩小版的 Michelson（迈克尔逊）干涉仪来测量 He-Ne 激光（氦-氖激光）的波长，如图 1.6 所示[7]。

图 1.6　大学物理实验课程中用于测量 He-Ne 激光波长的小型 Michelson 干涉仪

除此之外，光学中的激光干涉仪还用于引力波的探测，这一方法是 1962 年苏联科学家赫尔岑施泰因（Gertsenshtein）和普斯托伊特（Pustovoit）提出的，1969 年美国科学家韦斯（Weiss）和福沃德（Forward）分别在麻省理工学院和休斯实验室建造了初步的实验系统，后来世界各国陆陆续续建造了多个类似的实验装置。经过多年不懈努力，激光干涉引力波天文台（Laser Interferometer Gravitational-wave Observatory，LIGO）科学团队终于在 2015 年 9 月 14 日首次探测到了两个黑洞合并所产生的引力波。从本质上讲，将干涉仪应用于电磁波的参数测量，其实都是通过幅度参数的测量来精密反演电磁波的相位参数，然后通过该电磁波的波长换算成长度参数，最终达到精确测距的目的。特别对于光波频段的干涉仪，其信号波长已经是微米量级，当电磁波的相位测量精度达到 0.1°～1° 时，最终的距离测量精度将高达纳米量级。如此高精度的精密测距手段给近代和现代物理学提供了强大的实验验证工具，物理学发展史上很多伟大的成就都与干涉仪应用紧密相关。接下来回顾一下用于电磁波干涉测量的干涉仪发展过程中的重大历史事件。

1.2　光波频段的电磁波干涉测量及其重大历史事件

干涉仪最早应用于光学测量领域，以光信号的波长为基准，通过对光信号的干涉条纹的测量来进行精密长度换算，自 19 世纪以来光学干涉测量一直是高精度检测与高精密测量领域的重要技术手段。具有代表性的光波频段的干涉仪包括：Michelson（迈克尔逊）干涉仪、Fizeau（斐索）干涉仪、Twyman-Green（特外曼–格林）干涉仪、Mach-Zehnder（马赫–曾德）干涉仪等[8]。基于这些干涉仪开展了一系列物理学实验，其中最为著名的是 1887 年否认"以太"存在的 Michelson-Morley（迈克尔逊–莫雷）干涉实验和 2015 年探测到引力波的 LIGO 干涉实验，它们的主要研究者分别荣获了 1907 年与 2017 年的诺贝尔物理学奖。下面简要回顾一下这两个历史上著名的干涉仪应用实验。

1.2.1　Michelson-Morley 干涉实验——证实了"以太"的不存在性

1. Michelson 干涉仪的组成及工作原理

Michelson 干涉仪是 1881 年美国物理学家阿尔伯特·亚伯拉罕·迈克尔逊（Albert Abraham Michelson）和爱德华·威廉姆斯·莫雷（Edward Williams Morley）合作，为研究"以太"飘移而设计制造的，它利用分振幅法产生双光束来实现干涉测量，其组成及工作原理图如图 1.7 所示。Michelson 干涉仪在近代物理和计量技术中，如在光谱线精细结构研究和用光波标定标准米尺等实验中，都有着重要的应用。

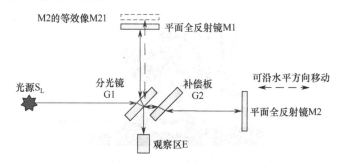

图 1.7　Michelson 干涉仪的组成及工作原理图

图 1.7 中 S_L 为点光源，M1 和 M2 为平面全反射镜，其后部有几个小螺丝可调节其方位。在实验过程中 M1 固定，M2 与精密机械机构连接可在水平方向左右移动。玻璃分光镜 G1 的右表面镀有半透半反膜，使得入射光分成强度相等的两束反射光与透射光，反射光垂直入射到 M1，透射光垂直入射到 M2，这两束光分别经过 M1 和 M2 的反射之后回到 G1 右表面的半透半反膜处，再经过透射与反射传到观察区 E 产生干涉图样。图 1.7 中的 G2 是与 G1 具有相同材质与相同厚度的玻璃补偿板，G2 与 G1 平行安装，其目的是使参与干涉的两束光经过玻璃板的次数相等，即两束光在到达观察区 E 时没有因为玻璃介质而引入额外的光程差。当光源 S_L 为单色光源时，可利用空气光程来补偿光程差，不一定需要补偿板；但是当光源 S_L 为复色光源时，由于玻璃与空气之间的色散不一样，补偿板是一定需要的。如果以分光镜 G1

的右表面作为成像面，则平面全反射镜 M2 的等效像 M21 将与 M1 位于同一条直线上。两个反射镜在不同条件下产生的干涉条纹如图 1.8 所示。

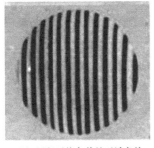  

(a) 近似于线条状的干涉条纹　　　(b) 向圆环状干涉条纹演变　　　(c) 标准的圆环状干涉条纹

图 1.8　两个反射镜在不同条件下产生的干涉条纹

图 1.8(a)展示的是当 M21 与 M1 不平行时观察区内的干涉图样，呈现出近似于线条状的干涉条纹；当 M21 逐渐向 M1 进行平行调整的过程中，干涉条纹也逐渐向圆环状演变，如图 1.8(b)所示；当 M21 与 M1 严格平行时，观察区 E 内的干涉图样演变为圆环状干涉条纹，如图 1.8(c)所示[9]，其中图(c)相对于图(a)和图(b)而言，重新调整了观察视野和观察范围，呈现出了更多的圆环状干涉条纹图样。以图 1.8(c)所示的标准圆环状干涉条纹为例，在水平移动 M2 的过程中会不断从干涉图样的圆环中心"吐出"或者向中心"吞进"圆环。当两个平面镜之间的空气间隙距离增大时，中心就会"吐出"一个个圆环条纹；反之则"吞进"圆环条纹。当 M21 与 M1 之间不严格平行时，观察区 E 内的干涉图样为等厚干涉条纹，如图 1.8(a)与(b)所示。在水平移动 M2 时，条纹会不断移过视场中某一标记位置，且 M2 平移的距离 d_m 与条纹移动的数目 N_m 满足关系式（1.15）：

$$d_m = N_m \cdot \lambda_L / 2 \tag{1.15}$$

式中，λ_L 为光波的波长。由于光波的波长在微米量级，所以 Michelson 干涉仪能够用来精确测量亚微米量级的位移。

2. Michelson-Morley 干涉实验的过程与结果

在 19 世纪的物理学界流行着一种"以太"学说，认为光的传播介质是"以太"，在整个宇宙中"以太"无处不在，可以将其看成绝对惯性系。假设"以太"相对于太阳静止，那么地球以每秒约 30km 的速度绕太阳运动时就必然遇到 30km/s 的"以太风"迎面吹来，这会对光的传播产生影响。假设图 1.7 中的 Michelson 干涉仪在实验坐标系中相对于"以太"公转轨道以速度 v_m 向右运动，记经过反射镜 M1 和 M2 的光分别为光束 1 和光束 2，设光在"以太"中的传播速度为 c_m，且从分光镜到 M1 与 M2 的光程长度均为 d_{mc}，于是光束 1 从分光镜至反射镜 M1 来回的时间 t_{m1} 为

$$t_{m1} = 2d_{mc} / \sqrt{c_m^2 - v_m^2} \tag{1.16}$$

光束 2 从分光镜至反射镜 M2 来回的时间 t_{m2} 为

$$t_{m2} = d_{mc} / (c_m + v_m) + d_{mc} / (c_m - v_m) \tag{1.17}$$

由式（1.16）和式（1.17）可得光束 1 与光束 2 到达观察区 E 的光程差 d_{md} 为

$$d_{md} = c_m (t_{m2} - t_{m1}) \approx d_{mc} v_m^2 / c_m^2 \tag{1.18}$$

在此基础上让 Michelson 干涉仪整体旋转 90°，则光束 1 和光束 2 到达观察区 E 的时间差互换，从而使得已经形成的干涉条纹产生移动，改变量 $\Delta L_m = 2d_{md}$，于是观察区 E 中移动的条纹数 N_{mc} 应该为 $N_{mc} = \Delta L_m / \lambda_L$。当时在 Michelson-Morley 干涉实验中分光镜到反射镜的距离 $d_{mc} = 11m$，所使用的钠光源的波长 $\lambda_L = 5.9 \times 10^{-7}m$，地球在公转轨道上的运动速度近似为 $v_m \approx 1 \times 10^{-4} c_m$，由以上数据可估算出移动的条纹数 N_{mc} 为

$$N_{mc} = 2 \times 11 \times (1 \times 10^{-4})^2 / (5.9 \times 10^{-7}) \approx 0.373 \qquad (1.19)$$

在当时的实验条件下，迈克尔逊和莫雷将干涉仪安装于十分平稳的大理石平台上，并让大理石平台漂浮在水银槽上，从而能够平稳地转动，当整个仪器缓慢转动时连续读数，精度达到了 0.01%，即能够测量到 1/100 条的条纹移动量，所以使用该仪器很容易测量到 0.373 条的条纹移动量。当时迈克尔逊和莫雷想从实验中实际测量得到条纹的准确移动量，由此便能够反向推算出地球相对于"以太"的运动速度，从而证实"以太"的存在。然而令他们大失所望的是：无数次反复的实验，均没有观察到任何条纹移动。

Michelson-Morley 干涉实验的结果虽然否认了"以太"的存在，但也启发了爱因斯坦对光速不变性的思考，为其狭义相对论的基本假设提供了实验依据。后来爱因斯坦在摒弃"以太假说"的基础上，以光速不变性原理和狭义相对论原理为基本假设，又建立了广义相对论。尽管 Michelson-Morley 干涉实验得出的是一个否定的结果，但 Michelson 干涉仪这一实验装置却开辟了光波频段的电磁波干涉测量的全新道路，迈克尔逊也因为发明了这一精密光学仪器，并借助这一仪器在光谱学和度量学的研究工作中所做出的巨大贡献，被授予了 1907 年度诺贝尔物理学奖。

1.2.2 LIGO 干涉实验——证实了引力波的存在性

爱因斯坦在 1916 年就提出了引力波假设，从 20 世纪 60 年代起就有学者开始研究探测引力波的方法，由于引力波与物质作用时会引起物质尺度的极其微小的变化，所以可通过测量这些变化来间接印证引力波的存在性。但引力波波源距离地球非常遥远，路程最近的也有上百万光年，当引力波传播至地球附近时已经变得十分微弱，例如目前已经探测到的引力波的无量纲振幅大约为 10^{-21}，如此超级微小的尺度变化即便是前述 11m 臂长的 Michelson 干涉仪也无法检测到，只有依赖于更加庞大的干涉仪才能担此重任。

1991 年麻省理工学院与加州理工学院在美国国家科学基金会的资助下开始联合建造激光干涉引力波天文台（LIGO），工程耗资 3.65 亿美元，于 1999 年 11 月建成，并在 2005—2007 年又进行了升级改造。LIGO 科学团队由来自全球 86 个研究所的 1000 余名专家成员组成，LIGO 在美国华盛顿州的汉福德和新泽西州的利文斯顿分别安装了两部完全相同的仪器，彼此之间相距了 3000km，这样能够有效剔除噪声的干扰，如图 1.9 所示。到了 2015 年最新的激光干涉引力波天文台的能力已经达到能够对 3 亿光年远的引力波事件进行探测，其最敏感的探测频率为 100～300Hz。

LIGO 干涉实验原理图如图 1.10 所示，从本质上讲这就是一个巨型的 Michelson 干涉仪，LIGO 的臂长达到 4km，在其内部更是让光路反射了 400 次，相当于激光光路长度达到了 1600km。LIGO 对引力波探测的基本原理就是将引力波扫过实验装置导致的长度变化量转化为两束红外激光干涉结果的光强变化量，从而判断激光臂长是否发生极其微小的长度变化，而这一微小变化的量级已经达到了千分之一个质子半径的细微程度。

(a) 华盛顿州的汉福德

(b) 新泽西州的利文斯顿

图 1.9 分别位于汉福德和利文斯顿的引力波探测实验装置

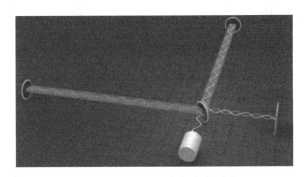

图 1.10 LIGO 干涉实验原理图

为了达到如此令人震惊的探测灵敏度，LIGO 采用了一系列尖端技术：①激光功率倍增技术。LIGO 采用 200W 的激光器，让干涉仪中入射的激光首先在很多镜面间来回反射，并将反射后强度叠加的光原路输回原光路，形成"能量循环"，从而等效达到 750kW 激光器的输出效果，这样使得产生的干涉图样更加清晰、易于测量。②高纯度反射镜技术。系统中使用的所有反射镜与分光镜全部由高纯度二氧化硅制造，每 300 万个光子入射，只有 1 个会被吸收。③真空光路技术。LIGO 的激光臂全部位于真空腔内，气压仅为万亿分之一个大气压，其整个真空腔的体积在世界上排名第二，仅次于欧洲的大型强子对撞机所使用的真空腔。④主被动隔震技术。采用对不同频率敏感的传感器主动探测地层的震动，同时综合这些探测结果，由计算机自动计算补偿量，然后通过磁场隔震装置进行补偿；另外，LIGO 将重要测试部件用 0.4mm 粗的石英纤维悬挂于一个四阶摆下，利用惯性原理保持稳定。正因为采用了强激光、超纯净的镜片和真空环境等尖端技术，LIGO 才能做到让激光在 4km 臂长中反射 400 次后再进行干涉，等效于将有效臂长扩展至了 1600km，从而能够探测到更加微弱的信号，得到更加精确的测量结果。

经过多年不懈努力，LIGO 科学团队终于在 2015 年 9 月 14 日首次探测到两个黑洞合并所产生的引力波。2017 年瑞典皇家科学院在斯德哥尔摩宣布将该年度诺贝尔物理学奖授予美国麻省理工学院教授雷纳·韦斯（Rainer Weiss）、加州理工学院教授基普·斯蒂芬·索恩（Kip Stephen Thorne）和巴里·克拉克·巴里什（Barry Clark Barish），以表彰他们在 LIGO 探测器和引力波观测方面做出的重要贡献。LIGO 干涉实验相对于 100 多年前的 Michelson-Morley 干涉实验来讲，基本原理大致一样，但是随着现代工业技术的发展，LIGO 干涉实验将光的干涉测量推向了当代工业技术所能达到的一个极致，能够测量到千分之一个质子半径的细微长度变化。

1.3 无线电波频段的电磁波干涉测量与电子对抗侦察应用

如前所述，光波频段的干涉仪有着极其辉煌的发展历史，其应用也十分广泛，所以对光波频段干涉仪的分析与研究的文献资料浩如烟海，但这并不是本书讨论的重点。本书更加关注电磁领域范围内低波段干涉仪的应用，此处的低波段电磁波主要指频率在 100GHz 以下，波长在 3mm 以上的无线电波。虽然毫米至米级的无线电波波长相对于微米级的光波长来讲大了 3～6 个数量级，但利用固定相位差的两个同频无线电波信号的干涉测量来获得对应的相位差或距离差信息，这也成为无线电波信号参数测量的重要手段之一。尽管在雷达、通信、导航等专业方向上都在应用无线电波的干涉测量原理，如干涉合成孔径雷达（Interferometric Synthetic Aperture Radar，InSAR）、基于侧音测距的测控通信，以及基于多天线接收的卫星导航姿态测量仪等，但是最具挑战性、最广泛和最深入的无线电波干涉测量应用是在电子对抗侦察领域中，其中具有代表性的两个应用就是对雷达脉冲信号的瞬时测频，以及对无线电波信号来波方向的干涉仪测向，这都是电子对抗侦察技术应用中的基本看家本领与核心功能要求之一，在对瞬时测频与干涉仪测向两大应用进行论述之前，首先简要介绍一下电子对抗侦察技术方向。

1.3.1 电子对抗侦察技术方向简介

电子对抗侦察是电子对抗的三大组成部分之一。电子对抗又称为电子战，诞生于 1904 年，该专业方向发展至今已有百余年的历史。根据 2011 年中国人民解放军军事科学院正式发布的《中国人民解放军军语》中的解释，电子对抗是指使用电磁能、定向能等技术手段，控制电磁频谱，削弱、破坏敌方电子信息设备、系统及相关武器系统或人员的作战效能，同时保护己方电子信息设备、系统及相关武器系统或人员的作战效能正常发挥的作战行动[10]。电子对抗包括：电子对抗侦察、电子进攻和电子防御三大部分，又分为雷达对抗、通信对抗、光电对抗等不同分支，广泛应用于陆海空天各类战场，是信息作战的主要形式[11-16]。

1. 电子对抗侦察

电子对抗侦察是使用电子对抗侦察设备，截获敌方辐射的电磁波等信号，以获取敌方电子信息系统的技术特征参数、位置、类型、用途及相关武器和平台等情报的侦察。其目的是为电子进攻和电子防御的作战决策和作战行动提供情报保障，包括电子对抗情报侦察和电子对抗支援侦察等。

电子对抗情报侦察是指对特定区域内的敌方电子设备进行长期监视或定期核查的电子对抗侦察，其目的是全面获取敌方电子设备和系统的战略战术技术参数，掌握其活动规律和发展动态，并为电子对抗支援侦察预先提供基础情报。

电子对抗支援侦察是指在作战准备和作战过程中为电子进攻、电子防御等作战行动提供情报保障的电子对抗侦察，其目的主要是实时截获、识别敌方电子设备的电磁辐射信号，判明其属性和威胁程度。

2. 电子进攻

电子进攻是指使用电子干扰装备和电磁脉冲武器、定向能武器、反辐射武器等，攻击敌方电子信息设备、系统及相关武器系统或人员的行动，包括电子干扰、电子摧毁等。

3. 电子防御

电子防御是指为保护己方电子信息设备、系统及相关武器系统或人员作战效能的正常发挥而采取的措施和行动的总称，包括反电子对抗侦察、反电子干扰、抗电子摧毁和确保战场电磁兼容等。

由上可见，在执行电子对抗侦察任务时需要获得敌方电子信息系统，例如，雷达、通信、敌我识别等的技术特征参数与位置，包括上述辐射源信号的强度、载频、带宽、调制方式、来波方向等信息，并利用上述信息对辐射源进行进一步的识别与定位。在上述技术特征参数中，对雷达脉冲信号进行瞬时测频可获得其载频参数，对雷达与通信等信号进行干涉仪测向可获得其来波方向参数，于是瞬时测频与干涉仪测向也就自然成为电子对抗侦察的基本看家本领与核心功能要求了。

虽然对无线电波信号的频率测量与干涉仪测向这两项技术在雷达与通信等领域中也在使用，但相对而言，电子对抗侦察领域中的瞬时测频与干涉仪测向在技术实现的复杂性、指标要求的先进性、设备应用的广泛性等方面表现得更加突出，所以本书主要从电子对抗侦察应用出发，来对电磁波的干涉测量与干涉仪测向应用进行阐述。

1.3.2 对无线电波信号的瞬时测频

1.3.2.1 瞬时测频接收机的工作原理

顾名思义，瞬时测频（Instantaneous Frequency Measurement，IFM）原本是指在极短的时间内完成信号频率参数的测量，但目前在工程上大家几乎都默认为瞬时测频是特指采用比相法的快速测频，于是瞬时测频接收机也就自然成为比相法测频接收机的一个习惯称呼[17]。在物理学中一个无线电波信号的瞬时频率 f_{Inst} 定义为瞬时相位 ϕ_{Inst} 的变化率，如式（1.20）所示：

$$f_{\text{Inst}} = \frac{1}{2\pi} \cdot \frac{\mathrm{d}\phi_{\text{Inst}}}{\mathrm{d}t} \tag{1.20}$$

在频率保持不变的情况下，式（1.20）中的微分算子在工程上可通过一段时间内的平均运算来代替，即一个定频无线电波信号的频率 f_{Inst} 可由 ΔT_{pe} 时段内的相位变化量 $\Delta\phi_{\text{pe}}$ 的时间平均来估计，如式（1.21）所示：

$$f_{\text{Inst}} = \frac{1}{2\pi} \cdot \frac{\Delta\phi_{\text{pe}}}{\Delta T_{\text{pe}}} \tag{1.21}$$

如果无线电波信号的频率 f_{Inst} 缓慢变化，实际上也可以通过式（1.21）来近似计算，在有足够信噪比保证的条件下，只要 ΔT_{pe} 越小，频率估计精度就越高，其输出的测频结果大致接近于在测量过程正中时刻处的频率值。为了在工程上实现瞬时测频，通常将一个无线电波信号经过一段已知长度为 L_{de} 的延迟线后与原来的信号之间产生干涉，从而测量得到两个信号之间的相位差 $\Delta\phi_{\text{pe}}$，再加上该无线电波信号通过延迟线的时间 ΔT_{pe} 由式（1.22）计算：

$$\Delta T_{\text{pe}} = L_{\text{de}}/c_{\text{d}} \tag{1.22}$$

式中，c_{d} 是电磁信号在延迟线中的传播速度。将式（1.22）代入式（1.21）即可估计出该无线电波信号的瞬时频率 f_{Inst} 如下：

$$f_{\text{Inst}} = \frac{1}{2\pi} \cdot \frac{\Delta\phi_{\text{pe}} \cdot c_{\text{d}}}{L_{\text{de}}} \tag{1.23}$$

工程上通常使用宽带矢量鉴相器对一个电磁波信号与其经过长度校准的延迟线传输后输出的信号发生干涉所产生的相位差 $\Delta\phi_{pe}$ 进行测量，然后由式（1.23）计算并输出频率测量结果，其工作原理如图 1.11 所示。

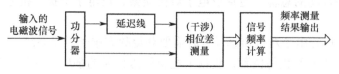

图 1.11　瞬时测频接收机的工作原理框图

在电子对抗侦察的模拟瞬时测频接收机中矢量鉴相器输出的正余弦分量分别在示波器的 X/Y 轴上合成显示，所显示出的矢量信号的幅度正比于电磁波信号的强度，矢量信号的角度正比于两路电磁波信号的相位差 $\Delta\phi_{pe}$。电子对抗侦察的数字瞬时测频接收机通常采用多个宽带鉴相器，以数字化形式对信号经过多个不同长度的一组延迟线之后的相位差进行测量。各条延迟线之间通常保持一定的长度比，相位的数字化处理能够减少系统误差，提高测量精度。受鉴相器相位测量范围 $[-\pi,\pi)$ 的限制，需要采用短延迟线的测量值逐次对较长延迟线的测量值进行相位差解模糊，最短的延迟线决定了无模糊测频的频率范围，最长的延迟线决定了测频精度。如果最大的相位误差超过了设计的解模糊边界条件，则会发生频率测量模糊，这是由接收机部件的测量精度、各条延迟线之间的长度比值、相位量化位数等因素共同决定的，所以设计一部瞬时测频接收机时以上因素都需要全面考虑。

从本质上讲，电子对抗侦察的瞬时测频过程也是电磁波干涉测量的一种具体实现形式，因为干涉仪的一个重要用途就是对电磁波波长的准确测量，而电磁波在延迟线中的波长 λ_d 与电磁波的频率 f_{Inst} 之间满足关系式（1.24）：

$$f_{Inst}=c_d/\lambda_d \tag{1.24}$$

由式（1.24）可知：电磁波在延迟线中的传播速度 c_d 保持恒定的情况下，电磁波信号的瞬时测频与瞬时测波长二者是一一对应的，这也说明在这一应用中波长参数的测量本质上就是频率参数的测量，二者是同一回事，只是表述方式不同而已。

1.3.2.2　从模拟瞬时测频到数字瞬时测频的发展

从 20 世纪后半叶开始，世界各国在海、陆、空平台上的电子对抗支援侦察系统，也称电子支援措施（Electronic Support Measure，ESM）系统，广泛使用 IFM 瞬时测频接收机对侦收截获的雷达信号进行频率参数的测量。截至目前，虽然瞬时测频接收机已经有超过半个多世纪的研发与应用历史，但相对于最初的原始设计来讲，在工作原理与系统架构上的变化相对较小，所以简要回顾一下从模拟瞬时测频到数字瞬时测频的发展历程，将有助于对瞬时测频技术本质的理解。

1. 历史上早期的模拟瞬时测频接收机

1）采用 3dB 环形器构建的模拟瞬时测频接收机

历史上最早的模拟瞬时测频接收机出现于 20 世纪 50 年代前后，接收机中采用了如图 1.12(a)所示的 3dB 环形器，该环形器有 4 个端口。当信号从端口 1 进入时，将在端口 2 和端口 4 得到功分后的两个同相信号；当信号从端口 3 进入时，将在端口 2 和端口 4 得到功分后相位差为 180° 的两个反相信号。如果将环形器的输入输出关系交换一下，当信号分别从端口 2 和端口 4 输入时，端口 1 将输出这两个信号的和信号，而端口 3 将输出这两个信号的差信号。早期的环形器由波导元件制成，后续逐渐采用同轴传输线，再后来又被印制条带线和微带线所取代。利用两个这样的环形器与一段长度已知的延迟线，再加上两个具有平方律检波特性的二极管，便构成了一个最简单的模拟瞬时测频接收机，如图 1.12(b) 所示[18]。设图 1.12(b) 中输入的信号为 $S_{en}(t)=A_c \exp\left[j(2\pi f_{Inst}t+\phi_c)\right]$，$A_c$、$f_{Inst}$ 和 ϕ_c 分别表示该信号的幅度、频率与初相，于是在第 2 个环形器的端口 1 和端口 3 输出的信号 $S_{out1}(t)$ 和 $S_{out3}(t)$ 如下：

$$S_{out1}(t)=\frac{1}{\sqrt{2}}\left[S_{en}(t-\tau_c)+S_{en}\left(t-\tau_c-\frac{L_{de}}{c_d}\right)\right]$$
$$=\frac{A_c\exp\left\{j\left[2\pi f_{Inst}(t-\tau_c)+\phi_c\right]\right\}}{\sqrt{2}}\left[1+\exp\left(-j2\pi\frac{f_{Inst}L_{de}}{c_d}\right)\right]$$
(1.25)

$$S_{out3}(t)=\frac{1}{\sqrt{2}}\left[S_{en}(t-\tau_c)-S_{en}\left(t-\tau_c-\frac{L_{de}}{c_d}\right)\right]$$
$$=\frac{A_c\exp\left\{j\left[2\pi f_{Inst}(t-\tau_c)+\phi_c\right]\right\}}{\sqrt{2}}\left[1-\exp\left(-j2\pi\frac{f_{Inst}L_{de}}{c_d}\right)\right]$$
(1.26)

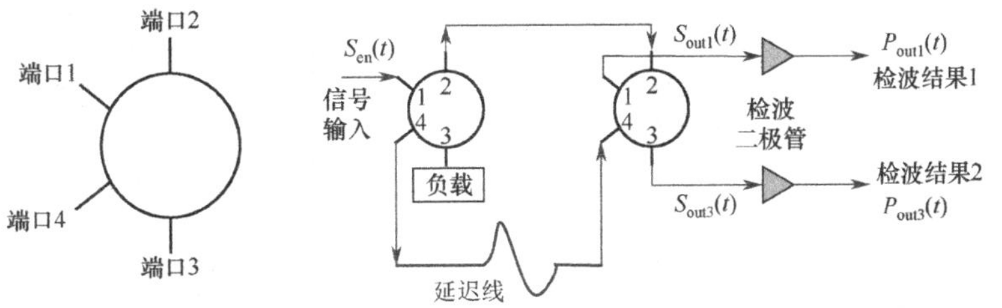

(a) 3dB 环形器　　　(b) 模拟瞬时测频接收机

图 1.12　最简单的模拟瞬时测频接收机及其所使用的 3dB 环形器

式（1.25）和式（1.26）中，τ_c 为两支路信号共同的传输时间，L_{de} 为延迟线的长度，c_d 为电磁波在延迟线中的传播速度。信号 $S_{out1}(t)$ 和 $S_{out3}(t)$ 在经过二极管检波后的输出 $P_{out1}(t)$ 和 $P_{out3}(t)$ 分别为

$$P_{out1}(t)=\alpha_d\cdot\|S_{out1}(t)\|^2=\alpha_d A_c^2\left[1+\cos\left(2\pi\frac{f_{Inst}L_{de}}{c_d}\right)\right]=2\alpha_d A_c^2\cos^2\left(\pi\frac{f_{Inst}L_{de}}{c_d}\right)$$
(1.27)

$$P_{out3}(t)=\alpha_d\cdot\|S_{out3}(t)\|^2=\alpha_d A_c^2\left[1-\cos\left(2\pi\frac{f_{Inst}L_{de}}{c_d}\right)\right]=2\alpha_d A_c^2\sin^2\left(\pi\frac{f_{Inst}L_{de}}{c_d}\right)$$
(1.28)

式（1.27）和式（1.28）中，α_d 为检波系数。由上可知，$P_{out1}(t)$ 和 $P_{out3}(t)$ 实际上不再随时间变化。于是将上述两个检波结果相除得到检测量 $D_{1,3}$ 与信号频率 f_{Inst} 之间的关系如式（1.29）所示：

$$D_{1,3}=\frac{P_{out3}(t)}{P_{out1}(t)}=\tan^2\left(\pi\frac{f_{Inst}L_{de}}{c_d}\right)$$
(1.29)

由式（1.29）可知，二极管检波器输出结果的比值在接收机所设计的接收带宽范围内是一个与信号幅度无关，且以信号频率为自变量的平方正切单调函数。在精确已知 L_{de} 和 c_d 的条件下，通过检测量 $D_{1,3}$ 由式（1.29）便能估计出输入信号的频率值 f_{Inst}。

2）采用正交鉴相器的模拟瞬时测频接收机

由于技术上的限制，环形器的相对工作带宽一般不会超过其载频的 30%，这对于宽带电子对抗侦察应用来讲是远远不够的，于是技术人员对其进行了改进，并在 1955—1956 年间设计出了对频率不太敏感的移相器，从而将有效工作带宽提高到了 8 倍频程。1957 年，英国 Mullard（玛拉德）研究实验室的 S. J. 罗宾逊（S. J. Robinson）发明了正交鉴相器，又称矢量鉴相器，如图 1.13 所示。这样一来，正交鉴相器输出的两个不带偏差的正交矢量 V_{sin} 和 V_{cos} 产生的合成矢量的角度在整个 360° 范围内正比于频率，使得频率测量值的计算过程更加方便，从而极大地推进了瞬时测频技术的发展与应用。

在工程应用中瞬时测频接收机早期采用模拟显示方式，将鉴相输出的正交视频分量输入到定制示波器的 X/Y 轴来产生一个合成矢量，矢量的幅度反映了输入信号的功率，矢量的辐角在预设象限内正比于信号的频率，于是人眼便能够直观地从示波器上读出被测信号的频率值 f_{Inst}。视频输出与输入的脉冲射频信号同步，采用"显示亮度控制"来提高可视性。图 1.14 是 1958 年拍摄的英国研制的"Pendant"（吊坠）微波频率分析系统显示输出测频结果的照片，这是世界上第一个投入实际应用的瞬时测频显示设备。

图 1.13　Robinson 在 1957 年发明的
正交鉴相器的照片

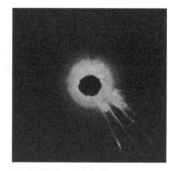

图 1.14　"Pendant"微波频率分析系统显示
输出测频结果的照片

在 20 世纪 50 年代末，此类显示设备对于雷达脉冲信号的实时快速分析是极具吸引力的，即使雷达采用多分量信号、逐脉冲参数捷变、脉内线性调频等方式，其特征都能够在示波器输出的图像中被快速识别。最初，频率测量的精度受元器件误差的限制，通过相位校准后，在 3% 的相对带宽内可达到大约 10° 的鉴相精度，随着为"Pendant"系统开发的 10 倍延迟线切换技术的应用，对于更加持续稳定的信号，其测频精度很快获得了量级上的提升。1959 年，"Pendant"系统作为英美两国合作项目的一部分提供给了美国 Syracuse（雪城）大学研究团队进行评估性研究，由此拉开了美国和世界各国对瞬时测频技术研发的序幕。

2. 数字瞬时测频接收机的诞生与发展

数字瞬时测频（Digital Instantaneous Frequency Measurement，DIFM）接收机的研制起步于 20 世纪 60 年代，英国 Mullard 研究实验室持续地开展着这方面的工作。在 1962 年，首先对模拟瞬时测频接收机中的最后两个步骤进行了数字化：①正交鉴相后视频信号的数字化；②对信号通过各种长度和比率的延迟线之后并行鉴相输出值解模糊计算的数字化。Mullard 研究实验室通过大量的数字化，仔细选择延迟线的长度比率，快速去模糊逻辑，使得瞬时测频接收机在对元器件误差、系统噪声和重叠信号的鲁棒性等方面得到了较大提升，达到了优良的频率测量性能。

1962 年研制的一台数字瞬时测频接收机采用了宽带双鉴相器和 1∶4 的延迟线长度比，并具备了一定的解模糊能力。在此项目成功开发的基础上，使用了低插损的覆铜电介质和环形印制微带线设计的 1∶4∶16∶64 延迟线长度比的四鉴相器系统在 1964 年针对实际雷达信号开展了成功的测频试验，并采用了高速数字阴极射线管进行测频结果的显示，从而能实时显示在 2.5～4.1GHz 频段内截获到的雷达脉冲信号的频率。图 1.15 中展示了几个截获到的雷达脉冲信号的参数测量显示结果，图 1.15 中水平方向显示的是脉冲宽度测量值，垂直方向对应的是脉冲频率测量值。如果与脉冲测向信息相结合，同步之后的频率和方向信息可以使得雷达脉冲信号分选和分析能力得到极大的增强。

第一个实际投入工程应用的数字瞬时测频接收机诞生于 1966 年，该接收机包含了 6 个空运托架（Air Transport Racking，ATR）机箱，配置了 7 个微带线鉴相器，适合机载应用环境。该接收机在 1967 年开展的海上试验中成功演示对 2.5～4.1GHz 频段内脉宽 250ns 的雷达脉冲信号的瞬时测频，测频精度可达 4MHz。如果接收的信号在经过行波管预放大之后，该接收机能够在接近切线灵敏度的条件下工作。1967 年，英国 Mullard 研究实验室采用新技术研制了一个小型化的 2～4GHz 频段的数字瞬时测频接收机，由 7 个基于微带线的插入式鉴相器模块构成，如图 1.16 所示。大约就在同一时期，来自美国供应商的高质量低插损薄膜技术使得模块化设计更加紧凑，同时也进一步推动了数字瞬时测频接收机的快速发展。

图 1.15　高速数字阴极射线管显示的雷达　　　　图 1.16　2～4GHz 数字瞬时测频接收机实物照片
　　　　　 脉冲信号的测频结果

在 20 世纪七八十年代，世界范围内数字瞬时测频接收机已经成为 ESM 系统中雷达脉冲信号频率测量的核心部件，频率测量范围也扩展至 1～18GHz。到了 20 世纪 90 年代，数字瞬时测频接收机向小型化与多功能化方向发展，同时也具备了对脉冲幅度与脉冲宽度等参数的综合测量能力，这一时期英国 Teledyne Defense 公司（特利丹防御公司）生产的紧凑型 2～18GHz 工作频段的 DIFM/ESM 系统如图 1.17 所示。

在 21 世纪初，随着 GHz 量级时钟采样频率的模数转换器（Analog to Digital Converter，ADC）的出现，使得射频信号直接数字化的能力得到了巨大提升，传统的 DIFM 接收机受到了较大的挑战，因为对数字化之后的射频信号直接进行快速傅里叶变换（Fast Fourier Transform，FFT）同样能估计该信号的频谱参数，这对于处理同时到达的脉冲信号的频率参数测量特别有效。但是 FFT 需要数据异步分块规整，这对于宽带调制等信号来讲需要特殊的预处理，所以一个改进的设计方案是将 DIFM 与 FFT 处理结合起来，实现优势互补，图 1.18

便是一个数字化的 DIFM 架构，输入信号在功分两路之后，其中一路通过延迟线，然后两路同时经 ADC 数字化采样处理，进行信号频率等参数的测量。另外，传统瞬时测频接收机中的多条延迟线也可以通过对同一个信号采样数字化之后的不同片段来替代，这样延迟时间也不再受延迟线长度比率的限制，还能够根据不同的应用要求进行灵活选取，这也成为全数字瞬时测频发展的一个新方向。

图 1.17 2～18GHz 工作频段的 DIFM/ESM 系统实物照片

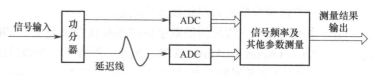

图 1.18 数字化 DIFM 接收机架构

1.3.3 对无线电波信号的干涉仪测向

对无线电波信号进行测向是电子对抗侦察应用的核心功能要求之一，电子对抗侦察中的测向方法有很多，例如，基于天线波束方向图最大值点的测向（又称最大信号法测向）、基于天线波束方向图零点的测向（又称最小信号法测向）、比幅测向、干涉仪测向、时差法测向、基于信号多普勒信息的测向、阵列空间谱测向等[19]。在上述测向方法中干涉仪测向具有测向精度高、测向速度快、设备性价比高、使用便捷等优点，不仅在电子对抗侦察设备中获得了广泛应用，而且在雷达探测、通信导航、无线电频谱监测等领域也在大量使用，所以接下来对干涉仪测向的基本原理进行介绍与分析。

1.3.3.1 干涉仪测向的基本原理

人们对新事物的认识规律普遍是从无到有、从简到繁、由表至里、由浅入深的一个循序渐进的理解过程，所以在此首先以最简单的二维平面内的单基线干涉仪为例对干涉仪测向基本原理进行讲解。单基线干涉仪测向模型图示如图 1.19 所示，干涉仪的两个单元天线 $\mathrm{An_0}$ 与 $\mathrm{An_1}$ 的相位中心分别记为 C_{p0} 与 C_{p1}，C_{p0} 与 C_{p1} 之间的直线称为干涉仪的基线，其长度为 d_{int}，具有平面波特性的无线电波信号来波方向与干涉仪基线法向之间的夹角为 θ_{AOA}，直线 $C_{\mathrm{p1}}B_{\mathrm{p}}$ 为入射平面波信号的等相位波前，且 $C_{\mathrm{p1}}B_{\mathrm{p}} \perp B_{\mathrm{p}}C_{\mathrm{p0}}$，于是信号来波方向线 $B_{\mathrm{p}}C_{\mathrm{p0}}$、干涉仪基线 $C_{\mathrm{p0}}C_{\mathrm{p1}}$ 和平面波波前直线 $C_{\mathrm{p1}}B_{\mathrm{p}}$ 共同构成了一个直角三角形 $\triangle C_{\mathrm{p1}}B_{\mathrm{p}}C_{\mathrm{p0}}$。

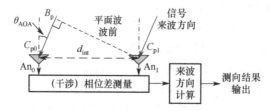

图 1.19 单基线干涉仪测向模型图示

干涉仪单元天线 An_0 与 An_1 输出的来自同一个电磁辐射源的信号在经过接收机处理之后进行相位差测量，并记对应的相位差为 $\phi_{int\Delta}$。由图 1.19 所示的几何关系可得信号的来波方向角 θ_{AOA} 与相位差 $\phi_{int\Delta}$ 之间的关系如式（1.30）所示：

$$\phi_{int\Delta} = \frac{2\pi L_{C_{p0}B_p}}{\lambda} = \frac{2\pi d_{int} \sin\theta_{AOA}}{\lambda} \qquad (1.30)$$

式中，$L_{C_{p0}B_p}$ 表示直线段 $C_{p0}B_p$ 的长度，λ 表示无线电波信号的波长。在获得相位差无模糊的测量值 $\hat{\phi}_{int\Delta}$ 之后，便能够求解出信号来波方向的估计值 $\hat{\theta}_{AOA}$ 为

$$\hat{\theta}_{AOA} = \arcsin\left(\frac{\hat{\phi}_{int\Delta} \cdot \lambda}{2\pi d_{int}}\right) \qquad (1.31)$$

在上述过程中干涉仪单元天线 An_0 与 An_1 输出的信号频率相同，且保持恒定的相位差，这两个信号具有相干性。按照电磁波干涉的定义，两个具有相同频率、相同振动方向且相位差固定的电磁波在空间中共存叠加时，合成的信号会产生振幅相互加强或减弱的现象。虽然在图 1.19 所示的干涉仪测向过程中没有展现出干涉图样，但是却利用了这两个信号的干涉特性来解算它们之间的相位差信息，从而实现了直线段 $C_{p0}B_p$ 的精确长度测量，最终利用直角三角形 $\triangle C_{p1}B_pC_{p0}$ 的几何关系求解出了来波方向角 θ_{AOA}。也正因为如此，在电子对抗侦察应用中仍然将上述测向方法取名为干涉仪测向。

在每一本有关电子对抗的教科书上几乎都有对干涉仪测向原理的简要讲解，从以上的分析阐释过程来看，干涉仪测向原理简洁清晰，似乎水到渠成、毫无半点难意，但实际上这是一种误解。在前述建模过程中已经高度简化，忽略了很多工程实现的约束条件，使得大家完全没有体会到在工程上研制一个高精度测向的干涉仪所存在的困难和面临的挑战，在此对部分工程约束条件概要归纳如下：

1）上述简化求解模型没有考虑相位差测量具有以 2π 为周期的模糊性

在 $d_{int} < \lambda/2$ 的条件下，通过相位差测量值 $\hat{\phi}_{int\Delta}$ 由式（1.31）能够唯一求解出来波方向角 $\hat{\theta}_{AOA}$。而当 $d_{int} \geqslant \lambda/2$ 时，单基线干涉仪会产生相位差测量的模糊，所以在实际测向工程应用中通常使用多基线干涉仪，由短基线测量的相位差来逐级解长基线测量过程中的相位差模糊，才能达到无模糊的相位差准确提取的目的。

2）上述简化求解模型没有考虑辐射源信号的球面波效应

在工程实际应用中理想的平面波是不存在的，从严格意义上讲，电磁辐射源辐射的电磁信号大部分都是局部球面波，只有当传输距离趋近于很大时才能近似为平面波。而干涉仪测向的上述简化求解模型中假设电磁波为平面波，这一假设条件实际上就已经引入了一定的误差。在测向精度要求不高的情况下，该误差可以忽略不计；而在高精度测向应用中，该误差的忽略将导致测向精度急剧恶化，甚至使得相关问题无解。

3）上述简化求解模型没有考虑电磁信号的调制效应

现实世界中的电磁信号都是调制信号，无论是通信信号还是雷达信号，载波信号上都承载有相应的信息，并不是纯粹的单频电磁波信号。而干涉仪测向的上述简化求解模型中假设信号仅仅是一个最简单的单频正弦波信号。这一假设条件同样也会引入测量误差，而测量误差的大小直接决定了测向精度的高低。

4）上述简化求解模型没有考虑各个单元天线之间的差异

在上述模型中假设干涉仪所有单元天线的特性完全保持一致，而且全部都是理想的全向

天线，天线波束方向图在三维空间中是一个标准的球面。而在工程实际中这样的天线至今都无法研制出来，其实各种天线方向图都是理想方向图的某种程度的局部近似，而且各个单元天线之间还存在互耦效应，所以在干涉仪研制过程中对各个单元天线的加工制造要求通常也是比较高的。

5）上述简化求解模型没有考虑接收机通道之间的差异

在上述模型中假设所有单元天线后端的接收通道特性完全一模一样，没有差异；而实际工程应用中根本达不到此要求，只能是在某种程度上的近似，所以如何确保干涉仪各个接收通道之间的幅相一致性一直是干涉仪工程研制中重点关注的内容。

6）上述简化求解模型没有考虑两个或两个以上的同频信号同时到达的情况

显然干涉仪测向的上述简化求解模型只能对 1 个信号进行测向。有两个或两个以上的信号同时到达干涉仪时，如果这些信号的频率均不相同，通过滤波器滤波处理后就能够将此场景重新转化为对单个信号的测向场景。而在实际应用中两个或两个以上相同频率的信号同时到达干涉仪基线的情况也是存在的，例如多径效应、同频电磁辐射源互扰效应等。面对如此场景的测向仅仅采用上述简化模型是无法求解的。

由上可见，教科书上展现的干涉仪测向公式的确非常简洁，但这仅仅是高度抽象概括与简化凝练后的结果，对于第一次接触干涉仪测向应用的技术人员来讲，的确是入门的最佳导引，但是对于已经进入电子对抗技术殿堂中的工程人员来讲，更需要在简洁式（1.30）的基础上看到更多的工程实现约束条件，想到更多的工程应用方法途径，只有这样才能研制出更实用、更好用的干涉仪测向产品，这也是撰写本书的主要目的之一。所以在本书后续章节中将对无线电波信号的干涉仪测向的模型建立、鉴相特性、解相位差模糊、工程实现方法、不同应用形式，以及相关的测向性能等内容进行详尽的研究与讨论，对上述几个方面的工程实现约束条件进行分析与回应，实际上这正是本书要讲解的主要内容。在开启上述研究与讲述过程之前首先回顾一下干涉仪测向的发展历程。

1.3.3.2　干涉仪测向的发展历程

历史上首次使用干涉仪对无线电波信号进行测向的时间与事件已经难以考证，但是近半个多世纪以来，使用干涉仪对雷达、通信等无线电波信号进行测向一直是电子对抗侦察的重要任务之一。所以以电子对抗的发展史为主线，并结合其他工程应用方向的情况来对干涉仪测向的发展历程进行简要回顾。

文献[20]报道：早在 20 世纪第二次世界大战结束之后不久，美国约翰·霍普金斯大学便启动了干涉仪测向制导的理论研究工作，并尝试在武器系统中应用。1953—1965 年美国研制的第一代舰空导弹 Talos 率先采用了基于双通道微波干涉仪测向的寻的导引头；在 20 世纪七八十年代美国成功研制了采用干涉仪测向的 ADSM 反辐射导弹，并装备部队。

文献[21]报道：在电子对抗侦察领域中最早使用干涉仪测向的是 1955 年美国研制的 U-2 高空侦察机，TRW 公司的杜格·罗亚尔博士设计的这个干涉仪测向系统使用了两个固定单元和 1 个旋转单元，在每个翼尖内压缩装进一组天线构成干涉仪的基线，对雷达脉冲信号进行测向。在后续的接收机机箱内装入一台三通道记录仪，其磁带可以使用 9 个小时，左侧天线接收的信号记录在第一磁道，定时脉冲记录在第二磁道，右侧天线接收的信号记录在第三磁道，对记录的信号进行事后处理，从而获得信号的来波方向。这种接收机与记录仪的组合系统将当时的小型化技术推向了极致，使该系统能够装进一个大小为 1 立方英尺[①]的箱子内，全

---

① 1 立方英尺≈0.0283168 立方米.

部质量仅有 30 磅。该文献还披露过：1957 年，美国特姆科公司按照"太阳谷"计划，把 10 架 C-130A"大力士"运输机改装成了通信情报搜集飞机，就飞机能容纳的通信情报操作员的数量和截获并记录信号的数量而言，"太阳谷"计划中的 C-130 飞机的性能与以前改装过的 B-29 和 B-50 飞机相比有了很大的提高。该飞机上第一次设置了无线电测向专用席位，测向系统使用了两个互相匹配的螺旋天线组成 1 个干涉仪，用于对通信辐射源信号的来波方向进行测量。

到了 20 世纪 60 年代，瞬时测频技术所使用的多通道鉴相处理的概念也被应用在了多基线并行处理的干涉仪中——这是英国 Mullard 实验室的另一项重要创新。一项由 S. J. 罗宾逊（S. J. Robinson）和 R. N. 阿尔科克（R. N. Alcock）提出的双通道干涉仪技术利用波导鉴相器在 1964 年的地面试验中通过信号波前测量实现了测向。更成功的应用实例是利用多基线干涉仪来实现高精度测向，以辅助飞机着陆。一个波导形式的方位俯仰二维测向干涉仪原型系统由英国 Mullard 实验室的 R.N. Alcock 和 R. H. 约翰斯顿（R. H. Johnston）在 1965 年开发出来并进行了应用演示，该干涉仪设备的照片如图 1.20 所示[18]。

图 1.20 方位俯仰二维测向干涉仪原型系统照片（英国 Mullard 实验室，1965 年）

进入 20 世纪 70 年代以后，干涉仪测向技术也逐渐成熟，再加上干涉仪测向在测向精度上远远高于比幅测向，所以在电子对抗侦察应用中开始广泛使用干涉仪，在陆海空天弹等各型平台的电子对抗系统中都能找到干涉仪测向天线阵的身影[22-24]。接下来就对公开文献报道过的具备干涉仪测向功能的电子对抗侦察装备的典型代表进行介绍。

1.3.4 公开文献报道的具备干涉仪测向功能的电子对抗侦察装备

公开发行的简氏防务系列资料对世界主要国家的雷达、通信、电子对抗等装备的性能与特点都有比较全面的报道[22,25-28]，除此之外，其他各类公开的技术文献也对世界各国主动发布的电子装备及部分公开出口型装备的功能与性能资料进行过收集与整理[29,30]。在此以这些公开材料为来源，归纳总结了包含有干涉仪测向功能的国外的代表性电子对抗侦察装备，如表 1.2 所示。

表 1.2 公开文献报道的具备干涉仪测向功能的国外的代表性电子对抗侦察装备

序号	装备名称	国别与厂商	平台	主要性能与特点
1	"塞尔特人"高频测向系统	英国宇航动力澳大利亚公司	地面	干涉仪工作频段：2～30MHz；天线阵元：3～7 个偶极子或环形天线；系统灵敏度：优于−90dBm；对天波信号的典型测向精度<2°；在 30MHz 时测向精度为 0.2°，二维测向输出来波信号的方位角与俯仰角
2	TRC610 系列测向设备	法国汤姆逊-CSF 公司	地面/车载	干涉仪工作频段：2～1350MHz；系统灵敏度：0.7～15μV/m；测向精度：方位角≤0.5° rms，俯仰角≤2° rms，测向扫描速度为 2GHz/s；测向所需的最短信号持续时间为 500μs
3	DDF0X1 HF/VHF/UHF 扫描测向机	德国罗德与施瓦茨公司	车载/舰载/机载	干涉仪工作频段：011 型为 0.5～30MHz，051 型为 20～1300MHz，061 型为 0.5～1300MHz；灵敏度 0.2～6μV/m，测向精度优于 1°～3°，测向扫描速度为 200MHz/s

（续表）

序号	装备名称	国别与厂商	平台	主要性能与特点
4	IFR-301 干涉仪测向机	匈牙利TECHNIKA对外商业公司	地面	干涉仪工作频段：0.2~30MHz；要求信号持续时间为200ms；测向精度为0.5°rms；测向天线阵至少由3个有源单元天线组成，转换器将其中两个天线与双信道接收机连接后进行方位俯仰二维测向
5	IU-70 测向机	匈牙利TECHNIKA对外商业公司	地面	干涉仪工作频段：30~1000MHz，测向精度2°，灵敏度在400MHz以下优于10μV/m（典型值为5μV/m），400MHz以上优于20μV/m，该测向机带有8个爱德考克单元天线，方位分辨率为0.2°
6	TDF-205/305 测向系统	以色列塔迪兰有限公司	地面/车载/舰载/机载	干涉仪工作频段：20~1000MHz，典型测向精度1.5°rms，灵敏度6~9μV/m，接收垂直极化信号，测向接收机中频带宽可选：10/20/50/300kHz，系统功耗最大250W，质量44kg，平均无故障时间>800小时
7	ELT/G-100 测向机	意大利电子公司	地面/舰载/机载	干涉仪工作频段：20~1000MHz，测向扫描速度25~100MHz/s，采用双通道接收机，能够对持续2μs的雷达脉冲信号进行测向，通常需要3~5个脉冲后才输出测向结果
8	ES1500 精确测向系统	美国ESL公司	地面/车载	干涉仪工作频段：20~1200MHz，测向精度优于1.5°，灵敏度4~8μV/m，测向速度：120次/s（粗测），6次/s（精测），可接收垂直极化和±45°极化的信号
9	WJ"百慕大"监视和测向系统	美国沃特金斯-约翰逊公司	车载	干涉仪工作频段：20~1200MHz，测向精度优于2°，测向所需的最小信号持续时间10μs，扫描速度50MHz/s，可对频率捷变的辐射源进行快速检测与测向
10	"袋鼠"电子支援/电子情报系统	法国达索电子公司	机载	干涉仪工作频段：0.5~40GHz，主要对地面雷达信号进行测向，测向精度<1°，方位覆盖360°，质量<20kg，装载于无人驾驶飞行器、直升机和轻型多用途飞机
11	RAS-1B 电子情报系统	以色列塔迪兰有限公司	运输机	干涉仪工作频段：0.5~40GHz，测向精度0.3°~0.5°，平均每秒测量两个辐射源的频率、脉冲重复间隔、幅度和信号到达方向等参数
12	RDR-500 雷达测向设备	以色列塔迪兰有限公司	小型运输机	干涉仪工作频段：200~500MHz，测向精度3°rms，方位覆盖360°，仰角覆盖-2°~7°，适应脉冲宽度3~100μs，脉冲重复频率范围100~5000Hz，主要用于对米波雷达信号进行测向
13	AN/AYR-1 电子支援系统	美国波音公司	E-3 预警机	干涉仪测向方位覆盖360°，测向精度0.1°，可对雷达与通信信号进行截获、识别与测向
14	LR-100 告警与监视接收机	美国利顿·阿米康公司	地面/舰载/机载	采用4元线阵干涉仪测向，4个线阵可覆盖方位360°，干涉仪工作频段2~18GHz，测向精度<1°，采用双通道接收，瞬时接收带宽500MHz，质量<23kg
15	ZS-1010(S)测向系统	美国卢卡斯·泽塔公司	舰载	相关干涉仪工作频段：20~1000MHz，采用两层或三层"爱德考克"4元偶极子阵，测向精度优于2°rms，测向的最小信号持续时间4ms，接收垂直极化信号
16	信号情报型海洋监视卫星	俄罗斯	卫星	采用星载交叉基线干涉仪对海上雷达信号进行测向，工作频段分为：195~280MHz，306~496MHz，910~1385MHz，2640~3590MHz；卫星轨道高度404~418km

序号	装备名称	国别与厂商	平台	主要性能与特点
17	第三代电子侦察卫星	俄罗斯	卫星	采用 8 条干涉仪基线对地面和海洋上的雷达信号进行测向，卫星轨道近地点 634km，远地点 668km，干涉仪工作频段覆盖 100～3600MHz 内的 10 个子频段
18	"白云"海洋监视卫星	美国	卫星	侦察频段 0.5～10GHz，能够对地面和海洋上的雷达信号进行干涉仪测向

实际上干涉仪测向在电子对抗侦察装备中的应用十分广泛，表 1.2 仅列举了部分代表性公开装备，这些具备干涉仪测向功能的国外的公开电子对抗侦察装备配置在了地面固定站、车载站，各型飞机、舰艇，以及侦察卫星等各类平台上，如图 1.21 所示，干涉仪工作频段的低端已达到了 0.2～0.5MHz 的中长波频段，而高端已达到了 40GHz 的毫米波频段，这些发展概况也反映出了干涉仪测向在电子对抗侦察应用中的普遍性和重要性。

(a) 单兵便携式小型圆阵干涉仪

(b) 车载平台上的圆阵干涉仪

(c) 机载平台上的线阵干涉仪

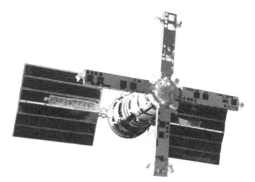
(d) 星载平台上的十字交叉干涉仪

图 1.21　干涉仪广泛应用于各类平台的典型示例（国外公开装备）

1.3.5　测向应用的主要技术指标与单位换算关系

1. 测向应用的主要技术指标

对于电子对抗侦察中的测向子系统来讲，随着用途的不同其具体功能与性能也各不相同，但是有一些共同的技术指标要求可作为测向性能评价的参考，这些技术指标也是测向子系统方案设计过程中关注的重点。

1）整个工作频段与瞬时工作带宽

整个工作频段是指测向系统长时间工作时能够检测出辐射源目标信号并完成测向的过程中覆盖上述目标信号的最大频率范围。瞬时工作带宽是指测向系统能够同时接收目标信号并完成测向功能时覆盖以上被测信号的最大带宽范围。

2）测角精度与测角分辨率

测角精度，又称测向精度，一般用测角误差的均值和标准差来度量，包括系统误差与随机误差两大类。其中系统误差是在给定工作频率、信号功率和环境温度等条件下由于系统失调而引起的，是一个均值不为零的固定偏差；而随机误差主要由系统内外的噪声引起，通常由测角误差的标准差来度量。测角分辨率是指测向过程中能够被区分开的两个辐射源目标相对于干涉仪的角度之差的最小值。

3）测向灵敏度

测向灵敏度是指测向系统在能够正常完成测向功能并达到测角精度指标要求的条件下，天线口面上的最小目标信号功率密度 D_s（单位 dBm/m^2），或者是在给定测向系统天线增益 $G_{R,dB}$（单位 dB）或有效接收面积 A_R（单位 m^2）的条件下测向接收机的灵敏度 $P_{R,min}$（单位为 dBm），即测向接收机入口处的最小目标信号强度。最小目标信号功率密度 D_s 和测向接收机的灵敏度 $P_{R,min}$ 之间的换算关系如式（1.32）所示：

$$P_{R,min}=D_s+10\log_{10}\left(A_R\right)=D_s+10\log_{10}\left[10^{G_{R,dB}/10}\cdot\lambda^2/(4\pi)\right] \tag{1.32}$$

另外，对于给定测向系统的天线形式之后，测向灵敏度也可采用测向天线所在区域中能够被正常测向并达到测角精度指标要求时的最小目标信号的电场强度 $E_{R,min}$（单位为 μV/m）来表示。实际上信号的功率与电场强度都能够用于描述信号强度，有关二者之间的换算关系后续再详细讲解。

4）整体测角范围与瞬时测角范围

整体测角范围是指测向系统长时间工作时能够检测出辐射源目标信号并输出其来波方向角的最大角度范围；而瞬时测角范围是指在给定时刻测向系统能够检测出辐射源目标信号并输出其来波方向角的最大角度范围。对于搜索法测向，瞬时测角范围等于天线波束宽度，而整体测角范围则对应了波束扫描后所能覆盖的全部角度范围，所以在此情况下瞬时测角范围总是小于整体测角范围。对于非搜索法测向，瞬时测角范围等于整体测角范围，只要侦察接收到的信号功率高于测向灵敏度，测向系统就能够测定辐射源目标的来波方向。

5）角度搜索概率与搜索时间

角度搜索概率是指测向系统在给定的搜索时间内可测量出给定辐射源信号来波方向角度信息的概率。搜索时间是指对于给定的辐射源目标，在测出其信号来波方向并达到给定搜索概率时所需要的时间。

6）测向所需的最短信号持续时间

测向所需的最短信号持续时间是指在达到测向灵敏度与测向精度条件下，要求被测信号持续存在的最短时间。该指标主要在突发信号测向功能中进行明确；另外，该指标对于测向接收机的频率扫描速度也有影响。因为在较宽的射频带宽条件下瞬时测向所覆盖的频率带宽是有限的，需要采用变频切换方式来分时覆盖所要求的整个射频带宽，而变频切换的速度不能太快，否则将不满足测向所需的最短信号持续时间的指标要求。

以上仅仅是测向系统中一些最主要的共性技术指标要求，随着应用场景和使命任务的差异，不同的系统有不同的测向性能评价要素，需要具体对象具体分析，在此就不再展开讨论了。

2. 测向应用中 μV/m 与 dBm 之间的换算关系

无线电波信号的测向工程应用中在表征被测信号的强度时会经常使用到 μV/m 和 dBm 两种单位，其中 μV/m 是电场强度的单位，dBm 是功率的单位。对于中长波与短波频段，以及 VHF/UHF 频段的信号，用 μV/m 来描述空间中传播的信号的强度比较普遍，在部分测向接收机的技术手册中描述接收机的灵敏度指标时也常用 μV/m 为单位。而对于 1GHz 以上微波和毫米波频段的信号，则通常用 dBm 来度量测向天线接收到的信号的强度。实际上在测向应用中，空间中传播的信号的电场强度 E_{em}（单位 V/m）与该信号被一个接收面积为 A_{an}（单位 m^2）的天线接收后，天线后端输出信号的功率 P_{sig}（单位 W）之间的换算关系如式（1.33）所示：

$$P_{sig} = E_{em}^2 A_{an} / Z_0 \tag{1.33}$$

式中，$Z_0 = 120\pi\Omega$ 表示自由空间阻抗，天线接收面积 A_{an} 与天线增益 G_R 之间关系如式（1.34）所示：

$$G_R = 4\pi A_{an}\eta / \lambda^2 = 4\pi A_{an}\eta f^2 / c^2 \tag{1.34}$$

式中，η 表示天线的效率。假设采用效率为 100%、增益为 1 的理想全向天线接收，在此条件下，该信号的电场强度 $E_{\mu V/m}$（单位 μV/m）与天线后端输出的信号功率 P_{dBm}（单位 dBm）之间由式（1.35）进行换算：

$$\begin{cases} P_{dBm} = -77.2 + 20\log_{10}\left(E_{\mu V/m}\right) - 20\log_{10}\left(f_{MHz}\right) \\ E_{\mu V/m} = 10^{\left[P_{dBm} + 77.2 + 20\log_{10}(f_{MHz})\right]/20} \end{cases} \tag{1.35}$$

式中，f_{MHz} 是以 MHz 为单位的信号频率。在使用式（1.35）进行电场强度 $E_{\mu V/m}$ 与信号功率 P_{dBm} 之间的换算时一定要记住：前提条件是采用效率为 100%、增益为 1 的理想全向天线接收。当采用效率小于 1 且增益为 G_R 的天线接收时，则需要将天线增益因素考虑进去，在式（1.35）的基础上进行对应数值的修正即可。

1.4 本书的篇章结构与主要内容

实际上在理工科大学物理课程中大家早已学习过光波频段的电磁波产生干涉的原理，也使用过光波频段的干涉仪来进行位移的精细测量，但是对于无线电波产生的干涉，以及利用干涉仪对无线电波信号的来波方向进行测向，对于无线电与电子微波专业以外的技术人员来讲，接触得并不太多。针对这一情况，本书主要围绕无线电波频段的干涉仪测向问题展开研究与探讨，并在此基础上对利用测向结果实施无源定位等其他方面的应用进行概要总结与对比介绍，以全面展示干涉仪测向的重要性及其在电子对抗侦察等领域中应用的广泛性。按照上述思路对本书的篇章结构进行了精心的规划与细致的组织，如图 1.22 所示。全书共 8 章，除了前 2 章与最后 2 章对干涉仪测向模型解算与无源定位等应用进行讲解之外，中间的 4 章分别从相位差测量、单元天线设计、干涉仪阵型优选、同时同频信号处理这 4 个专题方向进行了研究与探讨。全书全面、完整地展示了干涉仪测向的原理、方法与应用的主体内容。

具体来讲，本书第 1 章绪论部分在对电磁波基本特性高度概括的基础上，对电磁波干涉现象及干涉仪的基本作用进行了简要介绍，回顾了历史上两项极其著名的光波频段的干涉测量实验，引出了无线电波频段的干涉测量问题。对电子对抗侦察中的瞬时测频与干涉仪测向这两种典型应用进行了概要性讲解，总结了干涉仪测向的发展历程，梳理了公开文献报道过的具备干涉仪测向功能的国外电子对抗侦察装备，从而为本书主体内容的展开奠定了基础。

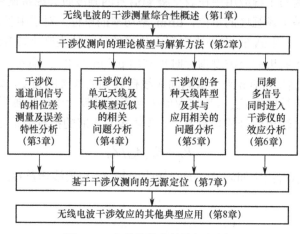

图 1.22   本书的篇章结构组织图示

第 2 章首先对干涉仪测向的理论模型与求解方法进行了介绍，分别以长短基线组合干涉仪和相关干涉仪这两类典型的干涉仪为代表，对其测向模型、相位差解模糊方法、典型测向系统与产品进行了详细的讲解，针对干涉仪测向模型中的应用边界条件，包括对平面电磁波测向与对球面电磁波测向之间的差异、一维线阵干涉仪测向在三维空间中的圆锥效应，以及不同仰角条件下的一维方位测向等问题进行了讨论。

第 3 章针对专题 1——干涉仪通道间信号的相位差测量及误差特性进行研究，主要阐述了模拟鉴相技术与数字鉴相技术，分析了干涉仪通道间信号的相位差测量所能达到的精度、构建了干涉仪的时差测向分析模型，介绍了单基线干涉仪的测向应用。

第 4 章针对专题 2——干涉仪单元天线及其模型近似的相关问题进行探讨，对各种典型的干涉仪常用单元天线、单元天线的相位中心与频率无关干涉仪测向进行了介绍，分析了与单元天线相关的各种因素对干涉仪测向的影响，在对单元天线中的噪声来源进行梳理的基础上给出了在极低信噪比条件下的信号接收新模型。

第 5 章针对专题 3——干涉仪的各种天线阵型及其与应用相关的问题进行分析，主要介绍了干涉仪的常见天线阵型，包括十字交叉干涉仪、圆阵干涉仪等，讲解了旋转干涉仪的测向原理与模型求解方法，对干涉仪测向与阵列测向进行了对比，分析了影响干涉仪测向的各种工程因素与改善措施。

第 6 章针对专题 4——同频多信号同时进入干涉仪的效应开展研究，讨论了传统干涉仪测向模型的应用边界条件，以及在同时同频多信号到达条件下干涉仪测向所面临的问题及其解决措施。

第 7 章主要是基于干涉仪测向结果的无源定位技术的应用性研究，分别从单条测向线与约束面相交的无源定位、多条测向线相互交叉的无源定位、固定单站测向交叉无源定位、超长基线干涉仪的近场定位、基于干涉仪相位差变化率的运动单站无源定位，以及基于旋转干涉仪的运动单站无源定位等多个方面，阐述了基于干涉仪测向的各种无源定位模型的构建，模型的求解方法，定位精度及其误差特性，以及误差标校等内容。

第 8 章概要地总结了无线电波干涉效应在雷达、通信、导航、测控、深空探测与电子干扰等电子信息领域中的应用情况，实际上这也是干涉仪测向的扩展性应用展示，为大家更加深刻地认识与理解干涉仪测向，以及在工程上更加灵活地应用干涉仪测向提供了借鉴与参考。

本章参考文献

[1] SALEH B E A, TEICH M C. Fundamentals of Photonics[M]. USA, New York: John Wiley & Sons Inc., 1991.

[2] 波扎. 微波工程 [M]. 4 版. 谭云华, 周乐柱, 吴德明, 等译. 北京: 电子工业出版社, 2019.

[3] 杨儒贵, 张世昌, 金建铭, 等. 高等电磁理论[M]. 北京: 高等教育出版社, 2008.

[4] 李社军, 魏占普, 栗志民. 高中物理知识清单[M]. 北京: 首都师范大学出版社, 2013.

[5] 费恩曼, 莱顿, 桑兹. 费恩曼物理学讲义（第 1 卷）[M]. 郑永令, 华宏鸣, 吴子仪, 等译. 上海: 上海科学技术出版社, 2013.

[6] 费恩曼, 莱顿, 桑兹. 费恩曼物理学讲义（第 2 卷）[M]. 李洪芳, 王子辅, 钟万蘅, 译. 上海: 上海科学技术出版社, 2013.

[7] 韩修林, 李姗姗, 孙梅娟. 迈克尔逊干涉仪实验综述报告[J]. 仪器仪表用户, 2018, 25(12): 16, 49-51.

[8] 杨甬英, 凌瞳. 新型共路干涉仪[M]. 浙江: 浙江大学出版社, 2020.

[9] 李忠明, 康延甫, 李俊霖, 等. 迈克尔逊干涉条纹位移信息提取研究[J]. 电子测量技术, 2021, 44(5): 51-54.

[10] 军事科学院. 中国人民解放军军语[M]. 北京: 军事科学出版社, 2011.

[11] ADAMY D L. EW 101: A first course in electronic warfare [M]. USA, Boston: Artech House, 2001.

[12] ADAMY D L. EW 102: A second course in electronic warfare [M]. USA, Boston: Artech House, 2004.

[13] ADAMY D L. EW 103: Tactical battlefield communication electronic warfare [M]. USA, Boston: Artech House, 2009.

[14] ADAMY D L. EW 104: EW against a new generation of threats [M]. USA, Boston: Artech House, 2015.

[15] ADAMY D L. EW 105: Space electronic warfare [M]. USA, Boston: Artech House, 2021.

[16] 周一宇, 安玮, 郭福成, 等. 电子对抗原理与技术[M]. 北京: 电子工业出版社, 2014.

[17] 胡来招. 雷达侦察接收机设计[M]. 北京: 国防工业出版社, 2000.

[18] EAST P W. Fifty years of instantaneous frequency measurement [J]. IET Radar Sonar Navig., 2012, 6(2): 112-122.

[19] POISEL R A. Electronic warfare receivers and receiving systems [M]. USA, Boston: Artech House, 2014.

[20] 李兴华, 顾尔顺. ARM 干涉仪导引头对 chirp 信号辐射源测角误差研究[J]. 系统工程与电子技术, 2008, 30(12): 2349-2351.

[21] PRICE A. The history of US electronic warfare (Volume 2)[M]. USA: Old Crow Association, 1989.

[22] STREETLY M. Jane's Radar and Electronic Warfare System [M]. 22th edition. UK: HIS Jane's, HIS Global Limited, 2010.

[23] 姜道安, 石荣. 航天电子侦察技术[M]. 北京: 国防工业出版社, 2016.

[24] 司锡才, 司伟建, 张春杰, 等. 超宽频带被动雷达寻的技术[M]. 北京: 国防工业出版社, 2016.

[25] EBBUTT G, GRIFFITH H, WASIF M N, et al. Jane's C^{4}ISR & mission systems: land [M]. London: Jane's Information Group, 2017.

[26] EWING D, FULLER M, GRIFFTH H, et al. Jane's C^{4}ISR & mission systems: maritime [M]. London: Jane's Information Group, 2017.

[27] EBBUTT G, GRIFFITH H, STREETLY M , et al. Jane's C^{4}ISR & mission systems: air [M]. London: Jane's Information Group, 2017.

[28] EBBUTT G, GRIFFITH H, WILLIAMSON J. Jane's C^{4}ISR & mission systems: joint & common equipment [M]. London: Jane's Information Group, 2017.

[29] 张土根, 王鼎奎, 徐祖祥, 等. 世界舰船电子战系统手册[M]. 北京: 科学出版社, 2000.

[30] 范国平, 张友益, 朱景明, 等. 世界航母雷达与电子战系统手册[M]. 北京: 电子工业出版社, 2011.

第2章 干涉仪测向的理论模型与解算方法

干涉仪利用电磁波的干涉效应不仅可以实现微小距离变化量的测量，而且还能够估计出电磁波的波长、频率、来波方向等参数。在电子对抗侦察中，干涉仪是一个典型的电磁信号来波方向测量设备，在工程上广泛应用[1-4]。按照不同的模型求解方法，干涉仪测向主要有两大类：第 1 类采用直接求解法，即通过相位差解模糊来计算来波方向角的经典干涉仪测向，又称为长短基线组合干涉仪测向；第 2 类采用间接求解法，即通过对比实测相位差与事先存储于数据库中的相位差样本模板数据来寻找最大相关值所对应方向的相关干涉仪测向。长短基线组合干涉仪测向重点关注相位差解模糊，采用的主要方法有长度等比基线法、虚拟基线法、参差基线法、外界辅助法等；相关干涉仪测向则重点关注相关运算的实效性与简洁性等。

实际上，在不同准则下干涉仪测向有不同的分类方式，按照干涉仪单元天线在空间中的分布构型，主要分为一维线阵干涉仪测向与二维面阵干涉仪测向；按照干涉仪测向输出结果的来波方向角的自由度，又可分为一维测向和二维测向。其中一维测向是指来波方向被约束在一个平面内，只有一个自由度，干涉仪一维测向的结果仅仅是在该约束平面内输出来波方向与参考直线之间的夹角；二维测向则是指来波方向在三维空间中有两个自由度，故干涉仪二维测向的结果会输出来波方向相对于参考基准面的俯仰角，以及来波方向在基准面上的投影线相对于参考直线的方位角这两个角度参数。显然，从理论上讲一维线阵干涉仪只能进行一维测向，而且在某些情况下还无法区分约束平面内的来波方向位于干涉仪基线的前方还是后方，所以一维线阵干涉仪测向输出的来波方向角通常需要限制在 $(-\pi/2, \pi/2)$ 范围以内。二维面阵干涉仪既能进行一维测向，也能实施二维测向。二维面阵干涉仪在一维测向时，默认电磁信号来波方向被约束在与干涉仪天线阵面共面的平面内，只使用方位角即可描述信号的来波方向，一般能够在 360° 全方位范围内进行测向。换句话讲，二维面阵干涉仪的一维测向输出的来波方向角能够覆盖整个 $[-\pi, \pi)$ 范围。二维面阵干涉仪在实施二维测向时，不仅可以获得来波方向的方位角，而且还能得到来波方向的俯仰角。在实际工程应用中长短基线组合干涉仪与相关干涉仪都十分常见，不同文献在长短基线组合干涉仪的命名上存在差异，但这并不要紧，关键是该类干涉仪的测向模型主要通过各种长度的多条基线的组合来进行相位差测量，并采用相位差解模糊的求解方法，与大家的感性认知和习惯思维比较吻合，能够更加清晰地展示干涉仪测向的机理，所以接下来首先从长短基线组合干涉仪测向进行讲解。

2.1 长短基线组合干涉仪测向

2.1.1 一维线阵干涉仪测向模型

由 N_a 个单元天线 An_i，$i = 0,1,\cdots,N_a-1$ 构成的一维线阵干涉仪测向示意图如图 2.1 所示，以 An_0 为参考天线，其他单元天线 An_i 与 An_0 之间构成不同的干涉仪基线，其长度分别记为 d_i，并约定 $d_0 = 0$。由于一维线阵干涉仪仅能进行一维测向，故在电磁波信号 $S_w(t) =$

$A_\mathrm{c}\exp[\mathrm{j}(2\pi f_\mathrm{c}t+\phi_\mathrm{c})]$ 的来波方向线与干涉仪基线所共同决定的二维平面上来对该测向问题进行分析，其中 A_c、f_c 和 ϕ_c 分别为电磁波信号的振幅、频率与初相。

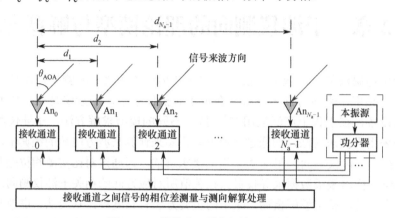

图 2.1　一维线阵干涉仪测向示意图

当电磁波信号 $S_\mathrm{w}(t)$ 的入射方向与干涉仪基线法向之间的夹角为 θ_AOA 时，各单元天线接收并输出的信号 $S_{\mathrm{A},i}(t)$ 如式（2.1）所示：

$$S_{\mathrm{A},i}(t)=S_\mathrm{w}(t)\cdot B_\mathrm{ant}(\theta_\mathrm{AOA})\cdot\exp(\mathrm{j}2\pi d_i\sin\theta_\mathrm{AOA}/\lambda)\qquad(2.1)$$

式中，$B_\mathrm{ant}(\bullet)$ 为单元天线的方向图函数，反映了该单元天线的增益方向图、相位方向图在不同接收角度时的差异，是一个复值函数；λ 为信号的波长，在干涉仪测向应用中 λ 通常作为一个已知参数对待，因为通过对信号 $S_\mathrm{w}(t)$ 进行频率 f_c 的参数估计之后，由公式 $\lambda=c_\mathrm{med}/f_\mathrm{c}$ 即可计算得到，其中 c_med 为天线所处介质中电磁波的传播速度，在通常的工程应用中干涉仪天线处于大气层中，一般取 $c_\mathrm{med}\approx3\times10^8\,\mathrm{m/s}$。

图 2.1 所示的接收通道一般对应两大类接收机。

第 1 类：仅具有放大与滤波功能，并且瞬时工作带宽较宽的直放式接收机。

第 2 类：具有放大与下变频功能，典型代表为超外差变频接收机。

对于第 1 类，N_a 个接收通道具有相同的幅频特性和相频特性，各个信号同时获得相同的放大倍数，所以 N_a 个接收通道输出的各个射频信号相互之间仍然保持相位差关系不变。在图 2.1 中当采用第 1 类接收通道时不需要虚线框中的本振源与功分器。第 1 类接收通道的后端通常接模拟鉴相器进行各路信号之间的相位差测量，或者进行数字直采，即把各路模拟射频信号直接转化为数字信号后，再通过数字信号处理方式来获得各路信号之间的相位差测量值。

对于第 2 类，N_a 个接收通道不仅具有相同的放大增益，而且采用相同的本振信号 $S_\mathrm{osc}(t)=A_\mathrm{osc}\exp[-\mathrm{j}(2\pi f_\mathrm{osc}t+\phi_\mathrm{osc})]$ 进行下变频，其中 A_osc、f_osc 和 ϕ_osc 分别表示本振信号的幅度、频率与初相。在工程上一般通过同一个本振信号进行多路功分之后，同时提供给 N_a 个接收通道作为变频本振，并确保所有变频本振信号保持完全相同的幅相特性，于是将 N_a 个射频信号搬移到同一个中频 f_IF，得到各个接收通道对应的中频信号 $S_{\mathrm{IF},i}(t)$，如式（2.2）所示：

$$\begin{aligned}S_{\mathrm{IF},i}(t)&=\mathrm{Filter}_\mathrm{IF}\big[S_{\mathrm{A},i}(t)\cdot S_\mathrm{osc}(t)\big]\\&=\beta_\mathrm{IF}A_\mathrm{c}B_\mathrm{ant}(\theta_\mathrm{AOA})\cdot\exp[\mathrm{j}(2\pi f_\mathrm{IF}t+\phi_\mathrm{c}-\phi_\mathrm{osc})]\cdot\exp(\mathrm{j}2\pi d_i\sin\theta_\mathrm{AOA}/\lambda)\end{aligned}\qquad(2.2)$$

式中，$\mathrm{Filter}_\mathrm{IF}(\bullet)$ 表示中频滤波算子，$f_\mathrm{IF}=f_\mathrm{c}-f_\mathrm{osc}$，为中频频率，$\beta_\mathrm{IF}$ 是一个反映各级放大增益、变频滤波插损等影响因素的常值复系数。由此可知：经过同源本振的下变频之后，N_a 个接收

通道输出的各个中频信号 $S_{\mathrm{IF},i}(t)$ 相互之间仍然保持相位差关系不变，所以从理论上讲，在中频进行鉴相与在射频进行鉴相，最终结果都是一样的。

把接收通道 0 输出的信号 $S_{\mathrm{IF},0}(t)$ 作为基准，后续的 $1\sim N_a-1$ 个接收通道输出的信号 $S_{\mathrm{IF},k}(t)$，$k=1,2,\cdots,N_a-1$，分别与之进行相位差测量，即鉴相，从而得到相位差测量值 $\phi_{\mathrm{M}\Delta,k}$ 如式（2.3）所示：

$$\phi_{\mathrm{M}\Delta,k}=\mathrm{mod}\left(2\pi d_k \sin\theta_{\mathrm{AOA}}/\lambda+\pi,2\pi\right)\ \ \pi \tag{2.3}$$

式中，$\mathrm{mod}(a,b)$ 为求余函数，即表示 a 除以 b 之后的余数，且商为整数。由此可知：相位差测量值 $\phi_{\mathrm{M}\Delta,k}$ 的取值范围为 $[-\pi,\pi)$。也正因为如此，当式（2.4）成立时就会出现多个相位差的真实值与同一个相位差的测量值相对应的现象，在干涉仪测向应用中称之为相位差测量的 2π 模糊，而且基线长度越长，模糊度越高。

$$\left|2\pi d_k \sin\theta_{\mathrm{AOA}}/\lambda\right|>\pi \tag{2.4}$$

反过来，由式（2.3）和式（2.4）可知：如果干涉仪中最短基线长度 d_1 与最大测向角度范围 $[-\theta_{\max},\theta_{\max}]$ 满足式（2.5）时，相位差测量值与信号来波方向角之间有一一对应关系，则不会出现上述 2π 模糊的现象。

$$\phi_{\mathrm{M}\Delta,1}=2\pi d_1 \sin\theta_{\max}/\lambda<\pi \tag{2.5}$$

由式（2.5）可解得干涉仪在无模糊测向情况下，其最短基线的长度 d_1 满足如下约束条件：

$$d_1<\lambda/\left(2\sin\theta_{\max}\right) \tag{2.6}$$

所以从理论上讲，在干涉仪的设计中通常都会将最短基线的长度 d_1 控制在式（2.6）所约束的范围之内。在此基础上采用没有模糊的本级较短基线的相位差测量值去解下一级较长基线相位差测量值的模糊，按照式（2.7）进行逐级解模糊后获得 N_a-1 个无模糊的相位差测量值 $\phi_{\mathrm{W}\Delta,k}$ 如下：

$$\begin{cases}\phi_{\mathrm{W}\Delta,k+1}=\phi_{\mathrm{M}\Delta,k+1}+\gamma_{\mathrm{M}\Delta,k}+\begin{cases}0 & \phi_{\mathrm{M}\Delta,k+1}+\gamma_{\mathrm{M}\Delta,k}-\alpha_k\phi_{\mathrm{W}\Delta,k}\in[-\pi,\pi)\\ 2\pi & \phi_{\mathrm{M}\Delta,k+1}+\gamma_{\mathrm{M}\Delta,k}-\alpha_k\phi_{\mathrm{W}\Delta,k}<-\pi\\ -2\pi & \phi_{\mathrm{M}\Delta,k+1}+\gamma_{\mathrm{M}\Delta,k}-\alpha_k\phi_{\mathrm{W}\Delta,k}\geq\pi\end{cases}\\ \gamma_{\mathrm{M}\Delta,k}=2\pi\cdot\mathrm{floor}\left(\dfrac{\alpha_k\phi_{\mathrm{W}\Delta,k}}{2\pi}\right),\ \alpha_k=\dfrac{d_{k+1}}{d_k},\ \phi_{\mathrm{W}\Delta,1}=\phi_{\mathrm{M}\Delta,1}\end{cases} \tag{2.7}$$

式中，$\mathrm{floor}(\bullet)$ 表示向下取整函数，α_k 表示相邻基线长度比。解模糊之后的相位差测量值 $\phi_{\mathrm{W}\Delta,k}$ 与来波方向之间的对应关系如式（2.8）所示：

$$\phi_{\mathrm{W}\Delta,k}=2\pi d_k \sin\theta_{\mathrm{AOA}}/\lambda,\ \ k=1,2,\cdots,N_a-1 \tag{2.8}$$

需要注意的是：在式（2.8）中暂时没有考虑相位差测量误差的影响，认为解模糊之后的相位差测量值 $\phi_{\mathrm{W}\Delta,k}$ 是完全准确的。存在测量误差的情况下，可将解模糊之后的相位差测量值记为 $\phi_{\mathrm{W}\Delta e,k}$，将第 k 条基线对应的相位差真实值记为 $\phi_{\mathrm{W}\Delta r,k}$，则第 k 条基线的相位差测量误差 $\delta\phi_{\mathrm{M}\Delta,k}$，即鉴相误差为

$$\delta\phi_{\mathrm{M}\Delta,k}=\phi_{\mathrm{W}\Delta e,k}-\phi_{\mathrm{W}\Delta r,k} \tag{2.9}$$

从原理上讲，任意挑选一条测量基线 d_k，都能够由式（2.8）解算出信号的来波方向角 θ_{AOA}，但在有测量误差的情况下最长基线对应了最高的测向精度，关于这一点在 2.1.2 节中还会详细讨论，所以在工程应用中为了简化计算，常常用最长基线的无模糊相位差测量值来计算信号

来波方向角的简化解 $\hat{\theta}_{\text{AOA,s}}$：

$$\hat{\theta}_{\text{AOA,s}}=\arcsin\left[\phi_{\text{W}\Delta\text{e},N_a-1}\lambda\big/\left(2\pi d_{N_a-1}\right)\right] \tag{2.10}$$

按照最优估计理论中的最小均方误差估计准则，还可以求解使得上述 N_a-1 个实际测量值与估计值的误差平方和最小时的结果作为最终测向值，于是来波方向角的最小均方误差解 $\hat{\theta}_{\text{AOA,m}}$ 满足式（2.11）：

$$\hat{\theta}_{\text{AOA,m}}=\arg\min_{\theta}\sum_{k=1}^{N_a-1}\left(2\pi d_k\sin\theta/\lambda-\phi_{\text{W}\Delta\text{e},k}\right)^2 \tag{2.11}$$

如果将式（2.11）中的 $\sin\theta$ 看成一个整体变量进行求导，并令导数等于零，于是可得来波方向角的最小均方误差解 $\hat{\theta}_{\text{AOA,m}}$：

$$\hat{\theta}_{\text{AOA,m}}=\arcsin\left(\frac{\lambda}{2\pi}\sum_{k=1}^{N_a-1}d_k\phi_{\text{W}\Delta\text{e},k}\bigg/\sum_{k=1}^{N_a-1}d_k^2\right) \tag{2.12}$$

从理论上讲，最小均方误差解 $\hat{\theta}_{\text{AOA,m}}$ 比简化解 $\hat{\theta}_{\text{AOA,s}}$ 的估计精度更高，但在干涉仪的相邻基线长度比 α_k 都比较大，且信噪比比较高的条件下，二者差异并不大，实际工程中两种求解方法都在使用。如果信噪比越低，相邻基线长度比越小，则最小均方误差解的精度优势就越明显，所以需要根据实际应用条件进行综合权衡与合理选择。

2.1.2　测向误差影响因素与相邻基线长度比设计准则

为了分析干涉仪测向过程中各种因素对测向精度的影响，对式（2.8）所示的干涉仪测向理论模型中的变量求全微分，整理后可得：

$$\text{d}\theta_{\text{AOA}}=\frac{\lambda}{2\pi d_k\cos\theta_{\text{AOA}}}\left(\text{d}\phi_{\text{W}\Delta,k}+\phi_{\text{W}\Delta,k}\left(\frac{\text{d}\lambda}{\lambda}-\frac{\text{d}d_k}{d_k}\right)\right) \tag{2.13}$$

式（2.13）显示：当 $\theta_{\text{AOA}}=\pm\pi/2$ 时，$\cos\theta_{\text{AOA}}=0$，理论上的测向误差为无穷大。在此可列举一个比较极端的示例来加以说明，一个长度接近于半波长的单基线干涉仪在 $\theta_{\text{AOA}}=\pm\pi/2$ 时，该干涉仪的两单元天线之间的相位差测量值 $\phi_{\text{M}\Delta,1}$ 接近于 $\pm\pi$；而在实际测量中一个微小的鉴相误差就可能使得 $\phi_{\text{M}\Delta,1}$ 跨越 $\pm\pi$ 的交界区间，导致来波方向角的估计值从 $\hat{\theta}_{\text{AOA}}=\pi/2$ 变化为 $\hat{\theta}_{\text{AOA}}=-\pi/2$，或者从 $\hat{\theta}_{\text{AOA}}=-\pi/2$ 变化为 $\hat{\theta}_{\text{AOA}}=\pi/2$，造成实际来波方向与测量得到的来波方向刚好相反。实际上，$\theta_{\text{AOA}}=\pm\pi/2$ 对应了信号来波方向与干涉仪基线方向完全平行的情况，此时干涉仪测向系统实际上已经退化成了一个采用无线延迟线的瞬时测频系统，各个单元天线之间的直线距离相当于延迟线的长度，在此情况下虽然能对来波信号的频率进行有条件的测量，但是测向误差却非常大。其实还可以从另一个角度来理解这一现象，如果将干涉仪的基线看成空间中截获电磁信号并吸收电磁能量的具有一定口径大小的等效天线，当电磁波垂直入射到干涉仪基线上时，$\theta_{\text{AOA}}=0$，则 $\cos\theta_{\text{AOA}}=1$，此时干涉仪基线在来波方向上的投影口径面积最大，对应地截获到的电磁能量最多；而当电磁波平行入射到干涉仪基线上时，$\theta_{\text{AOA}}=\pm\pi/2$，则 $\cos\theta_{\text{AOA}}=0$，此时干涉仪基线在来波方向上的投影口径面积最小，对应地截获到的电磁能量最少。从某种意义上讲，截获到的电磁能量越大，对应的测量精度越高；反之，截获到的电磁能量越小，对应的测量精度越低。在阵列天线波束扫描与测量过程中也体现了这一特点。

由式（2.13）可知：当 d_k/λ 越大时测向误差越小，这也合理地解释了工程上常常采用干涉仪中最长基线来实施测向解算的原因，即基线波长比越大，测向解算过程中各种因素引入误差的综合影响越小。当然，在干涉仪测向应用中需要尽可能减小通道间的相位差测量误差 $\mathrm{d}\phi_{\mathrm{W}\Delta,k}$、基线长度误差 $\mathrm{d}d_k$、波长测量误差（频率测量误差）$\mathrm{d}\lambda$，这样才能够在一定程度上提高干涉仪的测向精度[5]。在常规的工程应用中基线长度误差 $\mathrm{d}d_k$ 和波长测量误差 $\mathrm{d}\lambda$ 一般都在可控范围之内，误差数值通常都不大，而最主要的误差来源于相位差测量误差 $\mathrm{d}\phi_{\mathrm{W}\Delta,k}$。关于相位差的高精度测量问题在本书第 3 章中还会详细分析，在本节中主要关注的是避免出现相位差解模糊失效而带来相位差测量的粗大误差。

由式（2.7）可知，在干涉仪相位差的逐级解模糊过程中短基线的相位差测量误差会被以相邻基线长度比 $\alpha_k = d_{k+1}/d_k$ 为倍数放大之后进入下一级的解模糊运算，如果放大之后的上一级的相位差测量误差与本级相位差测量误差的绝对值之和超过 π，则有可能产生解模糊错误，而且该错误还会继续传递到后续级别之中。为了避免出现此问题，一般要求干涉仪的相邻两级基线的相位差测量误差 $\delta\phi_{\mathrm{M}\Delta,k}$ 和 $\delta\phi_{\mathrm{M}\Delta,k+1}$ 满足式（2.14）：

$$\frac{d_{k+1}}{d_k}\left|\delta\phi_{\mathrm{M}\Delta,k}\right| + \left|\delta\phi_{\mathrm{M}\Delta,k+1}\right| < \pi \tag{2.14}$$

在此需要注意区分 $\delta\phi_{\mathrm{M}\Delta,k}$ 和 $\mathrm{d}\phi_{\mathrm{W}\Delta,k}$，$\delta\phi_{\mathrm{M}\Delta,k}$ 是第 k 级基线在相位差直接测量过程中（相位差解模糊之前）的误差，而 $\mathrm{d}\phi_{\mathrm{W}\Delta,k}$ 是第 k 级基线在相位差解模糊之后的误差。在正确解模糊情况下二者是一致的，但是在解模糊出错或失效时，$\mathrm{d}\phi_{\mathrm{W}\Delta,k}$ 中还包含了解模糊过程中新引入的误差。也正因为如此，在干涉仪的基线设计中才会有式（2.14）的要求。假设相邻两级的基线长度比 $\alpha_k = d_{k+1}/d_k$，以及各级基线的相位差测量误差的最大绝对值 $\delta\phi_{\mathrm{M}\Delta,k|\mathrm{max}|}$ 都一样，并记 $\alpha_\mathrm{b} = d_{k+1}/d_k$ 为共同的基线长度比，记 $\delta\phi_{\mathrm{max}|\Delta}$ 为共同的相位差测量误差的最大绝对值，由式（2.14）可推导出式（2.15）：

$$\alpha_\mathrm{b} < \pi/\delta\phi_{\mathrm{max}|\Delta} - 1 \tag{2.15}$$

式（2.15）实际上就是长短基线组合干涉仪测向中的相邻基线长度比设计准则。于是将一维线阵干涉仪的基线设计流程归纳总结如下：

（1）根据最大测向角度范围 $[-\theta_{\mathrm{max}}, \theta_{\mathrm{max}}]$ 由式（2.6）设计干涉仪的最短基线长度 d_1；

（2）按照系统能够实现的相位差测量误差的最大绝对值 $\delta\phi_{\mathrm{max}|\Delta}$，由式（2.15）选择合适的相邻基线长度比 α_b 以满足相位差解模糊约束条件；

（3）由式（2.16）所示的递推不等式即可设计出干涉仪后续各条基线的长度 d_{k+1}：

$$d_{k+1} \leqslant d_k \cdot \alpha_\mathrm{b} \tag{2.16}$$

如果式（2.16）中始终取等号，即 $d_{k+1}/d_k = \alpha_\mathrm{b}$ 成立，则设计出的干涉仪各条基线的长度构成一个等比数列，所以该方法又称长度等比基线法；如果在各种工程应用约束条件下式（2.16）中取了小于号，所设计出的干涉仪各条基线长度没有等比特征，而仅仅展现出长度逐级增大的特性，则又形象地称此类干涉仪为长短基线组合干涉仪。总之，按照上述步骤能够顺利完成干涉仪中各条基线长度的合理设计。下面以一应用示例对整个设计过程进行讲解。

例 2.1： 长短基线组合干涉仪的各条基线设计示例。一个由 3 个单元天线构成的双基线一维线阵干涉仪，其工作频段为 500～600MHz，两条基线对应的接收通道间信号的相位差测量误差的最大绝对值为 0.124π，即 22.32°，干涉仪的测角覆盖范围要求达到 ±45°。请问该干涉仪两条基线的长度如何设计？

首先根据干涉仪工作频段计算出其接收信号的波长 λ 的范围为 0.5～0.6m，根据最短波长与最大测角范围由式（2.6）可求得最短基线 $d_1 < 0.5/\sqrt{2}$ m，于是取 $d_1 = 0.353$m；接着按照相位差测量误差的最大绝对值由式（2.15）可得相邻基线长度比 $\alpha_b < 7.0645$，于是取 $\alpha_b = 7$；最后由式（2.16）计算得到第 2 条基线的长度 d_2 为 2.471m。

如果该干涉仪测向过程中基线长度误差与信号波长测量误差忽略不计，在只考虑通道间信号的相位差测量误差的情况下，由式（2.13）估算出所设计的干涉仪工作于 500～600MHz 频段内的最大测向误差约为 0.0213rad，约为 1.22°；且该最大测向误差是在干涉仪工作于 500MHz 频率，被测信号的来波方向角与干涉仪基线法向之间的夹角为 ±45° 时才会出现。如果被测信号沿干涉仪基线法线方向入射，此时的最大测向误差仅有 0.863°。按照上述参数设计出的干涉仪通常能够满足一般的工程测向应用要求。

按照上述示例的计算方法与设计流程，大家已经能够设计出一个初具测向功能的干涉仪基线了，但这仅仅是建立了一个雏形，如果真要把干涉仪设计得在工程上更加好用，达到更高的测向精度，还有许多因素需要考虑。其实仅针对干涉仪基线设计这一个方面来讲，仍然还有问题有待进一步解决，接下来继续分析与讨论。

2.1.3　虚拟基线与参差基线的设计

2.1.3.1　虚拟基线干涉仪测向

由式（2.6）可知，一般情况下要求干涉仪的最短基线长度 $d_1 < \lambda/(2\sin\theta_{max})$，当被测信号的频率较高，对应波长 λ 较小时，造成干涉仪要求的最短基线长度过短，于是对应的单元天线更小，在工程实现上研制如此之小的单元天线难以满足信号接收性能的要求。例如：以对 15GHz 的 Ku 频段信号进行干涉仪测向为例，信号波长 $\lambda = 0.02$m，当最大测角范围对应的 θ_{max} 为 60° 时，要实现无模糊测向，则要求干涉仪的最短基线长度不超过 $0.02/\sqrt{3} \approx 0.0115$m。这不仅要求单个单元天线的尺寸不能超过 0.0115m 量级，而且还要在如此之短的间距上安放两个 Ku 频段的单元天线，这很容易强化天线之间的互耦效应，使得天线接收性能急剧恶化，导致干涉仪的工程可实现性变差。

另外，由第 1 章的表 1.2 可知：在电子对抗侦察应用中干涉仪通常工作于宽带或超宽带测向模式，即干涉仪的工作频段很宽，有时甚至高达数个倍频程，同样也要求其中的单元天线采用宽带天线，例如平面螺旋天线等。宽带天线的最大物理尺寸一般由最低工作频率决定，其尺寸近似为 $\lambda_{max}/2$ 量级，λ_{max} 为最低工作频率对应的最大波长；而在干涉仪测向应用中最短基线长度又近似为 $\lambda_{min}/2$ 量级，λ_{min} 为最高工作频率对应的最小波长。显然，在宽带或超宽带干涉仪测向中普遍存在 λ_{max} 远大于 λ_{min} 的现象，于是两方面的要求就会产生矛盾，造成在最短的基线长度上无法安放两个宽带单元天线。实际上这一问题也反映出不同领域中干涉仪测向应用存在的差异性，例如在雷达和通信接收设备中所使用的干涉仪的相对工作带宽通常不超过 20%，所以波长 λ 的取值变化一般也在 10%～30%范围内；而电子对抗侦察中干涉仪的工作带宽非常宽，波长 λ 的取值甚至有好几倍的变化，这也体现出电子对抗侦察领域中干涉仪设计的特有难度。

为了解决上述问题，在干涉仪的基线设计中引入虚拟基线的概念，即设计由 3 个单元天线构成的长度接近的两条基线来合成一条虚拟基线，记单元天线 An_0 与 An_1 之间的基线长度为

$d_{\text{fic},1}$，An$_1$ 与 An$_2$ 之间的基线长度为 $d_{\text{fic},2}$，且 $d_{\text{fic},2} > d_{\text{fic},1}$，$d_{\text{fic},2} = d_{\text{fic},1} + \Delta d_{\text{fic}}$。以 An$_1$ 为对称点在 An$_0$ 的镜像位置处虚拟出一个天线单元，记为 An$_0'$，于是便能够合成一条由 An$_0'$ 和 An$_2$ 构成的长度为 Δd_{fic} 的虚拟基线，如图 2.2 所示。

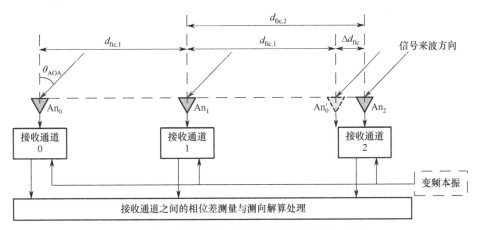

图 2.2 由两条长度相近的基线构成虚拟基线干涉仪

将这条虚拟基线作为整个干涉仪的最短基线，使之满足干涉仪测向应用中最短基线的长度要求，从而解决了干涉仪物理基线长度过短而无法实现的问题。参照式（2.6）有：

$$\Delta d_{\text{fic}} = d_{\text{fic},2} - d_{\text{fic},1} < \lambda / (2\sin\theta_{\max}) \tag{2.17}$$

由于最短基线是一条合成的虚拟基线，所以该虚拟基线对来波信号的相位差虚拟测量值 $\phi_{\text{fic,M}\Delta}$ 需要通过长度为 $d_{\text{fic},1}$ 和 $d_{\text{fic},2}$ 的两条实基线的相位差测量值 $\phi_{\text{fic,M}\Delta,1}$ 和 $\phi_{\text{fic,M}\Delta,2}$ 按照式（2.18）计算：

$$\phi_{\text{fic,M}\Delta} = \phi_{\text{fic,M}\Delta,2} - \phi_{\text{fic,M}\Delta,1} + \begin{cases} 0 & \phi_{\text{fic,M}\Delta,2} - \phi_{\text{fic,M}\Delta,1} \in [-\pi, \pi) \\ 2\pi & \phi_{\text{fic,M}\Delta,2} - \phi_{\text{fic,M}\Delta,1} < -\pi \\ -2\pi & \phi_{\text{fic,M}\Delta,2} - \phi_{\text{fic,M}\Delta,1} \geq \pi \end{cases} \tag{2.18}$$

由式（2.18）可知，相位差虚拟测量值一定满足 $\phi_{\text{fic,M}\Delta} \in [-\pi, \pi)$，虚拟基线的长度为 Δd_{fic}，在此基础上便能参照实基线干涉仪中相邻基线逐级解模糊的式（2.7）对余下基线的相位差测量值进行解模糊计算。但此处需要注意的是：虚拟基线对应的相位差虚拟测量值是由两条长度相近的实基线的相位差测量值通过式（2.18）计算得到的，所以虚拟相位差的最大测量误差的绝对值会增加 1 倍，即 $\delta\phi_{\text{fic},|\max|\Delta} = 2 \cdot \delta\phi_{|\max|\Delta}$，于是式（2.14）需修正为

$$\begin{cases} \dfrac{d_{\text{fic},1}}{\Delta d_{\text{fic}}} \delta\phi_{\text{fic},|\max|\Delta} + |\delta\phi_{\text{M}\Delta,1}| \leqslant \left(2\dfrac{d_{\text{fic},1}}{\Delta d_{\text{fic}}} + 1\right) \delta\phi_{|\max|\Delta} < \pi \\ \dfrac{d_{\text{fic},2}}{\Delta d_{\text{fic}}} \delta\phi_{\text{fic},|\max|\Delta} + |\delta\phi_{\text{M}\Delta,2}| \leqslant \left(2\dfrac{d_{\text{fic},2}}{\Delta d_{\text{fic}}} + 1\right) \delta\phi_{|\max|\Delta} < \pi \end{cases} \tag{2.19}$$

因为 $d_{\text{fic},2} > d_{\text{fic},1}$，所以由式（2.19）可解得：

$$\delta\phi_{|\max|\Delta} < \frac{\pi}{2\dfrac{d_{\text{fic},2}}{\Delta d_{\text{fic}}} + 1} \tag{2.20}$$

在虚拟基线干涉仪应用中，需要根据相位差测量误差的最大绝对值 $\delta\phi_{|\max|\Delta}$，以及式（2.17）

和式（2.20）来设计 $d_{fic,1}$ 和 $d_{fic,2}$ 这两条长度相近的实基线，然后在此基础上根据 2.1.2 节中讲述的有关实基线的相邻基线长度比设计准则，按照式（2.15）和式（2.16）来设计余下的其他各条更长的基线。下面举一例对虚拟基线干涉仪中各条基线长度的设计过程进行讲解。

例 2.2：宽带干涉仪测向应用中虚拟基线设计示例。一个由 3 个单元天线构成的双基线一维线阵干涉仪，其工作频段为 500～1500MHz，两条基线对应的接收通道间信号的相位差测量误差的最大绝对值为 0.124π，即 22.32°，干涉仪的测角覆盖范围要求达到 ±45°。请问按照图 2.2 所示，干涉仪的两条基线的长度如何设计？

由例 2.2 与前述例 2.1 对比可见，干涉仪的高端工作频率由原来的 600MHz 扩展至 1500MHz，达到 3 个倍频程，其接收信号的波长 λ 的范围也扩展为 0.2～0.6m，根据最短波长与最大测角范围由式（2.6）可得最短基线 $d_1 < 0.2/\sqrt{2}$ m≈0.141m。由于该干涉仪中频率覆盖 500～1500MHz 的单个单元天线的尺寸大约在 0.3m 量级，显然在 0.141m 的间距上无法安放两个如此大尺寸的单元天线，所以需要采用虚拟基线设计方法。根据式（2.17）取虚拟基线的长度 Δd_{fic} = 0.14m，然后由式（2.20）可计算得到构成虚拟基线的其中一个较长基线的长度 $d_{fic,2} < 3.5323\Delta d_{fic} \approx 0.4945$m，于是干涉仪的两条基线长度分别取 $d_{fic,2}$ = 0.49m，$d_{fic,1}$ =0.35m，这两条基线长度之差便自然构成了一条长度为 0.14m 的虚拟基线。

虽然设计出的虚拟基线确保了两条实基线的相位差测量值的解模糊要求，但是此时由两条实基线构成的最长基线长度仅为 0.35+0.49 = 0.84m，与例 2.1 中的最长基线 2.471m 相比约缩短为其的 1/3。显然在只考虑通道间信号的相位差测量误差的情况下，由式（2.13）可估算出所设计的干涉仪工作于 500～1500MHz 频段内的最大测向误差会增大到 3.59°；且该最大测向误差是在干涉仪工作于 500MHz 频率、被测信号的来波方向角与干涉仪基线法向之间的角度为 ±45° 时才会出现。

例 2.2 相对于例 2.1 而言，在相同天线数目条件下，由于构建虚拟基线造成干涉仪最长基线长度缩短，测向精度降低。为了弥补这一缺陷，可再增加一个单元天线，由 4 个单元天线构成 3 基线一维线阵干涉仪，且第 3 条基线为最长基线，可按照实基线解模糊中的相邻基线长度比来设计，参照例 2.1 中的分析流程，取 α_b=7，由式（2.16）计算得到第 3 条基线的长度为 0.84×7=5.88m。这样，相对于例 2.1 中长度为 2.471m 的最长基线而言，测向精度提升到了 2 倍以上，达到了 0.513°。综上所述，以图 2.1 所示的单元天线 An_0 为共同的基线长度度量起点，最终设计出的 3 条基线的长度分别为 0.35m、0.84m、5.88m，该干涉仪通常能够满足一般的工程测向应用要求。

2.1.3.2　参差基线干涉仪测向

除了虚拟基线设计方法能够解决多基线干涉仪中最短基线难以实现的问题，还可以设计参差基线干涉仪，通过数论中的中国余数定理来解决这一问题[6-8]。

中国余数定理又称孙子定理，是中国古代求解一次同余方程组的方法，该问题最早由公元 5 世纪时中国南北朝时期的数学著作《孙子算经》记载如下：有物不知其数，三三数之剩二，五五数之余三，七七数之余二，问物几何？用现代数学语言来表达中国余数定理，即是：假设 N_r 个整数 $m_1, m_2, \cdots, m_{N_r}$ 两两互质，一个未知整数 x 对上述 N_r 个整数求余，余数分别为 $q_1, q_2, \cdots, q_{N_r}$，即可得到如式（2.21）所示的一元线性同余方程组：

$$\begin{cases} \mathrm{mod}\left(x, m_1\right) = q_1 \\ \mathrm{mod}\left(x, m_2\right) = q_2 \\ \quad\vdots \\ \mathrm{mod}\left(x, m_{N_\mathrm{r}}\right) = q_{N_\mathrm{r}} \end{cases} \tag{2.21}$$

式中，$\mathrm{mod}(\bullet,\bullet)$ 为求余函数。设 $M_\mathrm{A} = \prod\limits_{i=1}^{N_\mathrm{r}} m_i$，$M_i = M_\mathrm{A}/m_i$，且整数 Z_i 满足 $\mathrm{mod}\left(Z_i M_i, m_i\right) = 1$，于是方程组式（2.21）的通解形式如式（2.22）所示，其中 k 为整数：

$$x = k M_\mathrm{A} + \sum_{i=1}^{N_\mathrm{r}} q_i Z_i M_i \tag{2.22}$$

在模 M_A 的条件下，由式（2.22）可得上述方程组的唯一解为 $x_\mathrm{s} = \mathrm{mod}\left(\sum\limits_{i=1}^{N_\mathrm{r}} q_i Z_i M_i, M_\mathrm{A}\right)$。有关中国余数定理的详细证明在各种文献中，甚至互联网上都可方便查阅，在此不展开重复论述。接下来重点讲解基于中国余数定理的参差基线干涉仪的设计流程。

设干涉仪有 N_r 条基线，基线长度分别记为 d_i，$i = 1,2,\cdots,N_\mathrm{r}$，波长为 λ 的信号从与干涉仪基线法向夹角为 θ_{AOA} 的方向入射，于是可得各条基线对应的相位差测量值 $\phi_{\mathrm{M}\Delta,i}$ 如式（2.23）所示：

$$\phi_{\mathrm{M}\Delta,i} = \mathrm{mod}\left(2\pi d_i \sin\theta_{\mathrm{AOA}} \;/\lambda + \pi, 2\pi\right) - \pi \tag{2.23}$$

式中，$\mathrm{mod}(\bullet,2\pi)$ 是对 2π 求模的函数。令 k_i 表示用基线 d_i 测向时的模糊数，将式（2.23）转换为来波方向角的表达形式：

$$\sin\theta_{\mathrm{AOA}} = k_i \frac{\lambda}{d_i} + \frac{\phi_{\mathrm{M}\Delta,i}\lambda}{2\pi d_i} \tag{2.24}$$

取一参考基线长度 d_{ref}，并令 $m_i = d_{\mathrm{ref}}/d_i$，且 m_i 为整数，代入式（2.24）中可得：

$$\frac{\sin\theta_{\mathrm{AOA}}}{\lambda/d_{\mathrm{ref}}} = k_i m_i + \frac{\phi_{\mathrm{M}\Delta,i}}{2\pi} m_i \tag{2.25}$$

令 $\dfrac{\sin\theta_{\mathrm{AOA}}}{\lambda/d_{\mathrm{ref}}} = x_{\mathrm{ref}}$，$\dfrac{\phi_{\mathrm{M}\Delta,i}}{2\pi} m_i = r_i$，则式（2.25）可转化为

$$x_{\mathrm{ref}} = k_i m_i + r_i \tag{2.26}$$

在无噪声与扰动的理想条件下，式（2.26）便构成一个除数为 N_r 个整数 $m_1, m_2, \cdots, m_{N_\mathrm{r}}$ 的实数域内的同余方程组。如果选择 $m_1, m_2, \cdots, m_{N_\mathrm{r}}$ 两两互质，则根据中国余数定理，式（2.26）在模 M_A 的条件下有唯一解，唯一解则意味着没有测向模糊，于是由 $d_i = d_{\mathrm{ref}}/m_i$ 即可计算得到干涉仪各条基线的长度。由于采用上述方法设计出的干涉仪各条基线长度参差不齐，所以形象地称此类干涉仪为参差基线干涉仪。

基于中国余数定理设计出的参差基线干涉仪虽然在理论上具有较好的解模糊性能，但在工程实际应用中由于各种因素导致鉴相误差的出现，其实际解模糊能力有一定的下降，特别是在鉴相误差较大时还会导致解模糊操作的失效。另外，对于宽带干涉仪测向应用来讲，波长 λ 的变化范围比较大，如何更加高效地构建一元线性同余方程组？如何增强基于中国余数定理的参差基线干涉仪设计方法的鲁棒性？这些仍然是工程应用中后续需要进一步研究的课题。

2.1.3.3　两种干涉仪的解模糊能力对比

文献[9]以 3 个单元天线构成两条基线的一维线阵干涉仪为例，对虚拟基线干涉仪与参差基线干涉仪的设计与求解过程进行了对比，相关的对比要点与结果在此概述如下，其中变量符号及基线构成图示仍然保持与 2.1.3.1 节一致。

1. 基于中国余数定理的参差双基线干涉仪

按照中国余数定理的要求，长度为 $d_{\mathrm{fic},2}$ 的长基线与长度为 $d_{\mathrm{fic},1}$ 的短基线的长度之比化简后成为两个互质正整数之比，如式（2.27）所示：

$$\frac{d_{\mathrm{fic},2}}{d_{\mathrm{fic},1}}=\frac{m_{z2}}{m_{z1}}，\quad m_{z1} \text{ 与 } m_{z2} \text{ 是互质的两个正整数} \tag{2.27}$$

且上述两条基线的相位差测量值 $\phi_{\mathrm{fic},M\Delta1}$ 和 $\phi_{\mathrm{fic},M\Delta2}$ 满足如下关系式：

$$\phi_{\mathrm{fic},M\Delta1}+2\pi k_1 = 2\pi d_{\mathrm{fic},1}\sin\theta_{\mathrm{AOA}}/\lambda \tag{2.28}$$

$$\phi_{\mathrm{fic},M\Delta2}+2\pi k_2 = 2\pi d_{\mathrm{fic},2}\sin\theta_{\mathrm{AOA}}/\lambda \tag{2.29}$$

式（2.28）与式（2.29）中，k_1 和 k_2 分别对应了两条基线的相位模糊数。由式（2.27）～式（2.29）可推导得到：

$$m_{z2}\left(\phi_{\mathrm{fic},M\Delta1}+2\pi k_1\right) - m_{z1}\left(\phi_{\mathrm{fic},M\Delta2}+2\pi k_2\right) = 0 \tag{2.30}$$

由于互质整数 m_{z1} 与 m_{z2} 事先已经设计好，所以对式（2.30）的求解一般采用二维整数栅格搜索的方法。在考虑存在鉴相误差的情况下，通过求解式（2.31）所示的代价函数的最小值来获得 k_1 和 k_2 的估计值。

$$\left(\hat{k}_1,\hat{k}_2\right)=\arg\min_{k_1,k_2\in\mathbb{Z}}\left|m_{z2}\left(\phi_{\mathrm{fic},M\Delta1}+2\pi k_1\right) - m_{z1}\left(\phi_{\mathrm{fic},M\Delta2}+2\pi k_2\right)\right| \tag{2.31}$$

在求解得到 $\hat{k}_1$ 和 $\hat{k}_2$ 之后，再由最长基线按照式（2.32）计算得到信号的来波方向角的最终估计值 $\hat{\theta}_{\mathrm{AOA,pr}}$：

$$\hat{\theta}_{\mathrm{AOA,pr}}=\arcsin\left\{\frac{\lambda\left[\phi_{\mathrm{fic},M\Delta2}+\phi_{M\Delta1}+2\pi\left(\hat{k}_1+\hat{k}_2\right)\right]}{2\pi\left(d_{\mathrm{fic},2}+d_{\mathrm{fic},1}\right)}\right\} \tag{2.32}$$

2. 虚拟双基线干涉仪

虚拟双基线干涉仪的设计与求解方法在 2.1.3.1 节已详细分析，不过为了进行对比，将相关的设计计算过程按对比方式重新表达如下。参照式（2.28）和式（2.29）可得：

$$\left(\phi_{\mathrm{fic},M\Delta2}-\phi_{\mathrm{fic},M\Delta1}\right)+2\pi\left(k_2-k_1\right)=2\pi\left(d_{\mathrm{fic},2}-d_{\mathrm{fic},1}\right)\sin\theta_{\mathrm{AOA}}/\lambda \tag{2.33}$$

一般情况下设计出的虚拟基线长度都会满足 $\Delta d_{\mathrm{fic}}=d_{\mathrm{fic},2}-d_{\mathrm{fic},1}<\lambda/2$，于是来波方向角的粗估值 $\hat{\theta}_{\mathrm{AOA,ap}}$ 为

$$\hat{\theta}_{\mathrm{AOA,ap}}=\arcsin\left[\frac{\lambda\left(\phi_{\mathrm{fic},M\Delta2}-\phi_{\mathrm{fic},M\Delta1}+2\pi k_\Delta\right)}{2\pi\left(d_{\mathrm{fic},2}-d_{\mathrm{fic},1}\right)}\right] \tag{2.34}$$

式中，$k_\Delta=k_2-k_1$，可取 $-1,0,1$。虽然有三种取值，但只有其中一种取值有意义，所以式（2.34）有唯一解；另外也可参考 2.1.3.1 节中的式（2.18）进行理解。在此基础上由 $\hat{\theta}_{\mathrm{AOA,ap}}$ 求解出 k_1 和 k_2 的估计值如下：

$$\hat{k}_1 = \text{round}\left[d_{\text{fic},1} \sin \hat{\theta}_{\text{AOA,ap}} / \lambda - \phi_{\text{fic,M}\Delta 1} / (2\pi) \right] \tag{2.35}$$

$$\hat{k}_2 = \text{round}\left[d_{\text{fic},2} \sin \hat{\theta}_{\text{AOA,ap}} / \lambda - \phi_{\text{fic,M}\Delta 2} / (2\pi) \right] \tag{2.36}$$

式（2.35）和式（2.36）中，$\text{round}(\cdot)$ 为近似取整函数。在求解得 $\hat{k}_1$ 和 $\hat{k}_2$ 之后，同样按照式（2.32）由最长基线计算得到信号来波方向角的最终估计值 $\hat{\theta}_{\text{AOA,pr}}$。

3. 对比分析及结论

如果要公平地对比上述两种干涉仪的性能，需要在两条基线的长度之和 $d_{\text{fic},2} + d_{\text{fic},1}$ 保持一定的情况下来进行对比。在此条件下，虚拟基线解模糊要求两条实基线的长度之差小于半波长，而这两条实基线的长度又十分接近最长基线长度的一半，这就会造成这两条实基线与虚拟出的最短基线之间的长度比过大，当信号波长变小时干涉仪的解模糊能力下降；而在参差基线设计过程中只要满足式（2.27）中的两个互质整数 m_{z1} 与 m_{z2} 相差较大，且其中的较大值与较小值之比接近于相邻基线长度比，这样就能够避免上述情况发生，在此应用条件下参差基线干涉仪成功解模糊的概率高于虚拟基线干涉仪。在文献[9]中也通过一个示例性仿真验证了上述定性分析结论的正确性。不过需要说明的是：这仅仅是 3 天线双基线干涉仪在最长基线长度保持恒定条件下的一种对比结果，如果在更多天线与更多基线条件下，虚拟基线设计中能够发挥的灵活性可以得到更好的体现，这一点也并不弱于参差基线设计方案。从总体上讲，虚拟基线干涉仪与参差基线干涉仪各有各的特点与优势，并无明显的优劣之分，所以在当前的工程实际中这两种基线的干涉仪都在使用，大家可根据工程应用的实际情况，灵活选取，甚至将二者进行综合应用。

2.1.4　一维线阵干涉仪测向系统的设计示例

1. 机载 ESM 中 2～18GHz 干涉仪测向系统

文献[10]公开报道了一个针对雷达辐射源信号测向的 2～18GHz 机载 ESM 中的一维线阵干涉仪设计方案，其系统组成如图 2.3 所示。图 2.3 中 2～18GHz 的雷达辐射源信号经 4 个单元天线接收后进入微波集成接收前端进行预放大，然后在超外差下变频接收机中选择其中一段频率的信号下变频至中心频率为 370MHz 的中频，该中频信号经过高速宽带模数转换器（ADC）采样量化之后在现场可编程门阵列（Field Programmable Gate Array，FPGA）中实时完成数字鉴相、数字测频，以及脉冲特征参数的测量，获得脉冲频率（Pulse Frequency，PF）、脉冲幅度（Pulse Amplitude，PA）、脉冲宽度（Pulse Width，PW）、到达时间（Time of Arrival，TOA）、脉内调制特征等参数，并同步形成脉冲描述字（Pulse Description Word，PDW）。接着对数字鉴相结果对应的 4 个通道间信号的相位差信息进行相位差解模糊与脉冲到达角（Angle of Arrival，AOA）的估算，在脉冲去交错分选之后送主处理计算机完成后续的辐射源测向定位、威胁告警、多源数据融合等进一步处理。

在图 2.3 所示的机载 ESM 中干涉仪天线阵的单元天线为 2～18GHz 的宽带平面螺旋天线，综合采用基于低温共烧陶瓷（Low Temperature Co-fired Ceramic，LTCC）、单片微波集成电路（Monolithic Microwave Integrated Circuit，MMIC）和微机电系统（Micro-Electro-Mechanical System，MEMS）技术研制的宽带微波集成接收前端和超外差接收机，在提升接收机各项性能指标的同时使体积和重量都大幅度降低。宽带高速数字信号处理分机采用基于 CPCI

（Compact Peripheral Component Interconnect）架构的标准机载设备机箱，可适应机载环境下的各种恶劣条件。数字中频信号的数字下变频、检波、鉴相、测频、PDW 形成等处理都在 FPGA 中完成，PDW 形成后送数字信号处理器（Digital Signal Processor，DSP）进行后续处理。该文献报道：FPGA 选用的是 ALTERA 公司的 Stratix 系列高性能芯片，DSP 选用的是时钟频率可达 200MHz 的 TI 公司高速浮点 DSP 芯片，并配备了用来暂存大量中间处理数据的同步动态随机存储器（Synchronous Dynamic Random Access Memory，SDRAM），通过 PLX9054 桥接芯片实现板卡与主机之间的 32bit 位宽、33MHz 时钟频率的高速数据传输。

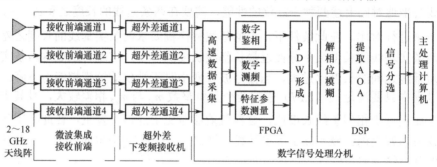

图 2.3　2～18GHz 机载 ESM 中的干涉仪测向系统组成框图

根据干涉仪的工作频段 2～18GHz 可知，其对应的波长范围为 16.7～150mm，最长波长是最短波长的 9 倍。如果按照最短波长的一半所设计的干涉仪最短基线不超过 8.35mm，显然在工程上研制不出口径如此之小的覆盖 2～18GHz 频段的平面螺旋天线。因为宽带平面螺旋天线的物理尺寸由最低工作频率确定，2～18GHz 的工作频率范围决定了天线直径大约为 60mm，所以需要采用虚拟基线干涉仪设计方法来解决这一问题。

在该应用中干涉仪的测角范围为 $\left[-45°, 45°\right]$，根据最短波长 $\lambda_{\min}$ =16.7mm，按照式（2.17）计算出虚拟基线的长度 $\Delta d_{\text{fic}} < 16.7/\sqrt{2} \approx 11.8$mm，假设干涉仪通道间的鉴相误差的标准差 σ_{ϕ} =4°，按照 3σ 原则，干涉仪通道间的鉴相误差的最大绝对值 $\delta\phi|_{\max|\Delta}$ =12°，根据式（2.20）计算得到干涉仪较短的实基线的长度 $d_{\text{fic},2} < 7\Delta d_{\text{fic}} <82.6$mm，于是设计出干涉仪两条短的实基线的长度分别为 82.5mm 与 70.8mm，二者之差刚好为 11.7mm。在此基础上按照 2.1.2 节中相邻基线长度比设计准则，由式（2.15）推算出下一级基线与本级长基线 $d_{\text{fic},2}$ =82.5mm 的长度之比 $\alpha_{\text{b}} <14$，从而设计出干涉仪最长基线的长度为 1150mm < 82.5×14 = 1155mm。于是机载 ESM 中 2～18GHz 的 4 天线一维线阵干涉仪的其中一种布阵方式如图 2.4 所示，图 2.4 相对于图 2.2 而言，将两条短的实基线的位置交换了一下，这并不影响干涉仪的测向解算过程。另一种设计方案是将两条短的实基线组合在一起构成一条长度为 82.5+70.8=153.3mm 的本级长基线，这样一来，所设计出的干涉仪最长基线的长度还会增加。

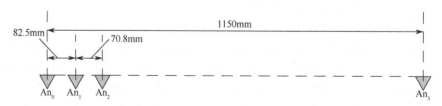

图 2.4　2～18GHz 的机载 ESM 中 4 天线一维线阵干涉仪的基线设计示例

　　以上仅仅是根据公开文献报道给出的一个示例，旨在进行原理性说明。在实际工程应用中还会充分考虑载机上的安装位置、布局空间、单元天线的性能限制等各方面的因素来进行综合权衡设计，实际产品往往是综合性能折中的平衡结果，所以图 2.4 中所示的最长基线会根据实际工程应用条件而定。根据文献[11]的报道，在经过各种标校之后，消除了由于安装误差造成的天线中心和零位与载机的中心和轴向（真北方向）的不一致性，减小了偏心、偏轴等因素在测向过程中所引入的系统性误差。经过最终测试，实测数据表明：该机载 ESM 中 2～18GHz 的 4 天线一维线阵干涉仪的测向精度达到了 0.35°rms，满足了实际工程应用的要求。

　　2. 诺思罗普·格鲁曼公司研制的 LR-100RWR/ES/ELINT 系统

　　文献[12]公开报道：LR-100RWR/ES/ELINT 是一个集雷达告警接收机（Radar Warning Receiver，RWR）、电子支援（Electronic Support，ES）和电子情报（Electronic Intelligence，ELINT）功能于一体的综合电子侦察系统，频率覆盖范围为 2～18GHz，采用了多种测向技术，包括使用了虚拟基线干涉仪进行快速高精度测向，其 4 个线阵干涉仪天线阵、测向处理机，以及天线阵在飞机上的布置如图 2.5 所示，每一个干涉仪包含 4 个单元天线，对方位 90° 范围内的信号来波方向进行测向。

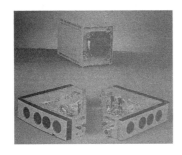 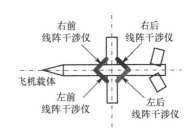

(a) 实物照片　　　　　　(b) 4 个线阵干涉仪在飞机上的布置俯视图

图 2.5　LR-100RWR/ES/ELINT 中的干涉仪天线阵照片及其在飞机上的布置示意图

　　图 2.5 中的 4 个线阵干涉仪的天线阵（含前端放大组件）总重 8.80kg，功耗 24W，单元天线为平面螺旋天线；天线接口单元重 3.92kg，功耗 35W；后端的综合处理分机重 14.51kg，功耗 160W。该系统在 M/RQ-1 捕食者无人机、RQ-4A 全球鹰无人机、RQ-5A 猎人无人机等机载平台上均有安装使用。从其在飞机上的布置图可知：每一个线阵干涉仪覆盖方位上 90° 的空域范围，4 个干涉仪分别负责飞机左前、右前、左后、右后这 4 个空域中来波信号的测向，从而确保了 360° 方位角的全覆盖。

2.1.5　从一维线阵干涉仪测向到二维面阵干涉仪测向的模型扩展

　　三维空间中辐射源的来波方向通常用方位角与俯仰角这两个变量来描述，而一维线阵干涉仪只能输出一个角度的测量值，如果要对来波信号的方位角与俯仰角同时测量就需要采用二维面阵干涉仪。构成二维面阵干涉仪的各个单元天线均位于同一个平面内，以该平面作为 XOY 平面，建立 $OXYZ$ 三维直角坐标系，于是 N_a 个单元天线的位置坐标可记为 $\left(x_{\mathrm{An},i}, y_{\mathrm{An},i}, 0\right)$，$i=0,1,\cdots,N_a-1$。辐射源的来波方向线向 XOY 平面投影，来波方向线与投影线之间的夹角定义为俯仰角 θ_{pi}，X 轴正向与投影线之间的夹角定义为方位角 θ_{az}，如图 2.6 所示。图 2.6 中辐射源信号的来波方向线对应的单位方向矢量 γ_{AOA} 为 $\left[\cos\theta_{\mathrm{pi}}\cos\theta_{\mathrm{az}}, \cos\theta_{\mathrm{pi}}\sin\theta_{\mathrm{az}}, \sin\theta_{\mathrm{pi}}\right]$。

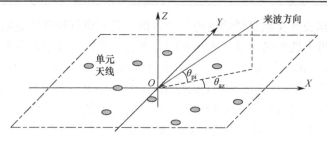

图 2.6　二维面阵干涉仪测向示意图

对于任意两个单元天线 An_i 和 An_j ， $i \neq j$ ，由点 An_i 指向点 An_j 的矢量 $\boldsymbol{A}_{\text{r},i,j}$ 为

$$\boldsymbol{A}_{\text{r},i,j} = \left[x_{\text{An},j} - x_{\text{An},i}, y_{\text{An},j} - y_{\text{An},i}, 0 \right] \tag{2.37}$$

于是两个单元天线 An_i 和 An_j 之间所接收到信号的相位差 $\phi_{\Delta,i,j}$ 如式（2.38）所示：

$$\phi_{\Delta,i,j} = 2\pi \left(\boldsymbol{A}_{\text{r},i,j} \bullet \boldsymbol{\gamma}_{\text{AOA}} \right) / \lambda = 2\pi \cos\theta_{\text{pi}} \left[\left(x_{\text{An},j} - x_{\text{An},i} \right) \cos\theta_{\text{az}} + \left(y_{\text{An},j} - y_{\text{An},i} \right) \sin\theta_{\text{az}} \right] / \lambda \tag{2.38}$$

式中，"$\bullet$"表示两个矢量之间的点积运算。由空间解析几何可知：对两个矢量实施点积运算的结果等于两个矢量模长的乘积与它们之间夹角余弦的再乘积，如果其中一个矢量为单位矢量，其几何意义表现为另一个矢量在单位矢量方向上的投影长度。于是干涉仪基线矢量在信号来波方向单位矢量上的投影长度即是辐射源来波方向上信号到达两个干涉仪单元天线之间的传播路程差。所以无论是一维线阵干涉仪测向，还是二维面阵干涉仪测向，都可用矢量点积方式作为最通用的数学模型来描述，即式（2.38）中的矢量点积运算形式是最通用的干涉仪测向计算公式，也是干涉仪测向问题中相位差测量的本质数学物理意义的体现。这样，二维面阵干涉仪测向问题就归结为基于相位差的测量值 $\phi_{\text{M}\Delta,i,j}$ 并利用式（2.38）来求解来波方向俯仰角 θ_{pi} 和方位角 θ_{az} 。

从上述模型可知，二维面阵干涉仪布阵的复杂度远高于一维线阵干涉仪，不同的阵型也有各自不同的相位差解模糊方法，关于这一点在本书第 5 章中还会从工程应用实例方面继续分析与探讨。在此以两种最常见的二维面阵干涉仪为例对测向求解与相位差解模糊过程进行简要说明。第一种是由两个一维线阵干涉仪正交布置构成的二维面阵干涉仪，简称十字交叉干涉仪，如图 2.7(a)所示；第二种是单元天线均布于一个圆周上的圆阵干涉仪，如图 2.7(b)所示。

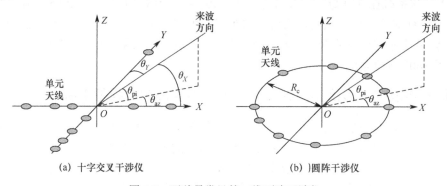

(a) 十字交叉干涉仪　　　　　　　　　　(b)）圆阵干涉仪

图 2.7　两种最常见的二维面阵干涉仪

1. 十字交叉干涉仪

以图 2.7(a)为例，十字交叉干涉仪的两条相互垂直的基线分别位于 X 轴和 Y 轴上，这两个

一维线阵干涉仪各自分别进行独立测向，位于 X 轴上的一维线阵干涉仪的测向结果输出为来波方向线与 X 轴正向之间的夹角，记为 θ_X；同样，位于 Y 轴上的一维线阵干涉仪的测向结果输出为来波方向线与 Y 轴正向之间的夹角，记为 θ_Y。θ_X、θ_Y 与来波方向的俯仰角 θ_{pi}、方位角 θ_{az} 之间的关系如下：

$$\begin{cases} \cos\theta_X = \cos\theta_{\mathrm{pi}}\cos\theta_{\mathrm{az}} \\ \cos\theta_Y = \cos\theta_{\mathrm{pi}}\sin\theta_{\mathrm{az}} \end{cases} \tag{2.39}$$

在由两个一维线阵干涉仪分别测量并计算得到 θ_X 和 θ_Y 之后，直接求解式（2.39）即可获得来波方向的方位角 θ_{az} 和俯仰角 θ_{pi}。从上述测向流程可以看出：十字交叉干涉仪的二维测向实际上已经分解为两个独立的一维测向问题；同样，该干涉仪测向的相位差解模糊问题也已经分解为两个独立的一维线阵干涉仪测向解模糊问题，相关的解模糊求解过程请参见前面小节的内容，此处不再重复阐述。

2.　圆阵干涉仪

如图 2.7(b)所示，设圆阵干涉仪的圆心为坐标系原点 O，半径记为 R_c，编号为 0 的第 1 个单元天线位于 X 轴正向，于是第 i 个单元天线的位置坐标表示为

$$\begin{cases} x_{\mathrm{An},i} = R_c\cos(2\pi i/N_a) \\ y_{\mathrm{An},i} = R_c\sin(2\pi i/N_a) \end{cases}, \quad i = 0,1,2,\cdots,N_a-1 \tag{2.40}$$

将式（2.40）代入式（2.38），并利用相位差的测量值 $\phi_{\mathrm{M\Delta},i,j}$ 按照如下步骤进行圆阵干涉仪的相位差解模糊和测向解算：

（1）结合信号波长 λ、圆阵的半径 R_c，以及测向范围，由式（2.38）预先估计出每两个单元天线之间测量信号的相位差的模糊数范围，记为 $\left[-m_{i,j}, m_{i,j}\right]$，于是每两个单元天线测向的模糊数就有 $2m_{i,j}+1$ 个；

（2）对于各条测量基线，在其对应的模糊数范围内进行遍历性配对，估算来波方向，然后由估算结果反推出各条测向基线在此信号入射条件下的预计相位差，并与相位差测量值实施最佳匹配，选取整体匹配误差最小的模糊数作为最终的解模糊结果值；

（3）根据上述解模糊结果，得到没有模糊的相位差测量值，最终通过最小二乘法等方法综合求解式（2.38）得到来波方向的方位角 θ_{az} 和俯仰角 θ_{pi}。

以上也是二维面阵干涉仪二维测向解模糊与测向解算的通用方法与流程，由于要对各条基线的模糊数进行遍历性配对来获得最佳匹配结果，所以计算量比较大。如果针对具体的干涉仪天线阵的阵型特点实施基线的优化选取，则能够设计出一些计算量较小的方法流程，在部分公开文献中也给出了一些示例[13]，参考相关文献即可。

2.2　干涉仪测向中相位差解模糊的辅助方法

由前可知，长短基线组合干涉仪测向的关键之一在于相位差解模糊，除 2.1 节中介绍的通过由短到长的基线组合来实现逐级解模糊，以及基于参差基线组合的解模糊手段外，经过长期的工程实践经验积累，也总结了一些通过其他手段引导与辅助的解模糊方法，在本节中对此进行概要阐释，同时对解模糊效果的概率评价准则予以介绍，从而为干涉仪测向应用中的系统方案设计与优选提供参考。

2.2.1 用比幅测向结果来解干涉仪的相位差模糊

文献[14]利用 3 个单元天线比幅测向的结果来解一维线阵干涉仪测向的相位差模糊。该一维线阵干涉仪由 4 个单元天线 An_0、An_1、An_2、An_3 构成 3 条基线，可在其法向±45°角度范围内对 8～18GHz 的信号实施精确测向。每个单元天线在 8GHz 时 3dB 波束宽度为±60°，在 18GHz 时 3dB 波束宽度为±45°。于是最终的"比幅+干涉仪"测向的单元天线布置形式如图 2.8 所示。图 2.8 中两个单元天线 An_4 和 An_5 的轴线分别向左和向右旋转 45°，并在干涉仪天线阵中选择 An_2 一起完成 3 天线比幅测向功能。在此设计方案中比幅测向与干涉仪测向中有 1 个单元天线共用，所以整个"比幅+干涉仪"测向由位于同一条直线上的 6 个一样的单元天线实现，这样也有利于提升整个测向系统的维修保障性。

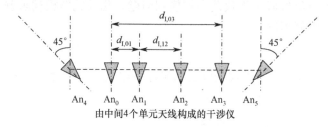

由中间4个单元天线构成的干涉仪

图 2.8 "比幅+干涉仪"测向的单元天线布置图

在上述设计方案中，单元天线 An_0 和 An_1 构成的基线 $d_{I,01}=75mm$，An_1 和 An_2 构成的基线 $d_{I,12}=112.5mm$，An_0 和 An_3 构成的基线 $d_{I,03}=300mm$。8～18GHz 的信号波长范围为 16.7～37.5 mm。由此可见，仅仅依靠干涉仪测向是无法完成相位差解模糊的，所以需要通过 3 天线比幅测向的结果来解干涉仪中最短基线 $d_{I,01}$ 的测向模糊。

假设比幅测向的误差与一条想象中的等效基线的干涉仪测向误差一样，将这条等效基线的长度记为 d_{image}，而且这条想象中的等效基线的干涉仪测向是不会发生模糊的，如果能够计算出这条等效基线的测向精度，也就相当于确定了比幅测向所要达到的精度。为此回顾一下2.1.2 节中阐述的长短基线组合干涉仪无模糊测向所要满足的相邻基线长度比设计准则，如果使用想象中的等效基线去解基线 $d_{I,01}=75mm$ 的相位模糊，并假设干涉仪通道间鉴相误差的最大绝对值 $\delta\phi_{max|\Delta}$ 为 30°，于是由式（2.15）求得相邻基线长度比 α_b 如式（2.41）所示：

$$\alpha_b < \pi/\delta\phi_{max|\Delta} - 1 = 180°/30° - 1 = 5 \tag{2.41}$$

由式（2.41）可得：想象中的等效基线干涉仪的基线长度 $d_{image} = 75/\alpha_b > 15mm$。再由 2.1.2 节中对干涉仪测向精度的分析可知，在只考虑干涉仪通道间鉴相误差的情况下，这条等效基线的干涉仪的测向误差 $\delta\theta_{image}$ 由式（2.42）计算：

$$\delta\theta_{image} = \frac{\lambda_{min} \cdot \delta\phi_{max|\Delta}}{2\pi d_{image}\cos\theta_{AOA}} < \frac{16.7 \times 30°/180° \times \pi}{2\pi \times 15 \times \cos 45°} \approx 0.1312\text{rad} = 7.5° \tag{2.42}$$

由此可见，当比幅测向的精度优于 7.5°时，可用比幅测向的结果去解干涉仪 $d_{I,01}=75mm$ 基线的相位差模糊。从上述设计示例中还可发现：如果按照相邻基线长度比 $\alpha_b=4$ 来进行设计，使用 $d_{I,01}=75mm$ 基线的相位差测量值直接能够解最长基线 $d_{I,03}=300mm$ 的相位差模糊。如此看来，4 天线干涉仪中的单元天线 An_2 似乎是一个多余的天线，使用 3 个单元天线 An_0、An_1、

An_3 构成两条基线的干涉仪也能达到同样的测向效果。但考虑到工程应用中各种误差的影响，所以在适当预留工程余量的情况下，图 2.8 所示的 4 天线干涉仪测向设计方案在工程应用中也是合理的。

在通过比幅测向完成干涉仪的相位差解模糊之后，整个系统所能达到的测向精度完全由干涉仪的测向精度决定，由 2.1.2 节对干涉仪的测向精度分析可知，在只考虑干涉仪通道间鉴相误差的情况下，干涉仪的最大测向误差 $\delta\theta_{AOAmax}$ 由最长基线 $d_{I,03}=300mm$ 决定，其中取 $\lambda_{max}=37.5mm$，$\theta_{AOA}=45°$，鉴相误差的最大绝对值 $\delta\phi_{|max|\Delta}$ 取 $30°$，于是有：

$$\delta\theta_{AOAmax}=\frac{\lambda_{max}\cdot\delta\phi_{|max|\Delta}}{2\pi d_{I,03}\cos\theta_{AOA}}=\frac{37.5\times30°/180°\times\pi}{2\pi\times300\times\cos45°}\approx0.01473rad=0.844° \quad (2.43)$$

由此可见，在 8～18GHz 频段内上述测向系统的理论测向精度可达 0.844°。按照该文献的设计，考虑到各种工程误差因素的影响，在实际应用中测向精度达到 1.5° 是完全能够实现的。同时为了满足 360° 的全方位测向覆盖的要求，将上述 90° 的方位覆盖范围按照正方形的 4 条边分别布置 4 组独立基线，从而形成一个由 20 个单元天线组成的方形"比幅+干涉仪"测向天线阵，如图 2.9 所示。

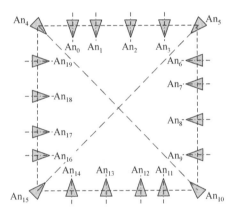

图 2.9　由 20 个单元天线组成的方形"比幅+干涉仪"测向天线阵

上述阵列能够完成对 8～18GHz 信号 360° 的全方位"比幅+干涉仪"测向功能，而且整个阵列构形简洁，集中部署时所占的面积大约为 0.5m×0.5m，工程应用灵活方便。

2.2.2　联合到达时间差估计的干涉仪相位差解模糊方法

从本质上讲，在长短基线组合干涉仪测向模型中比较重要的一步就是测量信号等相位波前到达各个干涉仪单元天线的距离差，这个距离差既可采用干涉仪各个单元天线输出信号的相位差来表示，也可通过电磁波传播的时间差来表示。由于相位差的取值完全局限在 $[-\pi,\pi)$ 范围，存在相位差测量的 2π 模糊；而时间差没有取值范围的限制，天生就是无模糊的，所以在有关电子对抗的教科书中也直接将该方法称为双天线时差测向法，或短基线时差测向法[15,16]，如图 2.10 所示。

将图 2.10 所示的时差测向模型与第 1 章中图 1.19 单基线干涉仪测向模型进行对比，二者极其相似，所以图 2.10 也采用了与图 1.19 一样的变量表示。时差测向法只需要两个单元天线 An_0 与 An_1 组成的单基线即可完成，测量得到的辐射源信号到达两个单元天线的时间差 ΔT_d 与

信号来波方向角 θ_{AOA} 之间的一一对应关系如式（2.44）所示：

$$\Delta T_{\text{d}} = \frac{L_{C_{p0}B_p}}{c_{\text{med}}} = \frac{d_{\text{int}} \sin \theta_{\text{AOA}}}{c_{\text{med}}} \tag{2.44}$$

式中，$L_{C_{p0}B_p}$ 表示直线段 $C_{p0}B_p$ 的长度，d_{int} 表示基线长度，即两个单元天线相位中心点 C_{p0} 与点 C_{p1} 之间的直线距离，c_{med} 为天线所处介质中电磁波的传播速度。由图 2.10 可知，如果能够直接测量得到辐射源信号到达各个单元天线的时间差 ΔT_{d}，通过式（2.44）也就自然完成了信号的来波方向估计了。

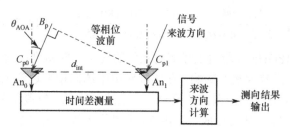

图 2.10　双天线时差测向模型图示

到此为止，一个疑问油然而生：既然时差测向法具有如此的优越性，那么还继续研究与发展干涉仪测向，又有何意义呢？在本书第 3 章的分析中会详细回答这一问题，在此先给出一个定性的结论，即在同样的测量条件下，干涉仪测向的精度要远高于时差测向的精度。将图 2.10 中的时差法测向与图 1.19 中的干涉仪测向进行对比，在同样的接收条件下，将干涉仪中的信号相位差的测量误差 $\delta\phi_{\text{M}\Delta}$ 等效换算成时间上的测量误差 $\delta\phi_{\text{M}\Delta t}$，如式（2.45）所示：

$$\delta\phi_{\text{M}\Delta t} = \frac{\delta\phi_{\text{M}\Delta}}{2\pi} \cdot \lambda \frac{1}{c_{\text{med}}} \tag{2.45}$$

理论分析与实测结果均表明：在同样的接收条件下 $\delta\phi_{\text{M}\Delta t}$ 要远小于时差测向中的时差测量误差 $\delta t_{\text{M}\Delta}$，所以高精度测向大多还需采用干涉仪来完成。虽然时差测向的精度较低，但具有测向无模糊的特点，既然 2.2.1 节能够通过低精度的比幅测向结果来解干涉仪的相位差模糊，那么低精度的时差测向结果同样也可以加以利用，于是利用时差测量的结果来解干涉仪相位差测量的模糊也就顺理成章了[17]。即通过 $L_{C_{p0}B_p} = \Delta T_{\text{d}} \cdot c_{\text{med}}$ 的长度估算，就能够推算出干涉仪单元天线之间信号相位差的无模糊取值范围，结合式（2.8）即可得到干涉仪两个单元天线之间的无模糊的相位差测量值。

实际上这一思想方法在卫星导航定位系统的精密单点定位应用中一直在使用，只是专业不同、称呼不同而已，在卫星导航定位领域称为用伪距测量值来解载波相位的整周模糊度，从而得到厘米级甚至毫米级的高精度距离测量结果。从本质上讲，卫星导航定位中的伪距测量对应了时差测量，而载波相位的整周模糊度对应了干涉仪中的相位差模糊数，只是在干涉仪测向应用领域的称呼更加直白，其实从本质上讲二者的技术原理都是一样的。

2.2.3　干涉仪相位差的概率解模糊与其他解模糊方法

1. 干涉仪相位差的概率解模糊方法

2.1.1 节介绍的由短基线逐级解长基线相位差测量值模糊的方法仅使用了相邻基线的两个相位差测量值的信息，如果这两个相位差测量值中任何一个由于系统噪声或外界干扰等原因偏离了设计取值范围，将导致解模糊错误，而且会产生连锁反应，因为在逐级解模糊中任何一级出现错误都将导致最终的最长基线的相位差解模糊出错。如果将干涉仪各条基线的相位差测量值作为一个整体从概率论的观点来重新求解这一问题，就可能发现其中的异常，避免单级解模糊错误的逐级传递，从而提高解模糊的成功概率，这就是干涉仪概率解模糊方法的基本出发点。

另外，相位差测量误差的来源众多，是整个测量系统中各种独立随机误差的综合反映，根据中心极限定理，测量误差通常服从均值为零、方差为 $\sigma_{\phi_\Delta}^2$ 的高斯分布，所以在工程应用中可假设相位差测量误差近似满足独立同分布的高斯分布。于是在干涉仪的各个单元天线接收信号之后的逐级解模糊过程中，能够实现成功解模糊是一个概率事件，而且该概率不仅是干涉仪基线长度组合设计的函数，同时也是相位差测量误差大小的函数。在相位差测量误差的方差 $\sigma_{\phi_\Delta}^2$ 相同的情况下，通过干涉仪成功解相位差模糊的概率来对不同干涉仪的基线设计方案进行对比，解模糊概率高的方案其性能更好，这也成为干涉仪测向解模糊的一个重要评价指标。文献[18]以简单阵型中 5 元正交十字阵干涉仪的二维测向为例，推导了参差基线正确解模糊概率的解析表达式。文献[19]针对宽带干涉仪测向系统，在构建概率解模糊模型的基础上设计了基于最大似然概率的快速算法，并通过仿真进行了可行性验证，其基本思想介绍如下。

一个具有 M_a 条独立基线的宽带干涉仪测向系统中相位差测量模型的另一种表示方式如下：

$$b_i + n_i = a_i x + e_i, \quad i = 1, 2, \cdots, M_a \tag{2.46}$$

式中，b_i 表示有模糊的相对相位差，此处相对的含义是采用 2π 进行了归一化处理，其取值范围为 $[-0.5, 0.5]$；n_i 表示模糊整数；a_i 表示相对基线长度，此处相对的含义是采用信号波长 λ 进行了归一化处理，即 $a_i = d_i / \lambda$，d_i 为第 i 条基线的实际长度；$x = \sin\theta_{\mathrm{AOA}}$，$\theta_{\mathrm{AOA}}$ 为信号的入射方向角，x 的取值范围为 $(-1, 1)$；e_i 为相对相位差测量误差。于是由式（2.46）可得模糊整数 n_i 的取值范围与模糊长度 $N_{\mathrm{V},i}$ 如下：

$$\mathrm{ceil}(-a_i - b_i) \leqslant n_i \leqslant \mathrm{floor}(a_i - b_i) \tag{2.47}$$

$$N_{\mathrm{V},i} = \mathrm{floor}(a_i - b_i) - \mathrm{ceil}(-a_i - b_i) + 1 \tag{2.48}$$

式中，$\mathrm{ceil}(\bullet)$ 和 $\mathrm{floor}(\bullet)$ 分别表示向上和向下取整函数。由此可见，当 $N_{\mathrm{V},i} > 1$ 时，说明存在相位差模糊，而且 $N_{\mathrm{V},i}$ 越大，模糊度也越大。假设模糊整数 n_i 在模糊区间内等概率分布，其概率分布密度函数 $\mathrm{pdf}_{n_i}(x)$ 为

$$\mathrm{pdf}_{n_i}(x) = \frac{1}{N_{\mathrm{V},i}} \sum_{j=1}^{N_{\mathrm{V},i}} \delta(x - n_{ij}) \tag{2.49}$$

式中，n_{ij} 表示模糊整数 n_i 的第 j 个可能取值。记相对相位差测量误差 e_i 的概率分布密度函数为 $\mathrm{pdf}_e(x)$，于是变量 n_i/a_i 和 e_i/a_i 的概率分布密度函数 $\mathrm{pdf}_{n_i a_i}(x)$ 和 $\mathrm{pdf}_{e_i a_i}(x)$ 分别为

$$\mathrm{pdf}_{n_i a_i}(x) = \frac{1}{N_{\mathrm{V},i}} \sum_{j=1}^{N_{\mathrm{V},i}} \delta(a_i x - n_{ij}) = \frac{1}{N_{\mathrm{V},i}} \sum_{j=1}^{N_{\mathrm{V},i}} \delta\left(x - \frac{n_{ij}}{a_i}\right) \tag{2.50}$$

$$\mathrm{pdf}_{e_i a_i}(x) = a_i \cdot \mathrm{pdf}_e(a_i x) \tag{2.51}$$

出式（2.50）和式（2.51）可得变量 $n_i/a_i - e_i/a_i$ 的概率分布密度函数如式（2.52）所示：

$$\mathrm{pdf}_{\mathrm{T1}}(x) = \int_{-\infty}^{\infty} \mathrm{pdf}_{n_i a_i}(x) \mathrm{pdf}_{e_i a_i}(x - u)\, du = \frac{a_i}{N_{\mathrm{V},i}} \sum_{j=1}^{N_{\mathrm{V},i}} \mathrm{pdf}_e\left[a_i\left(x - \frac{n_{ij}}{a_i}\right)\right] \tag{2.52}$$

于是变量 $x = (b_i + n_i - e_i)/a_i$ 的概率密度分布函数为

$$\text{pdf}_{T2}(x) = \text{pdf}_{T1}\left(x - \frac{b_i}{a_i}\right) = \frac{a_i}{N_{V,i}} \sum_{j=1}^{N_{V,i}} \text{pdf}_e\left[a_i\left(x - \frac{b_i}{a_i} - \frac{n_{ij}}{a_i}\right)\right] = \frac{a_i}{N_{V,i}} \sum_{j=1}^{N_{V,i}} \text{pdf}_e\left(a_i x - b_i - n_{ij}\right) \quad (2.53)$$

概率解模糊方法本质上是一种极大似然估计方法，即把每一个基线方程都看成是对 x 的一次观测，于是利用 M_a 条独立基线的测量值构建似然函数，通过求解似然函数的最大值对应的 x 作为其最终估计值，最后由 $\theta_{AOA} = \arcsin(x)$ 计算得到来波方向角。

2. 基于加权投影空间全基线均方差最小的解模糊方法

除了前述的采用比幅测向粗引导，联合时差测量解模糊，以及基于概率的评价模型，干涉仪相位差解模糊还有一些其他方法，在此遴选典型方法介绍如下。

文献[20]在干涉仪概率解模糊方法的基础上采用全基线加权投影空间均方差最小的优化方法，将干涉仪各条基线测量得到的相位差信息投影到不同测量精度的各级基线方位空间，采用加权方式将各级基线方位空间信息对应的误差统一成同一精度，然后对加权之后的除最长基线以外的所有基线空间信息的误差逐一求取均方差，并通过最小均方差对应的最长基线空间信息解算真实的辐射源信号来波方向，最后通过对比性仿真展现了该方法的优越性。该文献认为如果直接将各个相位差测量值的正弦值对应的方差之和作为优化目标函数存在一定的不合理性，因为各个相位差测量值对应的基线长度是不相同的，所以上述正弦值的精度也会有差异。基于这一思想，首先将各条基线测量得到的方位角的正弦值乘以基线长度来构造一个新的变量，实现等精度化处理，在此基础上再把求取方差之和的最小值点所对应的角度作为目标辐射源信号的来波方向角。

2.3 相关干涉仪测向

相关干涉仪是将各个单元天线相对于参考天线测量得到的信号相位差实测值与预先存储的相位差样本模板数据进行相关运算，并通过相关结果的最大值来判断信号来波方向的比相测向设备[21]。相关干涉仪测向方法的准确度与灵敏度较高、稳定性较好、抗干扰能力较强，设备复杂度适中，是通信侦察与无线电频谱监测等应用领域中一种重要的测向手段。在工程实际中既有一维线阵的相关干涉仪，也有二维面阵的相关干涉仪，所有相关干涉仪至少都能够实现一维测向，其中部分二维面阵相关干涉仪还能够进行二维测向。相关干涉仪与 2.1 节中讲述的长短基线组合干涉仪的最大区别在于：由相位差测量值求解信号来波方向的方法不同，相关干涉仪没有长短基线组合干涉仪那样显式的相位差解模糊处理过程，而是通过基于相位差样本模板数据的相关运算以解空间搜索方式求解信号来波方向。接下来就从这一核心要点入手讲解相关干涉仪的测向模型与工作原理。

2.3.1 相关干涉仪测向模型

2.3.1.1 相关干涉仪的测向模型及求解过程

1. 对相位差的相关运算与信号来波方向估计

（1）设计一个天线阵列。工程上最常见的相关干涉仪的天线阵列形式为圆阵，实际上相关干涉仪测向处理对天线阵型并没有特殊的要求，从理论上讲，任何一种阵型的干涉仪都可以采用全部的相位差实测值与样本模板数据的相关处理来解算来波方向,即便是 2.1 节中的长短基线组合干涉仪同样可以采用相关干涉仪测向的处理方法。

（2）建立相位差样本模板数据库。针对给定频率 f_a 与给定方向角 θ_a 的已知信号（通常为校正信号）进行预先测量,记录干涉仪中各个单元天线接收信号相对于参考天线接收信号的相位差样本值,记为 $\boldsymbol{\Phi}_{rel}(f_a, \theta_a) = \left[\phi_{rel,1}(f_a, \theta_a), \cdots, \phi_{rel,N_{ac}}(f_a, \theta_a)\right]^T$,其中 N_{ac} 表示对同一个频率为 f_a 方向角为 θ_a 的信号进行相位差测量的个数,并将其作为对应频率与方向角上的样本模板数据进行存储。在所设计的天线阵列的工作频段内按照一定规律选择不同频率与不同方向角,依次采集样本群,并将获得的相位差测量数据作为样本模板存储,构成后续相关运算的样本模板数据库。

（3）对未知信号进行相位差测量与相关运算。首先估计出未知信号的载频为 f_{mea},然后测量得到未知信号存在时各个单元天线接收信号相对于参考天线接收信号的相位差实测值,记为 $\boldsymbol{\Phi}_{f_{mea}}(\theta) = \left[\phi_{f_{mea},1}(\theta), \cdots, \phi_{f_{mea},N_{ac}}(\theta)\right]^T$。将实测值与前述构建的样本模板数据库中对应频率的样本模板数据进行相关运算,得到不同来波方向角 θ 对应的相关系数 $\rho_{f_{mea}}(\theta)$ 如下：

$$\rho_{f_{mea}}(\theta) = \frac{\boldsymbol{\Phi}_{f_{mea}}^T(\theta)\boldsymbol{\Phi}_{rel}(f_{mea}, \theta)}{\left[\boldsymbol{\Phi}_{f_{mea}}^T(\theta)\boldsymbol{\Phi}_{f_{mea}}(\theta)\right]^{0.5}\left[\boldsymbol{\Phi}_{rel}^T(f_{mea}, \theta)\boldsymbol{\Phi}_{rel}(f_{mea}, \theta)\right]^{0.5}} \tag{2.54}$$

（4）测向结果的估计。从以上相关系数 $\rho_{f_{mea}}(\theta)$ 中找出最大相关值所对应的样本模板信号来波方向角 $\theta_{max V}$,作为该被测未知信号的当前来波方向角,即

$$\theta_{max V} = \arg\max_{\theta \in \Theta}\left[\rho_{f_{mea}}(\theta)\right] \tag{2.55}$$

式（2.55）中 Θ 为 θ 的取值范围。此处需要说明的是：式（2.55）中方向角 θ 在干涉仪一维测向应用中是一个标量,而在干涉仪二维测向应用中是由来波方向的方位角 θ_{az} 和俯仰角 θ_{pi} 组成的矢量。

2. 相关干涉仪的接收通道数目的选择

虽然相关干涉仪天线阵的单元天线数目较多,但在被测信号长时间存在的条件下,通过接收通道分时共用的方式能够依次获得各个单元天线与参考天线之间的相位差测量值,这样,接收通道的数目便可极大地减少。以双通道相关干涉仪测向为例,通过天线开关依次接通各个单元天线中的一个天线与参考天线,获得一个相位差测量值,然后切换开关进行下一组测量,从而以分时方式完成对所有单元天线与参考天线之间信号相位差的轮询测量。由此可见,双通道与多通道相关干涉仪的主要差别在于：双通道测向系统通过分时方式获得测量值,而多通道测向系统同时获得全部测量值。这也体现出二者各自的特点：双通道相关干涉仪设备简单,但是在接收通道分时共用期间,被测信号必须保持平稳特性,即在测量时段内信号的参数与来波方向需要保持不变；而多通道相关干涉仪虽然设备复杂,但测向速度更快,对快速变化的信号,例如高速跳频信号、突发信号等,适应能力更强。

3. 相关干涉仪的优势

（1）相关干涉仪可采用较大的天线孔径波长比,即 D_{An}/λ 越大,测向精度越高,这一点与长短基线干涉仪是类似的；另外,较大的天线孔径尺寸 D_{An} 对于目标信号的波前失真具有良好的平滑作用,提高了抗干扰能力,有利于在城市等电磁传播比较复杂的环境中应用。

（2）一般在相关干涉仪安装到应用平台（如飞机、载车或地面站等）之后，还会实地校正，形成更新的相位差样本模板数据库，从而极大地消除设备本身制造与安装，以及单元天线互耦所带来的误差，使测向精度得到进一步的提高。

（3）在分时共用接收通道的情况下，采用较少的接收通道即可完成相位差数据的采集，使得相关干涉仪设备的制造成本相对较低，比较适合在民品类测向任务中大量应用。

2.3.1.2　相位差样本模板数据库的构建方法

相位差样本模板数据库的构建有多种方法，其中之一为理论计算法，即根据天线阵的几何结构与信号频率 f 对应的波长 λ，分别计算在不同来波方向角 θ 条件下各个单元天线与参考天线接收信号对应的理论相位差，并以此作为标准模板数据进行存储。理论计算法没有考虑相关干涉仪实际应用中的各种工程误差，而实际测试法则克服了理论计算法的这一缺陷，并且还引入了校正功能，所以这两种方法对比，采用理论计算法构建的样本模板数据库的精度比实际测试法要低一些。在测向精度要求较高的应用场合中一般采用实际测试法来构建相位差样本模板数据库。

文献[22]也采取了上述思路，设计了相关干涉仪测向应用中相位差样本模板数据库的三种构建方法：基于阵列流形的推导方法，通过天线接收响应的数值仿真方法，以及通过实采数据建立相关表格的方法。下面就对这三种方法进行简要介绍。

1. 基于阵列流形的推导方法

基于阵列流形的推导方法属于理论计算法，以各向同性的 N_a 个全向单元天线组成半径为 R_{circ} 的均匀圆阵一维测向为例对该方法进行说明，该圆阵相关干涉仪的单元天线布局示意图如图 2.11 所示。

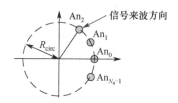

图 2.11　圆阵相关干涉仪的单元天线布局示意图

于是该天线阵列的输出信号的矢量形式 $\boldsymbol{X}(t)=\left[x_0(t),x_1(t),\cdots,x_{N_a-1}(t)\right]^{\mathrm{T}}$ 为

$$\boldsymbol{X}(t)=\boldsymbol{A}_{N_a}\cdot S_{\mathrm{w}}(t)+\boldsymbol{N}_{N_a}(t) \tag{2.56}$$

式中，$S_{\mathrm{w}}(t)$ 为天线阵列接收到的窄带信号，$\boldsymbol{N}_{N_a}(t)$ 为加性噪声矢量，$\boldsymbol{A}_{N_a}=\left[a_0(\theta),a_1(\theta),\cdots,a_{N_a-1}(\theta)\right]^{\mathrm{T}}$，为阵列流形矢量，$\theta$ 为来波方向角。在波长为 λ 的条件下，$a_k(\theta)$，$k=0,1,2,\cdots,N_a-1$ 如式（2.57）所示：

$$a_k(\theta)=\exp\left(\mathrm{j}2\pi R_{\mathrm{circ}}\boldsymbol{\gamma}_\theta\cdot\boldsymbol{\gamma}_{\mathrm{a},k}/\lambda\right) \tag{2.57}$$

式中，$\boldsymbol{\gamma}_{\mathrm{a},k}=\left[\cos(2\pi k/N_a),\sin(2\pi k/N_a)\right]$，表示第 k 个单元天线相对于圆心方向的单位矢量；$\boldsymbol{\gamma}_\theta=\left[\cos\theta,\sin\theta\right]$，表示信号来波方向的单位矢量。如果信号在 0°～360°方位角范围内以 N_s 个方位均匀分布入射，于是第 i 个入射角 θ_i，$i=1,2,\cdots,N_s$ 如式（2.58）所示：

$$\theta_i=2\pi(i-1)/N_s \tag{2.58}$$

把式（2.58）代入式（2.57），并将 N_s 个不同来波方向的阵列流形矢量组合在一起，形成

一个 $N_\mathrm{a} \times N_\mathrm{s}$ 维的阵列流形矩阵 $\boldsymbol{A}_{N_\mathrm{a} N_\mathrm{s}}$ 如下：

$$
\boldsymbol{A}_{N_\mathrm{a} N_\mathrm{s}} =
\begin{bmatrix}
\exp\left(\mathrm{j}\dfrac{2\pi R_\mathrm{circ}}{\lambda}\cos\theta_1 \right) & \cdots & \exp\left(\mathrm{j}\dfrac{2\pi R_\mathrm{circ}}{\lambda}\cos\theta_{N_\mathrm{s}} \right) \\
\exp\left[\mathrm{j}\dfrac{2\pi R_\mathrm{circ}}{\lambda}\cos\left(\theta_1 - \dfrac{2\pi \times 1}{N_\mathrm{a}}\right) \right] & \cdots & \exp\left[\mathrm{j}\dfrac{2\pi R_\mathrm{circ}}{\lambda}\cos\left(\theta_{N_\mathrm{s}} - \dfrac{2\pi \times 1}{N_\mathrm{a}}\right) \right] \\
\cdots & \cdots & \cdots \\
\exp\left[\mathrm{j}\dfrac{2\pi R_\mathrm{circ}}{\lambda}\cos\left(\theta_1 - \dfrac{2\pi \times (N_\mathrm{a}-1)}{N_\mathrm{a}}\right) \right] & \cdots & \exp\left[\mathrm{j}\dfrac{2\pi R_\mathrm{circ}}{\lambda}\cos\left(\theta_{N_\mathrm{s}} - \dfrac{2\pi \times (N_\mathrm{a}-1)}{N_\mathrm{a}}\right) \right]
\end{bmatrix}
$$

$$(2.59)$$

如果该圆阵干涉仪接收信号的各个通道幅相特性完全保持一致或者存在有源校正的情况下，利用阵列流形矩阵 $\boldsymbol{A}_{N_\mathrm{a} N_\mathrm{s}}$ 中各个元素的相位值作为原始理论相位值，按照干涉仪相位差测量中的基线配对关系将对应的原始理论相位值相减即可得到对应的相位差样本数据，将这一理论值存入相位差样本模板数据库即可。

2. 通过天线接收响应的数值仿真方法

对于由定向辐射的单元天线组成的圆阵干涉仪，当单元天线的有效口径尺寸与信号波长之比大于 1 时，通过上述阵列流形直接推导得到的原始相位差样本的理论值与实际值之间的差异比较大。由于定向天线具有一定的辐射带宽，且不具备严格固定的相位中心，这就决定了在相关干涉仪测向体制下由其所组成的圆阵干涉仪中并不是所有单元天线都能同时参与测向。所以需要根据预设的信号来波方向，在其邻近角度范围内选取具有一致相位中心的单元天线作为参与测向的有效天线，在此基础上按照参与测向的单元天线的特性，利用电磁场数值仿真软件来进行建模分析，从而得到对应的相位差样本值。文献[22]以对数周期单元天线组成的圆阵干涉仪为例进行了说明，详细计算流程可参见该文献。

3. 通过实采数据建立相关表格的方法

通过实采数据建立相关表格的方法属于实际测试法，对于布局不规则的干涉仪天线阵或者干涉仪测向天线阵受安装载体影响较大时通常采用这一方法。在相位差数据采集过程中需要确保测试辐射源位于各个单元天线的远场辐射区，并按照如下步骤来构建相关表格：

（1）采用符合远场条件的频率范围为 $\left[f_\mathrm{down}, f_\mathrm{up}\right]$ 的信号源模拟外界信号；

（2）在频率范围 $\left[f_\mathrm{down}, f_\mathrm{up}\right]$ 内选定某一频率 f_i 的信号，从某一固定方位向 θ_j 入射之后，采集干涉仪各个单元天线所接收信号的相位信息；

（3）以某一路信号的相位值为参考，生成一组与入射方向角 θ_j 和信号频率 f_i 一一对应的相位差矢量 $\boldsymbol{\varPhi}_{\mathrm{S}\Delta,i,j} = \left[\phi_{\mathrm{S}\Delta,i,j,1}, \phi_{\mathrm{S}\Delta,i,j,2}, \cdots, \phi_{\mathrm{S}\Delta,i,j,N_\mathrm{a}-1}\right]^\mathrm{T}$；

（4）以 δ_f 为频率步进遍历 $\left[f_\mathrm{down}, f_\mathrm{up}\right]$ 频率范围，以 δ_θ 为角度步进遍历测角角度范围，从而得到完备的与信号频率和入射方向角一一对应的相位差相关表格。

在上述相位差矢量样本全部构建完成的基础上，对实际信号进行来波方向测量时，若某一外界信号在该频率范围内以某一角度入射，在测量误差范围内其所产生的相位差矢量就会真实地再现上述相关表格中某一存储矢量所对应的相位差数据，所以构建的相位差相关表格就形成了完备的相位差样本模板数据库。

4. 三种方法的对比

基于阵列流形的推导方法所得到的匹配样本实际上是一个方向矢量矩阵，它与原始相位差样本之间是一种复数幂函数的关系，完全依赖于天线阵列的布局信息。通过天线接收响应的数值仿真方法主要是对天线的频率响应做数值分析，得到有关天线的幅度与相位信息，并以此作为目标函数的匹配样本，该方法需要对天线的设计与结构参数有比较深入的理解。上述两种方法得到的相位差样本数据分别是理论计算值与仿真值，建库速度快、成本低，但测向精度并不高。而通过相关表格得到的原始相位差样本则真实地反映了天线在实际应用环境中的工作情况，相当于在样本数据库建立过程中同时引入了校正功能，所以测向结果不受天线阵布局的影响，对实际应用环境的适应能力更强，测向精度更高。因此在相关干涉仪的工程应用中需根据具体情况对上述几种方法进行优选或组合，充分发挥各种方法的优势。

2.3.2　对相关干涉仪测向方法的改进与实现

2.3.2.1　相似度判别求解方法的改进：从相关运算到余弦求和计算

在相关干涉仪测向过程中通过相关运算搜寻最大相关值来求解测向模型，本质上就是寻找与实际测量值最相似的一组对应解，相似度的度量有不同的方法，不同方法有不同的特点。传统相关干涉仪测向处理过程按照式（2.54）直接采用相位差进行相关运算，但由于相位差存在 2π 模糊度，在测量误差影响下可能会发生 $[-\pi,\pi)$ 主值区间的跳变，所以需要根据基线的配置情况，对测量的相位差进行去跳变处理，之后才能进行相关运算。但如果在去跳变过程中处理不当，则会引发数据拟合错误，增大测向误差。为了解决该问题，文献[23,24]将相关干涉仪实际测量得到的一组相位差表示成复矢量的形式，记为 $\boldsymbol{\Phi}_{\mathrm{mea,v}}(f,\theta)=\left[\exp\left[\mathrm{j}\phi_{\mathrm{mea,1}}(f,\theta)\right],\cdots,\right.$ $\left.\exp\left[\mathrm{j}\phi_{\mathrm{mea},N_{\mathrm{ac}}}(f,\theta)\right]\right]^{\mathrm{T}}$ ，对于事先准备好的样本模板数据库中的相位差样本值按照频率与方向分组之后同样表示成复矢量形式，记为 $\boldsymbol{\Phi}_{\mathrm{rel,v}}(f,\theta)=\left[\exp\left[\mathrm{j}\phi_{\mathrm{rel,1}}(f,\theta)\right],\cdots,\exp\left[\mathrm{j}\phi_{\mathrm{rel},N_{\mathrm{ac}}}(f,\theta)\right]\right]^{\mathrm{T}}$ 。于是在已知来波信号频率为 f_{a} 的条件下，以相似度为尺度，传统的通过相位差相关运算求最大值的操作就转化为寻找最相似的两个复矢量的问题，如果采用两个复矢量之差的模值大小来度量二者的相似程度，那么通过求解式（2.60）所示函数 $H(f_{\mathrm{a}},\theta)$ 的最小值即可估计出来波方向角 $\hat{\theta}_{\mathrm{AOA}}$ ：

$$\hat{\theta}_{\mathrm{AOA}}=\arg\min_{\theta\in\Theta}\left[H(f_{\mathrm{a}},\theta)\right]=\arg\min_{\theta\in\Theta}\left[\left\|\boldsymbol{\Phi}_{\mathrm{mea,v}}(f_{\mathrm{a}},\theta)-\boldsymbol{\Phi}_{\mathrm{rel,v}}(f_{\mathrm{a}},\theta)\right\|^{2}\right] \tag{2.60}$$

式中，$\|\cdot\|$ 表示矢量的模，Θ 表示整个测向角度范围。利用恒等变换式 $\exp(\mathrm{j}x)=\cos x+\mathrm{j}\cdot\sin x$ 可将式（2.60）中的函数 $H(f_{\mathrm{a}},\theta)$ 化简为

$$H(f_{\mathrm{a}},\theta)=2\sum_{k=1}^{N_{\mathrm{ac}}}\left\{1-\cos\left[\phi_{\mathrm{mea},k}(f_{\mathrm{a}},\theta)-\phi_{\mathrm{rel},k}(f_{\mathrm{a}},\theta)\right]\right\} \tag{2.61}$$

于是最终的来波方向角 $\hat{\theta}_{\mathrm{AOA}}$ 可通过式（2.62）进行估计：

$$\hat{\theta}_{\mathrm{AOA}}=\arg\max_{\theta\in\Theta}\left\{\sum_{k=1}^{N_{\mathrm{ac}}}\cos\left[\phi_{\mathrm{mea},k}(f_{\mathrm{a}},\theta)-\phi_{\mathrm{rel},k}(f_{\mathrm{a}},\theta)\right]\right\} \tag{2.62}$$

由式（2.62）可知：将各个单元天线接收的信号相对于参考天线接收的信号的相位差测量

值与样本模板数据库中的相位差样本值之差的余弦求和形式作为相似度判别函数，通过该函数取最大值来估计来波方向角，从而有效解决了由于 2π 模糊导致相位差在 $[-\pi,\pi)$ 主值区间跳变的问题，进一步提升了相关干涉仪测向解算的稳定性。

2.3.2.2　缩减相关计算的区间与多级相关快速计算方法

为了避免在整个测向角度范围 $\varTheta$ 内进行穷举遍历式相关计算，可采用其他测量手段或方法获得目标信号来波方向的初估值 θ_{init}，然后以初估值的标准差 $\sigma_{\theta_{\mathrm{init}}}$ 为参考，在正负 m 倍标准差的角度区间范围 $\left[\theta_{\mathrm{init}}-m\sigma_{\theta_{\mathrm{init}}},\ \theta_{\mathrm{init}}+m\sigma_{\theta_{\mathrm{init}}}\right]$ 内实施相关运算，m 为正整数，工程上一般取 $m=3$，从而能够缩减相关计算的区间，提升整个系统的测向速度。而作为初始测量角获取的方法主要有如下几种：

（1）比幅测向方法；

（2）基于接收信号最大/最小幅度的测向方法；

（3）线性相位多模圆阵测向方法[25]；

（4）基于圆阵自身基线引导的相关干涉仪测向方法[26]；

（5）引导基线法[27]；

（6）采用相关干涉仪本身的测量数据，进行多级相关的快速算法，等等。

在以上方法中多级相关快速计算方法不需要外部其他数据的引导，对系统硬件的附加要求较少，所以接下来专门对该方法进行介绍。按照多分辨率处理的思想首先进行相关干涉仪大角度间隔的粗测向，用粗测结果做引导，然后在小角度范围内再对相位差数据进行精细相关处理，从而显著减小了算法的计算量。多分辨率分析是小波变换的典型应用之一，是指由粗至精地对信号进行多尺度逐级分析，小波变换主要应用于时域信号处理，而相关干涉仪测向属于空域信号处理，尽管如此，同样可借鉴多分辨率分析这种由粗至精、逐级处理的思想来进行空域参数的估计。文献[28]以相关干涉仪对方位向360°范围的来波信号实施一维测向为例进行了示范性讲解，在此概要介绍如下：

（1）将原始样本模板数据库中的样本按照不同的方位角间隔步长划分为多级，相邻两级之间粗测样本的方位角间隔为 $\Delta\theta_{\mathrm{coa}}$，细测样本的方位角间隔为 $\Delta\theta_{\mathrm{fin}}$，且 $\Delta\theta_{\mathrm{coa}}/\Delta\theta_{\mathrm{fin}}=N_{\mathrm{P}}$，$N_{\mathrm{P}}\geqslant 2$，为正整数；

（2）在原始样本模板数据库中首先用第一级的粗测样本与实测数据进行相关运算，得到粗测来波方向的估计值 $\hat{\theta}_{\mathrm{E,1}}$；

（3）以 $\hat{\theta}_{\mathrm{E,1}}$ 为中心，在 $\left[\hat{\theta}_{\mathrm{E,1}}-\alpha_{\mathrm{e}}\cdot\Delta\theta_{\mathrm{coa}},\hat{\theta}_{\mathrm{E,1}}+\alpha_{\mathrm{e}}\cdot\Delta\theta_{\mathrm{coa}}\right]$ 角度范围内进行细测样本的下一级相关运算，其中 $\alpha_{\mathrm{e}}\geqslant 0.5$，为一常系数，用于控制相邻两级之间的角度范围缩减程度，从而得到来波方向的估计值 $\hat{\theta}_{\mathrm{E,2}}$；

（4）以 $\hat{\theta}_{\mathrm{E,2}}$ 为中心，在 $\left[\hat{\theta}_{\mathrm{E,2}}-\alpha_{\mathrm{e}}\cdot\Delta\theta_{\mathrm{coa}}/N_{\mathrm{P}},\hat{\theta}_{\mathrm{E,2}}+\alpha_{\mathrm{e}}\cdot\Delta\theta_{\mathrm{coa}}/N_{\mathrm{P}}\right]$ 角度范围内进行细测样本的下一级相关运算，从而得到来波方向的估计值 $\hat{\theta}_{\mathrm{E,3}}$；

（5）如此逐级实施相关运算，直至达到样本模板数据库的最小方位间隔为止，从而得到最终的精确测向结果。

从上述逐级相关测向流程可知：该方法与直接使用样本模板数据库的全体样本做相关测向相比，在测向精度上没有区别，但计算量能够大幅度降低。

2.3.2.3 利用人工神经网络对相关求最大值处理函数进行拟合的快速计算方法

有关人工神经网络的论文与专著成千上万，当前全世界的一个研究热点"深度学习"其实也仅仅是人工神经网络中的一个分支而已，所以在此不用过多的篇幅去展开论述人工智能、深度学习与神经网络之间的相互关系，但对于人工神经网络在干涉仪测向中的应用却是本书关注的内容。实际上，工程应用中较常见的前馈人工神经网络模型如图 2.12 所示。

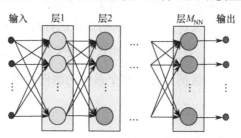

图 2.12 常见的前馈人工神经网络模型

这是一个 M_{NN} 层的前馈神经网络，每一层都具有 N_{NN} 个神经元，输入到层 M_{NN} 的每一条带箭头的连线都表示加权连接的数值传递关系，第 i 层的第 j 个神经元的第 k 个与前一层神经元连接的权值系数记为 $w_{i,j,k}$，$i \in \{1, 2, \cdots, M_{NN}\}$，$j, k \in \{1, 2, \cdots, N_{NN}\}$，且每一层中的神经元都有一个带偏置的非线性激活转换映射，记第 i 层的第 j 个神经元的偏置为 $b_{i,j}$，于是第 i 层的第 j 个神经元的输出 $Y_{i,j}$ 可表示为

$$Y_{i,j} = g_{NN} \left(\sum_{k=1}^{N_{NN}} w_{i,j,k} \cdot Y_{i-1,k} + b_{i,j} \right) \tag{2.63}$$

式中，$g_{NN}(\cdot)$ 表示非线性激活转换映射函数，常用的激活函数有 Sigmoid 函数、Tanh 函数、ReLU（Rectified Linear Unit）线性整流单元函数及其变种函数等。

构建神经网络模型的关键是确定网络中各个神经元的偏置 $b_{i,j}$ 与连接权值 $w_{i,j,k}$，而这些权值系数都是利用大量的数据对网络进行训练而得到的，整个训练过程也被称为神经网络的学习过程。通过这个学习过程，神经网络中的自由参数在其嵌入环境的激励下得到调节，而且学习类型与算法由参数改变的方式来决定。人工神经网络中有很多学习算法，其中比较典型的算法包括基于误差修正的学习、基于记忆的学习、Hebb 学习、竞争学习和 Boltzmann 学习等。通过上述算法，由大量的数据来迭代求解网络权值，求解出的结果就被称为学到的知识。实际上从统计学的观点来看待上述过程，神经网络的权值系数的求解本质上是一个数据统计回归过程，只不过回归所采用的模型是一个通用模型而已。在理论上已经证明：只要一个人工神经网络的层数足够多，且层节点神经元的数量足够多，那么该人工神经网络可以高精度地逼近任何函数 $F(X)$，在对神经网络进行训练时所输入的数据实际上就是函数 $F(X)$ 的采样观察值，只不过是通过大量观察值的统计回归分析来无限逼近 $F(X)$ 而已[29]。

基于这一思想，相关干涉仪通过相关运算后搜索最大相关值对应的角度作为最终的测向结果，这一过程实际上也能够通过一个函数来进行表达，当然这是一个高度非线性、高度复杂的函数表达式。既然人工神经网络能够高精度地逼近任何函数，那么使用人工神经网络对上述相关求最大值处理函数进行逼近拟合之后，自然也就能够完成干涉仪测向任务了。文献[30]以径向基函数（Radius Base Function，RBF）神经网络为例，将相关干涉仪测量得到的样本相位差作为神经网络的输入训练样本，对网络进行训练从而得到相应的网络权值参数，最后将实际测量的相位差输入训练好的神经网络中，该神经网络即可立即输出信号来波方向的估计值。

采用人工神经网络对相关求最大值处理函数进行逼近拟合的好处在于：减少了相关运算的计算量，提升了计算速度。因为通过数据的训练使得 RBF 神经网络中的运算矩阵近似成为聚类之后的聚类中心，其维数远远小于传统相关干涉仪测向中的样本矩阵，这样一来不仅减少了大量的处理时间，而且也大大降低了设备的存储空间。由此可见，在相关干涉仪快速测向应用中人工神经网络在某些方面还是能够发挥一定作用的。但是人工神经网络并不是万能的，其对应用边界条件的要求较高，方法的通用性与普适性还有待进一步提升，所以在工程实际应用中需要具体问题具体分析，对各方面的功能与性能指标要求进行充分的对比，在此基础上才能对是否采用人工神经网络来处理干涉仪测向数据做出明智的选择。

2.3.2.4　对相关计算结果的插值细化

由于样本模板数据库中存储的原始相位差样本所对应的来波方向角的数目是有限的，只覆盖了整个角度空间范围内的有限个采样点，如果实际入射的目标信号的角度位于数据库这有限个角度中的两个值之间时，为了更加精确地获得测向结果，可以对相关计算结果进行曲线或曲面拟合插值，求取插值后的最大相关值所对应的角度值作为最终的测向结果。针对不同的维度，其拟合方法也各不相同。

1. 在一维测向应用中通常采用 3 点抛物线拟合方法

假设通过相关运算后寻找到的最大相关值 $\rho_{\max}$ 所对应的信号来波方向角为 θ_{mid}，在相位差样本模板数据库中与角度 θ_{mid} 相邻的两个采样角度分别为 θ_{lef} 和 θ_{rig}，并且相位差测量值与 θ_{lef} 和 θ_{rig} 角度上事先存储的相位差样本的相关计算结果分别为 ρ_{lef} 和 ρ_{rig}。于是以 $(\theta_{\mathrm{lef}},\rho_{\mathrm{lef}})$、$(\theta_{\mathrm{mid}},\rho_{\max})$、$(\theta_{\mathrm{rig}},\rho_{\mathrm{rig}})$ 这 3 个点坐标为已知条件，进行 $\rho(\theta)=\alpha_1\theta^2+\alpha_2\theta+\alpha_3$ 抛物线函数曲线拟合，即可得如下方程组：

$$\begin{cases} \alpha_1\theta_{\mathrm{lef}}^2+\alpha_2\theta_{\mathrm{lef}}+\alpha_3=\rho_{\mathrm{lef}} \\ \alpha_1\theta_{\mathrm{mid}}^2+\alpha_2\theta_{\mathrm{mid}}+\alpha_3=\rho_{\max} \\ \alpha_1\theta_{\mathrm{rig}}^2+\alpha_2\theta_{\mathrm{rig}}+\alpha_3=\rho_{\mathrm{rig}} \end{cases}, \quad \text{即} \quad \begin{bmatrix} \theta_{\mathrm{lef}}^2 & \theta_{\mathrm{lef}} & 1 \\ \theta_{\mathrm{mid}}^2 & \theta_{\mathrm{mid}} & 1 \\ \theta_{\mathrm{rig}}^2 & \theta_{\mathrm{rig}} & 1 \end{bmatrix} \begin{bmatrix} \alpha_1 \\ \alpha_2 \\ \alpha_3 \end{bmatrix} = \begin{bmatrix} \rho_{\mathrm{lef}} \\ \rho_{\max} \\ \rho_{\mathrm{rig}} \end{bmatrix} \tag{2.64}$$

按照式（2.64）的矩阵表示形式，即可求得 α_1、α_2、α_3 这 3 个待定系数为

$$\begin{bmatrix} \alpha_1 \\ \alpha_2 \\ \alpha_3 \end{bmatrix} = \begin{bmatrix} \theta_{\mathrm{lef}}^2 & \theta_{\mathrm{lef}} & 1 \\ \theta_{\mathrm{mid}}^2 & \theta_{\mathrm{mid}} & 1 \\ \theta_{\mathrm{rig}}^2 & \theta_{\mathrm{rig}} & 1 \end{bmatrix}^{-1} \begin{bmatrix} \rho_{\mathrm{lef}} \\ \rho_{\max} \\ \rho_{\mathrm{rig}} \end{bmatrix} \tag{2.65}$$

对于拟合出的抛物线函数曲线 $\rho(\theta)=\alpha_1\theta^2+\alpha_2\theta+\alpha_3$ 来讲，其最大值所对应的角度 θ_{fit} 为

$$\theta_{\mathrm{fit}}=-\alpha_2/(2\alpha_1) \tag{2.66}$$

将拟合曲线最大值所对应的角度 θ_{fit} 作为相关干涉仪一维测向中的最终测向角度输出。

2. 在二维测向应用中通常采用 5 点二维抛物面拟合方法

二维测向的结果通常由两个角度参数来描述，假设通过相关运算后寻找到的最大相关值 $\rho_{\max}$ 所对应的信号来波方向为 $(\theta_{\mathrm{az,mid}},\theta_{\mathrm{pi,mid}})$，在相位差样本模板数据库中与角度 $(\theta_{\mathrm{az,mid}},\theta_{\mathrm{pi,mid}})$ 在方位和俯仰上相邻的 4 个存储的角度值分别为 $(\theta_{\mathrm{az},i},\theta_{\mathrm{pi},i})$，$i=1,2,3,4$，并且相位差测量值与

$(\theta_{\text{az},i},\theta_{\text{pi},i})$ 角度上事先存储的相位差样本的相关计算结果分别为 ρ_i。于是以 $(\theta_{\text{az},i},\theta_{\text{pi},i})$，$i=1,2,3,4$，以及 $(\theta_{\text{az,mid}},\theta_{\text{pi,mid}})$ 这 5 个点坐标为已知条件，进行 $\rho(\theta_{\text{az}},\theta_{\text{pi}})=\alpha_1\theta_{\text{az}}^2+\alpha_2\theta_{\text{pi}}^2+\alpha_3\theta_{\text{az}}+\alpha_4\theta_{\text{pi}}+\alpha_5$ 二维抛物面函数的拟合，即可得到如下方程组：

$$\begin{cases} \alpha_1\theta_{\text{az,mid}}^2+\alpha_2\theta_{\text{pi,mid}}^2+\alpha_3\theta_{\text{az,mid}}+\alpha_4\theta_{\text{pi,mid}}+\alpha_5=\rho_{\max} \\ \alpha_1\theta_{\text{az},1}^2+\alpha_2\theta_{\text{pi},1}^2+\alpha_3\theta_{\text{az},1}+\alpha_4\theta_{\text{pi},1}+\alpha_5=\rho_1 \\ \alpha_1\theta_{\text{az},2}^2+\alpha_2\theta_{\text{pi},2}^2+\alpha_3\theta_{\text{az},2}+\alpha_4\theta_{\text{pi},2}+\alpha_5=\rho_2 \\ \alpha_1\theta_{\text{az},3}^2+\alpha_2\theta_{\text{pi},3}^2+\alpha_3\theta_{\text{az},3}+\alpha_4\theta_{\text{pi},3}+\alpha_5=\rho_3 \\ \alpha_1\theta_{\text{az},4}^2+\alpha_2\theta_{\text{pi},4}^2+\alpha_3\theta_{\text{az},4}+\alpha_4\theta_{\text{pi},4}+\alpha_5=\rho_4 \end{cases} \tag{2.67}$$

将式（2.67）表示成矩阵形式，即可求得 α_i，$i=1,2,3,4,5$，这 5 个待定系数为

$$\begin{bmatrix} \alpha_1 \\ \alpha_2 \\ \alpha_3 \\ \alpha_4 \\ \alpha_5 \end{bmatrix}=\begin{bmatrix} \theta_{\text{az,mid}}^2 & \theta_{\text{pi,mid}}^2 & \theta_{\text{az,mid}} & \theta_{\text{pi,mid}} & 1 \\ \theta_{\text{az},1}^2 & \theta_{\text{pi},1}^2 & \theta_{\text{az},1} & \theta_{\text{pi},1} & 1 \\ \theta_{\text{az},2}^2 & \theta_{\text{pi},2}^2 & \theta_{\text{az},2} & \theta_{\text{pi},2} & 1 \\ \theta_{\text{az},3}^2 & \theta_{\text{pi},3}^2 & \theta_{\text{az},3} & \theta_{\text{pi},3} & 1 \\ \theta_{\text{az},4}^2 & \theta_{\text{pi},4}^2 & \theta_{\text{az},4} & \theta_{\text{pi},4} & 1 \end{bmatrix}^{-1}\begin{bmatrix} \rho_{\max} \\ \rho_1 \\ \rho_2 \\ \rho_3 \\ \rho_4 \end{bmatrix} \tag{2.68}$$

对于拟合的二维抛物面 $\rho(\theta_{\text{az}},\theta_{\text{pi}})=\alpha_1\theta_{\text{az}}^2+\alpha_2\theta_{\text{pi}}^2+\alpha_3\theta_{\text{az}}+\alpha_4\theta_{\text{pi}}+\alpha_5$ 来讲，其最大值所对应的角度 $(\theta_{\text{az,fit}},\theta_{\text{pi,fit}})$ 为

$$(\theta_{\text{az,fit}},\theta_{\text{pi,fit}})=[-\alpha_3/(2\alpha_1),\ -\alpha_4/(2\alpha_2)] \tag{2.69}$$

将拟合的二维抛物面最大值处所对应的角度 $(\theta_{\text{az,fit}},\theta_{\text{pi,fit}})$ 作为相关干涉仪二维测向中的最终测向角度输出。

显然通过对相关计算结果的插值细化，进一步提升了相关干涉仪的测向精度。实际上对于数据的插值细化处理的模型有很多，以上仅仅以抛物线和抛物面拟合为例对这一思想进行了说明，以此为基础可以扩展出更多对相关干涉仪测向计算结果的插值细化方法，鉴于篇幅有限，不再展开赘述。

2.3.2.5　圆阵相关干涉仪一维测向基线组合方式的选取

对于一个具有 N_a 个单元天线的圆阵相关干涉仪，任意两个单元天线之间都能构成一条基线，即总共有 $N_a(N_a-1)/2$ 条基线，每一条基线均可输出一个相位差测量值，于是对应有 $N_a(N_a-1)/2$ 个相位差测量值。在没有测量误差的条件下，这些相位差测量值中仅有 N_a-1 个是独立的，而剩余的其他 $(N_a-1)(N_a-2)/2$ 个相位差均能够从前述 N_a-1 个相位差中推导出来。根据这一特性，从理论上讲，在相关干涉仪测向应用中只需要选取其中 N_a-1 条基线来构建相关处理的相位差样本模板数据库即可。但在实际工程应用中由于干涉仪通道间的不一致性，以及鉴相误差的存在，所以理论上的约束就不再成立了，在工程上一般选取数量比 N_a-1 还大的基线数目，通过更多基线的测量求最小二乘解来获得更高的测向精度。当然极限情况下就是使用全部 $N_a(N_a-1)/2$ 条基线来进行测量，虽然这样做获得的测量数据最多，但所付出的成本也最高，因为需要更多的鉴相部件和更长的测量时间。鉴于此，工程应用往往是在成本与收益之间进行一个折中与平衡，选取的干涉仪处理基线数 N_{bline} 在如下范围内取一个各方都能接受的合理数值即可：

$$N_a - 1 \leqslant N_{\text{bline}} \leqslant N_a \left(N_a - 1 \right) / 2 \tag{2.70}$$

文献[31]以常见的均匀 5 元圆阵相关干涉仪的一维测向为例，仿真分析了在 3 种不同基线组合方式下，测向精度随频率的变化、测向精度随方位角的变化和测向模糊等情况。这 3 种基线组合方式为最长基线法、最短基线法和固定基线法，分别如图 2.13 中的实线所示。图 2.13 中，An_i，$i = 0, 1, \cdots, 4$ 为 5 个单元天线。为了确保对比的公平性，上述 3 种基线构建方案中只选取 4 条基线来进行对比。

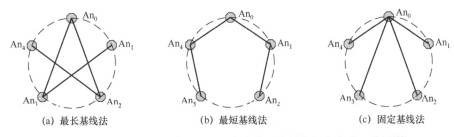

(a) 最长基线法　　　　　(b) 最短基线法　　　　　(c) 固定基线法

图 2.13　5 元圆阵相关干涉仪一维测向中的 3 种基线组合方式（俯视图）

仿真得到的结论是：3 种基线组合方式各有特点，分别适用于不同的应用场合。

（1）最长基线法具有最高的测向精度和最小的相位容差，而且测向精度随方位角变化起伏最小；

（2）最短基线法具有最低的测向精度和最大的相位容差；

（3）固定基线法在测向精度和相位容差性能方面介于上述二者之间，且测向误差相对于方位角的变化起伏最大。

上面提到的"相位容差"是测向系统对各个接收通道的相位不一致性适应程度的度量，相位容差越大，对接收通道的相位不一致性适应能力越强，同时也越不容易出现测向模糊。以上 3 种基线组合方式都是选取 4 路相位差数据进行对比，在算法复杂度和运算量方面完全一致。鉴于以上情况，可以根据不同的应用要求来选取不同的基线形式，例如：如果追求较高的测向精度，在不引起测向模糊的条件下优先选取最长基线法；如果为了尽可能地避免测向模糊，在测向精度满足工程应用的前提下可以选取最短基线法；而固定基线法则是一种折中方案，可在测向精度与测向模糊之间保持一定的代价平衡。

2.3.2.6　相关干涉仪中快速相关运算的工程实现

相关干涉仪中快速相关运算的工程实现通常采用 FPGA 或 GPU（Graphics Processing Unit）来完成，分别概要介绍如下。

1. 快速相关算法的 FPGA 实现

在通信侦察应用中针对短波频段信号密集导致宽带测向数据量较大的特点，应用 FPGA 和 DSP（高速数字信号处理器）来应对此问题是工程上的一种常用方法，这同时也能确保对突发、短时存在信号的截获检测能力。为了实现快速的相关运算，文献[32-35]利用 FPGA 流水化并行处理的优势，针对相关干涉仪算法的结构特点，设计了实时计算相位差相关值的实现方法。在 FPGA 中主要实现的功能模块有快速傅里叶变换（FFT）与相位差测量模块、样本相位差检索模块、相关运算模块、控制模块、相关值比较寻优模块等，上述各个 FPGA 功能模块之间的连接关系如图 2.14 所示。

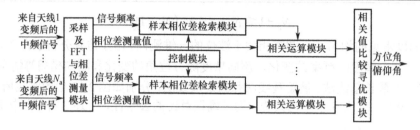

图 2.14　快速相关运算 FPGA 功能模块连接关系

由图 2.14 可见，N_a 个单元天线接收的信号经过下变频之后成为中频信号，首先对中频信号进行数字采样，并在 FPGA 中实施 FFT 变换，计算信号频率及各个单元天线相对于参考天线的相位差；然后根据信号频率、天线阵的半径等参数来对相位差样本空间进行查询与数据提取，接着将相位差测量值与存储的相位差样本模板数据进行相关运算，为了提高处理速度，使用多路并行处理。整个系统的工作模式由控制模块决定，对于接近水平面入射的电磁波，系统工作于一维测向模式，此时俯仰角按 0° 计算，进行一组并行相关处理即可得到方位角的测量值；而对于较大俯仰角的入射信号，系统工作于二维测向模式，控制模块在俯仰维度按照一定角度间隔进行多组并行相关处理，搜寻到最大相关值对应的方位角和俯仰角即可确定信号的来波方向。

如果整个测向系统的相位差样本模板数据是通过实测试验采集得到的，那么实测采集到的相位差样本会以多维表格的形式存储于 FPGA 外挂的存储器中，在测向过程中由样本相位差检索模块直接读入之后参与相关运算。如果整个系统的相位差样本模板数据是按照干涉仪天线阵的阵列流形计算得到的，那么可以在 FPGA 中实时计算得到这样的相位差样本。对于乘法运算采用 FPGA 中的 "DSP48" 单元实现，对于余弦运算采用查找表的方式来实现。

2. 快速相关算法的 GPU 实现

传统的 CPU（Central Processing Unit）运算平台采用串行处理架构，通过分时方式来模拟并行运算。而 GPU 是天然的并行处理架构，这一点非常适合相关干涉仪算法中相位差实测值与相位差样本模板数据进行相关运算的场合。而且 NVIDIA（英伟达）公司为 GPU 提供了统一计算设备架构（Compute Unified Device Architecture，CUDA），能够将整个算法中的密集计算部分分配给 GPU 部件快速高效地完成。CUDA 采用扩展 C 语言进行编程，不仅降低了非专业软件人员使用 CUDA 的技术门槛，而且提供了一种非常直观的方式将并行算法转化成程序代码，这为相关干涉仪中的相关运算提供了一条便捷的技术实现途径。

文献[36-38]对宽带相关干涉仪测向算法进行了改进，使之适应 GPU 平台并充分发挥图形处理器强大的浮点运算能力与高效的并行处理能力，能够在满足实时性要求的同时确保较高的测向精度。在 CUDA 中将 CPU 和 GPU 分别称为 Host 主机端和 Device 设备端。kernel 是在 GPU 上所有线程同时执行的函数，kernel 函数所需要的数据由 Host 主机端通过调用 cudaMemcpy 函数传递到 Device 设备端的全局存储器。然后由 GPU 上的线程从全局内存中进行数据读取，完成相应的计算，最后计算结果返回 CPU 中。整个 CPU 与 GPU 之间的程序模块交互如图 2.15 所示。

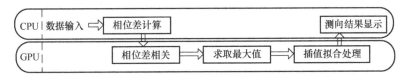

图 2.15　CPU 与 GPU 之间的程序模块交互图示

由图 2.15 可见,启动 GPU 进行一次并行相关运算实施干涉仪测向处理的步骤归纳为如下几步:

(1) 将实际测量得到的相位差数据由 CPU 传入 GPU 的全局内存;

(2) 启用内核函数,各个块(BLOCK)内的线程先将全局内存中需要使用的数据读入块内的共享内存;

(3) 对各个块内的线程进行同步,以确保数据被完整读入共享内存;

(4) 进行乘加求和的相关运算,在获得相关结果之后,求取最大相关值,并进行插值拟合处理,从而得到测向结果;

(5) 再次进行块内的线程同步,确保共享内存中的结果更新完成;

(6) 将块内共享内存中的测向结果数据写入全局内存;

(7) 将全局内存中的数据传回 CPU,用于测向结果的上报与显示。

在以上处理步骤中 CPU 与 GPU 之间的数据传输量并不大,而 GPU 中的数据计算量特别大,相关干涉仪的这一相关计算处理过程也完全符合 GPU 的上述应用特点,所以在相关干涉仪的工程产品中基于 GPU 的实时相关处理测向也成为一个具有代表性的解决方案而被广泛应用。

2.3.3　无线电频谱监测应用中的单通道相关干涉仪测向

从前述相关干涉仪的测向原理可知:如果干涉仪的单元天线数目很多,每一个单元天线后面都配一个接收通道对信号进行放大与变频,然后在中频处进行各个通道之间信号的相位差测量,则所需要的接收设备量很大。在某些应用中被测信号的持续时间足够长,并且在测向期间信号的参数与来波方向几乎不发生改变,于是利用这一附加的应用边界条件,一个干涉仪仅需要保留两个接收通道即可。在所有的干涉仪单元天线中凡是需要进行相位差测量的两个单元天线通过分时共用的方式与这两个接收通道连接,即可完成相位差的测量。由于信号来波方向在整个测量期间不会改变,而且信号一直持续存在,所以分时测量与同时测量所得到的相位差测量值几乎是一样的。这样就能够极大地简化设备的复杂度,降低成本,这对于民用测向产品来讲具有巨大吸引力。实际上,在民用无线电频谱监测领域中普遍使用相关干涉仪,而且为了进一步降低设备成本,部分产品还将双通道干涉仪更加巧妙地简化为单通道干涉仪进行应用[39,40]。

在此用单独的一节来介绍民用无线电频谱监测中广泛应用的单通道干涉仪,主要是因为该设备通常采用相关干涉仪测向处理方法,而且其中的分时单通道接收方式极大地简化了设备的复杂度,制造成本低,特别适合于民用产品市场;再加上民用无线电频谱监测应用中面对的信号绝大多数为通信信号,具有持续时间较长、频率变化缓慢的特点,为分时单通道接收处理提供了条件,这也是分时单通道接收机成为此类应用中的主流体制之一的重要原因所在。另外,民用无线电频谱监测对环境中的电磁信号进行测向主要关注信号来波方向的方位角，而对俯仰方向一般不做区分，这就使得当前的此类设备几乎全部采用圆阵形式实施方位向 360° 范围内的一维测向，圆阵中各单元天线大多采用具有全向方向图特性的偶极子天线。以 9 天线单通道干涉仪测向为例，其工作原理框图如图 2.16 所示。

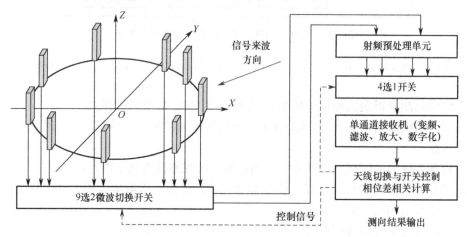

图 2.16　民用无线电频谱监测应用中的单通道干涉仪一维测向原理框图

由图 2.16 可见，圆阵干涉仪的各个单元天线首先通过 9 选 2 微波切换开关选择其中任意两个天线接收的信号进入射频预处理单元，经过射频预处理之后的 4 路信号再通过一个 4 选 1 开关进入单通道接收机进行变频、滤波、放大与数字化处理，依次控制 4 选 1 开关中的每一路信号接通之后进行接收处理，从而计算出 1 对单元天线所接收到信号的相位差测量值。在此基础上再控制 9 选 2 微波切换开关选择另 1 对单元天线，重复上述接收处理流程，不断循环，便能够完成所有天线对之间针对同一个信号的相位差测量。

从理论上讲 9 元天线阵中任意两个单元天线之间配对测量相位差，都可形成一个 8×8 的相位差矩阵，但根据 2.3.2.5 节"圆阵相关干涉仪一维测向基线组合方式的选取"中的论述，在实际工程应用中只需要选出其中 10～20 个的相位差测量值用于后续相关运算即可。将上述挑选出的相位差测量值与样本模板数据库中同频率信号的多组相位差样本值进行相关运算，将最大相关值所对应的来波方向作为该信号的最终测向结果。由上述整个测量过程可知：该设备对同一个信号测向的 4 选 1 开关与 9 选 2 微波切换开关选择的信号均通过同一个接收通道进行分时接收，所以大家习惯上称为（分时）单通道干涉仪测向。其中射频预处理单元的功能框图如图 2.17 所示。

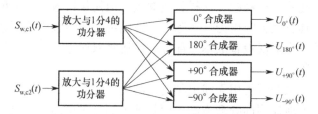

图 2.17　（分时）单通道干涉仪测向中射频预处理单元的功能框图

将射频预处理单元中的两个输入信号分别记为 $S_{w,c1}(t)$ 与 $S_{w,c2}(t)$，如式（2.71）所示：

$$\begin{cases} S_{w,c1}(t) = A_1 \exp\left[j(2\pi f_c t + \phi_c)\right] \\ S_{w,c2}(t) = A_2 \exp\left[j(2\pi f_c t + \phi_c + \phi_\Delta)\right] \end{cases} \tag{2.71}$$

式中，A_1、A_2 和 ϕ_Δ 分别是两路信号的幅度和相位差，f_c 和 ϕ_c 分别是信号的频率和初相，记图 2.17 中不同移相合成器输出的信号分别为 $U_{0°}(t)$、$U_{180°}(t)$、$U_{+90°}(t)$、$U_{-90°}(t)$，如式（2.72）所示：

$$\begin{cases} U_{0°}(t)=\exp\left[\,\mathrm{j}\left(2\pi f_c t+\phi_c\right)\right]\cdot\left[A_1+A_2\exp\left(\mathrm{j}\phi_\Delta\right)\right] \\ U_{180°}(t)=\exp\left[\,\mathrm{j}\left(2\pi f_c t+\phi_c\right)\right]\cdot\left[A_1-A_2\exp\left(\mathrm{j}\phi_\Delta\right)\right] \\ U_{+90°}(t)=\exp\left[\,\mathrm{j}\left(2\pi f_c t+\phi_c\right)\right]\cdot\left\{A_1+A_2\exp\left[\mathrm{j}\left(\phi_\Delta+\pi/2\right)\right]\right\} \\ U_{-90°}(t)=\exp\left[\,\mathrm{j}\left(2\pi f_c t+\phi_c\right)\right]\cdot\left\{A_1+A_2\exp\left[\mathrm{j}\left(\phi_\Delta-\pi/2\right)\right]\right\} \end{cases} \tag{2.72}$$

如前所述，上述 4 路信号依次通过 4 选 1 开关，经单通道接收机变频至中频，数字化之后对其信号幅度分别进行提取与存储，幅度测量结果分别记为 $|E_{0°}|$、$|E_{180°}|$、$|E_{+90°}|$ 和 $|E_{-90°}|$，如式（2.73）所示：

$$\begin{cases} |E_{0°}|^2=A_1^2+A_2^2+2A_1A_2\cos\phi_\Delta \\ |E_{180°}|^2=A_1^2+A_2^2-2A_1A_2\cos\phi_\Delta \\ |E_{+90°}|^2=A_1^2+A_2^2-2A_1A_2\sin\phi_\Delta \\ |E_{-90°}|^2=A_1^2+A_2^2+2A_1A_2\sin\phi_\Delta \end{cases} \tag{2.73}$$

记 $I_E=|E_{0°}|^2-|E_{180°}|^2$，$Q_E=|E_{-90°}|^2-|E_{90°}|^2$，并且 I_E 和 Q_E 均为实数，于是所选择的那一对干涉仪单元天线接收到信号的相位差 ϕ_Δ 由式（2.74）求解：

$$\phi_\Delta=\mathrm{angle}_{[-\pi,\pi]}\left(I_E+\mathrm{j}Q_E\right)=\mathrm{angle}_{[-\pi,\pi]}\left[4A_1A_2\left(\cos\phi_\Delta+\mathrm{j}\sin\phi_\Delta\right)\right] \tag{2.74}$$

式中，$\mathrm{angle}_{[-\pi,\pi]}(\zeta)$ 为求取一个复数 ζ 的辐角并将其转换到 $[-\pi,\pi]$ 范围的函数。如果将复数 ζ 记为 $\zeta=a+\mathrm{j}\cdot b$，其中 a 和 b 均为实数，且 a 和 b 不能同时为零，即 $a\cdot b\neq 0$，那么 $\mathrm{angle}_{[-\pi,\pi]}(\zeta)$ 可通过不同条件下的反正切函数来实现，如式（2.75）所示。在本书后续章节的内容阐述中也会经常使用该函数，并且该函数在 FPGA 中通过调用 CORDIC（Coordinate Rotation Digital Computer）的 IPcore（Intellectual Property core）模块来实现，所以 $\mathrm{angle}_{[-\pi,\pi]}(\zeta)$ 是一个在工程实际中能够用软硬件实现的函数。

$$\mathrm{angle}_{[-\pi,\pi]}(\zeta)=\mathrm{angle}_{[-\pi,\pi]}(a+\mathrm{j}\cdot b)=\begin{cases} \pi/2 & a=0,\ b>0 \\ -\pi/2 & a=0,\ b<0 \\ \arctan(b/a) & a>0 \\ \arctan(b/a)+\pi & a<0,\ b>0 \\ \arctan(b/a)-\pi & a<0,\ b\leq 0 \end{cases} \tag{2.75}$$

由上可见：通过 9 选 2 微波切换开关即可分时获得各对单元天线的相位差测量值，然后通过相关干涉仪测向方法最终估计出信号来波方向。其实，上述单通道干涉仪本质上是一个模拟鉴相体制的半数字化干涉仪，其在射频实施模拟鉴相处理，将鉴相的中间结果通过一个接收通道分时下变频的方式转化成中频信号，然后再实施数字化采样与处理。由于单通道干涉仪测向采用分时共用接收通道的方式，在对同一个信号进行测向期间，需要该信号的参数保持稳定，不能发生变化，否则将会产生测向错误，所以这一测向体制仅适合对缓慢变化信号的测向。在民用电磁频谱监测应用中绝大多数信号均满足这一要求，再加上单通道接收极大地降低了设备制造成本，所以分时单通道干涉仪测向在民用电磁频谱监测领域中的应用比较广泛。

2.4 相关干涉仪测向的应用举例与产品介绍

在工程实际中相关干涉仪测向最常见的阵型大部分都是均匀圆阵，因为圆阵相关干涉仪具有如下优点：

（1）单元天线之间的互耦情况相同，而且整个天线阵与支撑天线阵的桅杆等支架之间的影响较小；

（2）具有圆对称性，在各个方向上的天线波束形状几乎一样，这也使得测向精度在 360°方位面上近似相同，即测向精度与来波方向无关。

圆阵相关干涉仪不仅具有紧凑合理的结构，而且具有较好的测向性能，这使其在军事与民用领域都获得了广泛的应用。接下来选取一些公开文献中报道过的具有典型代表性的相关干涉仪测向应用与产品进行介绍。

2.4.1 超短波频段相关干涉仪的一维测向

文献[41]设计了一个由 5 个超短波频段鞭状天线组成的带圆心参考天线的圆阵干涉仪，0号单元天线位于圆心位置处，这也是 XOY 坐标系的原点位置，1 号至 4 号单元天线均匀布置在半径为 R_{circ} 的圆周上，如图 2.18(a)所示。对 360° 范围内各方位向上的信号进行测向，在 XOY 平面内信号来波方向与 X 轴正向之间的夹角记为 θ_{az}。

按照图 2.18(a)所示的几何关系，分别计算出 1 号至 4 号单元天线与 0 号单元天线之间相位差 $[\phi_{\Delta 1}, \phi_{\Delta 2}, \phi_{\Delta 3}, \phi_{\Delta 4}]^T$ 与信号来波方向角之间的理论关系，如式（2.76）所示：

$$\begin{cases} \phi_{\Delta 1} = 2\pi R_{circ} \cos\theta_{az}/\lambda \\ \phi_{\Delta 2} = 2\pi R_{circ} \cos(\theta_{az} - \pi/2)/\lambda \\ \phi_{\Delta 3} = 2\pi R_{circ} \cos(\theta_{az} - \pi)/\lambda \\ \phi_{\Delta 4} = 2\pi R_{circ} \cos(\theta_{az} - 3\pi/2)/\lambda \end{cases} \quad (2.76)$$

对于指定的来波方向角 $\theta_{az,i}$，通过式（2.76）便能从理论上计算出一组相位差 $\boldsymbol{\Phi}_{\Delta,i} = [\phi_{\Delta 1,i}, \phi_{\Delta 2,i}, \phi_{\Delta 3,i}, \phi_{\Delta 4,i}]^T$，如果以 1° 为间隔选取 1 组样本值，那么整个 360° 方向上就有 360 组样本值，于是 $i = 1, 2, 3, \cdots, 360$。将各个单元天线实际测量得到的相位差 $\boldsymbol{\Phi}_{meas} = [\phi_{M\Delta 1}, \phi_{M\Delta 2}, \phi_{M\Delta 3}, \phi_{M\Delta 4}]^T$ 与样本模板数据库中的 $\boldsymbol{\Phi}_{\Delta,i}$ 参照式（2.54）或式（2.62）进行相关系数的计算。最大相关值所对应的角度 $\theta_{max,v}$ 即为目标信号的来波方向。

如果干涉仪的各个通道在做相位差测量时存在系统误差，按照前述方法进行 1 次测量可得到一组相位差实测值为 $[\phi_{M\Delta 1}, \phi_{M\Delta 2}, \phi_{M\Delta 3}, \phi_{M\Delta 4}]^T$，然后将干涉仪天线阵带着接收通道整体顺时针旋转 90°，则变为图 2.18(b)所示，再进行 1 次测量得到一组相位差实测值为 $[\phi'_{M\Delta 1}, \phi'_{M\Delta 2}, \phi'_{M\Delta 3}, \phi'_{M\Delta 4}]^T$。由于天线阵采用对称正交结构，所以能够进行 90° 精确旋转。在旋转前后各个接收支路的外部系统误差保持不变的条件下，其相位差可表示为

$$\begin{cases} \phi_{M\Delta1}=\phi_{\Delta1,\text{real}}+\delta\phi_{c1,\text{sys}} \\ \phi_{M\Delta2}=\phi_{\Delta2,\text{real}}+\delta\phi_{c2,\text{sys}} \\ \phi_{M\Delta3}=\phi_{\Delta3,\text{real}}+\delta\phi_{c3,\text{sys}} \\ \phi_{M\Delta4}=\phi_{\Delta4,\text{real}}+\delta\phi_{c4,\text{sys}} \end{cases}, \quad \begin{cases} \phi'_{M\Delta1}=\phi_{\Delta4,\text{real}}+\delta\phi_{c1,\text{sys}} \\ \phi'_{M\Delta2}=\phi_{\Delta1,\text{real}}+\delta\phi_{c2,\text{sys}} \\ \phi'_{M\Delta3}=\phi_{\Delta2,\text{real}}+\delta\phi_{c3,\text{sys}} \\ \phi'_{M\Delta4}=\phi_{\Delta3,\text{real}}+\delta\phi_{c4,\text{sys}} \end{cases} \quad (2.77)$$

式中，$\phi_{\Delta1,\text{real}},\phi_{\Delta2,\text{real}},\phi_{\Delta3,\text{real}},\phi_{\Delta4,\text{real}}$ 分别表示各个接收支路中信号相位差的真实值，$\delta\phi_{c1,\text{sys}},\delta\phi_{c2,\text{sys}},$ $\delta\phi_{c3,\text{sys}},\delta\phi_{c4,\text{sys}}$ 分别表示各个接收支路的外部系统误差。将天线阵旋转前后各个通道对应的相位差相减可得：

$$\begin{cases} \phi_{M\Delta1}-\phi'_{M\Delta1}=\phi_{\Delta1,\text{real}}-\phi_{\Delta4,\text{real}} \\ \phi_{M\Delta2}-\phi'_{M\Delta2}=\phi_{\Delta2,\text{real}}-\phi_{\Delta1,\text{real}} \\ \phi_{M\Delta3}-\phi'_{M\Delta3}=\phi_{\Delta3,\text{real}}-\phi_{\Delta2,\text{real}} \\ \phi_{M\Delta4}-\phi'_{M\Delta4}=\phi_{\Delta4,\text{real}}-\phi_{\Delta3,\text{real}} \end{cases} \quad (2.78)$$

由式（2.78）可知：通过天线阵 90° 旋转前后的相位差之差的计算能够消除各个接收支路的外部固有系统误差。将新的相位差之差数组 $[\phi_{M\Delta1}-\phi'_{M\Delta1},\phi_{M\Delta2}-\phi'_{M\Delta2},\phi_{M\Delta3}-\phi'_{M\Delta3},\phi_{M\Delta4}-\phi'_{M\Delta4}]^{\text{T}}$ 与对应的样本模板数据库中的相位差之差 $[\phi_{\Delta1,i}-\phi_{\Delta4,i},\phi_{\Delta2,i}-\phi_{\Delta1,i},\phi_{\Delta3,i}-\phi_{\Delta2,i},\phi_{\Delta4,i}-\phi_{\Delta3,i}]^{\text{T}}$ 进行相关运算，同样可以将最大相关系数所对应的 $\theta_{\text{max,v}}$ 作为目标信号的来波方向角。由此可见：采用这种补偿与相关处理方式，接收支路存在的外部系统误差能够被抵消，从而提高了测向精度。由于该方法需要旋转天线阵，要求在整个测量期间信号保持稳定不变，这对于测向的实效性有一定的影响，所以该方法只适合对慢速变化的信号进行测向。

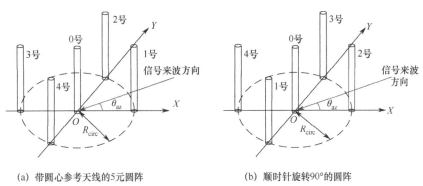

(a) 带圆心参考天线的5元圆阵　　　　　　　(b) 顺时针旋转90°的圆阵

图 2.18　超短波频段带圆心参考天线的圆阵相关干涉仪一维测向

2.4.2　对 L 频段海事卫星通信终端上行信号的相关干涉仪测向

海事卫星上行通信信号的频率范围为 1626.5～1660.5MHz，按照海事卫星不同的通信标准其信号特征也各不相同，常见的满足 MINI-M 标准的海事卫星通信终端发射 QPSK 调制的短时突发信号，突发持续时间为几十到几百毫秒，传输速率为 5.6kbps。文献[42]设计了一个孔径大小为 0.35m 的 5 元圆阵干涉仪对海事卫星通信终端发射的信号进行测向。干涉仪的 5 个单元天线接收信号的中心频率设定为 1643.5MHz，将整个带宽 34MHz 的信号下变频至中心频率为 140.4MHz 的中频之后进行模数转换，ADC 采样频率为 187.2MHz，采样后的数字信号采用 FPGA+DSP 的架构进行处理。FPGA 采用 Xinlix 公司的 V5SX95T，主要完成数字正交下变频、FFT 实时运算、频域相位差计算等多通道并行处理功能；DSP 采用 TI 公司的 TMS6414

型号，主要完成相关运算、插值处理与方位角解算，最终输出测向结果。

在 FPGA 中采用 46.8MHz 的双路正交正弦波为数字本振，将采样后中心频率为 140.4MHz 的信号频谱对折到 46.8MHz，对信号实施正交下变频，将信号搬移到基带，然后用大于或等于 4 级的 CIC（Cascaded Integrator Comb）滤波器滤波之后进行 4 倍抽取，从而得到降采样率为 46.8MHz 的基带复信号。在此基础上采用通带截止频率为 18MHz、阻带截止频率为 20MHz 的 50 阶 FIR（Finite Impulse Response）滤波器对每一路信号进行滤波处理，然后做 8192 点的 FFT（快速傅里叶变换），接着将第 1 路信号的 FFT 结果与其他 4 路信号的 FFT 结果共轭相乘后进行多次累积求平均，最后利用累积平均结果中各个频率点处的幅度值来检测信号的有无，在有信号的频率位置所对应复数的相位值即是干涉仪两个通道间信号的相位差测量值。上述流程实际上是干涉仪频域数字鉴相过程的一个具体实现步骤，在本书第 3 章中还会对此进行更详细的讲解。

从上述设计方案可知，对 4 倍抽取之后的采样率为 46.8MHz 的信号进行 8192 点的 FFT，其频率分辨率达到了 5.713kHz，因此能够对频率间隔为 10kHz 的两个海事卫星通信终端发射的信号进行同时测向。在 FPGA 中完成一次 8192 点 FFT 运算耗时约为 89μs，将 128 次 FFT 运算并共轭相乘的结果累积平均后求相位差，耗时约 12ms。由前文可知：海事卫星通信终端信号的突发持续时间一般在 20ms 以上，所以该设计方案完全能够满足实时测向的应用要求。

由于硬件资源的限制，在相位差样本模板数据库的构建中角度间隔值设计为 2°，所以通过相关运算求最大值方法获得的粗测向方位值为 2° 的整数倍。根据粗测向的角度值 $\theta_{mid,c}$、该测向值对应的相关系数 ρ_{max}，以及该测向值前一个点的相关系数 ρ_{left} 与后一个点的相关系数 ρ_{right}，再加上相位差样本模板数据库中数据的方位角间隔 $\Delta\theta_c$，通过余弦插值可得到更加精细的测向结果 θ_{fit}，如式（2.79）所示。对比式（2.79）与式（2.66）可知：由于两式采用了不同的插值方法，所以最终拟合的结果有一些细微差异。

$$\theta_{fit}=\frac{\rho_{left}-\rho_{right}}{2\left(\rho_{left}-2\rho_{max}+\rho_{right}\right)}\Delta\theta_c+\theta_{mid,c} \tag{2.79}$$

文献[42]报道：实测数据表明，所研制的 5 元圆阵相关干涉仪样机对海事卫星通信终端上行信号的实际测向误差大约为 1.3°，完全满足实际工程项目的要求。

2.4.3　20～3000MHz 的三层 5 元圆阵相关干涉仪测向

文献[43]报道了一个工作频段覆盖 20～3000MHz 的三层 5 元圆阵干涉仪，如图 2.19 所示。从下到上第 1 层圆阵至第 3 层圆阵的工作频段分别为 20～150MHz、150～500MHz、500～3000MHz，圆阵直径分别为 300cm、160cm、25cm。虽然所有单元天线均为偶极子天线，但每一层的偶极子天线的尺寸均不相同：第 1 层圆阵的偶极子单元天线长 180cm，直径 4cm；第 2 层圆阵的偶极子单元天线长 55cm，直径 1.6cm；第 3 层圆阵的偶极子单元天线长 12.5cm，直径 1.5cm。5 元圆阵的基线只有两种长度，短基线由相邻的两个单元天线构成，如图 2.19 中虚线所示，而长基线由不相邻的两个单元天线构成，如图 2.19 中实线所示，不同的基线组合具有不同的解模糊能力和不同的互耦消除能力。

上述三层圆阵天线采用不同长度基线时的基线波长比 d_{BL}/λ 如表 2.1 所示。由表 2.1 可知：第 1 层采用了长基线，第 2 层与第 3 层既采用了长基线，又采用了短基线。

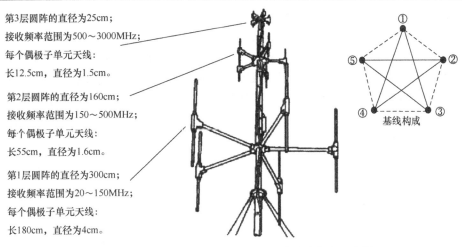

第3层圆阵的直径为25cm；
接收频率范围为500～3000MHz；
每个偶极子单元天线：
长12.5cm，直径为1.5cm。

第2层圆阵的直径为160cm；
接收频率范围为150～500MHz；
每个偶极子单元天线：
长55cm，直径为1.6cm。

第1层圆阵的直径为300cm；
接收频率范围为20～150MHz；
每个偶极子单元天线：
长180cm，直径为4cm。

基线构成

图 2.19　三层 5 元圆阵相关干涉仪及其基线构成示意图

表 2.1　三层圆阵相关干涉仪采用不同长度基线时的基线波长比

工作频段/MHz	采用的基线	基线长度 d_{BL} /cm	d_{BL}/λ
第 1 层：20～150	长基线	285	0.19～1.42
第 2 层：150～300	长基线	152	0.76～1.52
第 2 层：300～500	短基线	94	0.94～1.57
第 3 层：500～1800	长基线	23.8	0.40～1.43
第 3 层：1800～3000	短基线	14.7	0.88～1.47

据文献[43]报道，上述相关干涉仪已经在实际测向系统中成功应用。

2.4.4　Ku 频段圆阵相关干涉仪的一维测向

文献[44]设计了一个工作频段覆盖 12.4～18GHz（对应的信号波长范围为 1.67～2.42cm）、半径为 5.4cm 带圆心参考天线的圆阵相关干涉仪。该干涉仪在圆心处安装了一个全向天线，在整个圆周上等角度布置了 8 个 3dB 波束宽度为 60° 的定向喇叭天线，喇叭天线的轴向由圆心沿半径方向指向圆外，从而实现对 XOY 平面 360° 方位范围内来波信号的测向，整个圆阵的俯视图如图 2.20 所示。由于只需要一个角度变量便能描述 XOY 平面内的任意来波方向角，因此这是一个一维测向系统。

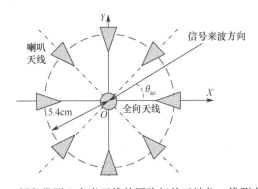

图 2.20　Ku 频段带圆心参考天线的圆阵相关干涉仪一维测向的俯视图

该 Ku 频段的圆阵相关干涉仪仅配备了 3 个接收通道,其中 1 个接收通道恒定接收圆阵中央的全向天线输出的信号,余下的两个接收通道则通过开关切换的方式依次接收 8 个喇叭天线输出的信号,每次接通位置相邻的一对喇叭天线。该系统还充分利用了 8 个定向喇叭天线的特性,采用了相邻两个喇叭天线的比幅测向方法来获得初始的信号来波方向。并在此初测方向的 ±10° 角度范围内采用相关干涉仪测向方法进行精测向,减小了相关运算的角度范围,提升了测向速度。实际上,上述处理方法与 2.3.2.2 节 "缩减相关计算的区间与多级相关快速计算方法" 中阐述的思想是完全一致的,即通过比幅测向来引导相关干涉仪测向。

据文献[44]报道,通过对研制的上述圆阵相关干涉仪样机进行测试,实测数据表明:对整个 Ku 频段内信号的测向精度优于 2° rms。

2.4.5 罗德与施瓦茨公司研制的典型相关干涉仪测向产品

罗德与施瓦茨(Rohde & Schwarz)公司(简称 R&S 公司)是一家总部位于德国的知名跨国企业,主要研制通信和微波射频测量仪器与测试系统,其中包含了无线电监测和定位系统。该公司主动通过公开的期刊文献发布了部分产品的工作原理与性能/功能的简介,所以引用并借鉴这些公开材料,可进一步掌握当前国际上典型相关干涉仪测向产品的研发与应用现状。

2.4.5.1 R&S DDF255 高精度宽带测向机

文献[45-47]公开报道:R&S DDF255 将功能强大的宽带数字接收机与相关干涉仪测向机结合在一起,构成了一个具有广泛测量与分析功能的高精度宽带测向机。第一代产品的测向频率范围为 0.5MHz～6GHz,监测频率范围为 9kHz～26.5GHz;第二代产品新增了 R&S DDF255-SHF 选件和 R&S ADD075 测向天线,其测向频率范围扩展为 0.3MHz～8.2GHz。R&S DDF255 测向机的宽带测向、解调和分析的实时带宽达到 20MHz,最小信号驻留时间为 0.5ms,支持对定频辐射源和跳速不超过 100hop/s 的跳频辐射源进行测向,适应的常见信号种类包括无线局域网(Wireless Local Area Network,WLAN)信号、全球微波接入互操作性(World Interoperability for Microwave Access,WiMAX)信号,以及各种微波通信与雷达信号等。通过高速数字信号处理来实现在 20MHz 带宽范围内对所有信号的来波方向进行可选分辨率的实时测量,对于高于电平阈值的信号并行计算和显示来波方向。具体来讲,支持对 800 个航空信道或 88 个航海信道,以及所有调频广播信道中的信号同时测向,对于 DAB(Digital Audio Broadcasting)和 DVB-T(Digital Video Broadcasting-Terrestrial)大带宽信号的来波方向使用高信道分辨率进行测量,然后对每个信道测量得到的信号来波方向进行平均以补偿与频率相关的方向波动,从而最终生成更加准确的测向结果。R&S DDF255 高精度宽带测向机集成度高、外形紧凑,高 4U、宽 19 英寸,可外接各种类型的天线组成圆阵干涉仪进行测向,如图 2.21(a)所示。这些天线阵可使用其他适配器安装于固定站的桅杆上,也可使用对应的车辆适配器安装于车辆顶部,实施运动中的无线电监测、测向与定位,如图 2.21(b)所示。

R&S DDF255 通过配置不同的外接天线对垂直极化和水平极化的信号进行测向,其配套的天线包括:

(1)HF 测向天线 R&S ADD119;

(2)VHF/UHF 垂直极化测向天线 R&S ADD196;

(3)VHF/UHF 双极化测向天线 R&S ADD197;

(a) R&S DDF255测向机正面照片　　　　(b) 配置天线阵后集成到车辆上的照片

图 2.21　R&S DDF255 测向机与配置天线阵后集成到车辆上的照片

（4）适用于移动应用的 VHF/UHF 测向天线 R&S ADD295；

（5）UHF 垂直极化测向天线 R&S ADD071；

（6）SHF（Super High Frequency）频段的测向天线 R&S ADD075，等等。

通过配置相应类型的天线对采用水平极化天线发射广播、电视信号的非法无线电台进行精确测向，对采用水平极化天线的故障发射系统进行测向，在此基础上实施多站测向交叉定位。R&S DDF255 还能够利用已知地理位置坐标的公共广播电视台所发射的信号来方便地对测向机进行校北与测向准确度验证。

R&S ADD075 是罗德与施瓦茨公司生产的第一代 SHF 频段的测向天线，覆盖 1.3～8.2GHz 频率范围，该天线由两层圆形阵列组成，其带天线罩的图片如图 2.22(a)所示，该天线阵可安装于车顶，还能够通过塑料材质的车顶行李箱进行伪装，在车辆行进过程中对辐射源进行测向与定位，其测向定位显控界面如图 2.22(b)所示（图中没有显示地图背景）。在固定站应用中该天线还能与 R&S ADD196 等测向天线同时安装，这样组成的测向系统能够覆盖整个 20MHz～8GHz 频率范围。

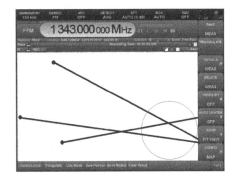

(a) 带天线罩的R&S ADD075测向天线阵　　　(b) 移动测试时显示的位置与示向线信息

图 2.22　R&S ADD075 测向天线阵与测向定位应用的显控界面

2.4.5.2　R&S DDF550 移动监测与测向系统

文献[48]公开介绍了罗德与施瓦茨公司研制的 R&S DDF550 移动监测与测向系统，该系统以图 2.23(a)所示的数字测向机 DDF550 为核心设备，采用两个圆阵干涉仪对 20MHz～6GHz 频段内的信号进行相关干涉仪测向，瞬时接收带宽达到 80MHz。第 1 个圆阵干涉仪采用

R&S ADD157 监测与测向共用天线阵安装于车辆顶部，ADD157 采用如图 2.23(b)所示的具有双极化测向功能的双振子阵列设计，可对 20～1300MHz 的垂直极化信号和 40～1300MHz 的水平极化信号进行测向。第 2 个圆阵干涉仪采用如图 2.23(c)所示的 R&S ADD078SR 监测与测向共用天线阵安装于位于车辆尾部的可倾斜升降杆上，升降杆装置升起后高度为 5m 左右，可对 1.3～6GHz 的垂直极化信号进行测向。

(a) DDF550数字测向机　　　(b) ADD157测向天线阵　(c) 带天线罩的ADD078SR
　　　　　　　　　　　　　　　　　　　　　　　　　　测向天线阵

图 2.23　R&S DDF550 移动监测与测向系统中的主要部件

整个系统装车之后如图 2.24 所示。在车辆停止时升高测向天线阵 ADD078SR，完成测向监视任务，升降杆也满足车速不超过 40km/h 的移动监测需求。车顶到车内所有过线孔及螺钉连接安装完成之后涂密封胶进行防雨处理。车内各类连接线缆采用暗线布置，保证车辆美观。整个系统满足在移动和固定状态下对无线电干扰源进行监测与测向，在移动中追踪干扰源，以及联合测向定位等要求，为无线电管理部门对无线电干扰源测向定位提供了全面的产品装备保证。

图 2.24　R&S DDF550 移动监测与测向系统实际装车照片

2.4.5.3　R&S DDF5GTS+ESMD 固定式监测与测向系统

文献[49]公开报道了罗德与施瓦茨公司研制的以数字监测接收机 ESMD 为核心的单通道监测和以 DDF5GTS 三通道数字测向机为核心的相关干涉仪测向组合在一起的固定式无线电频谱监测与测向站，其中的核心设备如图 2.25 所示。

(a) DDF5GTS三通道数字测向机　　　　　　(b) ESMD数字监测接收机

图 2.25　R&S DDF5GTS+ESMD 固定式频谱监测与测向站系统中的核心设备

DDF5GTS 数字测向机的工作频段为 20MHz～6GHz，增加频率扩展选件之后工作频段可扩展至 300kHz～6GHz，采用高精度相关干涉仪测向，80MHz 的实时接收带宽，与之配套的测向天线为 R&S ADD157 双极化大线（20MHz～1.3GHz），以及垂直极化天线 R&S ADD078SR（1.3～6GHz）等。实时测向带宽在 VHF/UHF/SHF 频段为 80MHz、在 HF 频段为 20MHz，适应的最小信号驻留时间为 10μs（对于多脉冲信号）。

ESMD 监测接收机可实现 20MHz～26.5GHz 的信号监测，实时信号分析带宽达到 20MHz，全景扫描速度高达 100GHz/s。监测系统采用了全向监测天线 HK309（20MHz～1.3GHz）、HF902（1～3GHz）和 HF907OM（850MHz～26.5GHz）。实际上 R&S DDF5GTS 的测向天线品种齐全，几乎能够使用所有的 R&S ADDx 系列多信道测向天线，用户只需要点击鼠标就能把有源单元切换成无源工作模式。因此，此类天线同时具有有源和无源模式的两种优势，有源测向天线具有更高的灵敏度，而无源天线对大信号的抗干扰接收能力更强。总之，对于 DDF5GTS 和 ESMD 综合系统而言，集成后能够具备单通道监测与三通道测向的能力，性能指标较高，不仅可以快速地截获信号，而且能够精确地输出被测信号的来波方向。

2.5　对干涉仪测向模型中应用边界条件的分析与讨论

2.5.1　对平面电磁波测向与对球面电磁波测向的差异

传统的经典干涉仪测向模型中有一个隐含的假设条件，即干涉仪对平面电磁波的来波方向进行测量，但在实际工程应用中理想的严格意义上的平面电磁波并不存在，平面电磁波仅仅是电磁辐射源发射的球面电磁波在长距离传播之后，对电磁波的局部波前区域的一个近似，所以干涉仪对平面电磁波测向与对球面电磁波测向肯定是有差异的，在此以二维平面上的一维线阵干涉仪测向为例，分析如下。

在如图 2.26 所示的 XOY 直角坐标系中一维线阵干涉仪的基线位于 X 轴上，其最长基线为 AB，长度记为 d_{int}，AB 的中点位置即是坐标系原点 O，由此可得 A 点与 B 点位置坐标分别为 $(-0.5d_{int},0)$ 和 $(0.5d_{int},0)$。干涉仪的最长基线 AB 对辐射源目标发射的到达干涉仪的信号进行相位差测量，并在准确求解相位差模糊之后得到无模糊的相位差测量值 $\phi_{W\Delta,AB}$，根据干涉仪测向模型可计算得到目标辐射源到 A 点及 B 点之间的距离差 $\Delta d_{AB,R}$ 如式（2.80）所示：

$$\Delta d_{AB,R} = \lambda \cdot \phi_{W\Delta,AB} / (2\pi) \tag{2.80}$$

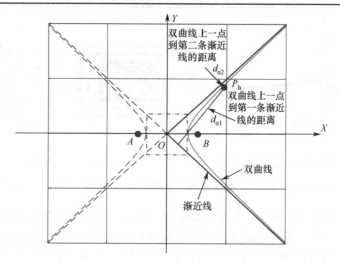

图 2.26　一维线阵干涉仪测向中的双曲线及其渐近线模型

按照平面解析几何中二次曲线的性质可知：到 A、B 两点的距离差为 $\Delta d_{AB,R}$ 的所有点集形成的曲线是一条双曲线。该双曲线的焦点即是 A 与 B，焦距为 d_{int}，实轴长度为 $\Delta d_{AB,R}$，虚轴长度 b_{2R} 由式（2.81）计算：

$$b_{2R}=2\sqrt{\left(0.5d_{int}\right)^2-\left(0.5\Delta d_{AB,R}\right)^2}=\sqrt{d_{int}^2-\Delta d_{AB,R}^2} \tag{2.81}$$

由实轴与虚轴的长度可得该双曲线的方程如下：

$$\frac{x^2}{\left(0.5\Delta d_{AB,R}\right)^2}-\frac{y^2}{\left(0.5d_{int}\right)^2-\left(0.5\Delta d_{AB,R}\right)^2}=1 \tag{2.82}$$

由双曲线方程式（2.82）可得其渐近线方程为

$$\frac{x}{\Delta d_{AB,R}}\pm\frac{y}{\sqrt{d_{int}^2-\Delta d_{AB,R}^2}}=0 \tag{2.83}$$

由式（2.82）和式（2.83）并结合图 2.26 可知：从理论上讲，双曲线的渐近线即是干涉仪对平面电磁波的测向线，且该测向线经过干涉仪最长基线的中点位置处；而双曲线即是干涉仪对球面电磁波测向后获得的球面波球心的寻迹线，球面波的球心对应了辐射源目标的位置。通过上述对比可知：采用球面波测向模型解算出的真实辐射源位于双曲线上，而采用平面波测向模型的传统干涉仪测向解算出的辐射源位于渐近线上，双曲线与其渐近线之间的位置差异即反映了干涉仪对平面电磁波测向与球面电磁波测向之间的差异。

为了进行定量评估，记平面电磁波测向模型输出的角度 θ_{plane} 与球面电磁波测向模型输出的角度 θ_{sphere} 之间的差异 $\Delta\theta_{2p}$ 如式（2.84）所示：

$$\Delta\theta_{2p}=\theta_{plane}-\theta_{sphere} \tag{2.84}$$

假设电磁辐射源与干涉仪中点之间的距离为 d_{object}，从图 2.26 中可见，随着 d_{object} 的逐渐增大，$\Delta\theta_{2p}$ 会逐渐减小。但这仅仅是定性的结论，在给出定量关系之前，首先证明如下的定理。

定理 2.1：双曲线 $\dfrac{x^2}{a_h^2}-\dfrac{y^2}{b_h^2}=1$，$a_h>0$，$b_h>0$ 上任意一点到两条渐近线的距离之积为一

个定值。其中，a_h 为双曲线半实轴的长度，b_h 为双曲线半虚轴的长度。

证明：将双曲线上任意一点 P_h 表示成参数方程的坐标形式为 $(a_h \sec \vartheta, b_h \tan \vartheta)$，其中 ϑ 为参数变量。由双曲线的渐近线方程 $b_h x \pm a_h y = 0$ 可求得：

点 P_h 到第一条渐近线 $b_h x + a_h y = 0$ 的距离 d_{h1} 为

$$d_{h1} = \left| a_h b_h \sec \vartheta + a_h b_h \tan \vartheta \right| \Big/ \sqrt{a_h^2 + b_h^2} \tag{2.85}$$

点 P_h 到第二条渐近线 $b_h x - a_h y = 0$ 的距离 d_{h2} 为

$$d_{h2} = \left| a_h b_h \sec \vartheta - a_h b_h \tan \vartheta \right| \Big/ \sqrt{a_h^2 + b_h^2} \tag{2.86}$$

于是距离 d_{h1} 与距离 d_{h2} 的乘积为

$$d_{h1} d_{h2} = a_h^2 b_h^2 \left| \sec^2 \vartheta - \tan^2 \vartheta \right| \Big/ \left(a_h^2 + b_h^2 \right) = a_h^2 b_h^2 \Big/ \left(a_h^2 + b_h^2 \right) \tag{2.87}$$

由式（2.87）可知：双曲线上任意一点到两条渐近线的距离之积为一个定值。

证毕。

由前述假设：电磁辐射源与干涉仪中点之间的距离为 d_{object}，根据图 2.26 中的几何关系可得位于双曲线上的电磁辐射源到其中一条渐近线的较远的距离 d_{o1} 近似表达为

$$d_{o1} \approx d_{object} \sin(2\beta_h) = 2 d_{object} \sin \beta_h \cos \beta_h \tag{2.88}$$

式中，β_h 为渐近线与 X 轴正向的夹角。按照前述几何关系有式（2.89）成立：

$$\begin{cases} \sin \beta_h = b_h / c_h = \sqrt{d_{int}^2 - \Delta d_{AB,R}^2} \Big/ d_{int} \\ \cos \beta_h = a_h / c_h = \Delta d_{AB,R} / d_{int} \end{cases} \tag{2.89}$$

式中，c_h 为双曲线的半焦距，且有 $c_h = d_{int}/2$，$a_h = \Delta d_{AB,R}/2$，$b_h = \sqrt{d_{int}^2 - \Delta d_{AB,R}^2} \Big/ 2$。根据双曲线方程的固有性质，有式（2.90）成立：

$$a_h^2 + b_h^2 = c_h^2 \tag{2.90}$$

将式（2.89）代入式（2.88），根据上述定理中的式（2.87）及式（2.90），即可求得位于双曲线上的电磁辐射源到另一条渐近线的较近的距离 d_{o2} 为

$$d_{o2} = \frac{a_h^2 b_h^2}{\left(a_h^2 + b_h^2 \right) 2 d_{object} \sin \beta_h \cos \beta_h} = \frac{a_h b_h}{2 d_{object}} = \frac{\Delta d_{AB,R} \cdot \sqrt{d_{int}^2 - \Delta d_{AB,R}^2}}{8 d_{object}} \tag{2.91}$$

由图 2.26 中的几何关系可得平面电磁波测向模型输出的角度 θ_{plane} 与球面电磁波测向模型输出的角度 θ_{sphere} 之间的差异 $\Delta \theta_{2p}$ 如下：

$$\Delta \theta_{2p} \approx \frac{d_{o2}}{d_{object}} = \frac{\Delta d_{AB,R} \cdot \sqrt{d_{int}^2 - \Delta d_{AB,R}^2}}{8 d_{object}^2} \tag{2.92}$$

由式（2.92）可知：当电磁辐射源与干涉仪中点之间的距离 d_{object} 远远大于干涉仪基线长度 d_{int} 时，平面电磁波测向模型输出的角度 θ_{plane} 与球面电磁波测向模型输出的角度 θ_{sphere} 之间的差异很小，具体数值由式（2.92）估算，这对应了干涉仪基线的远场测向区，此时平面波测向模型与球面波测向模型都可以使用。如果不满足上述条件，即在干涉仪基线的近场测向区，采用球面波测向模型是较好的选择，关于这一点在本书第 7 章中还会深入讨论。

2.5.2　一维线阵干涉仪测向在三维空间中的圆锥效应

在 2.1.1 节的一维线阵干涉仪测向模型中测向输出的来波方向角 θ_{AOA} 是信号入射方向与干涉仪线阵法向之间的夹角，且干涉仪的基线、基线的法线与信号来波方向线这三条线位于同一个二维平面 P_S 上。在平面 P_S 上来看，一维线阵干涉仪基线的法向是一条垂直于干涉仪基线 AB 的直线；但如果从三维空间上来看，一维线阵干涉仪基线的法向是一个垂直于干涉仪基线 AB 的平面 P_V，于是三维空间中来波方向角 θ_{AOA} 对应的信号入射方向线的集合就扩展为一个以干涉仪基线为旋转对称轴的圆锥面，而 $\pi/2 - \theta_{AOA}$ 正是这个圆锥面顶点处的半锥角，如图 2.27 所示。

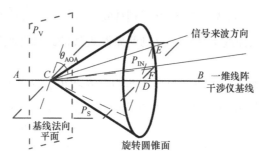

图 2.27　三维空间中的一维线阵干涉仪测向结果

因为一维线阵干涉仪只能输出具有 1 个自由度的测向参数结果，而三维空间中的信号来波方向参数具有 2 个自由度，所以一维线阵干涉仪对三维空间中的信号来波方向进行测向得不到唯一结果，测向结果会在另一维参数空间中扩展。由于在图 2.27 中测向结果扩展后形成了一个圆锥面，所以上述效应又被形象地称为一维线阵干涉仪测向的圆锥效应。

为了定量地描述圆锥效应，可在图 2.27 的直角三棱锥 $CDEF$ 中来观察，C 与 D 是干涉仪基线上的点，同时 C 为三棱锥的顶点，也是圆锥面的顶点，CE 位于信号来波方向线上，EF 垂直于直角三角形 $\triangle CDF$，且 $\triangle CDF$ 位于二维平面 P_S 内，FD 垂直于 CD，$\angle ECD + \theta_{AOA} = \pi/2$。如果以平面 P_S 为参考面，在三维空间中来度量，$\angle FCD$ 和 $\angle ECF$ 又分别被称为来波方向的方位角 θ_{az} 和俯仰角 θ_{pi}。于是由上述空间几何关系可得：

$$\cos\theta_{az} \cdot \cos\theta_{pi} = \cos(\pi/2 - \theta_{AOA}) = \sin\theta_{AOA} \tag{2.93}$$

由此可见，干涉仪二维测向能够输出来波方向的方位角 θ_{az} 和俯仰角 θ_{pi}，而干涉仪一维测向只能输出干涉仪基线 AB 与来波方向线所决定平面 P_{IN} 内的来波方向角 θ_{AOA}，但是在一维线阵干涉仪测向应用中测向平面 P_S 是事先选定的，其测向输出结果也已被事先假设为平面 P_S 内的来波信号方位角 θ_{az}，而真实的信号来波方向角 θ_{AOA} 并不等于平面 P_S 上的投影线 CF 与干涉仪基线所决定的方位角 θ_{az} 的余角。所以在实际工程应用中对一维线阵干涉仪测向结果的物理意义的理解应该站在三维空间中来看待，这样才能准确评估信号在三维空间中的实际来波方向。

2.5.3　二维圆阵相关干涉仪在一维方位测向时不同仰角的影响

2.5.2 节讨论了一维线阵干涉仪测向在三维空间中的圆锥效应，对于本章前述的圆阵干涉仪在 360°方位面进行一维测向时，如果不对应用场景中的信号来波方向进行约束，即不约束来波方向与圆阵干涉仪在同一个平面上，同样也会出现一维测向结果并不能真实而准确地反映三维空间中的信号来波方向的问题，即信号来波方向如果与圆阵干涉仪并不在同一个平面上时，附加的俯仰角将引入测向误差。一般来讲，俯仰角越大引入的测向误差也会越大，甚至在极端情况下，当来波方向与圆阵干涉仪所在平面垂直时，将产生测向失效。这一问题无论是采用经典的干涉仪测向求解方法，还是采用相关干涉仪测向求解方法，都会存在。

由于圆阵中任意两个单元天线之间都能构成一条基线，由图 2.27 中的空间几何关系可知：只要来波方向线与基线不垂直，那么不为零的俯仰角总会引入投影误差，造成水平面上的干涉仪基线投影长度的改变，从而导致测向误差，所以圆阵干涉仪在 360° 方位面进行一维测向时，一定要求信号的来波方向线与圆阵干涉仪要尽可能保持在同一个平面内，这样才能以较高精度对信号来波方向的方位角进行准确测量。但在实际工程应用中，信号具有一定的俯仰角也是时常遇到的情况，例如部署于地面或海面上的圆阵干涉仪对空中辐射源目标进行 360° 方位面的一维测向；或者反过来，飞机上的圆阵干涉仪对地面或海面上的辐射源目标进行 360° 方位面的一维测向等，在这些应用场景中都可能出现信号来波方向的俯仰角不为零的情况。下面以均匀 5 元圆阵相关干涉仪的方位面一维测向为例来讨论两种基线组合方式在俯仰角变化时对相位差测量结果的影响，其中第 1 种基线组合方式采用两条长基线与两条短基线；第 2 种基线组合方式采用 4 条短基线，如图 2.28 所示。

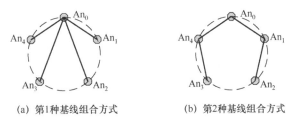

(a) 第1种基线组合方式　　　　　　(b) 第2种基线组合方式

图 2.28　均匀 5 元圆阵相关干涉仪一维测向时的两种基线组合方式

文献[50]针对图 2.28 中的模型通过理论分析与仿真对比表明：第 2 种组合方式以测向精度的微弱降低为代价，具有更强的对高低俯仰角不敏感的特性。同时该文献以圆阵半径 0.2m、信噪比为 15dB、采用 0° 仰角的相位差样本模板数据库，在信号载频为 3GHz、各个通道之间相位差的不一致性取 15° 的条件下，考察了全方位的测向精度，并改变测试信号来波方向的俯仰角大小，对比分析了上述两种基线组合方式下的测向精度随俯仰角的变化规律。仿真结果显示：第 2 种基线组合方式能够承受 11° 的俯仰角偏差，而第 1 种基线组合方式只能承受 8° 的俯仰角偏差，因此在测向精度满足工程应用指标要求的前提条件下，尽量选取对高低俯仰角不敏感的短基线组合方式，以此来使干涉仪能够更好地适应不同高低俯仰角情形下的测向应用场景。

回顾一下 2.3.2.5 节 "圆阵相关干涉仪一维测向基线组合方式的选取" 中对 3 种基线组合方式的对比，其中最短基线法具有最大的相位容差，其实在本例中对不同高低俯仰角的适应能力也是相位容差的一种体现。通过对比可知：图 2.28(a)所示的第 1 种基线组合方式与图 2.13(c)所示的固定基线法是一致的，图 2.28(b)所示的第 2 种基线组合方式与图 2.13(b)所示的最短基线法是一致的，所以无论从哪个角度来分析，二者所得出的结论都是完全吻合的，即第 2 种最短基线法的相位容差较大，对高低俯仰角的适应能力更强。

本章参考文献

[1] MARTINO A D. Introduction to Modern EW Systems [M]. 2nd edition. USA, Boston: Artech House, 2018.

[2] ADAMY D L. EW 104: EW against a new generation of threats [M]. USA, Boston: Artech House, 2015.

[3] POISEL R A. Electronic Warfare Target Location Methods [M]. 2nd edition. USA, Boston: Artech House, 2012.

[4] POISEL R A. Information warfare and electronic warfare systems [M]. USA, Boston: Artech House, 2013.

[5] 赵国庆. 雷达对抗原理 [M]. 2 版. 西安：西安电子科技大学出版社, 2012.

[6] 周亚强, 陈矞, 黄甫堪, 等. 噪扰条件下多基线相位干涉仪解模糊算法[J]. 电子与信息学报, 2005, 27(2): 259-261.

[7] 周亚强, 黄甫堪. 噪扰条件下数字式多基线相位干涉仪解模糊问题[J]. 通信学报, 2005, 26(8): 16-21.

[8] 罗冰, 刘和周, 罗进川. 基于剩余定理的数字干涉仪设计与实现[J]. 现代电子技术, 2014, 37(15): 23-27.

[9] 刘庆云, 曹菲. 两种解模糊方法解模糊能力比较[J]. 制导与引信, 2012, 33(4): 31-33.

[10] 何晓明, 赵波, 吴琳. 基于数字干涉仪的机载 ESM 系统实现方法及测向误差分析[J]. 舰船电子对抗, 2013, 36(6): 1-5, 18.

[11] 何晓明, 赵波. 基于数字干涉仪的无源测向技术研究[J]. 中国电子科学研究院学报, 2008, 3(5): 460-463.

[12] STREETLY M. Jane's Radar and Electronic Warfare System [M]. 22th edition. UK: HIS Jane's, HIS Global Limited，2010.

[13] 潘玉剑, 张晓发, 黄敬健, 等. 模拟鉴相圆阵干涉仪测向性能的提高及其验证[J]. 系统工程与电子技术, 2015, 37(6):1237-1241.

[14] 李东海, 柯凯. 基于多基线干涉仪和多波束比幅联合测向天线系统的设计与实现[J]. 舰船电子对抗, 2014, 37(2):97-99, 110.

[15] 唐永年. 雷达对抗工程[M]. 北京: 北京航空航天大学出版社, 2012.

[16] 贺平. 雷达对抗原理[M]. 北京: 国防工业出版社, 2016.

[17] 狄慧, 刘渝, 杨健, 等. 联合到达时间估计的长基线测向相位解模糊算法研究[J]. 电子学报, 2013, 41(3): 496-501.

[18] 陆安南. 一种长基线组合二维角测向方法[J]. 数据采集与处理, 2012, 27(3): 385-388.

[19] 姜勤波, 廖平, 王国华. 数字化宽带测向系统中的概率解模糊算法[J]. 电讯技术, 2011, 51(8): 16-19.

[20] 贾朝文, 张学帅, 李延飞. 高概率宽带相位干涉仪测向解模糊算法[J]. 电子信息对抗技术, 2015, 30(4): 58-62.

[21] 冯小平, 李鹏, 杨绍全. 通信对抗原理[M]. 西安：西安电子科技大学出版社, 2009.

[22] 赵地, 任晓飞. 相关干涉仪测向原始样本的求解方法[J]. 舰船电子对抗, 2012,

35(1):55-58, 91.

[23] 李淳, 廖桂生, 李艳斌. 改进的相关干涉仪测向处理方法[J]. 西安电子科技大学学报, 2006, 33(3):400-403.

[24] 刘建华, 彭应宁, 田立生. 基于方向向量空间距离的干涉仪测向处理方法[J]. 无线电工程, 1999, 29(1): 14-15, 19.

[25] 董传刚, 赵国庆. 对相关干涉仪测向算法的改进[J]. 电子科技, 2008, 21(3):56-58.

[26] 杜政东, 魏平. 基线引导式快速相关干涉仪测向性能分析及提升方法[J]. 信号处理, 2016, 32(3):327-334.

[27] 杜政东, 魏平, 尹文禄, 等. 一种快速二维相关干涉仪测向算法[J]. 电波科学学报, 2014, 29(6): 1176-1182.

[28] 郭东亮. 基于多级相关处理的相关干涉仪快速测向方法[J]. 舰船电子对抗, 2014, 37(1):1-4.

[29] 石荣, 刘江. 从统计学与心理学的视角看可解释性人工智能[J]. 计算机与数字工程, 2020, 48(4): 872-877.

[30] 赵雷鸣. 基于 RBF 神经网络的相关干涉仪测向方法[J]. 无线电工程, 2011, 41(1): 15-17, 50.

[31] 王玉林, 陈建峰. 干涉仪测向基线组合方式选取依据初探[J]. 无线电工程, 2012, 42(6):52-54.

[32] 耿赟, 谷振宇. 基于 FPGA 的短波相关干涉仪测向[J]. 舰船电子对抗, 2014, 37(2): 57-60.

[33] 韩广, 王斌, 王大磊. 基于FPGA的相关干涉仪算法的研究与实现[J]. 电子技术应用, 2010(7): 76-80.

[34] 韩广, 王斌, 陈晋央. 适于 FPGA 实现的相关干涉仪测向算法研究[J]. 计算机工程与设计, 2010, 31(20): 4365-4367, 4429.

[35] 龙慧敏. 脉冲实时测向算法的改进设计与实现[J]. 电讯技术, 2012, 52(9): 1503-1507.

[36] 蒋林鸿, 何子述, 程婷, 等. 基于 GPU 的宽带干涉仪测向算法实现[J]. 现代雷达, 2012, 34(1): 35-39.

[37] 王云龙, 吴瑛. 基于 GPU 的相关干涉仪算法实现[J]. 信息工程大学学报, 2015, 16(1): 41-45.

[38] 蒋林鸿. 基于GPU 的宽带干涉仪信号处理及测向算法研究[D]. 成都: 电子科技大学, 2012.

[39] 杜龙先. 单信道相关干涉仪测向原理[J]. 中国无线电管理, 2002(1):40-42.

[40] 王国武, 孙世杰. 多信道干涉仪与单信道伪干涉仪测向性能比较[J]. 中国无线电, 2005(8): 50-52.

[41] 贺庆, 刘元安, 黎淑兰, 等. 改进的干涉式天线阵及其测向误差分析[J]. 北京邮电大学学报, 2011, 34(6):121-124.

[42] 邹洲. 海事卫星上行信号测向的工程实现[J]. 电讯技术, 2014, 54(7):921-925.

[43] 赵碧峰, 赵志彦, 马欣. 相关干涉测向天线关键技术和实现[J]. 上海计量测试, 2013 (3): 36-38.

[44] 焦玉龙, 王玉林, 焦小炜. Ku 频段的一种高精度测向模型[J]. 无线电工程, 2012,

42(7):23-24,51.

[45] 武继兵. R&S DDF255：高精度宽带测向机[J]. 中国无线电, 2008(12): 67-68.

[46] 武继兵. R&S DDF255：高性能的监测和测向一体化系统方案[J]. 中国无线电, 2009(8): 70-71.

[47] 罗德与施瓦茨（中国）科技有限公司. R&S DDF255 测向机的新功能和新特点[J]. 中国无线电, 2015(7): 69-70.

[48] 罗德与施瓦茨（中国）科技有限公司. R&S DDF550 移动监测测向站系统[J]. 中国无线电, 2015 (11): 66-67.

[49] 罗德与施瓦茨（中国）科技有限公司. DDF5GTS+ESMD 监测测向系统解决方案介绍[J]. 中国无线电, 2016(2): 74-75.

[50] 李钢, 王玉林. 高仰角下相关干涉仪测向算法分析[J]. 计算机与网络, 2010(11): 50-52.

第3章 干涉仪通道间信号的相位差测量及误差特性分析

由第 2 章的干涉仪测向模型可知，干涉仪通道间信号的相位差测量精度是影响干涉仪测向精度的主要因素之一，所以如何获得高精度的相位差测量值始终是干涉仪测向应用的关键问题。本章首先回顾相位差测量中常用的模拟鉴相技术与数字鉴相技术，然后从多个方面对干涉仪通道间信号的相位差测量所能达到的精度，以及相关的误差特性进行分析，阐述各种提高测量精度的技术途径，并从工程实现的角度对公开文献上报道的各种技术方法进行归纳总结与相互对比，从而为干涉仪测向设备和产品的设计与研制提供重要参考。

3.1 接收通道间信号的相位差测量——鉴相技术

鉴相原本是指将相位的变化转换成输出电压的变化，即调相的逆变换，以此来实现调相信号的解调过程。而目前工程应用中的鉴相主要是指通过微波电路或数字电路来实现对两路同频信号之间的相位差测量。从总体上讲，鉴相技术分为模拟鉴相技术与数字鉴相技术两大类，这两类技术在当前的干涉仪测向产品中都有应用。

3.1.1 模拟鉴相技术

在第 1 章中介绍的历史上最早出现的模拟瞬时测频接收机采用了 3dB 环形器来进行模拟鉴相，除此之外，采用 3dB 定向耦合器的射频鉴相与采用双平衡混频器的中频鉴相也是常用的同频信号之间的相位差测量方法[1]，详细介绍如下。

3.1.1.1 对两个射频信号的模拟鉴相

此处的射频信号是指通过侦察接收机的天线接收、滤波并放大之后，还未进行下变频处理的信号。对射频信号进行直接鉴相具有适应带宽宽、设备简单等优点，但也面临灵敏度受限与抗干扰能力较弱等问题。图 3.1 是采用 3dB 定向耦合器构建的对两个同频射频信号 $S_{\mathrm{w},1}(t)$ 与 $S_{\mathrm{w},2}(t)$ 进行鉴相的电路原理图。

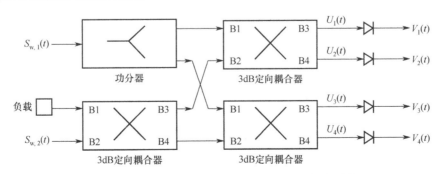

图 3.1 对两个同频射频信号进行鉴相的电路原理图

图 3.1 中的核心部件是四端口 3dB 定向耦合器，其输入端口为 B1 与 B2，输出端口为 B3 与 B4，所对应的输入/输出信号的复信号形式分别记为 $S_{B1}(t)$、$S_{B2}(t)$、$S_{B3}(t)$ 和 $S_{B4}(t)$，这些信号之间的关系如式（3.1）所示：

$$\begin{cases} S_{B3}(t)=1/\sqrt{2}\cdot S_{B1}(t)+1/\sqrt{2}\cdot S_{B2}(t)\cdot\exp(j\pi/2) \\ S_{B4}(t)=1/\sqrt{2}\cdot S_{B1}(t)\cdot\exp(j\pi/2)+1/\sqrt{2}\cdot S_{B2}(t) \end{cases} \tag{3.1}$$

由式（3.1）可知，3dB 定向耦合器中每个输出端口的信号不仅是两个输入信号各自功分之后的求和，而且其中一个信号分量还被附加了 90° 的相移。图 3.1 中两个同频输入信号 $S_{w,1}(t)$ 与 $S_{w,2}(t)$ 如式（3.2）所示：

$$\begin{cases} S_{w,1}(t)=A_c\exp\left[j\left(2\pi f_c t+\phi_c\right)\right] \\ S_{w,2}(t)=A_c\exp\left[j\left(2\pi f_c t+\phi_c+\phi_\Delta\right)\right] \end{cases} \tag{3.2}$$

式中，A_c、f_c 和 ϕ_c 分别为信号的幅度、载频与初相，ϕ_Δ 为 $S_{w,1}(t)$ 与 $S_{w,2}(t)$ 之间的相位差。按照 3dB 定向耦合器的特性可推导得到图 3.1 中 4 个二极管检波器输入端的信号 $U_1(t)$、$U_2(t)$、$U_3(t)$ 和 $U_4(t)$ 分别为

$$\begin{cases} U_1(t)=A_c/2\cdot\exp\left[j(2\pi f_c t+\phi_c)\right]\cdot\left[1-\exp(j\phi_\Delta)\right] \\ U_2(t)=A_c/2\cdot\exp\left[j(2\pi f_c t+\phi_c+\pi/2)\right]\cdot\left[1+\exp(j\phi_\Delta)\right] \\ U_3(t)=A_c/2\cdot\exp\left[j(2\pi f_c t+\phi_c)\right]\cdot\left\{1+\exp\left[j(\phi_\Delta+\pi/2)\right]\right\} \\ U_4(t)=A_c/2\cdot\exp\left[j(2\pi f_c t+\phi_c+\pi/2)\right]\cdot\left\{1+\exp\left[j(\phi_\Delta-\pi/2)\right]\right\} \end{cases} \tag{3.3}$$

二极管检波器具有平方律检波特性，输出电压 $V(t)$ 与输入信号功率 $\|U(t)\|^2$ 成正比，即 $V(t)=\beta_V\cdot\|U(t)\|^2$，其中 β_V 是一个与检波特性相关的常系数，于是 4 个二极管检波器的输出信号 $V_1(t)$、$V_2(t)$、$V_3(t)$ 和 $V_4(t)$ 如式（3.4）所示：

$$\begin{cases} V_1(t)=\beta_V A_c^2/2\cdot(1-\cos\phi_\Delta) \\ V_2(t)=\beta_V A_c^2/2\cdot(1+\cos\phi_\Delta) \\ V_3(t)=\beta_V A_c^2/2\cdot(1-\sin\phi_\Delta) \\ V_4(t)=\beta_V A_c^2/2\cdot(1+\sin\phi_\Delta) \end{cases} \tag{3.4}$$

由式（3.4）可求得两个输入同频信号的相位差 ϕ_Δ 如下：

$$\phi_\Delta=\mathrm{angle}_{[-\pi,\pi)}\left\{\left[V_2(t)-V_1(t)\right]+j\left[V_4(t)-V_3(t)\right]\right\}=\mathrm{angle}_{[-\pi,\pi)}\left[\beta_V A_c^2\left(\cos\phi_\Delta+j\sin\phi_\Delta\right)\right]$$

$$\tag{3.5}$$

式中，$\mathrm{angle}_{[-\pi,\pi)}(\bullet)$ 为求取一个复数的辐角并将其转换到 $[-\pi,\pi)$ 范围的函数，该函数的特性及工程实现方法请见本书 2.3.3 节。

式（3.1）～式（3.5）的公式推导过程简洁而工整，在理论上几乎接近完美，但是在工程实现中还有很多问题需要解决。例如，3dB 定向耦合器的幅度平衡性、在整个射频带宽内 90° 移相的准确性、二极管检波器随温度变化的稳定性，以及外界其他信号的干扰等，这些因素都会使得实际器件的特性偏离上述理论模型，导致鉴相误差的出现。所以射频模拟鉴相器特性的好坏不仅与设计方案相关，而且与生产厂家的微波制造工艺能力紧密关联。

3.1.1.2　对两个中频信号的模拟鉴相

在本节中，中频信号是指通过侦察接收机的天线接收、滤波与放大，并经过一级或多级下变频之后的信号，超外差接收机是典型的把射频信号转换成中频信号的设备。在干涉仪测向中通常需要多通道接收，超外差多通道侦察接收机采用共同的本振实施下变频，所以各个通道之间输入射频信号的相位差信息会在下变频之后的中频信号中得以完整保留，于是对两个同频的射频信号的相位差测量问题就转化为对两个同频的中频信号的相位差测量问题。由于超外差接收机具有邻近信道选择性强、抗干扰能力强、动态范围大、接收灵敏度高等优点，所以在中频进行相位差测量的精度与稳定度相对于射频鉴相来讲得到了较大的提升。图 3.2 便是采用双平衡混频器对两个同频的中频信号 $S_{IF,1}(t)$ 和 $S_{IF,2}(t)$ 进行鉴相的电路原理图。

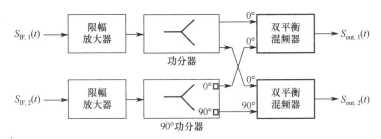

图 3.2　对两个同频的中频信号进行鉴相的电路原理图

图 3.2 中具有相位差 ϕ_Δ 的两个同频中频信号在经过限幅放大器后分别输入到两种功分器中，其中 90° 功分器在把输入信号等分为功率相等的两部分之后，还将其中一路信号附加了 90° 的相移。功分器输出的 4 路同频等功率信号分别通过两个双平衡混频器进行混频，由于上述电路中两个限幅放大器均工作于饱和状态，于是两个双平衡混频器输出的信号 $S_{out,1}(t)$ 与 $S_{out,2}(t)$ 分别为

$$\begin{cases} S_{out,1}(t) = \alpha_0 A_c^2 \cos\phi_\Delta + \alpha_1 A_c^2 \cos\left(4\pi f_{c,IF}t + 2\phi_c + \phi_\Delta\right) + \cdots \\ S_{out,2}(t) = \alpha_0 A_c^2 \sin\phi_\Delta + \alpha_1 A_c^2 \sin\left(4\pi f_{c,IF}t + 2\phi_c + \phi_\Delta\right) + \cdots \end{cases} \tag{3.6}$$

式中，α_0 和 α_1 分别为混频分量的比例系数，A_c、$f_{c,IF}$ 和 ϕ_c 分别为中频信号的幅度、频率和初相。将信号 $S_{out,1}(t)$ 与 $S_{out,2}(t)$ 进行低通滤波之后即可分别提取出包含直流成分的正弦分量 $\alpha_0 A_c^2 \sin\phi_\Delta$ 与余弦分量 $\alpha_0 A_c^2 \cos\phi_\Delta$，由此即可求解出相位差 ϕ_Δ，如式（3.7）所示，其中 $\mathrm{Filter_L}(\bullet)$ 表示低通滤波算子。

$$\begin{aligned} \phi_\Delta &= \mathrm{angle}_{[-\pi,\pi)}\left\{ \mathrm{Filter_L}\left[S_{out,1}(t)\right] + \mathrm{j} \cdot \mathrm{Filter_L}\left[S_{out,2}(t)\right] \right\} \\ &= \mathrm{angle}_{[-\pi,\pi)}\left(\alpha_0 A_c^2 \cos\phi_\Delta + \mathrm{j}\alpha_0 A_c^2 \sin\phi_\Delta\right) \end{aligned} \tag{3.7}$$

式中，$\mathrm{angle}_{[-\pi,\pi)}(\bullet)$ 为求取一个复数的辐角并将其转换到 $[-\pi,\pi)$ 范围的函数，该函数的特性及工程实现方法请见 2.3.3 节。

在微波工程应用中混频器通常发挥类似于乘法器的作用，例如，输入信号与本振信号在混频器中相乘产生包含输出信号的众多信号分量，然后通过滤波器挑选出感兴趣的信号分量。在此处双平衡混频器同样发挥了类似于乘法器的作用，通过低通滤波器挑选出信号相乘之后的直流成分，从而获得输入信号的相位差信息。以上模拟鉴相都是通过微波分离元件组装实现的，随着微波集成技术的发展，微波射频电路的芯片化也是大势所趋，在干涉仪测向等应用需求的牵引下，模拟鉴相芯片也随之登上了历史的舞台，接下来选取其中的典型芯片进行介绍。

3.1.1.3　模拟鉴相芯片 AD8302 简介

AD8302 是美国 ADI 公司研制的用于射频/中频（Radio Frequency / Intermediate Frequency，RF/IF）幅度和相位测量的单片微波集成电路芯片，主要由精密匹配的宽带对数检波器、相位检波器、输出放大器组、偏置单元和输出参考电压缓冲器等部件组成，能同时测量从低频至 2.7GHz 频率范围内的两路输入信号之间的幅度比和相位差。该芯片既能够用于部分射频信号的模拟鉴相，也能够用于中频信号的模拟鉴相。除此之外，该芯片还能用于 RF/IF 功放的线性化、精确的 RF 功率控制、远程系统监测与诊断、电压驻波比测量等领域。

AD8302 有 3 种工作模式：①输入电压比较器模式；②相位测量模式；③相位控制器模式。该芯片的供电电压范围为 2.7～5.5V，采用 14 引脚紧缩的薄小外形封装（Thin Shrink Small Outline Package，TSSOP），通过两个宽带对数检波器使幅度比的测量范围可达 ±30dB，测量幅度比的结果以电压形式输出，在−30dB 时输出电压为 30mV，在+30dB 时输出电压为 1.8V，转换比例为 30mV/dB，测量误差小于 0.5dB。

在相位测量模式下，AD8302 独立的相位检波器的检测范围可达 180°，对于特性阻抗为 50Ω 的系统，其输入信号的电平范围为−60～0dBm。AD8302 的输入信号必须经过交流（Alternating Current，AC）耦合，耦合电容需根据输入信号的频率范围合理设置，小信号输入时其信号包络带宽上限为 30MHz，利用外部滤波电容器可以减小带宽。AD8302 测量相位差的结果同样以电压形式输出，转换比例为 10mV/°，测量误差小于 0.5°，如图 3.3 所示[2]。由图 3.3 可知：当两路输入信号的相位差为 0° 时，AD8302 输出的鉴相电压的理论值为 1.8V；而当相位差为 ±180° 时，鉴相电压的理论值为 0V；所以将鉴相电压值经过 ADC 模数转换器后即可获得鉴相结果。由图 3.3 可知，AD8302 只有 180° 的相位差测量范围，既可以是 0°～180°（以 90° 为中心），也可以是−180°～0°（以−90° 为中心），所以需要根据鉴相特性曲线的不同斜率来区分两个被测信号的相位差为正，还是为负。

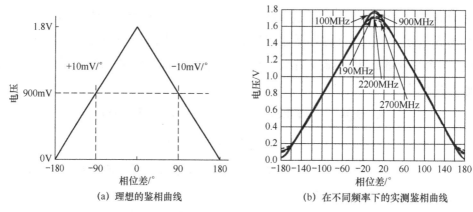

(a) 理想的鉴相曲线　　　　　(b) 在不同频率下的实测鉴相曲线

图 3.3　AD8302 芯片用于相位差测量时的鉴相特性曲线

文献[3]设计了一个经过实际验证的基于 AD8302 鉴相的相位差测量电路。两路信号经过带通滤波和低噪声放大之后，分别输入给 AD8302 的 A 通道与 B 通道，于是在相位差测量的输出端就得到一个与两路信号的相位差成比例的直流电压信号，接着采用单片机上的 ADC 转换之后即可获得相位差的测量值。AD8302 芯片用于鉴相时的外部电路原理图与 PCB（Printed Circuit Board）电路实物照片如图 3.4 所示。

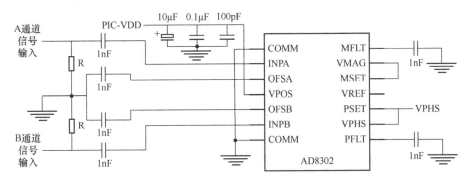

(a) AD8302芯片用于鉴相时的外部电路原理图

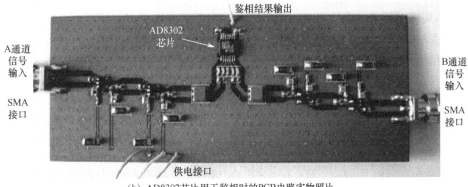

（b）AD8302芯片用于鉴相时的PCB电路实物照片

图 3.4　AD8302 芯片用于鉴相时的外部电路原理图与 PCB 电路实物照片

由图 3.4 可见，采用单片微波集成电路 AD8302 芯片进行模拟鉴相，电路简洁，成本较低，在满足技术性能指标要求的条件下可广泛采用。

虽然模拟鉴相目前已经高度集成化与芯片化，但也面临通道一致性、温度变化时电路参数的稳定性等问题，而这些问题是模拟器件自身难以完全解决的，所以随着数字处理技术的发展，数字鉴相技术在很多领域逐步取代了模拟鉴相技术，接下来就对时域与频域数字鉴相技术进行讲解。

3.1.2　时域数字鉴相技术

1.　时域数字鉴相原理

时域数字鉴相的原理与方法在各类文献中被广泛讨论[4-6]。假设干涉仪两个单元天线接收到的信号经过前端放大与超外差接收机变频至中频，信号的中频频率为 $f_{c,IF}$，幅度和初相分别为 A_c 和 ϕ_c，在经过 ADC（模数转换）之后，进入数字鉴相器的两路数字中频信号 $S_{IF,1}(n)$ 和 $S_{IF,2}(n)$ 分别表示为

$$S_{IF,1}(n) = A_c \sin\left(2\pi f_{c,IF}/f_{AD,s}\, n + \phi_c\right) \tag{3.8}$$

$$S_{IF,2}(n) = A_c \sin\left(2\pi f_{c,IF}/f_{AD,s}\, n + \phi_c + \phi_\Delta\right) \tag{3.9}$$

式中，$f_{\text{AD,s}}$ 为 ADC 的采样频率，ϕ_{Δ} 为两路信号之间的相位差。将这两路信号与工作频率为 $f_{a,\text{IF}}$ 的数控振荡器（Numerically Controlled Oscillator，NCO）产生的 I/Q 两路正交载波 $\sin\left(2\pi f_{a,\text{IF}}/f_{\text{AD,s}}n\right)$ 和 $\cos\left(2\pi f_{a,\text{IF}}/f_{\text{AD,s}}n\right)$ 分别相乘，并经过低通滤波（Low Pass Filter，LPF），即经过数字正交下变频后，得到的复基带信号 $S_{\text{Bc,1}}(n)$ 和 $S_{\text{Bc,2}}(n)$ 分别为

$$S_{\text{Bc,1}}(n)=\alpha_0 A_{\text{c}}\exp\left[\text{j}\left(2\pi\Delta f_{\text{Bc}}/f_{\text{AD,s}}n+\phi_{\text{c}}\right)\right] \tag{3.10}$$

$$S_{\text{Bc,2}}(n)=\alpha_0 A_{\text{c}}\exp\left[\text{j}\left(2\pi\Delta f_{\text{Bc}}/f_{\text{AD,s}}n+\phi_{\text{c}}+\phi_{\Delta}\right)\right] \tag{3.11}$$

式中，α_0 为数字正交下变频过程中引入的复值常系数，$\Delta f_{\text{Bc}}=f_{\text{c,IF}}-f_{a,\text{IF}}$ 为两个频率之差，又称为载波残留，由于 $f_{\text{c,IF}}\approx f_{a,\text{IF}}$，$\Delta f_{\text{Bc}}$ 非常接近于零，即 $\Delta f_{\text{Bc}}\approx 0$，所以复基带信号 $S_{\text{Bc,1}}(n)$ 和 $S_{\text{Bc,2}}(n)$ 又被称为零中频信号，将二者共轭相乘便能获得复数形式的包含相位差参数 ϕ_{Δ} 的估计量如下：

$$\phi_{\text{Bc},\Delta}(n)=S_{\text{Bc,1}}^{*}(n)S_{\text{Bc,2}}(n)=\alpha_0^2 A_{\text{c}}^2\exp(\text{j}\phi_{\Delta}) \tag{3.12}$$

式中，$*$ 表示共轭运算符，由此可见，从理论上讲在无噪声情况下利用单个采样点的单次测量数据即可完成相位差参数 ϕ_{Δ} 的估计。在 FPGA 中直接调用 CORDIC 算法的 IPcore 即可求得两个通道间的相位差估计值 $\phi_{\text{M}\Delta}(n)$ 如下：

$$\phi_{\text{temp}}(n)=\arctan\left\{\frac{\text{Im}\left[\phi_{\text{Bc},\Delta}(n)\right]}{\text{Re}\left[\phi_{\text{Bc},\Delta}(n)\right]}\right\} \tag{3.13}$$

$$\phi_{\text{M}\Delta}(n)=\begin{cases} \pi/2 & \text{Re}\left[\phi_{\text{Bc},\Delta}(n)\right]=0,\ \text{Im}\left[\phi_{\text{Bc},\Delta}(n)\right]>0 \\ -\pi/2 & \text{Re}\left[\phi_{\text{Bc},\Delta}(n)\right]=0,\ \text{Im}\left[\phi_{\text{Bc},\Delta}(n)\right]<0 \\ \phi_{\text{temp}}(n) & \text{Re}\left[\phi_{\text{Bc},\Delta}(n)\right]>0 \\ \phi_{\text{temp}}(n)+\pi & \text{Re}\left[\phi_{\text{Bc},\Delta}(n)\right]<0,\ \text{Im}\left[\phi_{\text{Bc},\Delta}(n)\right]>0 \\ \phi_{\text{temp}}(n)-\pi & \text{Re}\left[\phi_{\text{Bc},\Delta}(n)\right]<0,\ \text{Im}\left[\phi_{\text{Bc},\Delta}(n)\right]\leqslant 0 \end{cases} \tag{3.14}$$

式中，$\text{Im}(\bullet)$ 和 $\text{Re}(\bullet)$ 分别表示一个复数的虚部与实部。对比式（3.14）与式（2.75）可知：上述计算过程实际上是 2.3.3 节中函数 $\text{angle}_{[-\pi,\pi)}(\bullet)$ 的工程实现过程。以采用 FPGA 完成时域数字鉴相为例，上述时域数字鉴相原理框图如图 3.5 所示。

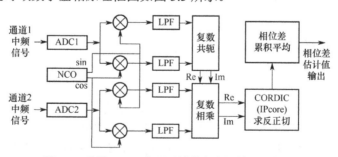

图 3.5　采用 FPGA 实现时域数字鉴相的原理框图

图 3.5 中在利用 CORDIC 的 IPcore 求出序号为 n 的采样时刻通道间信号的相位差估计值 $\phi_{\text{M}\Delta}(n)$ 之后，通常还有一个累积平均的过程，因为在实际工程应用中由于噪声或干扰的影响，估计值 $\phi_{\text{M}\Delta}(n)$ 相对于真实值存在误差，所以在信号持续时间段内通过多次测量求平均的方式

能够提高相位差的估计精度,于是将 M_S 次测量之后的平均值作为相位差的最终估计值 $\phi_{M\Delta,\text{fin}}$:

$$\phi_{M\Delta,\text{fin}} = \frac{1}{M_S} \sum_{n=N_{st}}^{N_{st}+M_S-1} \phi_{M\Delta}(n) \tag{3.15}$$

式中, N_{st} 为信号相位差计算过程中开始采样点的序号。由此也能够深刻体会 1.3.5 节测向应用的主要技术指标中所定义的"测向所需的最短信号持续时间"这一指标参数的具体含义。通过一个采样点的测量值来估计相位差,对应的被测信号存在的时长为 $1/f_{AD,s}$;而通过 M_S 个采样点的测量值来估计相位差,对应的被测信号存在的时长为 $M_S/f_{AD,s}$,显然在这一时段内被测信号必须持续存在。测向所需的最短信号持续时间即是相位差测量为了通过式(3.15)累积平均来达到应用要求的测量精度所必须持续采样测量的最短时间长度。其实通过多次采样与测量平均来提高测量精度在本质上反映了对被测信号能量的一个累积过程,信号能量的高低在一定程度上也决定了相位差测量误差的大小,在本章 3.2 节中还会对此过程进行详细讨论与分析。

由于相位差测量值 $\phi_{M\Delta}(n)$ 具有 2π 周期性,所以在累加求和过程中需要注意消除跨 2π 周期性的影响。为了避免上述问题的发生,还可采用相位差的复数表现形式的累加,即得到复数累加平均值 $\phi_{CM\Delta,\exp}$ 如下:

$$\phi_{CM\Delta,\exp} = \frac{1}{M_S} \sum_{n=N_{st}}^{N_{st}+M_S-1} \exp\left[j \cdot \phi_{M\Delta}(n)\right] \tag{3.16}$$

最后再将复数值 $\phi_{CM\Delta,\exp}$ 按照式(3.13)和式(3.14)转化为对应的相位差估计值即可,这种处理方式又称相位差的矢量积累。上面以 FPGA 实现为例对时域数字鉴相过程进行了说明,实际上在 DSP、CPU 等数字器件中通过软件编程方式同样也能完成上述数字运算过程。

2. 时域数字鉴相模型与时域互相关的相似性

在前述时域数字鉴相原理阐述过程中暂时没有把噪声的影响显式地展现出来,如果将这一因素考虑进去,则进入数字鉴相器的两路中频信号 $S_{IF,1}(n)$ 和 $S_{IF,2}(n)$ 在经过 I/Q 数字正交下变频之后得到的复基带信号 $S_{Bc_n,1}(n)$ 和 $S_{Bc_n,2}(n)$ 分别为

$$\begin{aligned} S_{Bc_n,1}(n) = {} &\alpha_0 A_c \exp\left[j\left(2\pi\Delta f_{Bc}/f_{AD,s}\,n + \phi_c\right)\right] + \\ &B_c \cdot \left[n_{c1}(n)\cos\left(2\pi\Delta f_{Bc}/f_{AD,s}\,n\right) + j \cdot n_{s1}(n)\sin\left(2\pi\Delta f_{Bc}/f_{AD,s}\,n\right)\right] \end{aligned} \tag{3.17}$$

$$\begin{aligned} S_{Bc_n,2}(n) = {} &\alpha_0 A_c \exp\left[j\left(2\pi\Delta f_{Bc}/f_{AD,s}\,n + \phi_c + \phi_\Delta\right)\right] + \\ &B_c \cdot \left[n_{c2}(n)\cos\left(2\pi\Delta f_{Bc}/f_{AD,s}\,n\right) + j \cdot n_{s2}(n)\sin\left(2\pi\Delta f_{Bc}/f_{AD,s}\,n\right)\right] \end{aligned} \tag{3.18}$$

式中, B_c 表示噪声分量的幅度, $n_{c1}(n)$、$n_{s1}(n)$、$n_{c2}(n)$ 和 $n_{s2}(n)$ 分别表示两个接收通道中归一化噪声的多个独立的正交分量,其中每一个噪声分量的采样值都可建模为一个均值为 0、方差为 0.5 的高斯随机变量。在时域数字鉴相中首先将二者共轭相乘得到相位差的估计函数 $g_{\phi_\Delta}(n)$ 如下:

$$g_{\phi_\Delta}(n) = S_{Bc_n,1}^*(n) S_{Bc_n,2}(n) = \alpha_0^2 A_c^2 \exp(j\phi_\Delta) + N_{M2}(n) \tag{3.19}$$

式中, $N_{M2}(n)$ 表示通道噪声的影响,在载波残留 $\Delta f_{Bc}=0$ 的条件下具体表示为

$$N_{M2}(n) = \alpha_0 A_c B_c \left\{\exp(-j\phi_c) \cdot n_{c2}(n) + \exp\left[j(\phi_c+\phi_\Delta)\right] \cdot n_{c1}(n)\right\} + B_c^2 \cdot n_{c1}(n) \cdot n_{c2}(n) \tag{3.20}$$

为了消除噪声的影响，时域数字鉴相的下一步就是进行累积平均，设采样处理的信号长度的采样点数为 M_S，于是得到的包含相位差参数 ϕ_Δ 的估计量 $\phi_{CBc_n,\Delta}$ 如下：

$$\phi_{CBc_n,\Delta} = \frac{1}{M_S}\sum_{n=1}^{M_S}\left[\alpha_0^2 A_c^2 \exp(j\phi_\Delta) + N_{M2}(n)\right] = \alpha_0^2 A_c^2 \exp(j\phi_\Delta) + \frac{1}{M_S}\sum_{n=1}^{M_S}N_{M2}(n) \quad (3.21)$$

且有：

$$E\left(\phi_{CBc_n,\Delta}\right) = \alpha_0^2 A_c^2 \exp(j\phi_\Delta) + \frac{1}{M_S}\sum_{n=1}^{M_S}E\left[N_{M2}(n)\right] = \alpha_0^2 A_c^2 \exp(j\phi_\Delta) \quad (3.22)$$

式中，$E(\cdot)$ 表示求数学期望，由此可见 $\phi_{CBc_n,\Delta}$ 是一个无偏估计量。后续将估计量 $\phi_{CBc_n,\Delta}$ 代入式（3.13）和式（3.14）即可求得两个通道间信号的相位差估计值 $\phi_{M\Delta}$。

在上述时域数字鉴相过程中，两个离散采样随机信号 $S_{Bc_n,1}(n)$ 和 $S_{Bc_n,2}(n)$ 共轭相乘并相加，这实际上相当于做两个信号之间的互相关运算。假设信号与噪声之间是互不相关的，两个通道中的噪声信号也是互不相关的，于是在采样点数趋近于无穷大的情况下，上述通道间的互相关结果也使得噪声分量的影响趋近于 0，即：$\lim\limits_{M_S\to\infty}\frac{1}{M_S}\sum_{n=1}^{M_S}N_{M2}(n) = 0$，于是有 $\lim\limits_{M_S\to\infty}\phi_{CBc_n,\Delta} = \alpha_0^2 A_c^2 \exp(j\phi_\Delta)$ 成立。虽然从理论上讲当采样点数趋近于无穷大时才能得到准确的无偏估计值，但在工程实际应用中采样点数 M_S 的大小一般是有限的，与要求达到的估计精度、信号的信噪比等因素紧密相关，后续还会对此继续讨论。

综上所述，也正因为时域数字鉴相模型与时域互相关之间具有高度的相似性，所以时域数字鉴相也可以通过相关器来具体实现，甚至部分公开文献在干涉仪的工作原理展示与工作流程介绍时将鉴相器直接用相关器代替，这也反映了二者之间的紧密关系。

3.1.3　频域数字鉴相技术

频域数字鉴相的原理与方法在公开文献中也有相应的讨论[7,8]，在干涉仪频域数字鉴相过程中首先分别将两通道的 M_S 个采样数据通过离散傅里叶变换（Discrete Fourier Transform，DFT）转换到频域。在此采用的 DFT 的定义式如下：

$$X(k) = \frac{1}{\sqrt{M_S}}\sum_{n=0}^{M_S-1}X_t(n)\exp(-j2\pi kn/M_S) \quad (3.23)$$

式中，$X_t(n)$ 为时间序列，$X(k)$ 为频域序列，$k = 0,1,\cdots,M_S-1$。将式（3.8）和式（3.9）所示的进入数字鉴相器的两路数字中频信号 $S_{IF,1}(n)$ 和 $S_{IF,2}(n)$ 分别截取长度为 M_S 个采样点的时域数据，按照式（3.23）变换到频域分别得到 $X_{IF,1}(k)$ 和 $X_{IF,2}(k)$，则会在中频载波 $f_{c,IF}$ 对应的数字频点 $k_{a,max} = M_S\cdot f_{c,IF}/f_{AD,s}$ 上的频域幅度谱 $\|X_{IF,1}(k)\|$ 和 $\|X_{IF,2}(k)\|$ 都达到最大值，于是根据 Parseval 定理可得：

$$X_{IF,1}(k_{a,max}) = A_c M_S/2\cdot\exp\left[j(\phi_c + \phi_a)\right] \quad (3.24)$$

$$X_{IF,2}(k_{a,max}) = A_c M_S/2\cdot\exp\left[j(\phi_c + \phi_\Delta + \phi_a)\right] \quad (3.25)$$

式中，ϕ_a 为 DFT 信号截取处理与变换过程中的附加相位值。于是由 $X_{IF,1}(k_{a,max})$ 和 $X_{IF,2}(k_{a,max})$ 的频域相位值即可估计出通道间信号的相位差 ϕ_Δ 如下：

$$\phi_\Delta = \text{angle}_{[-\pi,\pi)}\left[X_{IF,2}(k_{a,max})\right] - \text{angle}_{[-\pi,\pi)}\left[X_{IF,1}(k_{a,max})\right] = (\phi_c + \phi_\Delta + \phi_a) - (\phi_c + \phi_a) \quad (3.26)$$

式中，$\mathrm{angle}_{[-\pi,\pi]}(\bullet)$ 为求取一个复数的辐角并将其转换到 $[-\pi,\pi]$ 范围的函数。但这仅是在无噪声理想情况下的结果，如果考虑类似于式（3.17）和式（3.18）所示的相似统计特性的通道噪声条件下，在频域中载波 $f_{\mathrm{c,IF}}$ 对应的频点 $k_{\mathrm{a,max}}$ 处的频谱分量 $X_{\mathrm{IF,1+n}}(k_{\mathrm{a,max}})$ 和 $X_{\mathrm{IF,2+n}}(k_{\mathrm{a,max}})$ 分别如下：

$$X_{\mathrm{IF,1+n}}(k_{\mathrm{a,max}}) = A_{\mathrm{c}}M_{\mathrm{S}}/2 \cdot \exp\left[\mathrm{j}(\phi_{\mathrm{c}}+\phi_{\mathrm{a}})\right] + \sqrt{M_{\mathrm{S}}}\,B_{\mathrm{c}} \cdot (n_{\mathrm{c1}}+\mathrm{j}n_{\mathrm{s1}}) \tag{3.27}$$

$$X_{\mathrm{IF,2+n}}(k_{\mathrm{a,max}}) = A_{\mathrm{c}}M_{\mathrm{S}}/2 \cdot \exp\left[\mathrm{j}(\phi_{\mathrm{c}}+\phi_{\Delta}+\phi_{\mathrm{a}})\right] + \sqrt{M_{\mathrm{S}}}\,B_{\mathrm{c}} \cdot (n_{\mathrm{c2}}+\mathrm{j}n_{\mathrm{s2}}) \tag{3.28}$$

根据 DFT 的性质，式（3.27）和式（3.28）中 n_{c1}、n_{s1}、n_{c2} 和 n_{s2} 是均值为 0、方差为 0.5 的互不相关的高斯随机变量。同理，由 $X_{\mathrm{IF,1+n}}(k_{\mathrm{a,max}})$ 和 $X_{\mathrm{IF,2+n}}(k_{\mathrm{a,max}})$ 的频域相位值也能够估计出通道间信号的相位差 $\phi_{\mathrm{M\Delta}}$ 如下：

$$\phi_{\mathrm{M\Delta}} = \mathrm{angle}_{[-\pi,\pi]}\left[X_{\mathrm{IF,2+n}}(k_{\mathrm{a,max}})\right] - \mathrm{angle}_{[-\pi,\pi]}\left[X_{\mathrm{IF,1+n}}(k_{\mathrm{a,max}})\right] \tag{3.29}$$

因为

$$E(\phi_{\mathrm{M\Delta}}) = (\phi_{\mathrm{c}}+\phi_{\Delta}+\phi_{\mathrm{a}}) - (\phi_{\mathrm{c}}+\phi_{\mathrm{a}}) = \phi_{\Delta} \tag{3.30}$$

所以 $\phi_{\mathrm{M\Delta}}$ 同样是通道间信号的相位差 ϕ_{Δ} 的无偏估计量。

由上述整个频域数字鉴相过程可知，只需要对被测信号进行离散傅里叶变换，便可在频域相位谱的对应数字频率点处获得该信号的相位测量值，在此基础上通过两个通道中信号的相位测量值相减即可获得相位差的估计值。另外，将两路信号的频域频谱分量共轭相乘之后，对乘积结果求相位谱，同样可以在对应数字频率点处获得两路信号的相位差估计值，该方法又被称为互谱估计法。其实上述两种相位差的求解方法是等价的，只是在运算流程与表述方式上不同而已。对采样信号的离散傅里叶变换在工程上通过 FFT（快速傅里叶变换）能够十分方便地实现，所以频域数字鉴相技术在干涉仪工程产品中应用非常广泛，也几乎成了这一应用方向上的标配鉴相方法。实际上在本书 2.4.5 节对罗德与施瓦茨公司研制的典型相关干涉仪测向产品的介绍中就已经反映出频域数字鉴相技术应用的广泛性了。

3.1.4　时域数字鉴相与频域数字鉴相的性能对比

前面介绍了干涉仪测向应用中的两种数字鉴相方法，无论是时域数字鉴相，还是频域数字鉴相，在一定条件下所得到的都是无偏估计量，即估计误差的均值为 0，但两种方法所得到的估计误差的方差却各不相同[9]。下面在相同采样数据长度 M_{S} 的条件下，来对比两种鉴相方法的性能。

时域数字鉴相的相位求解表达式为式（3.21），其中信号分量的模值同 A_{c}^2 成比例；频域数字鉴相的相位求解表达式为式（3.29），其中信号分量的模值同 A_{c} 成比例。因为两种模型最后都是通过一个综合性复矢量的相位来获得相位差的估计值，所以在性能对比时需要将两种方法在鉴相时的噪声分量相对于信号分量进行归一化处理，于是时域数字鉴相归一化噪声分量 N_{t} 与频域数字鉴相归一化噪声分量 N_{f} 分别如式（3.31）和式（3.32）所示：

$$N_{\mathrm{t}} = \sum_{n=1}^{M_{\mathrm{S}}} N_{\mathrm{M2}}(n) / (M_{\mathrm{S}}A_{\mathrm{c}}^2) \tag{3.31}$$

$$N_{\mathrm{f}} = \frac{B_{\mathrm{c}} \cdot \left[(n_{\mathrm{c1}}+\mathrm{j}n_{\mathrm{s1}}) - (n_{\mathrm{c2}}+\mathrm{j}n_{\mathrm{s2}})\right]}{\sqrt{M_{\mathrm{S}}}\,A_{\mathrm{c}}} \tag{3.32}$$

因为噪声分量的大小直接决定了鉴相误差的大小，N_{t} 与 N_{f} 的均值都为 0，所以需要通过计算

N_t 与 N_f 的方差来反映两种鉴相方法的性能。方差越小，鉴相性能越好。时域数字鉴相中 N_t 的方差 $\sigma_{N_t}^2$ 为

$$\sigma_{N_t}^2 = E\left(N_t \cdot N_t^*\right) = \frac{E\left(\sum_{n=1}^{M_S} N_{M2}(n) \cdot \sum_{n=1}^{M_S} N_{M2}^*(n)\right)}{M_S^2 A_c^4} = 2B_c^2 / \left(M_S A_c^2\right) + B_c^4 / \left(M_S A_c^4\right) \quad (3.33)$$

频域数字鉴相中 N_f 的方差 $\sigma_{N_f}^2$ 为

$$\sigma_{N_f}^2 = E\left(N_f \cdot N_f^*\right) = 2B_c^2 / \left(M_S A_c^2\right) \quad (3.34)$$

由式（3.33）与式（3.34）可知：当采样点数 M_S 增大时，无论是时域数字鉴相误差的方差 $\sigma_{N_t}^2$，还是频域数字鉴相误差的方差 $\sigma_{N_f}^2$ 都随 M_S 成反比例减小。当采样点数 M_S 趋近于无穷大时，鉴相误差的方差都将趋近于 0，但是始终有式（3.35）成立：

$$\sigma_{N_t}^2 > \sigma_{N_f}^2 \quad (3.35)$$

即时域数字鉴相误差的方差始终大于频域数字鉴相误差的方差，即频域数字鉴相的性能更好。

对比式（3.33）和式（3.34）还可发现，在采样数据长度 M_S 保持一定的条件下，噪声分量的幅度 B_c 相对于信号幅度 A_c 越大，时域数字鉴相误差的方差越大，这说明信噪比越低，时域数字鉴相的精度相对于频域数字鉴相的精度也就越差。由于鉴相运算的值域范围被限制在 $[-\pi, \pi)$，超出这一范围将发生相位折叠，所以在信噪比过低时，将发生鉴相失效的现象，即过大的噪声使鉴相结果发生 2π 周期的折叠，导致鉴相误差急剧增加。鉴相失效时的信噪比又称为临界点信噪比，所以式（3.33）与式（3.34）所表示的鉴相误差的方差是在临界点信噪比以上时才精确成立，这一点需要在分析中注意。

下面对此进行仿真验证，仿真信号按照式（3.17）与式（3.18）来构建，两通道中信号的起始相位分别设置为 $\pi/3$ 与 $\pi/10$，显然两通道间信号的相位差准确值为 $7\pi/30$，通过在不同 B_c / A_c 条件下的多次蒙特卡罗仿真来统计时域数字鉴相与频域数字鉴相中归一化误差的方差，其中数据长度 $M_S = 1 \times 10^5$。时域数字鉴相与频域数字鉴相的噪声分量方差的理论分析曲线与仿真实验曲线对比如图 3.6 所示。图 3.6 中的实线为理论分析曲线，虚线为仿真实验曲线（虚线与实线完全重合）。为了在更宽的范围内来展示仿真结果，横坐标采用对数尺度，纵坐标采用指数尺度，横坐标为 B_c / A_c，纵坐标为归一化噪声分量的方差。

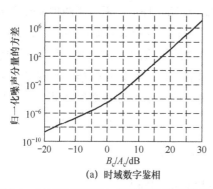

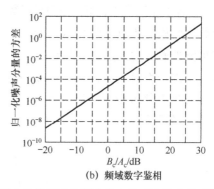

(a) 时域数字鉴相　　　　　　　　　　(b) 频域数字鉴相

图 3.6　时域数字鉴相与频域数字鉴相的噪声分量方差的理论分析曲线与仿真实验曲线对比

在图 3.6 中实线与虚线几乎重合在一起，即理论分析曲线与仿真实验曲线相吻合，说明了前面理论分析的有效性和正确性。另外，对比图 3.6(a) 与 (b) 可知，在相同的 B_c / A_c 条件下，时

域数字鉴相噪声分量方差始终高于频域数字鉴相噪声分量方差，这也说明时域数字鉴相方法所受到噪声的影响更严重。为了更加清晰地展示这一特点，下面在不同的 B_c / A_c 条件下，通过多次蒙特卡罗仿真来统计时域数字鉴相与频域数字鉴相所得到的干涉仪通道间信号的相位差误差的方差曲线，如图 3.7 所示。图 3.7 中实线为时域数字鉴相曲线，虚线为频域数字鉴相曲线。

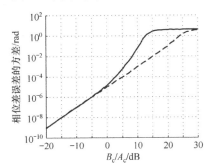

图 3.7　时域数字鉴相与频域数字鉴相所得干涉仪通道间信号的相位差误差的方差曲线

由图 3.7 可知，当 $B_c / A_c < -5\text{dB}$ 时，时域数字鉴相曲线与频域数字鉴相曲线是几乎重合的，这说明在高信噪比条件下，两种方法的鉴相性能几乎是一样的。但是当信噪比逐渐降低时，上述两条曲线就有了明显的差异。从图 3.7 中还可观察到一个特有的现象：时域数字鉴相曲线在 $B_c / A_c = 13\text{dB}$ 时，发生明显弯折；频域数字鉴相曲线在 $B_c / A_c = 25\text{dB}$ 时，也发生明显弯折。二者弯折之后，曲线都趋近于水平线，这是由于鉴相运算的值域范围被限制在 $[-\pi, \pi)$，超出这一范围将发生相位折叠，所以在信噪比过低条件下，将发生鉴相失效的现象。时域数字鉴相发生失效的临界点处 $B_c / A_c = 13\text{dB}$；频域数字鉴相发生失效的临界点处 $B_c / A_c = 25\text{dB}$，B_c / A_c 越大，对应的信噪比越低。由此可见，在同等条件下，当信噪比逐渐降低时，时域数字鉴相先于频域数字鉴相发生鉴相失效。另外，在图 3.7 中有效鉴相范围内频域数字鉴相所得相位差误差的方差始终小于时域数字鉴相所得相位差误差的方差。上述仿真对比进一步印证了频域数字鉴相的性能优于时域数字鉴相。

需要说明的是，上述仿真数据是在数据长度 $M_S = 1 \times 10^5$ 的条件下得到的，当数据长度改变时，噪声分量的方差和鉴相所得的相位差误差的方差的具体数值都会发生变化，图 3.6 和图 3.7 中的曲线也会相应变化，但式（3.33）与式（3.34）给出的结果及频域数字鉴相的性能优于时域数字鉴相这一结论不会改变。

3.2　干涉仪通道间信号的相位差测量所能达到的精度

对测量精度的评估首先需要明确相应的测量条件，在统一的测量条件下才能进行合理、有效的性能对比。工程应用中一个最常用的评估测量条件就是信噪比条件，绝大部分性能评估都是在一定的信噪比条件下开展的，在说明某设备的性能参数时需要附带信噪比测量条件，这样才能准确反映该设备的性能。所以下面首先对信噪比的几种定义与度量方法进行介绍。

3.2.1　信噪比的不同定义及相互之间的换算关系

3.2.1.1　两种不同的功率信噪比

一般情况下，信噪比默认定义为信号功率 S（单位：W）与噪声功率 N（单位：W）之比，记为 S/N，或 SNR（Signal to Noise power Ratio），即大家熟知的功率信噪比，这也是最常见的一种信噪比定义，但在该定义中并没有给出噪声功率的测量条件，从而造成在使用这一概念时很容易产生混乱。

众所周知，微波接收机中单位带宽内的噪声功率是由接收机噪声系数、外界环境温度等多种因素所共同决定的一个确定值，记为 n_0（单位：W/Hz，或 J）。如果在功率信噪比测量过程中噪声的带宽为 B_n（单位：Hz），信号的带宽为 B_s（单位：Hz），则有下式成立：

$$N = n_0 \cdot B_n \tag{3.36}$$

$$B_n \geqslant B_s \tag{3.37}$$

根据式（3.37）中等号是否成立，可将功率信噪比 S/N 细分为两种：第一种是信号的带内功率信噪比，记为 $S/N|_{within}$，此时 $B_n = B_s$；第二种是信号的全频段功率信噪比，记为 $S/N|_{whole}$，此时 $B_n > B_s$。显然二者之间的关系由式（3.38）决定：

$$\left.\frac{S}{N}\right|_{within} = \left.\frac{S}{N}\right|_{whole} \cdot \frac{B_n}{B_s} \tag{3.38}$$

给定一个被测信号，其带宽 B_s 也随之确定，但噪声带宽 B_n 在满足式（3.37）的条件下，在理论上可任意取值，当然在工程应用中其取值范围还会受到接收机瞬时接收带宽参数的限制。由式（3.38）可知，如果在使用功率信噪比时不明确给出 B_n/B_s 的准确数值，就会造成 $S/N|_{within}$ 与 $S/N|_{whole}$ 之间没有明确的对应关系，从而给工程应用中的性能度量与评估带来混乱。举例说明如下：一个 BPSK 调制的数字通信信号的传输速率为 0.8 Mbps，采用升余弦成型滤波器形成单个符号波形，滚降系数为 0.25，于是该信号的带宽 $B_s = 1$ MHz，假设其功率 $S = 10^{-12}$ W；与信号在同一测量点处的接收机噪声功率谱密度 $n_0 = 10^{-19}$ W/Hz，显然该信号的带内功率信噪比 $S/N|_{within} = 10$（对应 10dB）。但在不同噪声带宽 B_n 取值条件下该信号的全频段功率信噪比 $S/N|_{whole}$ 如表 3.1 中第 2 列所示，所对应的分贝数如表 3.1 中第 3 列所示。由此可见，同一个信号在不同噪声带宽 B_n 取值条件下其对应的全频段功率信噪比各不相同，差异可达 30dB，甚至更高。

表 3.1　同一个信号在不同噪声带宽 B_n 取值条件下的全频段功率信噪比

序　号	B_n 噪声带宽/MHz	全频段功率信噪比	对应的分贝数/dB
1	1	10	10
2	10	1	0
3	100	0.1	−10
4	1000	0.01	−20

另外，进入 21 世纪以来，许多研究者常常使用 MATLAB 工具软件中高斯白噪声产生函数或高斯随机数生产函数开展相关的仿真研究工作，殊不知这些函数产生的噪声是全频段噪声，而并非是与信号同带宽的带内噪声。与上述示例等价的一段 MATLAB 仿真代码简要表示如下：

```
B = rcosfir(0.25, 3, 1e3);
data(1:1e3:1e6+1)=floor(rand(1,1e3+1)*2)*2-1;
Base_signal=filter(B,1,data);
Complex_signal=Base_signal.*exp(i*pi/2*(1:1e6+1));
```

Mix_signal=Complex_signal+10*(randn(1,1e6+1)/2^0.5+i*randn(1,1e6+1)/2^0.5);

从上述 MATLAB 代码的最后一行可见：信号 Complex_signal 的相对幅度为 1，采用 randn 函数添加的高斯白噪声的标准差相对幅度是 10。于是很多研究者以此为依据，便断定：此时信号的 SNR=−20dB。虽然这一说法不能直接判为错误，但至少没有将信息表达清楚与完整。准确表述应该为：此时信号的全频段功率信噪比为−20dB，且信号带宽与全频段带宽之比为 1/1000。那么此时信号的带内信噪比又是多少呢？在换算之前，为了更加清晰地展示这一问题的本质，在 MATLAB 中将上述全频段功率信噪比为−20dB 的仿真信号 Mix_signal 的功率谱绘制如图 3.8 所示。

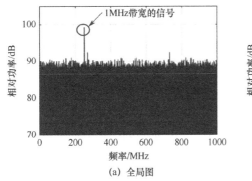
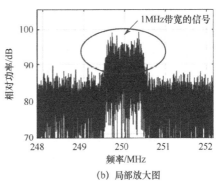

(a) 全局图　　　　　　　　　　　　　　　(b) 局部放大图

图 3.8　一个全频段功率信噪比为−20dB 的仿真信号的功率谱

由图 3.8 可见，此时信号的带内功率信噪比为 10dB，这一图示与理论关系完全一致。通过表 3.1 与图 3.8 的示例可知：一个带内功率信噪比为 10dB 的信号，在选取不同的噪声带宽时，其全频段功率信噪比可以降低到−20dB，甚至更低。在许多已经公开发表的文献中，在进行某种方法的性能评估时有一部分文献都采用了全频段功率信噪比，但此时又没有给出对应的信号带宽 B_s 与噪声带宽 B_n 的具体数值，表面上看是在负分贝数信噪比条件下能达到某一优良性能，但实际上按照信号的带内功率信噪比来评价，此时的信噪比还是比较高的，这样就给读者和后来的研究者造成误导。

所以在使用功率信噪比 S/N 时，需要明确声明采用的是哪一种功率信噪比。建议最好采用信号的带内功率信噪比来度量，因为位于信号带外的噪声是能够通过频域滤波方法将其滤除掉的。如果采用的是全频段功率信噪比，则一定要附加给出对应的信号带宽 B_s 与噪声带宽 B_n 各自具体数值的说明，或者二者之间的比值，这样才能换算出准确的信号带内功率信噪比的度量值，有了这个统一的尺度，才能有效地消除在性能评估方面的误解与乱象[10]。在本书没有特别说明的情况下，所采用的 SNR 功率信噪比都默认为信号的带内功率信噪比。

3.2.1.2　能量信噪比与信号积累

1. 信号的能量信噪比

除信号的功率信噪比外，在数字通信系统中为了度量通信终端中数字解调器或译码器的性能，常常采用每传输 1bit 信息的平均信号能量 E_b（单位：J）与单位频带内的噪声功率 n_0 之比，记为 E_b/n_0，称为比特能量信噪比。如果把数字通信领域中的比特能量信噪比进行扩展，可将信号的能量信噪比定义为信号能量 E_s 与单位频带内的噪声功率 n_0 之比，记为 E_s/n_0。记功率信噪比度量中信号持续的时间为 ΔT（单位：s），显然有式（3.39）成立：

$$S \cdot \Delta T = E_{\mathrm{s}} \tag{3.39}$$

于是信号的全频段功率信噪比与能量信噪比之间的关系如下：

$$\left. \frac{S}{N} \right|_{\mathrm{whole}} \cdot B_{\mathrm{n}} \cdot \Delta T = \frac{E_{\mathrm{s}}}{n_0} \tag{3.40}$$

将式（3.38）代入式（3.40）可得信号的带内功率信噪比与能量信噪比之间的关系为

$$\left. \frac{S}{N} \right|_{\mathrm{within}} \cdot B_{\mathrm{s}} \cdot \Delta T = \frac{E_{\mathrm{s}}}{n_0} \tag{3.41}$$

式中，$B_{\mathrm{s}} \cdot \Delta T$ 为信号的时带积。显然式（3.41）的物理意义体现为：在信号的带内功率信噪比保持一定的情况下，信号的时带积越大，信号的能量信噪比越高。这实际上也是各种工程应用中采用长时间积累来提升能量信噪比的本质驱动力所在。在许多工程应用性能评价中，如数字通信解调译码的误比特率性能评价、匹配滤波的性能评价等，全部都采用信号的能量信噪比作为尺度；这同时说明：信号的能量信噪比相对于功率信噪比来讲，更能反映出其中的本质特性。所以在工程应用中全面的评价尺度是同时给出信号的带内信噪比 $S/N|_{\mathrm{within}}$、能量信噪比 E_{s}/n_0、信号带宽 B_{s} 和信号持续时间 ΔT 这 4 个参数中的任意 3 个，剩下的 1 个参数也就自然由式（3.41）确定了。另外，由式（3.41）可知：如果对一个长时间持续存在的具有一定带内功率信噪比的信号进行侦收分析，那么通过长时间积累的方式则能够不断提升其能量信噪比。如此说来，从理论上讲，任意微弱的信号都可以通过长时间积累方式而成为一个正分贝数能量信噪比的信号，但在实际工程应用中却并非如此，关于这一点，接下来继续讨论。

2. 信号积累与测量精度提升的工程上限

对于一个长时间存在的具有一定带宽的待测信号，如果其信号的带内功率信噪比 $S/N|_{\mathrm{within}} \ll 1$，即其具有负分贝数的带内功率信噪比，只要长时间对这个信号进行持续测量，对应的信号持续时间可取无穷大，即 $\Delta T \to \infty$，由式（3.41）可知：该信号的能量信噪比 $E_{\mathrm{s}}/n_0 \to \infty$，这意味着测量精度可做到无限高，从理论上讲，这一论断是完全正确的。虽然理想模型很丰满，但工程现实很残酷，在人们所处的物理世界中待测电磁波信号几乎全部是一个时变信号，可将其看成一个随时间变化的随机过程，记为 $S_{\mathrm{wm}}(t)$，而且随着测量精度要求的提升，$S_{\mathrm{wm}}(t)$ 并不是一个平稳的随机过程，而是一个时变均值的非平稳随机过程。要对 $S_{\mathrm{wm}}(t)$ 在时间上进行长时间累积后进行测量是办不到的，因为累积的前提条件是被测的信号参数在累积期间保持稳定。对于上述情况，在工程上只能假定在 ΔT_{s} 时段内被测的信号参数保持稳定，即该时段内的信号 $S_{\mathrm{wm}}(t)$ 近似平稳，在此假设条件下对信号进行累积，于是有：

$$\left. \frac{S}{N} \right|_{\mathrm{within}} \cdot B_{\mathrm{s}} \cdot \Delta T_{\mathrm{s}} = \frac{E_{\Delta T_{\mathrm{s}}}}{n_0} \tag{3.42}$$

式中，$E_{\Delta T_{\mathrm{s}}}$ 表示 ΔT_{s} 时段内的信号能量，显然 $E_{\Delta T_{\mathrm{s}}}/n_0$ 只能是一个有限数值，不可能趋近于无穷大。以测量一串重频为 1000Hz、脉宽 $\Delta T_{\mathrm{p}} = 1\mu\mathrm{s}$ 的单频脉冲串的载波频率参数为例说明如下。如果该脉冲串含有 M_{s} 个脉冲，单个脉冲的带内信噪比 $S/N|_{\mathrm{within}} = 0\mathrm{dB}$，信号带宽 $B_{\mathrm{s}} = 2\mathrm{MHz}$，于是由式（3.41）可得单个脉冲信号的能量信噪比 $E_{\mathrm{s}}/n_0 = 3\mathrm{dB}$。从理论上讲，只要脉冲个数 $M_{\mathrm{s}} \to \infty$，就会有 $E_{\mathrm{s}}/n_0 \to \infty$，于是该脉冲串的载波频率测量误差 ε_{p} 可以达到无限小，即 $\varepsilon_{\mathrm{p}} \to 0$，对应的测频精度就可做到无限高。但实际上在 $M_{\mathrm{s}} \to \infty$ 的过程中，测量接收机自身

都是不稳定的，其变频本振的频率在随时间随机漂移；不仅如此，就连被测对象本身（脉冲串自身）的载波频率由于晶振的不稳定等工程因素也会随时间漂移，而且上述漂移是非平稳的随机过程，记为 $F_p(t)$。如果对 $F_p(t)$ 进行测量，也仅仅是在可接受的工程误差范围内，在 ΔT_p 时段内近似认为 $F_p(t)$ 保持稳定。

由此例可见，理论上的无限长时间积累在实际工程应用中是不能实现的，实际工程设备只能做到有限长时间的积累，这一有限的积累时间长度不仅受测量接收机性能的限制，而且还受被测对象的限制，并不是把测量接收机研制得无限接近完美就能够大幅度提升积累时间，从而实现测量精度的无限提升。因为在很多情况下，被测信号自身就是一个非平稳随机过程，对这类信号的测量，其测量时长是受测量精度限制的。要求的测量精度越高，对应的测量时间就越短，因为需要在这一短时间范围内将被测信号近似看成一个平稳的随机过程，这样测量误差就不可能通过长时间积累而无限地减小，于是就出现了矛盾。从某种意义上讲，这一矛盾也反映了现实世界中的"测不准现象"，即在某一应用条件给定的情况下，其测量精度的工程上限也就随之确定了，从工程实现的角度讲，是难以突破这一上限的。但值得庆幸的是：在当前条件下，绝大部分工程应用所要求的精度远远没有达到这一上限值，所以在目前的工程项目中还留有巨大的发展空间，值得大家继续研制高性能的测量仪器与设备去不断逼近这一上限值。对于当前的干涉仪测向工程应用也不例外，采用长时间积累的方法来提升测向精度同样有很大的空间，关于这一点在后续章节还会更详细地讨论。

3.2.2　影响干涉仪通道间相位差测量的因素与相位差测量精度的计算

3.2.2.1　信号空间模型与相位测量误差

如 3.1.4 节所述，频域数字鉴相的性能优于时域数字鉴相，所以在本节中基于频域数字鉴相来构建信号空间模型。频域数字鉴相直接从频域来估计干涉仪接收通道中信号的相位值，将测量持续时间内的单频信号变换到频域，能够把信号能量集中在一个频率点上，其频域幅值记为 A_X。如果在矢量信号空间中来分析这一问题，实际上可描述为一个信号矢量 $\boldsymbol{A}_X$ 和一个噪声与干扰矢量 $\boldsymbol{A}_{NJ}$ 叠加合成一个综合矢量 $\boldsymbol{A}_Y$，综合矢量 $\boldsymbol{A}_Y$ 对应的相位值记为 $\phi_{M,Y}$，而信号矢量 $\boldsymbol{A}_X$ 真实的相位值记为 $\phi_{R,X}$，于是相位估计误差 $\delta\phi_V = \phi_{M,Y} - \phi_{R,X}$，频域信号矢量叠加及其相位关系图示如图 3.9 所示[11]。

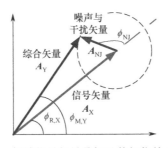

图 3.9　频域信号矢量叠加及其相位关系图示

设被测信号所在频点上的噪声与干扰矢量 $\boldsymbol{A}_{NJ}$ 的幅度为 A_{NJ}，相对相位为 ϕ_{NJ}，此处相对相位是指相位测量参考线相对于信号矢量 $\boldsymbol{A}_X$ 而言，如图 3.9 中标注所示。记 A_{NJ} 和 ϕ_{NJ} 的二维概率密度分布为 $\mathrm{pdf}_{NJ}(A_{NJ}, \phi_{NJ})$，该概率密度分布函数与干涉仪接收通道中噪声的概率分布有关，也与接收通道受到的干扰有关，不同的噪声与干扰对应着不同的二维概率密度分布，难以唯一地进行显式描述，但在实际应用中可以针对具体的干涉仪对象在不同频率点处实际测量得到，所以后续将 $\text{pdf}_{\text{NJ}}\left(A_{\text{NJ}},\phi_{\text{NJ}}\right)$ 作为一个已知参量来对待。

在 $\delta\phi_{\text{V}}\neq 0,\pi$ 的条件下，根据平面几何的正弦定理，有下式成立：

$$\frac{A_{\text{NJ}}}{\sin\delta\phi_{\text{V}}}=\frac{A_{\text{X}}}{\sin\left(\phi_{\text{NJ}}-\delta\phi_{\text{V}}\right)} \tag{3.43}$$

于是可得相位估计误差 $\delta\phi_{\text{V}}$ 与 ϕ_{NJ} 的二维联合概率密度函数 $\text{pdf}_{\Phi}\left(\delta\phi_{\text{V}},\phi_{\text{NJ}}\right)$ 如下：

$$\begin{aligned}\text{pdf}_{\Phi}\left(\delta\phi_{\text{V}},\phi_{\text{NJ}}\right)&=\text{pdf}_{\text{NJ}}\left[\frac{\sin\delta\phi_{\text{V}}\cdot A_{\text{X}}}{\sin\left(\phi_{\text{NJ}}-\delta\phi_{\text{V}}\right)},\phi_{\text{NJ}}\right]\cdot\left|\frac{\text{d}A_{\text{NJ}}}{\text{d}\delta\phi_{\text{V}}}\right|\\&=\text{pdf}_{\text{NJ}}\left[\frac{\sin\delta\phi_{\text{V}}\cdot A_{\text{X}}}{\sin\left(\phi_{\text{NJ}}-\delta\phi_{\text{V}}\right)},\phi_{\text{NJ}}\right]\cdot\left[A_{\text{X}}\cdot\left|\frac{\cos\delta\phi_{\text{V}}+\sin\delta\phi_{\text{V}}\,\text{ctan}\left(\phi_{\text{NJ}}-\delta\phi_{\text{V}}\right)}{\sin\left(\phi_{\text{NJ}}-\delta\phi_{\text{V}}\right)}\right|\right]\end{aligned}$$

$$\tag{3.44}$$

将上述二维概率密度分布 $\text{pdf}_{\Phi}\left(\delta\phi_{\text{V}},\phi_{\text{NJ}}\right)$ 转换成相位估计误差 $\delta\phi_{\text{V}}$ 的一维概率密度分布 $\text{pdf}_{\delta}\left(\delta\phi_{\text{V}}\right)$ 如式（3.45）所示：

$$\text{pdf}_{\delta}\left(\delta\phi_{\text{V}}\right)=\begin{cases}\displaystyle\int_{A_{\text{X}}}^{\infty}\text{pdf}_{\text{NJ}}\left(A_{\text{NJ}},\pi\right)\text{d}A_{\text{NJ}} & \delta\phi_{\text{V}}=\pi\\[2mm]\displaystyle\int_{\delta\phi_{\text{V}}}^{\pi}\text{pdf}_{\Phi}\left(\delta\phi_{\text{V}},\phi_{\text{NJ}}\right)\text{d}\phi_{\text{NJ}} & \pi>\delta\phi_{\text{V}}>0\\[2mm]\displaystyle\int_{0}^{A_{\text{X}}}\text{pdf}_{\text{NJ}}\left(A_{\text{NJ}},\pi\right)\text{d}A_{\text{NJ}}+\int_{0}^{\infty}\text{pdf}_{\text{NJ}}\left(A_{\text{NJ}},0\right)\text{d}A_{\text{NJ}} & \delta\phi_{\text{V}}=0\\[2mm]\displaystyle\int_{-\pi}^{\delta\phi_{\text{V}}}\text{pdf}_{\Phi}\left(\delta\phi_{\text{V}},\phi_{\text{NJ}}\right)\text{d}\phi_{\text{NJ}} & -\pi<\delta\phi_{\text{V}}<0\end{cases} \tag{3.45}$$

在求得干涉仪每一个通道接收信号的相位的估计值之后，通过相减运算便直接得到两个通道 C_{Int1} 和 C_{Int2} 中信号的相位差的估计值 $\phi_{\text{M,}\Delta}$，其测量精度可用相位估计误差的方差 $\sigma_{\phi_{\text{M,}\Delta}}^{2}$ 来描述，如式（3.46）所示：

$$\begin{aligned}\sigma_{\phi_{\text{M,}\Delta}}^{2}&=\sigma_{\delta\phi_{\text{V}},C_{\text{Int1}}}^{2}+\sigma_{\delta\phi_{\text{V}},C_{\text{Int2}}}^{2}\\&=\int_{-\pi}^{\pi}\left(\delta\phi_{\text{V}}\right)^{2}\cdot\text{pdf}_{\delta,C_{\text{Int1}}}\,\delta\phi_{\text{V}}\text{d}\delta\phi_{\text{V}}+\int_{-\pi}^{\pi}\left(\delta\phi_{\text{V}}\right)^{2}\cdot\text{pdf}_{\delta,C_{\text{Int2}}}\,\delta\phi_{\text{V}}\text{d}\delta\phi_{\text{V}}\end{aligned} \tag{3.46}$$

式中，$\text{pdf}_{\delta,C_{\text{Int1}}}\left(\delta\phi_{\text{V}}\right)$ 和 $\text{pdf}_{\delta,C_{\text{Int2}}}\left(\delta\phi_{\text{V}}\right)$ 分别表示通道 C_{Int1} 和通道 C_{Int2} 的相位估计误差的概率分布函数，一般情况下可参照式（3.45）建模。

3.2.2.2　影响干涉仪通道间信号的相位差测量的主要因素

从上面建立的干涉仪相位差测量精度理论计算模型可知，影响测量精度的因数主要有两个，分别是：频域中噪声与干扰矢量 A_{NJ} 的概率分布函数，频域中信号矢量 A_{X} 的幅度 A_{X} 和噪声与干扰矢量 A_{NJ} 幅度 A_{NJ} 的相对比值。

对于噪声与干扰矢量 A_{NJ} 的概率分布函数 $\text{pdf}_{\text{NJ}}\left(A_{\text{NJ}},\phi_{\text{NJ}}\right)$ 来说，其中的相位因素 ϕ_{NJ} 一般在 $[0,2\pi)$ 范围内服从均匀分布，而幅度因素 A_{NJ} 的概率密度分布如下。

（1）瑞利分布：$\text{pdf}_{A}\left(A_{\text{NJ}}\right)=\dfrac{A_{\text{NJ}}}{\sigma_{\text{N}}^{2}}\exp\left(-\dfrac{A_{\text{NJ}}^{2}}{2\sigma_{\text{N}}^{2}}\right)$。其中 σ_{N}^{2} 表示噪声方差。该类分布一般在

没有通道干扰信号，并且通道噪声满足加性高斯白噪声（Addictive White Gaussian Noise，

AWGN）模型条件下成立。

（2）广义瑞利分布或莱斯分布：$\mathrm{pdf}_A\left(A_{\mathrm{NJ}}\right)=\dfrac{A_{\mathrm{NJ}}}{\sigma_{\mathrm{N}}^2}\exp\left(-\dfrac{A_{\mathrm{NJ}}^2+A_{\mathrm{J}}^2}{2\sigma_{\mathrm{N}}^2}\right)I_0\left(\dfrac{A_{\mathrm{NJ}}A_{\mathrm{J}}}{\sigma_{\mathrm{N}}^2}\right)$。其中 $I_0\left(\bullet\right)$ 表示零阶修正贝塞尔函数，A_{J} 表示该频率点上干扰的频域幅度。该类分布一般在该频率点的干扰为单音干扰，并且通道噪声满足 AWGN 模型条件下成立，其中的单音干扰一般是由变频杂散、本振泄露等因素造成的，在宽带干涉仪中比较常见。

（3）对于其他类型的噪声与干扰矢量幅度 A_{NJ} 的概率密度分布，可通过实测数据的统计分析来获得。

根据 DFT 的定义与性质，对于频域中信号矢量 A_{X} 的幅度 A_{X} 同噪声与干扰矢量 A_{NJ} 幅度 A_{NJ} 的标准差的相对比值，可由如下两个因素来综合描述：信号的综合载噪比 C/n_{z} 和测量持续时间 ΔT_{M}，其中 C 表示载波信号的功率，n_{z} 表示单位带宽内噪声与干扰分量的功率，由于综合考虑了噪声与干扰两方面的因素，所以此处用综合载噪比 C/n_{z} 来表示，且有式（3.47）成立：

$$\frac{A_{\mathrm{X}}}{\sqrt{M_{\mathrm{NJ}}}}=\sqrt{\frac{C}{n_{\mathrm{z}}}\cdot\Delta T_{\mathrm{M}}}\tag{3.47}$$

式中，M_{NJ} 表示 A_{NJ} 的二阶原点矩，即 $M_{\mathrm{NJ}}=\int_0^{2\pi}\int_0^{\infty}A_{\mathrm{NJ}}^2\cdot\mathrm{pdf}_{\mathrm{NJ}}\left(A_{\mathrm{NJ}},\phi_{\mathrm{NJ}}\right)\mathrm{d}A_{\mathrm{NJ}}\mathrm{d}\phi_{\mathrm{NJ}}$。由图 3.9 可知：增加信号的综合载噪比 C/n_{z} 与测量持续时间 ΔT，都可以减少估计误差的方差，从而提高干涉仪通道间信号的相位差测量的精度。

综上所述，干涉仪相位差测量精度的主要影响因素是：频域中噪声与干扰的概率分布函数，综合载噪比和测量持续时间。以上 3 个因素的相互作用是比较复杂的，主要是因为工程实际应用中干涉仪通道中噪声与干扰的概率分布繁杂，直接用显式的数学表达式来描述比较困难，但另一方面可通过实际测量数据的统计分析来获得干涉仪通道中噪声与干扰的概率密度函数，这样也能通过式（3.46）来对干涉仪在不同条件下的通道间信号的相位差测量精度进行分析与评估。

3.2.2.3　仅考虑 AWGN 条件下的相位差测量所能达到的精度

前面讨论了影响干涉仪相位差测量精度的 3 个主要因素，其中最复杂的因素是噪声与干扰的概率分布函数，不同的分布函数将导致不同的测量精度。最简单的一种概率分布函数就是仅考虑加性高斯白噪声（AWGN），此时矢量 A_{NJ} 的相位服从均匀分布，幅度服从瑞利分布，且有 $M_{\mathrm{NJ}}=2\sigma_{\mathrm{N}}^2$。假设干涉仪任意两个通道之间具有良好的一致性，即噪声的概率分布特性是一样的，下面以几种典型情况为例来加以说明：

（1）$\sqrt{C/n_{\mathrm{z}}\cdot\Delta T_{\mathrm{M}}}\gg1$ 的情况。从统计平均意义上说，此时在频域中信号矢量幅度远大于噪声矢量幅度。

（2）$\sqrt{C/n_{\mathrm{z}}\cdot\Delta T_{\mathrm{M}}}\approx2\sim3$ 的临界情况。从统计平均意义上说，此时在频域中信号矢量幅度大约是噪声矢量幅度的 2～3 倍，按照高斯分布特性 2 倍、3 倍标准差内的幅度值出现的概率分别为 95.45% 和 99.73%，在此条件下进行信号检测与相位差测量是一个临界情况。

如果 $\sqrt{C/n_{\mathrm{z}}\cdot\Delta T_{\mathrm{M}}}$ 低于临界情况，在频域进行信号检测比较困难，在此基础上实施干涉仪测向就更加困难了，所以干涉仪测向工程应用一般在临界情况以上实施，在 $\sqrt{C/n_{\mathrm{z}}\cdot\Delta T_{\mathrm{M}}}$ 不同取值情况下，可得相位估计误差 $\delta\phi_{M\Delta}$ 的概率密度 $\mathrm{pdf}_\Delta(\delta\phi_{M\Delta})$ 分布图如图 3.10 所示。

图 3.10 中的 7 条曲线分别是 $\sqrt{C/n_z\cdot\Delta T_M}$ 为 1、2、3、5、10、15、20 时的曲线，$\sqrt{C/n_z\cdot\Delta T_M}$ 取值越大 $\mathrm{pdf}_\Delta(\delta\phi_{M\Delta})$ 曲线越尖锐。利用上述概率密度分布函数，通过式（3.46）便可计算分析出干涉仪通道间信号的相位差测量误差 $\delta\phi_{M\Delta}$ 的标准差 $\sigma_{\delta\phi_{M\Delta}}$ 与 $\sqrt{C/n_z\cdot\Delta T_M}$ 之间的关系，如图 3.11 所示。

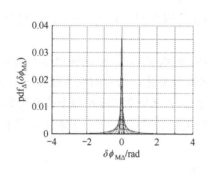 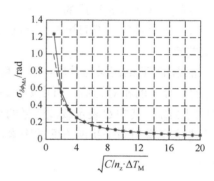

图 3.10　在 $\sqrt{C/n_z\cdot\Delta T_M}$ 不同取值情况下 $\delta\phi_{M\Delta}$ 的概率密度分布图　图 3.11　$\sigma_{\delta\phi_{M\Delta}}$ 与 $\sqrt{C/n_z\cdot\Delta T}$ 的关系曲线

图 3.11 中的实线曲线为理论计算曲线，虚线曲线为反比例参考曲线，由此可见，在临界载噪比以上的较高载噪比条件下相位差测量误差的标准差 $\sigma_{\delta\phi_{M\Delta}}$ 近似与 $\sqrt{C/n_z\cdot\Delta T_M}$ 成反比例关系；另外，这一反比例关系也可从图 3.9 中的几何关系得到。用标准差 $\sigma_{\delta\phi_{M\Delta}}$ 来作为相位差测量精度的度量指标，于是上述规律总结为式（3.48）所示。

$$\sigma_{\delta\phi_{M\Delta}}=\frac{1}{\sqrt{C/n_z\cdot\Delta T_M}} \tag{3.48}$$

需要注意的是，随着 $\sqrt{C/n_z\cdot\Delta T_M}$ 的降低，特别是接近临界值时，$\sigma_{\delta\phi_{M\Delta}}$ 迅速恶化，反比例关系不再成立。下面通过仿真对上述推导得出的结果进行验证，仿真条件为：采样频率为 1GHz，信号测量时间长度取为 1 μs，对应 1000 个采样点。单频信号的载波频率为 125MHz，干涉仪两个通道所接收到的信号之间的相位差为 0.6π，干涉仪接收通道中没有干扰分量，仅存在 AWGN 噪声分量。$\sqrt{C/n_z\cdot\Delta T_M}$ 分别取 1～20 时，通过蒙特卡罗仿真，可得到相位差测量误差的标准差 $\sigma_{\delta\phi_{M\Delta}}$ 随 $\sqrt{C/n_z\cdot\Delta T_M}$ 的变化情况，将其绘制成曲线如图 3.12 所示。

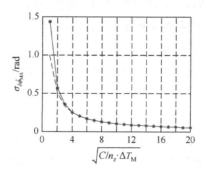

图 3.12　通过蒙特卡罗仿真得到的 $\sigma_{\delta\phi_{M\Delta}}$ 与 $\sqrt{C/n_z\cdot\Delta T_M}$ 关系曲线

图 3.12 中实线曲线为仿真结果曲线，虚线曲线为反比例参考曲线。当 $C/n_z \cdot \Delta T_M \geqslant 4$ 时，标准差 $\sigma_{\delta\phi_{M\Delta}}$ 与 $\sqrt{C/n_z \cdot \Delta T_M}$ 之间形成较严格的反比例关系；当 $C/n_z \cdot \Delta T_M \leqslant 3$ 时，二者之间的反比例关系不再成立，相位差测量误差迅速增大。图 3.12 中的仿真结果与前面分析结果具有一致性，这同时说明了前述模型的有效性。

3.2.3　利用去调制理论解释干涉仪相位差测量精度计算公式

在前述对干涉仪相位差测量精度的建模分析过程中采用的都是单频电磁波信号，没有考虑信息调制，但是在电子对抗侦察等实际应用中截获的信号载波上通常调制有相关的信息，信号调制的种类主要有：调幅、调频与调相等，在本节中主要关注调相信号，对于一个调频函数 $f_m(t)$ 可通过如式（3.49）所示的积分运算转化为一个调相函数 $\phi_m(t)$，所以本节中的调相信号实际上是广义的，既包含了传统的调相信号，也包含了传统的调频信号，可称之为综合调相信号。

$$\phi_m(t) = \int_{-\infty}^{t} 2\pi \cdot f_m(\tau_T) \mathrm{d}\tau_T \tag{3.49}$$

通常情况下，雷达为了确保其能够实现更大的探测距离，一般不采用幅度调制，所以常见的带调制的雷达脉冲信号几乎全是调频脉冲或调相脉冲，例如线性调频和各种非线性调频脉冲，二相编码和多相编码脉冲，以及各种复合调制脉冲信号等。对于通信信号来讲，各种 M 进制的频移键控（M-ary Frequency Shift Keying，MFSK）和 M 进制的相移键控（M-ary Phase Shift Keying，MPSK）等数字调制信号也是典型的综合调相信号。接下来本节对干涉仪通道间综合调相信号的相位差测量精度进行分析[12]。

1. 针对综合调相信号的干涉仪通道间相位差的求解

将到达干涉仪两个单元天线的幅度大小为 A_c 的综合调相信号 $S_{Mo,1}(t)$ 和 $S_{Mo,2}(t)$ 表示成解析信号的形式如下：

$$\begin{cases} S_{Mo,1}(t) = A_c \exp\left\{ j\left[2\pi f_c t + \phi_{Mo}(t) + \phi_c \right] \right\} \\ S_{Mo,2}(t) = A_c \exp\left\{ j\left[2\pi f_c(t-\tau_d) + \phi_{Mo}(t-\tau_d) + \phi_c \right] \right\} \end{cases} \tag{3.50}$$

式中，$\phi_{Mo}(t)$ 表示频率相位综合调制信息函数，τ_d 表示电磁波等相位波前到达干涉仪两个单元天线之间的时延。在通常的非超宽带的普通调制参数下，所接收到的两路信号之间的相位差 $\phi_\Delta = -2\pi f_c \tau_d$。一般情况下，信号承载的调制信息能够通过信号解调来获得，在电子对抗侦察应用中通过信号参数分析和调制样式识别之后的非合作解调，能得到调制的比特码流，然后再将此比特码流按照目标信号的调制样式和调制参数进行再次调制，即可重建出来波信号上的调制信息函数 $\phi_{Mo}(t-\tau_c)$，由于是经过重建之后的信息函数，所以在函数波形的起始时间上，原来的调制信息与重建后的调制信息之间是有时间差异的，但是采用相关对齐的方法可消除这一时间上的差异，即将干涉仪通道输出的信号与重建的调制信息对应的信号进行滑动相关处理，搜索出相关峰所在位置，即可求出重建信息函数与原有调制函数之间的时间差 τ_c 如下：

$$\tau_c = \arg\max_{\tau} \left\| \int S_{Mo}^*(t) \exp\left\{ j\left[2\pi f_c(t-\tau) + \phi_{Mo}(t-\tau) \right] \right\} \mathrm{d}t \right\| \tag{3.51}$$

式中，$S_{Mo}(t)$ 表示干涉仪单元天线接收到的信号，上标*表示求共轭操作。在通过相关峰搜索得到时间差 τ_c 之后，便能实现重建后的调制信息函数与干涉仪通道输出信号上的调制信息函数在时间上基本对齐。时间上基本对齐的目的是为后续的调制去除做好准备。需要说明的是，在非超宽带的常规调制信号情况下，时间上的对齐误差对后续通道间信号的相位差求解处理的影响较小，所以对重建之后调制信息对应的基带信号 $S_{\text{Inf,b}}(t)$ 表示如下：

$$S_{\text{Inf,b}}(t) = \exp\left\{ \text{j}\left[\phi_{\text{Mo}}(t) + \phi_{\text{a}} \right] \right\} \tag{3.52}$$

式中，ϕ_{a} 为重建过程中附加的相位值。用 $S_{\text{Inf,b}}(t)$ 对干涉仪两个通道接收的信号进行共轭相乘去调制处理，于是去调制后的信号 $S_{\text{Af,1}}(t)$ 和 $S_{\text{Af,2}}(t)$ 分别为

$$
\begin{aligned}
S_{\text{Af,1}}(t) &= S_{\text{Mo,1}}(t) \cdot S_{\text{Inf,b}}^{*}(t) = A_{\text{c}} \exp\left\{ \text{j}\left[2\pi f_{\text{c}} t + \phi_{\text{Mo}}(t) + \phi_{\text{c}} \right] \right\} \exp\left\{ -\text{j}\left[\phi_{\text{Mo}}(t) + \phi_{\text{a}} \right] \right\} \\
&= A_{\text{c}} \exp\left[\text{j}(2\pi f_{\text{c}} t + \phi_{\text{c}} - \phi_{\text{a}}) \right]
\end{aligned}
\tag{3.53}
$$

$$
\begin{aligned}
S_{\text{Af,2}}(t) &= S_{\text{Mo,2}}(t) \cdot S_{\text{Inf,b}}^{*}(t) = A_{\text{c}} \exp\left\{ \text{j}\left[2\pi f_{\text{c}}(t - \tau_{\text{d}}) + \phi_{\text{Mo}}(t - \tau_{\text{d}}) + \phi_{\text{c}} \right] \right\} \exp\left\{ -\text{j}\left[\phi_{\text{Mo}}(t) + \phi_{\text{a}} \right] \right\} \\
&\approx A_{\text{c}} \exp\left\{ \text{j}(2\pi f_{\text{c}}(t - \tau_{\text{d}}) + \phi_{\text{c}} - \phi_{\text{a}}) \right\} = A_{\text{c}} \exp\left[\text{j}(2\pi f_{\text{c}} t - \phi_{\Delta} + \phi_{\text{c}} - \phi_{\text{a}}) \right]
\end{aligned}
$$

$$\tag{3.54}$$

对于非超宽带的调相信号来讲，电磁波等相位波前到达干涉仪两个单元天线之间的时间差 τ_{d} 非常短，在此条件下 $\phi_{\text{Mo}}(t - \tau_{\text{d}}) \approx \phi_{\text{Mo}}(t)$ 成立，于是才有式（3.54）的近似处理过程。也正因为如此，对于非超宽带调相信号的时域数字鉴相处理仍然采用 3.1.2 节中的流程，将两路信号搬移至基带之后共轭相乘，然后再按式（3.15）或式（3.16）进行累积处理，也可完成两路信号的相位差提取。

由式（3.53）和式（3.54）可知：经过去调制处理后的两个综合调相信号已经转变成了两个单频信号，即调制信号在一定程度上重新转换成了一个非调制的信号。于是去调制之后的单频信号 $S_{\text{Af,1}}(t)$ 的相位为 $\phi_{\text{c}} - \phi_{\text{a}}$，去调制之后的单频信号 $S_{\text{Af,2}}(t)$ 的相位为 $-\phi_{\Delta} + \phi_{\text{c}} - \phi_{\text{a}}$，二者之差即为干涉仪两个接收通道间信号的相位差 $\phi_{\Delta} = -2\pi f_{\text{c}} \tau_{\text{d}}$。

在上述去调制处理过程中没有改变信号的幅度信息，这意味着处理前后两个信号的功率并没有发生改变，仍然可使用 3.2.2 节的结论来评估相位差测量的精度。所以对于综合调相信号来讲，干涉仪通道间信号相位差测量误差的标准差 $\sigma_{\delta\phi_{\text{M}\Delta}}$ 同样与 $\sqrt{C/n_{\text{z}} \cdot \Delta T_{\text{M}}}$ 成反比例变化，仍然满足式（3.48）。

2. 干涉仪通道间信号相位差测量的理论精度分析

在不考虑外界干扰，只有接收噪声存在的情况下，干涉仪针对综合调相信号的通道间相位差测量误差的标准差 $\sigma_{\delta\phi_{\text{M}\Delta}}$ 完全由 $\sqrt{C/n_{0} \cdot \Delta T_{\text{M}}}$ 来决定，其中 n_{0} 为单位带宽内的噪声功率。载波信号功率 C 与测量时间 ΔT_{M} 的乘积则等于被测信号在测量时段内的能量 $E_{\text{s}} = C \cdot \Delta T_{\text{M}}$。于是一个更加普遍的结论是：一般情况下干涉仪通道间信号的相位差测量的理论精度由相位差测量误差的标准差 $\sigma_{\delta\phi_{\text{M}\Delta}}$（单位：rad）来度量，且 $\sigma_{\delta\phi_{\text{M}\Delta}}$ 与信号能量信噪比的平方根成反比例，如式（3.55）所示：

$$\sigma_{\delta\phi_{\text{M}\Delta}} = \frac{1}{\sqrt{E_{\text{s}} / n_{0}}} \tag{3.55}$$

在传统的雷达对抗侦察文献中，干涉仪对单频雷达脉冲信号的接收通道间信号的相位差测量误差的标准差 $\sigma_{\text{e,d,P}}$（单位：rad）的计算公式如式（3.56）所示：

$$\sigma_{\text{e,d,P}} = \frac{1}{\sqrt{S_{\text{P}} / N_{\text{P}}}} \tag{3.56}$$

式中，S_P 表示单频雷达脉冲信号的功率，N_P 表示该脉冲信号所在带宽内的噪声功率。式（3.56）意味着：干涉仪对单频雷达脉冲信号测向时，干涉仪两个通道间信号的相位差测量误差的标准差与信号带内功率信噪比 $S/N|_{\text{within}} = S_P/N_P$ 的平方根成反比例。实际上在常规单频雷达脉冲信号条件下有下式成立：

$$E_s = S_P \cdot T_s \tag{3.57}$$

$$N_P = B_s \cdot n_0 \tag{3.58}$$

式中，T_s 表示脉冲信号的脉宽，B_s 表示脉冲信号的频域带宽，对于单频脉冲来讲，$T_s \cdot B_s \approx 1$，所以将式（3.57）和式（3.58）代入式（3.56）可得：

$$\sigma_{\text{e,d,P}} = \frac{1}{\sqrt{S_P/N_P}} = \frac{1}{\sqrt{(E_s/T_s)/(B_s \cdot n_0)}} \approx \frac{1}{\sqrt{E_s/n_0}} = \sigma_{\delta\phi_{M\Delta}} \tag{3.59}$$

由此可见：式（3.55）向下兼容式（3.56），同时也兼容式（3.48），更具普适性。而且已经从理论与仿真上证明：对于单载波信号与综合调相信号来讲，干涉仪通道间信号的相位差测量精度都满足式（3.55），但是对于存在幅度调制的信号，甚至是调幅调频调相的综合调制信号，干涉仪通道间信号的相位差测量精度是否仍然满足式（3.55）呢？接下来将采用匹配滤波理论来进行证明：式（3.55）从普遍意义下表示了干涉仪通道间信号相位差测量所能达到的理论精度值。

3.2.4　利用匹配滤波理论解释干涉仪相位差测量精度计算公式

如前节所述，一个调频函数可通过积分运算转化为一个调相函数，所以对于最普遍的信号调制模型可以同时考虑调相与调幅两个方面，即广义幅相调制信号。如果干涉仪通道间信号的相位差测量精度计算公式（3.55）对广义幅相调制信号仍然成立，那么其普适性就能够得以证明了。

3.2.4.1　普遍意义下干涉仪通道间信号相位差测量精度分析

1. 单个幅相调制信号的相位估计误差

在数字通信中幅相调制信号应用比较广泛，除了大家熟知的正交幅度调制（Quadrature Amplitude Modulation，QAM）信号之外，在 4G 与 5G 移动通信中普遍采用的正交频分复用（Orthogonal Frequency Division Multiplex，OFDM）信号也是典型的幅相调制信号。单个幅相调制信号 $S_{\phi,A}(t)$ 的解析信号形式可表示为

$$S_{\phi,A}(t) = A_{\text{Mo}}(t) \cdot \exp\left\{ j\left[2\pi f_c t + \phi_{\text{Mo}}(t) + \phi_c \right] \right\} \tag{3.60}$$

式中，$A_{\text{Mo}}(t)$ 表示信号的幅度调制信息，$\phi_{\text{Mo}}(t)$ 表示频率相位综合调制信息，ϕ_c 表示该信号在参考点处的初相。于是干涉仪的一个接收通道中接收到的信号 $S_{c_n,1}(t)$ 记为

$$S_{c_n,1}(t) = S_{\phi,A}(t) + n_{c1}(t) + j \cdot n_{s1}(t) \tag{3.61}$$

式中，$n_{c1}(t)$ 和 $n_{s1}(t)$ 分别表示均值为 0，单位带宽内方差为 $n_0/2$ 的高斯白噪声随机信号。假设通过信号侦察处理已经获知了该信号的载频 f_c、$\phi_{\text{Mo}}(t)$ 与 $A_{\text{Mo}}(t)$，于是采取匹配滤波方式来对幅相调制信号的相位 ϕ_c 进行估计，所构造的滤波函数 $S_{\text{m,F}}(t)$ 表示为

$$S_{\text{m,F}}(t) = A_{\text{Mo}}(T_M - t) \cdot \exp\left\{ -j\left[2\pi f_c(T_M - t) + \phi_{\text{Mo}}(T_M - t) \right] \right\} \tag{3.62}$$

式中，T_M 表示匹配滤波输出的判决时刻点。经过匹配滤波之后在 T_M 时刻的输出 R_{out} 为

$$R_{\text{out}} = \sqrt{E_s} \exp(j\phi_c) + N_n \tag{3.63}$$

式中，E_s 表示匹配滤波时段内该信号的能量，N_n 表示噪声分量。根据匹配滤波的性质，在 T_M 时刻信号分量的能量与噪声分量在单位带宽内的能量之比能达到最大值 E_s/n_0。于是信号的相位估计过程可由如图 3.13 所示的信号矢量与噪声矢量来表示，实际上，图 3.13 与前述的频域数字鉴相过程中的各个矢量叠加显示的图 3.9 是相似的。

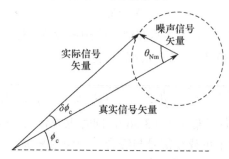

图 3.13　基于匹配滤波的相位估计过程中的信号矢量与噪声矢量

由图 3.13 可见，在信号能量信噪比相对较大的条件下，相位估计误差 $\delta\phi_c$ 的方差 $\sigma_{\delta\phi_c}^2$ 如式（3.64）所示：

$$\sigma_{\delta\phi_c}^2 \approx \int_0^{2\pi} \int_0^{\infty} \frac{X^2 \sin^2\theta_{\text{Nm}} \cdot \text{pdf}_N(X,\theta_{\text{Nm}})}{E_s} \, dX d\theta_{\text{Nm}} \tag{3.64}$$

式中，X 表示噪声矢量的模值，服从瑞利分布；θ_{Nm} 表示噪声矢量相对于真实信号矢量的相位角度，在 $[0,2\pi)$ 范围内满足均匀分布；$\text{pdf}_N(X,\theta_{\text{Nm}})$ 表示 X 与 θ_{Nm} 的联合概率密度函数。由于 X 与 θ_{Nm} 相互独立，于是式（3.64）可表示为

$$\sigma_{\delta\phi_c}^2 = \frac{1}{E_s} \int_0^{2\pi} \frac{\sin^2\theta_{\text{Nm}}}{2\pi} d\theta_{\text{Nm}} \int_0^{\infty} X^2 p_R(X) dX = \frac{n_0}{2E_s} = \frac{1}{2E_s/n_0} \tag{3.65}$$

式中，$p_R(X) = \dfrac{X}{\sigma_X^2} \exp\left(-\dfrac{X^2}{2\sigma_X^2}\right)$ 为瑞利分布概率密度函数，且 $\sigma_X^2 = n_0/2$。于是由此可推导得到单个幅相调制信号的相位估计误差的标准差 $\sigma_{\delta\phi_c}$ 如式（3.66）所示：

$$\sigma_{\delta\phi_c} = \frac{1}{\sqrt{2E_s/n_0}} \tag{3.66}$$

2. 两个幅相调制信号的相位差的估计误差

记干涉仪测向中两个通道所接收到的幅相调制信号分别为 $S_{c_n,1}(t)$ 和 $S_{c_n,2}(t)$：

$$S_{c_n,1}(t) = A_{\text{Mo}}(t) \cdot \exp\{j[2\pi f_c t + \phi_{\text{Mo}}(t) + \phi_c]\} + n_{c,1}(t) + j \cdot n_{s,1}(t) \tag{3.67}$$

$$S_{c_n,2}(t) = A_{\text{Mo}}(t) \cdot \exp\{j[2\pi f_c t + \phi_{\text{Mo}}(t) + \phi_c + \phi_\Delta]\} + n_{c,2}(t) + j \cdot n_{s,2}(t) \tag{3.68}$$

式中，ϕ_Δ 表示两个通道间的信号相位差。利用前述结果，通过匹配滤波的方法分别对两个通道所接收到的信号的相位进行估计，相位估计值分别为

$$\phi_{\text{Mc1}} = \phi_c + \phi_{n1} \tag{3.69}$$

$$\phi_{\text{Mc2}} = \phi_c + \phi_\Delta + \phi_{n2} \tag{3.70}$$

式中，ϕ_{n1} 和 ϕ_{n2} 分别是噪声引入的相位估计误差。于是干涉仪通道间信号的相位差即可由

式（3.71）估计：

$$\phi_{M\Delta}=\phi_{Mc2}-\phi_{Mc1} \tag{3.71}$$

一般情况下，干涉仪两个接收通道中的噪声相互独立，所以式（3.71）估计值的误差的标准差$\sigma_{\delta\phi_{M\Delta}}$如式（3.72）所示：

$$\sigma_{\delta\phi_{M\Delta}}=\sqrt{2}\cdot\sigma_{\delta\phi_c}=\frac{1}{\sqrt{E_s/n_0}} \tag{3.72}$$

由式（3.72）可知：干涉仪通道间信号的相位差测量误差的标准差与信号能量信噪比的平方根成反比例。实际上，3.2.3节中所述的采用去调制的方法从本质上讲也是一种匹配滤波方法，只是没有考虑幅度因素而已。于是这就从理论上证明了式（3.55）所示的干涉仪通道间信号的相位差测量误差的标准差计算公式不受信号调制方式的影响，具有更广的普适性，对所有信号均适用。

3.2.4.2 仿真验证

本节从常规单频信号、相位调制信号和幅相调制信号这几类不同信号的干涉仪通道间信号的相位差测量来对前面理论分析结果进行示例性仿真，同时通过多脉冲积累的仿真来展示前述相位差测量精度计算公式的普适性[13]。仿真中采样率均设置为1000MHz，采用复信号，所添加的噪声也为复数形式的高斯白噪声，且噪声功率谱密度设置为单位1，目标信号到达干涉仪后，在两个接收通道间引入的信号相位差真实值均设置为π/9。

1. 常规单频信号的相位差测量

信号时长2μs，载波频率为180MHz，在不同的信号带内功率信噪比及信号能量信噪比条件下，双信号之间的相位差测量误差的标准差仿真值与理论值曲线如图3.14所示。

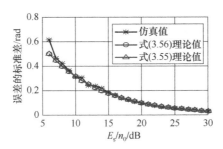

图3.14 常规单频信号相位差测量误差的标准差随信号能量信噪比的变化

由图3.14可见，新的计算结果与传统计算结果是一致的，体现了新的计算公式（3.55）对传统计算公式（3.56）的向下兼容性；另外，理论曲线与仿真曲线基本重合，同时也说明了前述理论分析的正确性。

2. 相位调制信号的相位差测量

在此分别以两种具有代表性的相位调制信号为例进行仿真：第一种是13位巴克码二相编码脉冲信号，载波频率为160MHz，脉宽6.5μs，每个子码片时长0.5μs；第二种是线性调频（Linear Frequency Modulation，LFM）信号，调频起始频率为120MHz，调频斜率为2MHz/μs，脉宽6μs，如前所述，调频信号实际上属于一种特殊的调相信号，所以在此将其归并到相位调制这类信号中一起仿真。上述两种信号在不同的信号能量信噪比条件下，双信号之间的相位差测量误差的标准差仿真值与理论值曲线分别如图 3.15(a)和图 3.15(b)所示，调相信号的相位差测量采用去调制方法仿真，如前所述，去调制的方法本质上也是一种匹配滤波的方法。

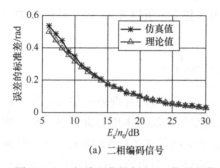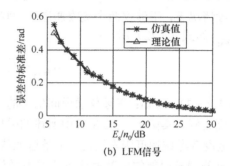

(a) 二相编码信号　　　　　　　　　　　　　(b) LFM信号

图 3.15　二相编码信号与 LFM 信号相位差测量误差的标准差随信号能量信噪比的变化

由图 3.15 可知，理论曲线与仿真曲线基本重合。

3. 幅相调制信号的相位差测量

在此分别以两种具有代表性的幅相调制信号为例进行仿真：第一种是 16QAM 信号，载波频率为 150MHz，符号速率为 5Msps，时长 10μs；第二种是 OFDM 信号，载波中心频率为 200MHz，子载波个数为 101 个，子载波间隔为 100kHz，单个 OFDM 符号时长 10μs，循环前缀时长 1.5μs，OFDM 符号个数为两个。上述两种信号在不同的信号能量信噪比条件下，双信号之间的相位差测量误差的标准差仿真值与理论值的曲线分别如图 3.16(a)与图 3.16(b)所示，幅相调制信号的相位差测量采用匹配滤波方法来仿真。

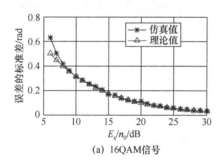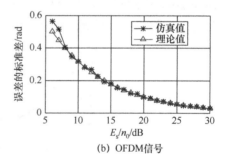

(a) 16QAM信号　　　　　　　　　　　　　(b) OFDM信号

图 3.16　16QAM 信号与 OFDM 信号相位差测量误差的标准差随信号能量信噪比的变化

由图 3.16 可知，理论曲线与仿真曲线基本重合。

4. 多脉冲积累的相位差测量

同样采用脉宽为 2μs、载波频率为 180MHz 的常规单频脉冲，脉冲的重复周期为 100μs，连续截获 10 个脉冲，对这 10 个脉冲组成的脉冲串一起进行相位差测量。在不同的信号能量信噪比条件下，脉冲串信号之间的相位差测量误差的标准差仿真值与理论值曲线如图 3.17 所示，在仿真过程中信号能量按照整个脉冲串的总能量来计算，这也体现了信号积累效应。

由图 3.17 可知，理论曲线与仿真曲线基本重合，说明了理论计算公式（3.55）对信号积累同样适用。在上述仿真过程中，均是在信号的能量信噪比 E_s/n_0 不低于 6dB 的条件下进行的比较；如果 E_s/n_0 低于 6dB，理论推导过程中所引入的一些近似处理就会造成模型误差的增大，特别是在更低的 E_s/n_0 的情况下，部分模型条件就会失效，从而造成门限效应，这一现象在传统理论模型中同样存在，所以需要注意干涉仪通道间信号的相位差测量精度计算式的应用边界条件。另外，从上述仿真结果也可以看出，如果采用传统的式（3.56）所示的信号带内功率信噪比来进行相位差测量精度的计算，对于调相信号与幅相调制信号来讲，其理论结果与实际仿真结果是有较大差异的，这也说明了采用式（3.55）所示的能量信噪比来计算干涉仪接收通道间信号相位差测量误差的标准差的有效性和正确性。

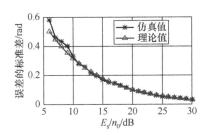

图 3.17　脉冲串信号相位差测量误差的标准差随信号能量信噪比的变化

3.3　特殊场景下的干涉仪测向与通道间信号的相位差测量

3.3.1　对带内功率信噪比为负分贝数的数字调相信号的干涉仪测向

从理论上讲，即使在信号的带内功率信噪比 $S/N|_{\text{within}}$ 为负分贝数的情况下，按照 3.2.1 节中给出的信号的带内功率信噪比 $S/N|_{\text{within}}$ 与能量信噪比 E_{s}/n_0 之间关系式（3.41），只要信号的持续时间 ΔT 足够长，总能使得信号的能量信噪比 E_{s}/n_0 增长到足够大而获得 E_{s}/n_0 的正分贝数的取值。在此条件下，根据 3.2.3 节中给出的普遍意义下干涉仪通道间信号的相位差测量精度计算式（3.55），足够大的 E_{s}/n_0 取值也能确保干涉仪通道间信号的相位差测量误差的标准差 $\sigma_{\delta\phi_{\text{M}\Delta}}$ 足够小，在此基础上便能完成干涉仪测向解算。但是理论与现实之间的匹配并不是完美的，正如香农信道容量公式给出了通信信道传输所能达到的理论极限值，但香农公式并没有指出达到此理论极限的通用方法。同样，式（3.55）给出了干涉仪通道间信号的相位差测量误差的标准差的理论极限值，但也没有指出如何达到该极限取值的通用实现方法。由于在带内功率信噪比为负分贝数的条件下，目标信号在某些应用中很难重建；没有准确重建的目标信号就难以通过去调制而将一个有一定带宽的信号转化成一个单载波信号，同样也难以实现匹配滤波处理。尽管如此，在一定的应用边界条件下该问题能够在一定程度上得以解决，这就是本节要讨论的针对数字调相信号在其信号带内功率信噪比 $S/N|_{\text{within}}$ 为负分贝数的情况下实现干涉仪测向[14]。

3.3.1.1　通过高次载频恢复来提取数字调相信号的相位差

当目标信号为数字调相信号，且非超宽带调制时，到达干涉仪两个单元天线的信号可分别近似表示为：

$$S_{\text{PSK},1}(t) = A_{\text{c}}\sin\left[2\pi f_{\text{c}}t + \beta_{\text{Mo}}(t) + \phi_{\text{c}}\right] + n_{\text{pc1},1}(t) \tag{3.73}$$

$$S_{\text{PSK},2}(t) = A_{\text{c}}\sin\left[2\pi f_{\text{c}}t + \beta_{\text{Mo}}(t) + \phi_{\Delta} + \phi_{\text{c}}\right] + n_{\text{pc2},1}(t) \tag{3.74}$$

式中，$\beta_{\mathrm{Mo}}(t)=2\pi\dfrac{d_{\mathrm{Mo}}(t)}{M_{\mathrm{s}}}$ 表示相位调制函数，$M_{\mathrm{s}}=2^{k}$，$k=1,2,3,\cdots$ 表示数字调相信号的调制

阶数，$d_{\mathrm{Mo}}(t)\in\{0,1,2,\cdots,M_{\mathrm{s}}-1\}$ 表示信号上承载的数字调制符号，常见的数字相信号有：BPSK、QPSK、8PSK 等；$n_{\mathrm{pc1,1}}(t)$ 与 $n_{\mathrm{pc2,1}}(t)$ 是接收通道内的噪声信号。

在电子对抗侦察中对截获的信号进行参数分析与调制样式识别之后，可获得目标信号的准确调制参数。在此基础上对截获的信号连续进行 k 次跟踪滤波与平方操作处理来实施数字调相信号高次载频分量的恢复。此处跟踪滤波的含义是滤波器的中心频率要跟随平方操作后信号高次载频的变化而变化，而滤波器的带宽取为原信号所占带宽，这样做的目的是减少逐级平方过程中噪声的影响。

以 BPSK 信号为例，干涉仪两个单元天线接收到的信号先经过所在带内的滤波处理之后进行平方运算，然后在二倍载频处再次滤波，其结果为

$$S_{\mathrm{PSK,1S2}}(t)=-\frac{A_{\mathrm{c}}^{2}}{2}\cos\left[2\pi(2f_{\mathrm{c}})t+2\phi_{\mathrm{c}}\right]+n_{\mathrm{pc1,2}}(t) \tag{3.75}$$

$$S_{\mathrm{PSK,2S2}}(t)=-\frac{A_{\mathrm{c}}^{2}}{2}\cos\left[2\pi(2f_{\mathrm{c}})t+2\phi_{\Delta}+2\phi_{\mathrm{c}}\right]+n_{\mathrm{pc2,2}}(t) \tag{3.76}$$

式中，$n_{\mathrm{pc1,2}}(t)$ 和 $n_{\mathrm{pc2,2}}(t)$ 为平方操作过程中所产生的综合噪声信号。式（3.73）与式（3.74）所示的信号在跟踪滤波后的平方操作会产生 3 类信号：第 1 类是信号与信号相乘的乘积项；第 2 类是信号与噪声的交叉乘积项；第 3 类是噪声与噪声相乘的乘积项；其中后续两项都会产生综合噪声，而第 1 类乘积项在经过滤波之后的结果如下：

$$\begin{aligned}
&\mathrm{Filter}_{\mathrm{F}}\left\{A_{\mathrm{c}}^{2}\sin^{2}\left[2\pi f_{\mathrm{c}}t+\beta_{\mathrm{Mo}}(t)+\phi_{\mathrm{c}}\right]\right\}\\
&=\mathrm{Filter}_{\mathrm{F}}\left(A_{\mathrm{c}}^{2}\left\{1-\cos\left[2\pi(2f_{\mathrm{c}})t+2\beta_{\mathrm{Mo}}(t)+2\phi_{\mathrm{c}}\right]\right\}\big/2\right)\\
&=-A_{\mathrm{c}}^{2}\cos\left[2\pi(2f_{\mathrm{c}})t+2\beta_{\mathrm{Mo}}(t)+2\phi_{\mathrm{c}}\right]\big/2=-A_{\mathrm{c}}^{2}\cos\left[2\pi(2f_{\mathrm{c}})t+2\phi_{\mathrm{c}}\right]\big/2
\end{aligned} \tag{3.77}$$

式中，$\mathrm{Filter}_{\mathrm{F}}(\bullet)$ 为跟踪滤波算子。由上可知，通过平方运算与跟踪滤波操作 BPSK 信号在相位上的调制信息被去除，因为对于 BPSK 信号来讲：$2\beta_{\mathrm{Mo}}(t)=2m\pi$，$m$ 为整数，信号的二次载波 $2f_{\mathrm{c}}$ 得以恢复。虽然原信号是一个带内功率信噪比为负分贝数的信号，但是在经过上述处理之后信号调制的影响被去除，信号能量在频域的分布也能够得以相对集中，所以在频域中二倍载波频率处的单载频信号分量对应的信噪比有所提高，于是能够对这个二倍载频信号的通道间相位差 $2\phi_{\Delta}$ 进行提取。

对于 QPSK 信号，在 f_{c} 频率处的信号频带内滤波之后进行平方变换，接着在 $2f_{\mathrm{c}}$ 频率处的信号带宽内再次跟踪滤波后进行平方变换，同样能够去除信号载波相位上的调制信息，使得 $4\beta_{\mathrm{Mo}}(t)=2m\pi$，恢复出信号的四倍载频分量 $4f_{\mathrm{c}}$。同理，对于其他调制阶数的 MPSK 信号按照上述非线性变换处理流程，都能够实现对其 $M_{\mathrm{s}}=2^{k}$ 倍载波频率处信号分量的恢复。

如前所述，对 BPSK 信号实施跟踪滤波与平方操作之后，二倍载频信号已得到恢复，所以此时能够利用频域数字鉴相方法直接在信号的二倍载频所在谱线位置处获式（3.75）和式（3.76）所表示信号的相位值分别为：$2\phi_{\mathrm{c}}+\phi_{\mathrm{n,1}}$ 和 $2\phi_{\Delta}+2\phi_{\mathrm{c}}+\phi_{\mathrm{n,2}}$，其中 $\phi_{\mathrm{n,1}}$ 和 $\phi_{\mathrm{n,2}}$ 分别表示噪声引入的相位分量。于是通过上述两个相位值之差便可求出 BPSK 信号经过非线性变换后干涉仪通道间信号的相位差测量值约为 $2\phi_{\Delta}$。同理，对于 QPSK 信号，非线性变换后相位差测量值将约为 $4\phi_{\Delta}$；对于 MPSK 信号，非线性变换后相位差测量值将约为 $M_{\mathrm{s}}\phi_{\Delta}$。于是该信号原始的

通道间信号的相位差测量值 $\phi_{M\Delta}$ 由式（3.78）求解：

$$\phi_{M\Delta} = \left\{ \text{angle}_{[-\pi,\pi)}\left[S_{F,2SM}\left(M_s f_c \right) \right] - \text{angle}_{[-\pi,\pi)}\left[S_{F,1SM}\left(M_s f_c \right) \right] \right\} / M_s \qquad (3.78)$$

式中，$\text{angle}_{[-\pi,\pi)}(\bullet)$ 为求取一个复数的辐角并将其转换到 $[-\pi,\pi)$ 范围的函数，$S_{F,2SM}\left(M_s f_c \right)$ 和 $S_{F,1SM}\left(M_s f_c \right)$ 分别表示两个信号在 k 次跟踪滤波与平方变换后频率 $M_s f_c$ 处的频域分量。将式（3.78）求解出的相位差测量值 $\phi_{M\Delta}$ 代入干涉仪测向公式，便可求出信号的来波方向 θ_{AOA}。

从上述方法流程可知：由于非线性变换过程中存在相位差由原来的 ϕ_Δ 变为 $M_s\phi_\Delta$ 的现象，所以在实际应用中的干涉仪基线设计时，就需要将这一因素事先考虑进去，以满足多基线干涉仪相位差解模糊的条件。另外，由于相位 $M_s\phi_\Delta$ 同样存在以 2π 为周期的模糊性，所以在解模糊方面也需要特别处理。关于相位差解模糊的相关内容可参见本书第 2 章，在此不再重复阐述。

3.3.1.2　一般性推广分析与仿真验证

1．可达精度与一般性推广分析

一般条件下干涉仪通道间信号的相位差测量的精度由式（3.55）计算，但是在对带内功率信噪比为负分贝数的信号实施了非线性变换之后，式（3.55）中信号能量信噪比 E_s / n_0 就不再是原信号的能量信噪比，而应是实施变换之后在 $M_s f_c$ 载频处信号分量对应的 E_s / n_0 值。因为此时新产生的高次载频信号的功率与附加产生新的噪声功率的数值都发生了改变，所以在实际测量精度的计算中，这一数值需要取为在频域实际测量 $M_s f_c$ 载频处信号分量对应的 $(E_s / n_0)_{M,P}$ 值。在此基础上还要考虑到最后求出相位差 ϕ_Δ 时，要以数字调相信号的调制参数 M_s 为除数进行除法运算所带来的尺度变化。

前面针对 MPSK 信号的特点，利用 k 次跟踪滤波与平方操作，去除了 MPSK 信号的调制信息，使得带内功率信噪比为负分贝数的 MPSK 信号在 $M_s=2^k$ 倍载频处的信号功率得以相对集中，在此局部频谱区域内转化成了一个能量信噪比为正分贝数的信号，从而实现了干涉仪通道间的信号相位差的有效提取。按照上述思想，凡是具有可恢复高次载频分量的信号，都可以通过各种形式的非线性变换，将信号功率向可恢复的高次载频分量进行转化，将原来带内功率信噪比为负分贝数的信号转化为一个局部频谱区域内信号分量的能量信噪比为正分贝数的信号，然后利用此分量来进行干涉仪通道间信号的相位差提取和来波方向测量。例如，8APSK 信号虽然是一个幅相正交调制信号，但是通过两次跟踪滤波与平方变换，同样能够对 8APSK 信号的四次载频分量进行恢复。按上述方法也能够对带内功率信噪比为负分贝数的 8APSK 信号进行干涉仪测向。

2．仿真验证

（1）仿真条件：干涉仪两个单元天线之间的距离为 0.6m，被测信号来自 $\theta_{AOA}=30°$ 方向，信号载波频率为 250MHz，符号速率为 10Msps，采用滚降系数为 0.25 的升余弦滤波器进行符号脉冲成形，采样率为 4GHz。上述测向场景常见于电磁频谱监测等应用中，由此典型条件得到的结果也可扩展应用于其他情况。由上可知，干涉仪的两接收通道间信号的相位差理论值为 $\pi/2$。信号的调制样式为 BPSK，带内功率信噪比约为 -6dB，干涉仪中一个单元天线输出的信号频域幅度谱与相位谱分别如图 3.18(a)和(b)所示。

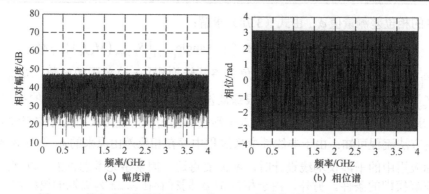

图 3.18　带内功率信噪比为−6dB 的 BPSK 信号的频域幅度谱与相位谱

由图 3.18 可见，−6dB 信噪比条件下 BPSK 信号在频域的相位谱几乎完全被噪声所影响，无法实施信号相位信息的提取，不能采用传统的干涉仪频域数字鉴相流程来计算通道间信号的相位差。按照前述方法，在跟踪滤波与平方变换之后，信号的二倍载频处的频域幅度谱如图 3.19 所示。

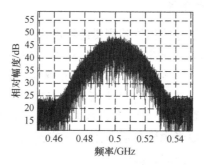

图 3.19　带内功率信噪比为−6dB 的 BPSK 信号非线性变换后的频域幅度谱

由图 3.19 可见，二倍载频处的信号分量比较明显，将干涉仪两个通道的信号均按上述处理，在此二倍载频处进行通道间信号的相位差测量，结果为 3.24rad，由于是经过二次方变换的，需要除以 2 之后才能得到最终的相位差为 1.62rad，与理论值相差 0.05rad，按照干涉仪测向计算公式可求出信号来波方向为 31°，对应的测向误差为 1°。

（2）仿真条件：在前述仿真的基础上，将信号的调制样式改变为 8APSK，信号带内功率 SNR 约为−1dB，其他条件保持不变。干涉仪中一个单元天线输出的信号频域幅度谱与相位谱分别如图 3.20(a)和(b)所示。从图 3.20 的幅度谱中隐约可见信号与噪声基底叠加在一起的情况，

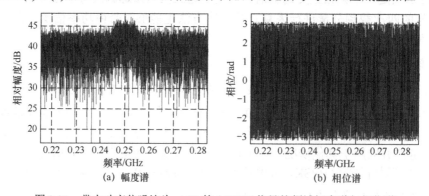

图 3.20　带内功率信噪比为−1dB 的 8APSK 信号的频域幅度谱与相位谱

但是在频域相位谱中，由于噪声的影响，也不能得到准确的相位信息。按照前述方法，在两次跟踪滤波与平方变换之后，在信号的四倍载频处的频域幅度谱如图 3.21 所示。

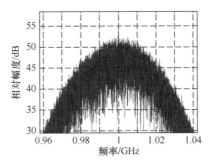

图 3.21　带内功率信噪比为−1dB 的 8APSK 信号非线性变换后的频域幅度谱

由图 3.21 可见，叮观察到 8APSK 信号的四倍载频分量，按照上述流程求得通道间的最终相位差为 1.74rad，与理论值相差 0.17rad，按照干涉仪测向计算公式可求出信号来波方向为 33.6°，对应的测向误差为 3.6°。由此可见，上述方法不仅适用于数字调相信号，也适用于其他能够通过非线性变换进行高次载频分量恢复的信号。

3.3.2　非对称干涉仪测向及相位差测量精度分析

在此需要解释一下，"非对称干涉仪"这个称呼其实来源于工程应用，是一种习惯性用语，与其相对的一个词是"对称干涉仪"，而"对称干涉仪"一词又非常容易被误解为"均匀圆阵干涉仪"，因为均匀圆阵干涉仪的单元天线布局具有对称特性。实际上在本节中是借用"对称"一词来描述干涉仪的同频段天线的统一性特征，并在此基础上进行如下定义：在传统的干涉仪测向应用中，在同一工作频段内所有单元天线都是相同的，称此类干涉仪为"对称干涉仪"；如果在同一工作频段内采用不同形式的单元天线来构建干涉仪并实施测向，则称此类干涉仪为"非对称干涉仪"。虽然非对称干涉仪在实际工程中应用极少，但是在某些特殊场合下非对称干涉仪也会发挥较好的测向作用[15]。

1.　非对称干涉仪的组成

一个简单的非对称单基线干涉仪测向应用场景如图 3.22 所示，图中单元天线 1 为高增益定向天线，而单元天线 2 为全向天线，由两个完全不同的单元天线组成一个干涉仪对辐射源信号进行测向。显然在这个非对称干涉仪测向应用中尽管目标信号来自同一个方向，但两个干涉仪单元天线在同一个方向上的增益不同，这就会导致非对称干涉仪的不同接收通道中信号电平各不相同，使得最终接收信号的信噪比出现差异。

在本章前面几节中对干涉仪通道间信号的相位差测量精度进行计算时，由于是对称干涉仪，每个接收通道中目标信号的信噪比都是相同的，所以式（3.55）中相位差测量误差的标准差也是由相同的能量信噪比决定的。但是对于非对称干涉仪而言，不同接收通道中目标信号的能量信噪比不同，而后续的相位差测量需要针对这两个具有信噪比强弱差异的信号来进行处理。在此条件下，如何应用式（3.55）来估计相位差测量误差的标准差？计算式中信号能量信噪比 E_s/n_0 参数又如何取值？这是需要首先回答的问题。

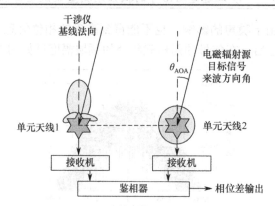

图 3.22　非对称单基线干涉仪测向应用场景

2. 单信号相位参数测量精度与双信号相位差参数测量精度之间的关系

实际上这一问题在 3.2 节中也涉及过,不过在此更加深入地展开分析。假设分别对两个单信号进行相位参数的测量,第一个单信号的相位测量误差的标准差记为 $\sigma_{\phi,1}$,第二个单信号的相位测量误差的标准差记为 $\sigma_{\phi,2}$,将这两个单信号测量出的相位值相减即可得到双信号的相位差参数测量结果,在二者误差因素相互独立时,该双信号相位差参数测量误差的标准差 $\sigma_{\Delta\phi,\mathrm{d}}$ 与两个单信号相位参数测量误差的标准差 $\sigma_{\phi,1}$ 和 $\sigma_{\phi,2}$ 之间存在如下关系式:

$$\sigma_{\Delta\phi,\mathrm{d}}^2 = \sigma_{\phi,1}^2 + \sigma_{\phi,2}^2 \tag{3.79}$$

如果侦察接收过程中这两个单信号的能量 $E_{\mathrm{s}1}$ 和 $E_{\mathrm{s}2}$ 相等,即

$$E_{\mathrm{s}1} = E_{\mathrm{s}2} \tag{3.80}$$

根据前节的分析结论,有式(3.81)成立:

$$\sigma_{\phi,1} = \sigma_{\phi,2} \tag{3.81}$$

于是由式(3.79)与式(3.81)可得:

$$\sigma_{\Delta\phi,\mathrm{d}} = \sqrt{2}\,\sigma_{\phi,1} = \sqrt{2}\,\sigma_{\phi,2} \tag{3.82}$$

在此基础上可得单信号相位参数测量误差的标准差由式(3.83)所示:

$$\sigma_{\phi,1} = \frac{1}{\sqrt{2E_{\mathrm{s}1}/n_0}}, \quad \sigma_{\phi,2} = \frac{1}{\sqrt{2E_{\mathrm{s}2}/n_0}} \tag{3.83}$$

3. 信噪比强弱差异双信号的相位差参数测量精度的计算及特性分析

如果进行相位差参数测量的两个信号的能量不同,即 $E_{\mathrm{s}1} \neq E_{\mathrm{s}2}$,于是由式(3.79)和式(3.83)可推导得到信噪比强弱差异双信号的相位差参数测量误差的标准差 $\sigma_{\Delta\phi,\mathrm{d,new}}$ 满足式(3.84):

$$\sigma_{\Delta\phi,\mathrm{d,new}}^2 = \frac{1}{2}\left(\frac{1}{E_{\mathrm{s}1}/n_0} + \frac{1}{E_{\mathrm{s}2}/n_0}\right) \tag{3.84}$$

为了计算上的形式化统一,定义一个新的双信号综合能量信噪比 E_{syn}/n_0 如下:

$$\frac{1}{E_{\mathrm{syn}}/n_0} = \frac{1}{E_{\mathrm{s}1}/n_0} + \frac{1}{E_{\mathrm{s}2}/n_0} \tag{3.85}$$

将式(3.85)代入式(3.84)化简后可得:

$$\sigma_{\Delta\phi,\mathrm{d},\mathrm{new}}=\frac{1}{\sqrt{2\,E_{\mathrm{syn}}/n_0}} \tag{3.86}$$

如果这两个信号的能量是相同的，即 $E_{\mathrm{s}1}=E_{\mathrm{s}2}$ 时，由式（3.85）可求解得到：$E_{\mathrm{syn}}=E_{\mathrm{s}1}/2=E_{\mathrm{s}2}/2$，将此关系式代入式（3.86），即可推导得到式（3.55）。由此可见，此处所推导出的信噪比强弱差异双信号相位差参数测量精度的计算公式是向下兼容的。由式（3.85）可知，综合能量信噪比 E_{syn}/n_0 与两个单信号能量信噪比 $E_{\mathrm{s}1}/n_0$ 和 $E_{\mathrm{s}2}/n_0$ 之间的关系同电路原理中的两个电阻并联之后的综合电阻值计算关系式完全一样，如图 3.23 所示。

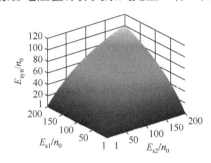

图 3.23　综合能量信噪比与各个单信号能量信噪比的关系

由图 3.23 与式（3.85）可知：如果两个单信号之间的信噪比差异特别大，例如 $E_{\mathrm{s}2}\gg E_{\mathrm{s}1}$，当 $E_{\mathrm{s}2}\to+\infty$ 时，由式（3.85）可得：

$$\lim_{E_{\mathrm{s}2}>E_{\mathrm{s}1},E_{\mathrm{s}2}\to+\infty}E_{\mathrm{syn}}=E_{\mathrm{s}1}=\min\{E_{\mathrm{s}1},E_{\mathrm{s}2}\} \tag{3.87}$$

可见，双信号所形成的综合能量信噪比的上限受限于两个信号中低能量信噪比的信号。将式（3.87）代入式（3.86）可得相位差测量误差的标准差的极限值如下：

$$\sigma_{\Delta\phi,\mathrm{d},\mathrm{new},\mathrm{lim}}=\frac{1}{\sqrt{2\,E_{\mathrm{s}1}/n_0}} \tag{3.88}$$

通过对比可知：在信噪比强弱差异双信号的相位差参数测量过程中，即使将其中一个信号的能量信噪比提升至无穷大，测量误差的标准差也只能降低为原有相同信噪比时测量误差的标准差的 $1/\sqrt{2}$ 倍。这一特性说明：在非对称干涉仪测向应用中相位差测量误差的标准差的减小程度受限于两个信号中能量信噪比低的一个信号；而且通过其中一个信号能量信噪比的增加来提升相位差参数的测量精度是比较受限的，误差减小存在一个较高的比例下限。所以在工程应用中需要结合实际效费比因素来评估对其中一个信号实施信噪比提升的必要性和提升程度，做好利弊权衡。

4. 仿真验证

在如图 3.22 所示的非对称干涉仪测向应用场景中，单基线干涉仪的基线长度为 0.5m，对一个来波方向角 $\theta_{\mathrm{AOA}}=1°$、脉宽 $T_s=1\mu\mathrm{s}$、载频为 6GHz 的单频雷达脉冲信号进行测向。其中，单元天线 1 为喇叭天线，在 6GHz 工作频率时来波方向上的增益为 10dB；单元天线 2 为全向天线，在 6GHz 工作频率时的增益为 0dB，信号到达全向天线后输出信号的电平为−100dBm，接收机的噪声基底电平为−110dBm/MHz。在此情况下，该单频脉冲信号的带内功率信噪比 $S/N|_{\mathrm{within}}$ 与能量信噪比 E_s/n_0 相等，即

$$\left.\frac{S}{N}\right|_{\text{within}} = \frac{E_s / T_s}{n_0 \cdot B_s} = \frac{E_s}{n_0} \cdot \frac{1}{T_s B_s} = \frac{E_s}{n_0} \tag{3.89}$$

式中，B_s 为脉冲信号的带宽，取 $B_s=1\text{MHz}$。由上述仿真条件可知：喇叭天线接收到信号的电平为 -90dBm，而全向天线接收到信号的电平为 -100dBm。由此可计算出这两个信号的能量信噪比分别为 20dB 与 10dB，二者之间相差了 10dB。两信号之间的相位差理论值为 1.0966rad，实际测量的相位差通过 1000 次蒙特卡罗仿真结果如图 3.24 所示。

仿真得到的相位差测量误差的标准差为 0.2358rad，按照式（3.86）计算得到的相位差误差的标准差理论值 $\sigma_{\Delta\phi,\text{d,new}} = 1/\sqrt{2/(1/100 + 1/10)} = 0.2345\text{rad}$。仿真值与理论值之间相差 0.0013rad，相对误差仅有 0.55%。由此可见：在非对称干涉仪测向应用中信噪比强弱差异双信号的相位差测量误差的标准差的仿真值与理论值比较吻合。

如果将图 3.22 中的单元天线 1 更换成与单元天线 2 完全一样的全向天线，则非对称干涉仪将演变为传统的对称干涉仪。于是干涉仪测向应用中两个信号的能量信噪比都为 10dB，即 $E_{s1}/n_0 = E_{s2}/n_0 = 10$，由式（3.55）与式（3.86）所得到的相位差测量误差的理论值均相等，即 $\sigma_{\delta\phi_{M\Delta}} = \sigma_{\Delta\phi,\text{d,new}} = 1/\sqrt{10} = 0.3162\text{rad}$。在此情况下按照前述仿真条件，实际测量的相位差在经过 1000 次蒙特卡罗仿真的结果如图 3.25 所示。

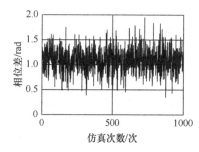 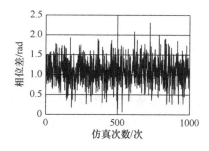

图 3.24　对强度不同的两个单频脉冲信号的　　图 3.25　对强度相同的两个单频脉冲信号的
　　　　　相位差测量仿真结果　　　　　　　　　　　　相位差测量仿真结果

仿真得到的相位差误差的标准差为 0.3184rad，仿真值与理论值之间相差 0.0022rad，相对误差仅有 0.7%，由此可见，仿真值与理论值比较吻合。这同时也验证了新的能量信噪比强弱差异双信号的相位差测量误差的标准差计算公式（3.86）向下兼容前述的能量信噪比相等的双信号的相位差测量误差的标准差计算公式（3.55），更具普适性。

由上对比可知，将传统对称干涉仪中一个单元天线的增益提高，可以改善相位差测量的精度。具体来讲，如果一开始干涉仪的两个单元天线的增益相同，然后将其中一个单元天线的增益逐渐增大，这样就由传统的对称干涉仪测向演变为非对称干涉仪测向，在整个变化过程中，由式（3.86）计算得到干涉仪通道间信号的相位差测量误差的标准差的理论值与蒙特卡罗仿真值随其中高增益通道输出信号的能量信噪比的变化曲线如图 3.26 所示。

由图 3.26 可见，在非对称干涉仪测向应用中即使将其中一个单元天线的增益尽可能地增大，其对相位差测量精度的改善也是比较有限的，这一点在图 3.26 中表现为相位差测量误差的标准差曲线随其中一个信号能量信噪比的增大出现误差曲线平层。按照此变化趋势，在上述非对称干涉仪测向应用中相位差测量误差的标准差的理论下限值可由式（3.88）计算得到 $\sigma_{\Delta\phi,\text{d,new,lim}} = 1/\sqrt{2\times10} = 0.2236\text{rad}$，这一理论计算值与图 3.26 中的仿真曲线也基本吻合。由此可见，在非对称干涉仪测向工程应用中两个通道之间的相位差测量精度主要受限于其中低增益天线所对应的接收通道，所以无限制地增大非对称干涉仪中某一个天线的增益，对相位差测量精度的提升所带来的好处并不大，测量误差的标准差最大降低为原来对称干涉仪测量时的 $1/\sqrt{2}$ 倍。

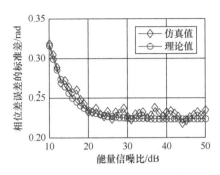

图 3.26　相位差测量误差的标准差随其中一个信号的能量信噪比的变化曲线

3.4　干涉仪时差测向分析模型与单基线干涉仪测向应用

在前述章节中对干涉仪测向原理的阐述主要是从相位差测量的角度进行分析的，实际上在这一传统理论模型中有一个隐含的假设条件：波长为 λ 的电磁波信号的调制带宽相对于载波频率来讲在数值上比较小，在测向过程中不会因为载波调制而对相位差的提取产生过多的影响。但是随着信息传输速率的增加，宽带调制与超宽带调制信号逐渐增多，这使得干涉仪输出的相位差信息中，除了来波方向不同所造成载波信号的相位差发生变化，还包含了宽带与超宽带调制因素所带来的附加相位差扰动，对这些宽带与超宽带调制信号来讲，载波信号相位差的直接测量误差会增大。信号是信息的载体，无论是窄带信号，还是宽带信号，信号的来波方向信息都是被干涉仪各个单元天线接收到的信号全部包含了的，所以对于同样的干涉仪测向应用，如果从另外一个信息提取角度来分析，就能够在一定程度上解决这一问题，这就是从时差测量的角度来解释干涉仪的测向过程。在各类有关电子对抗侦察的教科书和各种文献中对时差测向的原理与实现都有所分析[16]，在此结合干涉仪测向应用的特点首先从电磁波在干涉仪基线上的渡越效应谈起。

3.4.1　电磁波在干涉仪基线上的渡越效应

对于一个调制信号来讲，随着调制信息的不同其信号参数是一直在变化的，也正因为这个变化才能够进行信息的承载与传递，但是从一个很小时长 τ_{sym} 的时段上来观察，这一被调制的信号又可以近似为一个参数保持恒定的单频电磁波信号。以一个传输速率为 1Msps 的 QPSK通信信号为例进行说明，在一个码元周期 1μs 时段内信号的幅度、频率和参考相位参数基本保持不变，那么在 1μs 的码元周期内信号片段就可近似为一个单频电磁波，满足传统干涉仪测向模型的假设条件。以一个脉宽为 1μs 的单频雷达脉冲信号为例，同样在 1μs 时段内信号的幅度、频率和参考相位参数都保持不变，也满足传统干涉仪测向模型中的单频电磁波假设条件。电磁波在 1μs 的时间内传播的距离约为 300m，这个长度远远大于工程应用中常见干涉仪最长基线的长度，所以当具有上述特征参数的电磁信号到达干涉仪时，干涉仪的整个测向过程都如同针对一个单频电磁波一样，传统干涉仪测向模型仍然有效。但对于不同调制参数的信号，这一情况就不同了。当 QPSK 信号的传输速率提高到 1Gsps 时，一个码元的持续时间仅仅只有 1ns，在 1ns 时段内电磁波在空间中传播距离仅仅只有 0.3m，而这一距离一般都比干涉仪的最长基线的长度要小，在某些情况下就会造成干涉仪中最长基线上的两个单元天线所接收到信号的参数由于调制而发生了改变，不再满足传统干涉仪测向模型中的假设前提条件，从而导致传统干涉仪测向模型与测向方法误差增大，甚至失效。

从一般意义上来描述上述问题，将目标信号保持调制信息基本恒定的最小时段长度记为 τ_{smin}，当电磁波到达干涉仪时就如同一段光柱从干涉仪天线孔径扫过去一样，故 τ_{smin} 又被称为电磁信号的渡越时间，而电磁信号在此时段内空间中的传播距离 d_{ep} 为

$$d_{\mathrm{ep}} = c_{\mathrm{med}} \cdot \tau_{\mathrm{smin}} \tag{3.90}$$

式中，c_{med} 表示干涉仪天线所在介质中电磁波的传播速度，空气中 $c_{\mathrm{med}} \approx 3 \times 10^8 \mathrm{m/s}$。干涉仪天线阵孔径的大小通常由其最长基线来度量，其长度记为 d_{bmax}。工程上使用干涉仪对窄带信号或中等带宽的信号进行测向时通常都满足 $d_{\mathrm{ep}} \gg d_{\mathrm{bmax}}$，故电磁信号的渡越时间较长，干涉仪测向功能基本正常；但是当 $d_{\mathrm{ep}} \leqslant d_{\mathrm{bmax}}$ 时，就会发生前述的测向误差过大甚至失效的现象，而该情况一般都在干涉仪对宽带甚至超宽带信号进行测向时发生。

其实电磁信号的渡越效应在阵列天线应用过程中同样也会遇到。在阵列信号处理中相控阵天线通过调节各个天线阵元的相位加权来实现合成波束的空间扫描，但凡是用相位进行加权处理的，就有一个隐含的前提条件：针对的是窄带信号的收发。因为宽带信号或超宽带信号只有用时间延迟来进行合成，才能避免各个频谱分量因色散而导致的合成失真，所以瞬时宽带阵列或者瞬时超宽带阵列，各个天线阵元的信号处理都需要进行精确的时延控制来实现波束的合成。同样的道理，当使用干涉仪对宽带甚至超宽带信号进行测向时，需要对各个单元天线所接收到的宽带或超宽带信号的时间差进行测量，因为渡越效应使得超宽带信号中各个频谱分量之间的相位差具有很大差异，所以从时差测量的角度来重建干涉仪测向模型是解决该问题的又一个技术途径。

3.4.2 干涉仪时差测向分析模型

1. 远场条件下双站时差测量与干涉仪测向的等价性分析

在极坐标系下的双站时差测量场景如图 3.27 所示。图 3.27 中 $\mathrm{O_T}$ 为辐射源目标，两个侦察站 R1 与 R2 之间的距离为 d_{int}，R1 为极坐标系的原点，R2 的坐标为 $(d_{\mathrm{int}}, 0)$，R1、R2 与 $\mathrm{O_T}$ 之间的距离分别为 L_{R1} 和 L_{R2}，于是 $\mathrm{O_T}$ 的坐标为 $(L_{\mathrm{R1}}, \pi/2 - \theta_{\mathrm{R1}})$，其中 θ_{R1} 为辐射源目标 $\mathrm{O_T}$ 与侦察站 R1 之间的连线同两个侦察站之间连线的法线方向所成的夹角。

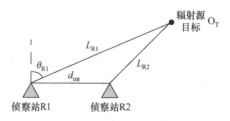

图 3.27 极坐标系下的双站时差测量场景示意图

根据图 3.27 所示的三角几何关系由余弦定理可得：

$$L_{R2} = \left[L_{R1}^2 + d_{int}^2 - 2L_{R1}d_{int} \cos\left(\pi/2 - \theta_{R1}\right) \right]^{0.5} \tag{3.91}$$

记 R1 与 R2 两个侦察站测得辐射源目标 O_T 来波信号的时差为 ΔT_d，对应距离差为 D_Δ，于是极坐标下双站时差测量方程如下：

$$D_\Delta = \Delta T_d \cdot c_{med} = L_{R1} - L_{R2} = L_{R1} - L_{R1}\left(1 + \frac{d_{int}^2}{L_{R1}^2} - \frac{2d_{int}}{L_{R1}}\sin\theta_{R1} \right)^{0.5} \tag{3.92}$$

式中，c_{med} 为天线所处介质中电磁波的传播速度。当 $d_{int} \ll L_{R1}$ 时，即两个侦察站之间的距离远远小于侦察站到辐射源目标的距离，入射到两个侦察站的电磁波近似为平面电磁波，该电磁波的入射角即为 θ_{R1}，在此条件下可做如下近似：

$$\Delta T_d \cdot c_{med} \approx L_{R1} - L_{R1}\left(1 - \frac{2d_{int}}{L_{R1}}\sin\theta_{R1} \right)^{0.5} \tag{3.93}$$

再次利用近似关系式：当正实数 $y \ll 1$ 时，$(1+y)^{0.5} \approx 1 + y/2$，由式（3.93）可推出：

$$\Delta T_d = \frac{d_{int}\sin\theta_{R1}}{c_{med}} \tag{3.94}$$

由式（3.94）可求出来波方向角 θ_{R1} 为

$$\theta_{R1} = \arcsin\left(\frac{\Delta T_d \cdot c_{med}}{d_{int}} \right) \tag{3.95}$$

实际上通过上述近似过程的实施，图 3.27 所示的双站时差测量场景就逐渐演化为图 1.19 的双天线单基线干涉仪测向场景，对比式（3.95）与式（1.31）可得：$\Delta T_d \cdot c_{med} = \frac{\phi_{int\Delta} \cdot \lambda}{2\pi} = d_{int}\sin\theta_{R1}$。该关系式实际上也能够直接从场景中的几何关系推导得出，这意味着在辐射源目标距离远远大于干涉仪基线长度的远场条件下双站时差测量与单基线干涉仪测向在数学模型上是等价的。

利用上述"远场条件下双站时差测量与干涉仪测向的等价性"的特点，采用双站时差测量理论来重新解释干涉仪测向过程，则意味着：只要获得干涉仪的两个通道中信号到达时间差的测量值，就能够实现电磁信号来波方向的估计。值得特别关注的是：新的解释没有对信号的调制带宽做出任何限定，无论是对于窄带信号，还是宽带信号，甚至是超宽带信号，均可应用。这也说明利用干涉仪设备能够实现对宽带信号甚至是超宽带信号的测向。接下来进一步分析干涉仪中各通道间信号的时差提取方法。

设承载有调制信息的时域信号 $S_w(t)$ 的傅里叶变换为 $S_F(\omega)$，根据傅里叶变换的位移特性，对于任何实数因子 a，$S_w(t-a)$ 的傅里叶变换为 $\mathrm{e}^{-ja\omega}S_F(\omega)$，其物理意义是：时间位移对应了附加频率调制，该式实际上可直接通过傅里叶变换得到：

$$\int_{-\infty}^{\infty} S_w(t-a)\mathrm{e}^{-j\omega t}\mathrm{d}t = \int_{-\infty}^{\infty} S_w(x)\mathrm{e}^{-j\omega(x+a)}\mathrm{d}x = \mathrm{e}^{-ja\omega}S_F(\omega) \tag{3.96}$$

由此可知，如果将上式中的实数因子 a 理解为干涉仪两个接收通道之间信号到达的时间差，那么就能够在频域内来求解时间差 a。设干涉仪两个通道所接收到的信号分别为：$S_w(t)$ 和 $S_w(t - \Delta T_d)$，将上述两路信号从时域变换到频域之后进行共轭相乘和幅度归一化处理如下：

$$\frac{S_{\mathrm{F}}(\omega) \cdot \left[\mathrm{e}^{-\mathrm{j}\Delta T_{\mathrm{d}}\omega} S_{\mathrm{F}}(\omega) \right]^*}{S_{\mathrm{F}}(\omega)\left[S_{\mathrm{F}}(\omega) \right]^*} = \mathrm{e}^{\mathrm{j}\Delta T_{\mathrm{d}}\omega} \tag{3.97}$$

由式（3.97）可知，经过上述处理之后，将在被测信号所在频段（$\omega_{\mathrm{d}} < \omega < \omega_{\mathrm{u}}$，其中 ω_{d} 是信号的低端频率，ω_{u} 是信号的高端频率）的相位谱曲线 $\phi(\omega)$ 上得到一条直线方程：

$$\phi(\omega) = \Delta T_{\mathrm{d}} \cdot \omega \tag{3.98}$$

该直线的斜率直接对应了两个通道之间信号的时间差 ΔT_{d}。求解出 ΔT_{d} 并代入式（3.95）中便能估计出调制信号的来波方向角 θ_{R1}。

2. 基于时差信息提取的单基线干涉仪测向应用

下面以几个典型应用为例来说明干涉仪时差测向分析模型的求解过程。

1）对超宽带脉冲信号的测向

设信号来波方向角 $\theta_{\mathrm{AOA}} = 30°$，载波频率为 2GHz，脉冲宽度为 1ns，显然这是一个超宽带冲激脉冲信号，单基线干涉仪的基线长度为 0.6m。对于传统的干涉仪测向方法来讲，当一个通道中的脉冲信号刚刚到达时，另一个通道中的脉冲信号已经结束，冲激脉冲信号在干涉仪天线阵上的渡越时间很短，利用宽带鉴相器来对两个通道间信号的相位差进行测量，传统干涉仪难以输出正常的测向结果。但是对于干涉仪时差测向分析模型来讲，取信号采样率为 10GHz，采样时间长度为 5ns，SNR 不小于 17dB，干涉仪的两个单元天线输出的信号波形与对应频域处理结果如图 3.28 所示。

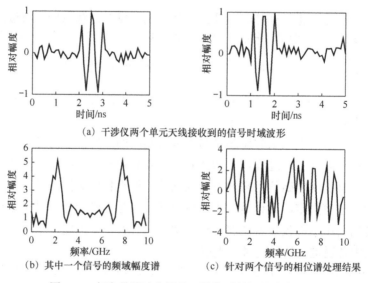

(a) 干涉仪两个单元天线接收到的信号时域波形

(b) 其中一个信号的频域幅度谱　　　(c) 针对两个信号的相位谱处理结果

图 3.28　超宽带脉冲信号的干涉仪时差测量仿真结果

由图 3.28 可见，该信号频域幅度谱从 1.6～2.4GHz 范围有明显谱峰，按照前述方法处理后在相位谱上对应曲线表现为一段直线，这与前述的干涉仪测向时差分析理论结果一致，按照式（3.98）对相位谱曲线进行直线拟合，并考虑到相位曲线取值范围，计算出时差 ΔT_{d} 为 1.0105ns，再利用式（3.95）可计算得到来波方向角为 30.35°。在此应用中，传统干涉仪相位差测量理论和处理过程对于超宽带脉冲信号的测向应用会失效，但按照新的干涉仪时差分析理论则能得到正确的测向结果。

2）对超宽带数字调相信号的测向

设超宽带数字相位调制信号的来波方向角 $\theta_{\mathrm{AOA}}=30°$，载波频率为 1GHz，码元传输速率为 500Mbps，调制方式为 BPSK，每个码元的宽度为 2ns，显然这是一个用于高速数传的超宽带连续波信号。单基线干涉仪的基线长度为 0.6m。信号采样率为 5GHz，采样时长为 1μs，SNR 不小于 17dB，干涉仪的两个单元天线输出的信号波形与对应频域处理结果如图 3.29 所示。

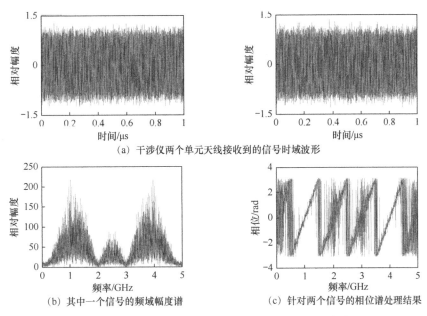

（a）干涉仪两个单元天线接收到的信号时域波形

（b）其中一个信号的频域幅度谱

（c）针对两个信号的相位谱处理结果

图 3.29　超宽带数字调相信号的干涉仪时差测量仿真结果

由图 3.29 可见，该超宽带数字调相信号的频域幅度谱在 0.6～1.4GHz 范围有明显谱峰，按照前述方法处理后在相位谱上这一段相位曲线表现为一段近似直线，这与前述的干涉仪时差分析理论结果一致，按照式（3.98）对相应频段的相位谱曲线进行直线拟合，计算出时差 ΔT_{d} 为 1.0102ns，再利用式（3.95）计算得到来波方向角为 30.34°。在这一应用中，由于信号自身的相位调制速率非常高，2ns 时间间隔相位差就可能改变 180°，而电磁波在此时间内仅行进了 0.6m，这一长度与干涉仪基线长度处于同等级量。按照传统理论方法对于这一信号进行鉴相，误差较大，但是按照干涉仪的时差测向分析模型，则能得到正确的测向结果。

3）干涉仪对 LFM 线性调频信号的测向

线性调频 LFM 信号是各种雷达广泛使用的一种调制信号，在电子侦察中对雷达脉冲信号进行干涉仪测向也是比较常见的任务。一般情况下，LFM 信号模型 $S_{\mathrm{LFM}}(t)$ 如式（3.99）所示：

$$S_{\mathrm{LFM}}(t) = A_{\mathrm{c}} \cdot \exp\left[\mathrm{j}(2\pi f_{\mathrm{c}}t + \phi_{\mathrm{c}} + \pi k_{\mathrm{LFM}}t^2)\right] \tag{3.99}$$

式中，A_{c}、f_{c} 与 ϕ_{c} 分别表示信号的幅度、频率与初相，k_{LFM} 表示调频系数，其大小直接决定了时频面上 LFM 信号的时频线段的斜率，所以又被称为调频斜率。当 LFM 信号的调频斜率较大时，该信号不仅是一个宽带信号，而且是一个典型的调制参数随时间不断变化的信号，这使得传统干涉仪测向模型在对宽带 LFM 信号测向时会产生一定的误差，而误差的大小与 LFM 信号的调频斜率紧密相关。当 LFM 信号以与干涉仪基线法向成 θ_{AOA} 角方向到达时，干涉仪最长基线对应的两个单元天线所接收到的信号 $S_{dmax,1}(t)$ 和 $S_{dmax,2}(t)$ 之间的关系为

$$S_{dmax,2}(t) = S_{dmax,1}(t - \tau_{delay}) \tag{3.100}$$

式中，τ_{delay} 表示延迟时间，即信号达到时间差，如式（3.101）所示：

$$\tau_{delay} = d_{int} \sin\theta_{AOA}/c \tag{3.101}$$

由此可得，信号 $S_{dmax,1}(t)$ 和 $S_{dmax,2}(t)$ 之间的相位差 $\phi_{dmax,12}(t)$ 为

$$\phi_{dmax,12}(t) = 2\pi f_c \tau_{delay} + \pi k_{LFM}\left(2t\tau_{delay} - \tau_{delay}^2\right) \tag{3.102}$$

由式（3.102）可知，两个单元天线之间的信号相位差除了传统干涉仪测向中由信号载频产生的相位差项，还有由于 LFM 而引入的附加相位差项，而且附加相位差项不是一个恒定值，而是随时间线性变化的。这一特点即是干涉仪对 LFM 信号测向与对单频正弦波信号测向的最大区别。在干涉仪中两个单元天线所接收到的信号输入鉴相器之后，鉴相器输出信号即为 $\phi_{dmax,12}(t)$，如果能够利用 $\phi_{dmax,12}(t)$ 求解出 θ_{AOA}，也就唯一确定了 LFM 信号的来波方向，从而完成了测向任务。如果按照传统的相位差提取方法，信号持续时段内的相位差是时变的，鉴相器输出的是对应时段内相位差的平均值，所以需要对原信号的调频斜率和持续时间等参数进行估计，然后对鉴相结果进行修正，从而得到只与载波相位相关的相位差测量值，最后按照传统干涉仪测向求解公式获得 LFM 信号的来波方向。虽然在 LFM 信号的调频斜率较小、脉冲信号宽度不大的情况下，不对鉴相结果进行校正，干涉仪同样能够完成测向，测向误差也在工程应用可接受的范围以内；但是当 LFM 信号的调频斜率较大、脉冲信号宽度也较大的情况下，不对鉴相结果进行校正，干涉仪的测向误差会迅速增大。除上述对相位差进行校正外，还可采用新的求解方法。对于式（3.102）而言，对一个时间段 $[t_{M1}, t_{M2}]$ 内 $\phi_{dmax,12}(t)$ 的变化量进行测量，于是有式（3.103）成立：

$$\phi_{dmax,12}(t_{M2}) - \phi_{dmax,12}(t_{M1}) = 2\pi k_{LFM}\tau_{delay}(t_{M2} - t_{M1}) \tag{3.103}$$

由式（3.103）可求解出时延 τ_{delay} 为

$$\tau_{delay} = \left[\phi_{dmax,12}(t_{M2}) - \phi_{dmax,12}(t_{M1})\right]\Big/\left[2\pi k_{LFM}(t_{M2} - t_{M1})\right] \tag{3.104}$$

将式（3.104）代入式（3.101）同样可以估计出 LFM 信号的来波方向角 θ_{AOA}。实际上，式（3.104）的物理意义体现为在信号频域相位谱上的一条直线，该直线的斜率即对应了信号到达干涉仪两个单元天线之间的时间差，所以从不同角度说明：对于 LFM 信号仍然可以采用干涉仪时差分析模型来完成测向处理。

设一个 LFM 脉冲信号来波方向角 $\theta_{AOA} = 30°$，载波频率为 1.25GHz，脉冲宽度为 0.4μs，脉内调频系数 $k_{LFM} = 100$MHz/μs，单基线干涉仪的基线长度为 0.6m。按照干涉仪时差测向分析模型，信号采样率为 5GHz，采样时间长度为 0.5μs，SNR 大于 20dB，干涉仪的两个单元天线输出的信号波形与对应频域处理结果如图 3.30 所示。

由图 3.30 可见，该 LFM 信号的频率范围主要集中在 1.25～1.29GHz，按照前述方法处理后在相位谱上这一段相位曲线表现为一段近似直线，这与干涉仪时差分析理论的结果一致，估计出的时差 ΔT_d 为 1.026ns，再利用式（3.95）计算得到来波方向角为 30.86°。

除上述方法外，针对干涉仪对 LFM 信号的测向问题各种文献也报道过一些不同的处理方法[17-19]，并且部分文献还对其误差特性进行了讨论[20]，在此不再展开介绍，有兴趣的读者直接参见文献即可。通过对上述各种信号的干涉仪测向应用的分析，可深刻体会到干涉仪对调制信号测向与对单频信号测向的差异所在，特别是对于宽带和超宽带信号，电磁波在干涉仪

天线阵上的渡越效应不可忽略，需要针对具体的应用条件，以及不同调制类型的信号进行专门的处理，才能准确估计出信号的来波方向。

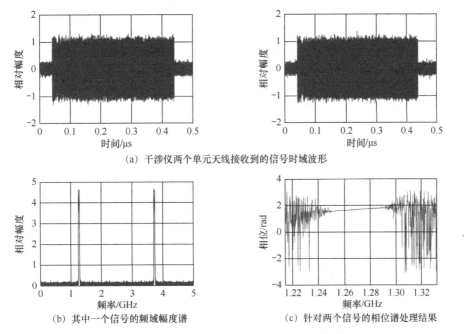

(a) 干涉仪两个单元天线接收到的信号时域波形

(b) 其中一个信号的频域幅度谱　　　　　(c) 针对两个信号的相位谱处理结果

图 3.30　LFM 脉冲信号干涉仪时差测量仿真结果

3.4.3　对频域非完整信号的单基线干涉仪测向

超宽带冲激脉冲雷达和冲激脉冲通信大多采用了持续时间在 1ns 甚至亚 ns 量级的脉冲信号宽度，此类信号的瞬时带宽甚至达到了几个 GHz 量级，显然对超宽带信号的侦察接收也需要采用超宽带接收机，但是在电磁频谱监测与管理应用中普遍使用的接收机的瞬时接收带宽通常都在几十 MHz 至百 MHz 范围，此时频谱监测接收机的瞬时接收带宽远小于目标信号带宽。除此之外，电子侦察接收机的瞬时带宽小于辐射源目标信号带宽的情况在各类工程应用中也时有发生，此时侦察接收机不能接收到频谱完整的目标信号，仅能接收到该信号的部分频率分量。一般情况下，射频信号经过天线和低噪声放大之后，再经过多级下变频，把信号从射频频段搬移到了中频频段，然后由 ADC 采样后成为数字信号。在这一过程中，侦察接收机的接收通道瞬时带宽一般是逐级变小的，因为侦察接收天线和第一级低噪声放大器，普遍具有 GHz 量级的带宽，但是在多级变频过程中，混频器前后的滤波器带宽是经过特别设计的，主要是为了滤除镜像信号和混频杂波，并与后续的中频带宽相匹配。这样信号从射频变频到中频之后，中频接收通道的瞬时带宽通常在几十到几百 MHz 量级。如果是普通的窄带信号或中等带宽的信号，那么这个信号的所有频率分量都会在中频瞬时带宽内得以完整保留；但是对于超过中频接收带宽的宽带和超宽带信号，这个信号中只有搬移到中频接收带宽内的频率分量得以保留，而其他频率分量会被滤除，我们称此时在中频带宽内的信号为频域非完整信号[21]。接下来将讨论此类信号的干涉仪测向方法。

1.　频域非完整信号的数学模型

将射频宽带信号 $S_w(t)$ 的频域形式记为 $S_F(\omega)$，如果直接将该信号从射频完整地搬移到中频，对应的中频信号的频域形式为 $S_R(\omega)=S_F(\omega+\omega_I)$，其中 ω_I 为射频中心频率与中频中心频率之间的角频率之差。由于在变频过程中各种效应可以在中频处统一建模为一个综合滤波器 $F_H(\omega)$，所以从中频来看，频域非完整信号 $S_{IF,non}(t)$ 在频域可建模为 $S_{IF,non}(\omega)$ 如下：

$$S_{IF,non}(\omega)=S_F(\omega+\omega_I)\cdot F_H(\omega) \tag{3.105}$$

其中综合滤波器 $F_H(\omega)$ 的幅频特性和相频特性反映了整个变频接收过程中信号分量的保留与丢失等变化情况。

2. 干涉仪时差测向对信号频率搬移的适应性分析

在 3.4.2 节中解释干涉仪时差测向分析模型是直接在信号未变频之前进行的，如果将信号从射频整体搬移到中频，整个信号处理流程不变，相应的结果如下。

设信号 $S_{w1}(t)$ 与 $S_{w2}(t)$ 从射频变换到中频后，在中频来看，其对应的频域信号分别为 $S_{F1}(\omega+\omega_I)$ 与 $S_{F2}(\omega+\omega_I)$，且有如下关系式成立：

$$S_{F1}(\omega+\omega_I)=e^{-j\Delta T_d\cdot(\omega+\omega_I)}S_{F2}(\omega+\omega_I) \tag{3.106}$$

式中，ΔT_d 为目标信号到达干涉仪两个单元天线之间的时间差，在中频进行两路信号的共轭相乘和幅度归一化处理可得：

$$\frac{S_{F2}(\omega+\omega_I)\cdot\left[S_{F1}(\omega+\omega_I)\right]^*}{|S_{F2}(\omega+\omega_I)|\cdot|S_{F1}(\omega+\omega_I)|}=e^{j\Delta T_d\cdot(\omega+\omega_I)} \tag{3.107}$$

式（3.107）表明：信号经过频率搬移之后，在中频信号所在频段处，相位信息仍然由一个直线方程来描述，在中频求得的相位直线方程的斜率，与在射频求得的相位直线方程的斜率是相同的，都对应了两个通道中信号之间的时间差 ΔT_d。由此可见，单基线干涉仪时差测向对信号频率的整体搬移具有适应性。

3. 频域非完整信号的相位信息处理与测向

利用上述分析结果，结合频域非完整信号 $S_{IF,non}(t)$ 的数学模型，对频域非完整信号进行单基线干涉仪时差测向，由式（3.105）和式（3.107）可得如下关系式：

$$e^{j\Delta T_d\cdot(\omega+\omega_I)}=\frac{\left[S_{F2}(\omega+\omega_I)F_H(\omega)\right]\cdot\left[S_{F1}(\omega+\omega_I)F_H(\omega)\right]^*}{|S_{F2}(\omega+\omega_I)F_H(\omega)|\cdot|S_{F1}(\omega+\omega_I)F_H(\omega)|}=\frac{S_{IF,non,2}(\omega)\cdot\left[S_{IF,non,1}(\omega)\right]^*}{|S_{IF,non,2}(\omega)|\cdot|S_{IF,non,1}(\omega)|} \tag{3.108}$$

式中，$S_{IF,non,1}(\omega)$ 和 $S_{IF,non,2}(\omega)$ 分别是两个中频频域非完整信号的频谱。由此可见，利用中频输出的频域非完整信号，能够在中频频域的相位函数 $\phi_{IF}(\omega)$ 上同样得到一个直线方程：

$$\phi_{IF}(\omega)=\Delta T_d\cdot\omega+\phi_a,\quad \omega_{Id}<\omega<\omega_{Iu} \tag{3.109}$$

式中，ω_{Id},ω_{Iu} 分别是中频滤波器的低端截止频率与高端截止频率，ϕ_a 为处理过程中附加的相位常数，式（3.109）所描述的直线方程的斜率直接对应了两个通道中信号之间的时间差 ΔT_d。将 ΔT_d 代入式（3.95），即可求得信号的来波方向角。

在频域求解式（3.109）的过程中，由于针对的是频域非完整信号，所以对这个一次直线方程的拟合需要对相位信息进行综合处理。一般情况下，常用的直线拟合方法是最小二乘法，但是对于频域非完整信号来讲，其所保留的不同信号分量之间在幅度谱上的大小可能不同，意味着不同信号分量之间的信噪比有差异。为了更加真实地反映不同信噪比因素对测量误差所造成的影响，用各个频域分量的信噪比数值作为加权系数，采用加权最小二乘法对频域相位直线式（3.109）进行拟合，这样得到的直线斜率，即时间差 ΔT_d 更准确，最终的测向精度也会更高。

4. 仿真验证

仿真条件：采用普通的 70MHz 中频中心频率、30MHz 中频带宽的窄带侦察接收机，ADC 采样率为 200MHz，这类接收机在电磁频谱监测与窄带通信信号侦察中广泛采用。按照式（3.105），该接收机从射频到中频的综合响应建模为一个以有理谱形式表达的综合滤波器 $F_{\mathrm{H}}(\omega) = \sum_{i=0}^{m} a_i \cdot \omega^i \Big/ \sum_{i=0}^{n} b_i \cdot \omega^i$，滤波器系数可通过对实际接收机进行幅频特性与相频特性的综合测试后，采用系统辨识的方法得到。超宽带冲激脉冲通信信号的来波方向 $\theta_{\mathrm{AOA}} = 48.6°$，干涉仪的基线长度为 200cm，超宽带冲击脉冲信号采用高斯微分脉冲形式，其基本的高斯信号波形表示为：$S_{\mathrm{g}}(t) = A_{\mathrm{c}} / (\sqrt{2\pi}\sigma_{\mathrm{g}}) \cdot \exp\left[-t^2 / (2\sigma_{\mathrm{g}}^2)\right]$；其中 σ_{g} 为高斯信号的方差，A_{c} 表示信号的幅值。在仿真中取 $\sigma_{\mathrm{g}} = 1\mathrm{ns}$，采用高斯信号 1 次微分形式作为超宽带信号的脉冲波形，带内功率信噪比 SNR 大于 20dB。将窄带侦察接收机射频接收频率设置为该信号所在的主要频段 1500～1530MHz，在接收机中频处所记录的来自其中一个单元天线的信号时域波形和对应的频域幅度谱如图 3.31 所示。

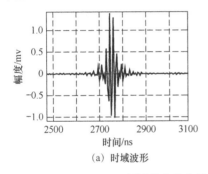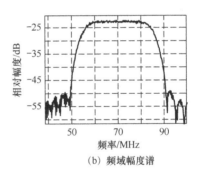

（a）时域波形　　　　　　　　（b）频域幅度谱

图 3.31　频域非完整信号在中频处的时域波形与频域幅度谱

按照前面的求解方法，将两路中频信号在频域进行共轭相乘和幅度归一化处理后，得到相位谱曲线如图 3.32 所示。

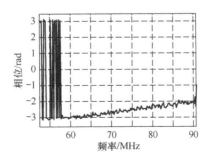

图 3.32　计算得到相位谱曲线

从图 3.32 中相位谱曲线 $\phi_{\mathrm{IF}}(\omega)$ 的局部图可拟合出相位直线斜率 $\Delta T_d = 5.3\mathrm{ns}$，代入式（3.95）可求得来波方向角 $\theta_{\mathrm{AOA}} = 52.6°$，对应的测向误差为 $4°$。

3.4.4　基于相位差进行测向与基于时差进行测向的精度对比

在前述章节，本书从相位差测量与时差测量两个不同角度对干涉仪测向模型进行了阐释，其实也能够用测量到的信号载波相位差换算得到信号的时差测量值。于是自然就要思考一个问题：通过对信号载波相位差来测向与通过载波上承载的调制信号的时差来测向，二者各自分别能够达到怎样的精度呢？这就是本节所要讨论的问题，对此问题的解答也可以合理地解释 2.2.2 节中联合到达时间差估计的干涉仪相位差解模糊方法的有效性。

由于上述两种方法直接测量的物理量不同，一个是相位差，另一个是时差，为了进行有效的对比，首先将二者测量的物理量进行统一，即全部统一到时间差测量上，这样对比就更加方便了。设干涉仪对载波频率为 f_c 的信号进行相位差测量，相位差测量误差的标准差记为 σ_{ϕ_Δ}，按照 3.2 节推导的干涉仪相位差测量的精度计算式，将相位差测量误差的标准差 σ_{ϕ_Δ} 换算为对应的时差测量误差的标准差 $\sigma_{\Delta T}$ 如下：

$$\sigma_{\Delta T} = \frac{\sigma_{\phi_\Delta}}{2\pi f_c} = \frac{1}{2\pi f_c \sqrt{E_s/n_0}} \tag{3.110}$$

由式（3.110）可见，采用相位差测量方法来获得等效的时差测量值，其测量误差的标准差与被测信号的载波频率成反比例，这也意味着在信号能量信噪比 E_s/n_0 保持不变的情况下，信号的频率越高，该方法的时差测量误差越小，精度越高。

对信号的载波相位进行测量本质上是对信号的相速度进行观测；如果对信号的群速度进行观测，便是对载波上所承载的调制信号的基带形式进行测量，即是使用信号的复包络来进行时差测量。记该信号的调制带宽为 B_s，按照前一节推导的结果，时差测向处理之后的信号的相位谱曲线对应了一个直线方程，而这条直线的斜率即对应了时差 ΔT_d，如果对相位谱曲线的测量值进行直线拟合，则有式（3.111）成立：

$$\Delta\phi_s = 2\pi B_s \Delta T_d \tag{3.111}$$

式中，$\Delta\phi_s$ 为信号频谱两端频率分量之间非模糊的相位差。由此可见，时差 ΔT_d 的测量精度与信号带宽 B_s 的大小也是紧密关联的。结合公开文献上报道的已有研究结果，按照信号的复包络来进行时差测量，测量误差的标准差 $\sigma_{t,\Delta T}$ 为

$$\sigma_{t,\Delta T} = \frac{k_{t,d}}{2\pi B_s \sqrt{E_s/n_0}} = \frac{1}{2\pi B_s \sqrt{E_s/n_0}} \tag{3.112}$$

式中，$k_{t,d}$ 为一比例常数，由于不同文献在公式推导过程中采用了不同的近似条件，所以 $k_{t,d}$ 的取值有一些差异，在此取 $k_{t,d}=1$。对比式（3.110）与式（3.112）可知：在相同的信号能量信噪比 E_s/n_0 情况下，通过对信号载波相位差测量来获得时差，其测量误差的标准差与信号载波频率 f_c 成反比例；而通过载波上承载的调制信号来测时差，其测量误差的标准差与信号带宽 B_s 成反比例。由于在实际工程应用中除超宽带信号外，其他信号的载波频率通常远远大于信号的带宽，即 $f_c \gg B_s$，所以通过对信号载波相位差的测量来获得时差的精度远远高于通过基带调制信号测量时差的精度。对式（3.94）进行微分可得：

$$d\theta_{R1} = \frac{c_{med}}{d_{int}\cos\theta_{R1}} d\Delta T_d \tag{3.113}$$

由式（3.113）可知，高的时差测量精度 $d\Delta T_d$ 直接对应了高的测向精度 $d\theta_{R1}$，所以在相同的测量条件下，即相同的信号能量信噪比 E_s/n_0 条件下，干涉仪通过所接收信号的相位差来测

向的精度远高于时差测向的精度。这也是截至目前，通过干涉仪相位差测量来测向比时差法测向在工程上应用更加广泛的重要原因。另外，对于超宽带信号而言，如果其信号带宽 B_s 与其信号载波频率 f_c 在量级上相差不大，时差测量的精度也比较高，所以在工程应用中对于发射超宽带信号的电磁辐射源目标也常常采用时差法进行测向。

本章参考文献

[1] 李银波, 陈华俊. 鉴相方法的分析与比较[J]. 电讯技术, 2008, 48(6): 78-81.

[2] Analog Devices Inc. LF-2.7GHz RF-IF Gain and Phase Detector: AD8302[R]. USA: Analog Devices Inc., 2001.

[3] 李丽. 靶场弹落点无线定位系统的研究[D]. 太原: 中北大学, 2009.

[4] 胡宗恺, 饶志宏. 高精度数字鉴相技术的 FPGA 实现[J]. 通信技术, 2010, 43(12):177-179.

[5] 邬江, 蒲书缙. 利用互相关方法提取相位差技术[J]. 电子信息对抗技术, 2016, 31(4): 22-25, 57.

[6] 何晓明, 赵波, 吴琳. 基于数字干涉仪的机载 ESM 系统实现方法及测向误差分析[J]. 舰船电子对抗, 2013, 36(6): 1-5, 18.

[7] 陈海忠, 赵巾卫, 朱伟强. 数字式干涉仪测向技术鉴相算法研究[J]. 航天电子对抗, 2004, 20(4): 30-33.

[8] 李莉, 朱伟强. 数字干涉仪测向实时鉴相技术[J]. 航天电子对抗, 2005, 21(2): 51-52.

[9] 石荣, 李潇, 邓科. 数字干涉仪时域频域数字鉴相性能对比的理论分析[J]. 无线电工程, 2016, 46 (10): 24-28.

[10] 石荣, 吴聪. 信噪比的不同定义及对调制识别性能评估的影响[J]. 通信技术, 2019, 52(7): 1556-1562.

[11] 石荣, 阎剑, 张聪. 干涉仪相位差测量精度及其影响因素分析[J]. 航天电子对抗, 2013, 29(2): 35-38.

[12] 石荣, 邓科, 阎剑. 普遍意义下的干涉仪通道间相位差测量精度分析[J]. 现代电子技术, 2014, 37(7): 59-63.

[13] 石荣, 邓科. 干涉仪相位差测量精度的匹配滤波理论解释[J]. 太赫兹科学与电子信息学报, 2021, 19(6): 996-1001.

[14] 石荣, 邓科, 阎剑. 负 SNR 数字调相信号的干涉仪测向技术[J]. 电讯技术, 2014, 54(4): 418-423.

[15] 石荣, 吴聪, 阎剑, 等. 信噪比强弱差异双信号的差值参数测量及精度分析[J]. 舰船电子对抗, 2020, 43(4): 38-43.

[16] 王帅, 张军. 基于到达时差测向法的目标角度测量技术研究[J]. 传感器世界, 2015, 21(11): 31-34.

[17] 彭巧乐, 司锡才, 杜亚琦. 基于瞬时互相关和 STFT 的 LFM 信号测向算法[J]. 哈尔滨工程大学学报, 2008, 29(2): 179-182.

[18] 汤建龙, 胡建伟, 杨绍全. 基于时频干涉仪的联合时频到达角估计[J]. 信号处理, 2004, 20(5): 481-484.

[19] 汤建龙, 李滔, 杨绍全. 时频干涉仪到达角估计性能分析[J]. 电路与系统学报, 2007, 12(1): 114-118.

[20] 陈晓威, 李彦志, 张国毅. 干涉仪测LFM信号方向误差分析[J]. 四川兵工学报, 2015, 36(8): 119-123.

[21] 石荣, 邓科, 阎剑. 对频域非完整信号的单基线干涉仪测向[J]. 无线电工程, 2014, 44(7): 19-22, 82.

第4章　干涉仪的单元天线及其模型近似的相关问题分析

在第 2 章阐释的干涉仪测向理论模型比较简洁，但只是高度抽象之后凝练简化的结果，很多工程实现因素均没有在这一理论模型中得以全面体现。从理论模型到工程实践的转换，这之中还有众多隐藏问题需要逐一解决。在前述干涉仪测向模型中全向单元天线的增益方向图在三维空间中是一个标准的单位球面，而且这些单元天线在组阵过程中无论间隔多近，相互之间毫无影响；另外，无论何种单元天线在干涉仪测向模型中均简化为一个质点进行信号接收，没有波束主瓣与旁瓣的区分，单元天线之间也没有个体差异。但是到目前为止，在现实工程中都无法制造出如此理想的天线，也无法确保天线组阵之后各个单元天线的性能仍然恒定不变，所以将理论模型与工程现实进行对比，二者的差距在某些方面确实不小。针对上述情况，较好的解决措施就是对理论模型的应用边界条件进行补充、细化与修正，尽量缩减理论假设与工程条件之间的差距。本章正是遵循这一思路，针对干涉仪单元天线及其模型近似的相关问题进行分析，将公开文献中已经报道过的实践经验加以归纳总结，铺垫一条从理论建模到工程应用的过渡之路，为研制出更加实用和更加好用的干涉仪测向产品提供参考。

4.1　各种典型的干涉仪单元天线

虽然目前在工程上已经研制出了各式各样的天线，包括偶极子天线、鞭状天线、环形天线、柱螺旋天线、双锥天线、八木天线、对数周期天线、平面螺旋天线、锥螺旋天线、喇叭天线、抛物面天线、相控阵天线、环焦天线、卡塞格伦天线、波束波导天线等，但在干涉仪测向应用中常见的单元天线类型只覆盖其中一部分。另外，虽然在雷达、通信、电子对抗、遥测遥控等领域中都在使用干涉仪测向，但是干涉仪产品种类最多、使用最频繁、技术指标要求最高的仍然是电子对抗领域。在该领域中，干涉仪的工作频段宽，往往跨越几个倍频程；干涉仪的测向精度要求高，有时通过测向解算就能直接获得辐射源的位置坐标；干涉仪面临的电磁环境最复杂，时常要在存在干扰的条件下同时对众多信号进行测向；干涉仪使用也最频繁，在大部分电子对抗侦察获得的情报中都有干涉仪测向提供的目标信息。所以在此以电子对抗应用为主要代表，选取其中常见的干涉仪单元天线进行简要归纳总结，如表 4.1 所示[1]。表 4.1 中概要展示了这些单元天线典型的波束方向图，以及极化、波束宽度、典型增益、相对带宽和频段范围等主要性能指标参数。

表 4.1　常见的干涉仪单元天线的典型方向图与性能指标

序　号	天线类型	典型方向图	典型性能指标
1	偶极子天线	俯仰面 方位面	极化：垂直极化； 波束宽度：$80°×360°$； 典型增益：2dB； 相对带宽：$10\%\sim30\%$； 频率范围：中波～微波

（续表）

序　号	天线类型	典型方向图	典型性能指标
2	鞭状天线	俯仰面 方位面	极化：垂直极化； 波束宽度：45°×360°； 典型增益：0dB； 相对带宽：10%～30%； 频率范围：HF～UHF
3	环形天线	俯仰面 方位面	极化：水平极化； 波束宽度：80°×360°； 典型增益：−2dB； 相对带宽：10%～30%； 频率范围：HF～UHF
4	对数周期天线	俯仰面 方位面	极化：垂直或水平极化； 波束宽度：80°×60°； 典型增益：6～8dB； 相对带宽：10∶1； 频率范围：HF～微波
5	平面螺旋天线	俯仰面 方位面	极化：圆极化； 波束宽度：60°×60°； 典型增益：−15dB（最低频率）； 　　　　　3dB（最高频率） 相对带宽：9∶1； 频率范围：微波
6	锥螺旋天线	俯仰面 方位面	极化：圆极化； 波束宽度：60°×60°； 典型增益：5～8dB； 相对带宽：4∶1； 频率范围：UHF～微波
7	喇叭天线	俯仰面 方位面	极化：线极化； 波束宽度：40°×30°； 典型增益：5～10dB； 相对带宽：4∶1； 频率范围：VHF～毫米波
8	带圆极化器的喇叭天线	俯仰面 方位面	极化：圆极化； 波束宽度：40°×30°； 典型增益：4～10dB； 相对带宽：4∶1； 频率范围：UHF～毫米波
9	抛物面天线	俯仰面 方位面	极化：由馈源的极化决定； 波束宽度：0.5°～30°； 典型增益：10～55dB； 相对带宽：取决于馈源； 频率范围：VHF～毫米波

需要说明的是，表 4.1 中描述的俯仰面与方位面的方向图为幅度增益的远场方向图，在与天线相关的文献中也用 E 面与 H 面来区分，E 面指电场面，即天线内部源激励的电场所在的平面；H 面指磁场面，即电场变化形成的磁场所在的面。对于垂直极化的简单天线来讲，H 面与水平的方位面一致，E 面与垂直的俯仰面一致；但对于其他情况，二者有一些区别与差异，需要注意区分。另外，表 4.1 中的典型性能指标主要是针对常规应用而言的，对于电子对抗中的部分宽带应用，天线的性能指标变化跨度较大，部分指标会远超出表 4.1 所列的范围。接下来以电子对抗侦察中的干涉仪测向应用为牵引，对其中部分具有代表性的单元天线进行更加详细的介绍。

4.1.1　偶极子天线

偶极子天线是结构最简单、应用历史最悠久、使用范围最广泛的一类线极化天线。偶极子天线又称对称振子天线，由中间馈电的两根对称等长双臂组成，在实际工程中由两根位于同一轴线上的直导线构成，这种天线在远场区产生的辐射场是轴对称的，并且在理论上能够严格求解。在常规应用中偶极子天线是共振天线，细长偶极子天线内的电流分布具有驻波形式，驻波的波长正好等于天线接收的电磁波的波长。因此可通过工作波长来确定偶极子天线的长度。反过来，也能够通过测量偶极子天线的长度来推算该天线的实际工作频段。

最常见的偶极子天线是半波（对称）振子天线，它的总长度 L_{ant} 近似等于工作波长的一半，即 $L_{ant} = \lambda/2$。半波振子天线广泛应用于短波与超短波频段，也可作为干涉仪的单元天线使用。在天线垂直放置时，其 E 面方向图函数 $B_{ant}(\theta_b)$ 如式（4.1）所示：

$$B_{ant}(\theta_b) = \cos(\cos\theta_b \cdot \pi/2)/\sin\theta_b \tag{4.1}$$

式中，θ_b 为波束方向线与天线振子之间的夹角。由式（4.1）可知，在 $\theta_b = 90°$ 的垂直于天线的水平面内方向图函数具有最大值 1，而在 $\theta_b = 0°$ 和 $\theta_b = 180°$ 的平行于振子方向辐射方向图为零，其半功率波束宽度为 78°。

当偶极子天线的总长度 $L_{ant} = \lambda$ 时，该天线称为全波振子天线。在天线垂直放置时，其 E 面方向图函数 $B_{ant}(\theta_b)$ 如式（4.2）所示：

$$B_{ant}(\theta_b) = \left[\cos(\cos\theta_b \cdot \pi) + 1\right]/\sin\theta_b \tag{4.2}$$

由式（4.2）可知，在 $\theta_b = 90°$ 的垂直于天线的水平面内方向图函数具有最大值 2，而在 $\theta_b = 0°$ 和 $\theta_b = 180°$ 的平行于振子方向辐射方向图为零，其半功率波束宽度为 47°。

当偶极子天线的总长度 $L_{ant} = 3\lambda/2$ 时，该天线又称为三倍半波长天线。在天线垂直放置时，其 E 面方向图函数 $B_{ant}(\theta_b)$ 如式（4.3）所示：

$$B_{ant}(\theta_b) = \cos(\cos\theta_b \cdot 3\pi/2)/\sin\theta_b \tag{4.3}$$

由式（4.3）可知，三倍半波长天线的波束方向图会发生开裂，呈现出多个波瓣，这给工程使用带来了不便。为了更好地对比在不同波长情况下，偶极子天线的波束方向图的变化情况，将半波振子天线、全波振子天线和三倍半波长天线的三维立体波束方向图分别绘制如图 4.1(a)～(c)所示[2]。

图 4.1(a)中半波振子天线的辐射电阻 $R_r \approx 73\Omega$，图 4.1(b)中全波振子天线的辐射电阻 $R_r \approx 2000\Omega$，图 4.1(c)中三倍半波长天线的辐射电阻 $R_r \approx 106\Omega$。通过以上对比可知，偶极子天线工作于半波振子状态时性能较好。所以在工程应用中根据一个偶极子天线的实际长度 L_{ant}，便可估算出其最佳工作频点 f_{ant} 为

$$f_{ant} \approx c_{med}/(2L_{ant}) \tag{4.4}$$

式中，c_{med} 为天线所处介质中电磁波的传播速度，在空气中 $c_{med} \approx 3 \times 10^8 \, \text{m/s}$。在此基础上再根据应用背景，对其工作带宽、波束宽度等参数进行估计，从而能够逆向推断出更多的信息。偶极子天线是低频段一维测向的圆阵干涉仪使用得较多的一类天线，在通信与通信侦察领域广泛应用。

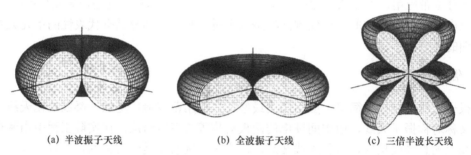

(a) 半波振子天线　　　　　　(b) 全波振子天线　　　　　　(c) 三倍半波长天线

图 4.1　三种偶极子天线的三维立体波束方向图

4.1.2　宽带螺旋天线

宽带螺旋天线主要有平面螺旋天线与（圆）锥螺旋天线两种，如图 4.2 所示。其中图 4.2(a) 所示是 4 种不同形式的平面螺旋天线[3]，上面两种是双臂螺旋，下面两种是四臂螺旋，平面螺旋天线采用中心馈电；图 4.2(b) 所示是锥螺旋天线的实物照片[4]。锥螺旋可看成是平面螺旋围绕介质锥体而形成，由压焊于螺旋导带其中一个臂的同轴电缆馈电，电缆的内导体在锥顶处连接于导带的另一个臂。由于螺旋天线天生近似圆形的辐射结构，使其极化方式自然为圆极化。

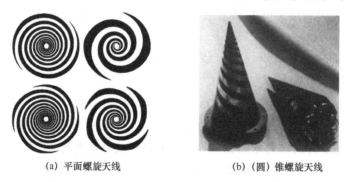

(a) 平面螺旋天线　　　　　　　(b)（圆）锥螺旋天线

图 4.2　常见的平面螺旋天线与（圆）锥螺旋天线

1. 平面螺旋天线

平面螺旋天线中螺旋线图案在周长为一个波长附近的区域形成与该波长对应频率的主辐射区，当频率变化时，主辐射区随之变动，但是天线波束方向图基本保持不变，所以该类天线具有宽频带特性。平面螺旋天线的最低工作频率 $f_{p,min}$ 主要由天线周长 L_{cir} 决定[5]，可由式（4.5）估算；平面螺旋天线的最高工作频率 $f_{p,max}$ 主要由馈点间的间隔尺寸决定，该间隔也必须小于 $\lambda_{min}/4$，其中 λ_{min} 为最高工作频率 $f_{p,max}$ 对应的波长。

$$f_{p,min} \approx 1.25 c_{med}/L_{cir} \tag{4.5}$$

由式（4.5）可见，通过平面螺旋天线的尺寸与结构可以对其工作频段进行粗略估计。平面螺旋天线在其所在平面的一侧辐射右旋圆极化波，而在另一侧辐射左旋圆极化波，反之亦然，所以需要在其中一侧安装一个反射腔去掉不需要的极化，从而获得单向辐射。

实际上，平面螺旋天线是机载雷达对抗侦察中干涉仪测向阵列使用得最多的单元天线类型之一，具有很宽的射频带宽、恒定的波束宽度和圆极化特性等优点，而且其相位中心在螺旋面上，具有优良的相位一致性。但是平面螺旋天线的不足是增益相对较低，在灵敏度要求较高的侦察应用中比较受限。

2. 锥螺旋天线

非平面结构的锥螺旋天线不使用反射腔或反射面即可获得单方向辐射，在圆锥表面上形成等角螺旋时，天线的辐射主要指向圆锥顶端方向，这样便构成了（圆）锥螺旋天线。经过圆锥所截割出的圆的直径基本上决定了工作区的位置，工作区大约在圆的周长为一个波长的范围内，当工作频率改变时，在螺旋的不同部分产生主要的辐射电流，所以该类天线具有宽带特性[5]。锥螺旋天线工作频段中的最低工作频率 $f_{c,min}$ 所对应的波长的 1/2 约等于锥底的直径 d_{down}，而最高工作频率 $f_{c,max}$ 对应的波长的 1/4 约等于锥顶的直径 d_{up}，于是 $f_{c,min}$ 和 $f_{c,max}$ 可估算如下：

$$f_{c,min} \approx c_{med}/(2d_{down}) \tag{4.6}$$

$$f_{c,max} \approx c_{med}/(4d_{up}) \tag{4.7}$$

由式（4.6）与式（4.7）可见，锥螺旋天线的工作频率的倍频程数值约等于其底部直径与顶部直径之比的 1/2。另外，还可以通过锥螺旋天线的尺寸与结构对其工作频段进行粗略估计。

4.1.3　对数周期天线

图 4.3 展示了三种典型的对数周期天线。图 4.3(a)是偶极子对数周期天线；图 4.3(b)是梯状齿对数周期天线[3]；图 4.3(c)是平面齿状对数周期天线[6]，又称互补齿状对数周期天线、自补齿状对数周期天线，该天线中齿的分布是按等角螺旋线设计的，其长度由从原点发出的两条直线之间的夹角决定，相邻的两个齿的间隔是按等角螺旋天线中相邻导体之间的距离来设计的，所以这也是一种变形的对数周期天线。

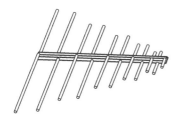　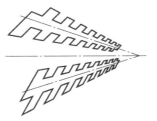　

(a) 偶极子对数周期天线　　　　(b) 梯状齿对数周期天线　　　　(c) 平面齿状对数周期天线

图 4.3　三种典型对数周期天线的图片

对数周期天线的工作频率倍频程取决于次最长偶极子长度 $L_{a,max2}$ 与次最短偶极子长度 $L_{a,min2}$ 之比，并可以通过对数周期天线的几何尺寸来估算该天线工作频段的覆盖范围。网上公开发布的实际工程应用中对数周期天线的照片如图 4.4 所示。由于对数周期天线具有宽频带接收特性，所以在电子对抗侦察应用中也经常作为干涉仪的单元天线使用。

图 4.4　偶极子对数周期天线实物照片

如图 4.4 所示的偶极子对数周期天线是电子对抗应用中比较常见的一种宽带线极化天线形式，偶极子的长度沿天线递增而保持外包络的角度 α_{ant} 不变，其中相邻偶极子的长度 $l_{\text{a},n}$ 及间距 $s_{\text{a},n}$ 的相互之比保持一个常数 $K_{\text{l,s}}$，如式（4.8）所示：

$$\frac{l_{\text{a},n+1}}{l_{\text{a},n}} = \frac{s_{\text{a},n+1}}{s_{\text{a},n}} = K_{\text{l,s}} \tag{4.8}$$

式中，下标 n 表示偶极子的位置序号。对数周期天线工作时，波长 λ 所对应的有效辐射区内各偶极子长度约为 $\lambda/2$，可近似看成是一种类似于半波振子的结构，增大波长则辐射区向长偶极子所在方向移动，减小波长则辐射区向短偶极子所在方向移动，而最大辐射方向总是指向天线顶点方向，如图 4.5 所示。图 4.5 中位于有效辐射区的 3 根振子的长度 $l_{\text{a}} \approx \lambda/2$；位于右边无效（阻塞）区的 3 根振子的长度 $l_{\text{a}} > \lambda/2$，对传输线表现为较大的感抗，且携带很小的电流，在右侧截断了有效辐射区；位于左边无效（传输线）区的 4 根振子的长度 $l_{\text{a}} < \lambda/2$，对传输线表现为较大的容抗，同样携带较小的电流，在左侧截断了有效辐射区。在上述条件下整个辐射区排列的偶极子因辐射近似相同而形成边射，天线波束辐射方向朝天线顶点方向。

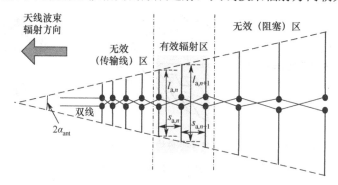

图 4.5　偶极子对数周期天线对应波长的辐射区图示

由图 4.5 可知，对于给定的频率，对数周期天线中仅有一部分振子天线能够有效辐射，在短波长（高频）端只能利用天线总长度的 15% 左右，在长波长（低频）端可利用部分较大，但仍然在天线总长度的 50%以下。从上述对数周期天线的工作原理分析可知，在一定程度上可以将对数周期天线看成是几个长度随波长不断变化的偶极子天线组成的端射天线阵，由此便能够理解对数周期天线的增益一般总在几 dBi 这个范围的原因了。

4.1.4　Sinuous 天线

Sinuous 天线的中文名称直译为正弦天线，在工程上又被称为曲折臂天线，是电子对抗侦察中干涉仪测向的常用单元天线之一[7]。该天线非常特殊，不同学者对此有不同的看法，有的将其归入平面螺旋天线类，有的将其归入变形的对数周期天线类，所以在此对其单独进行介绍。

Sinuous 天线是一种平面天线，具有宽频带、全极化、单孔径等特点，如图 4.6(a)所示。该天线在单一口径中包含了两个正交极化的天线，具有极宽的工作频带（如 2～18GHz 等），通过添加合适的硬件，具有全极化接收能力，即可以构成接收垂直极化、水平极化、左旋圆极化或右旋圆极化的天线。通常情况下，一个 Sinuous 天线输出有两个端口，能够同时接收两种极化的信号，如同时接收垂直极化和水平极化的信号，或者同时接收左旋圆极化和右旋圆极化的信号。图 4.6(b)所示是意大利电子公司研制的 ELT/160 雷达告警接收机上的 Sinuous 天线，工作频段覆盖 2～40GHz，倍频程高达 20∶1。

(a) Sinuous天线面辐射体　　　　　　　(b) 雷达告警接收机上的Sinuous天线实物图片

图 4.6　平面 Sinuous 天线及实物图片

从外形上看，Sinuous 天线类似于平面螺旋天线，且波束方向图也类似于平面螺旋天线，在工作频带相同的条件下，其直径和平面螺旋天线相同，并可以互换使用。从功能上讲，Sinuous 天线也可以看成是一个平面对数周期天线，它比双极化四脊喇叭天线具有更宽的频带。由于 Sinuous 天线具有平面口径，而且与正交对数周期天线的馈源不同，没有相位中心的位移，在工作带宽内可设计成具有恒定的波束宽度，能够给反射面提供恒定的照射，而且它的 E 面与 H 面波束宽度通常是相等的，所以该天线非常适合作为宽带反射面天线的馈源使用。

当用两个巴伦和四路馈线来分别激励一个曲折臂单元时，Sinuous 天线就变成一个双线性极化天线。当这个双线性极化天线的输出在 90° 混合电路中合成后，Sinuous 天线又演变成一个双圆极化天线，如图 4.7 所示。两个天线端口可以同时输出左旋圆极化信号和右旋圆极化信号，所以在工程上该天线又被称为双圆极化平面螺旋天线。在 2～18GHz 频段内，这种双圆极化的 Sinuous 天线的波束宽度可以从 110° 变为 60°。

有关 Sinuous 天线的设计分析可参见文献[8]，在此就不再展开讨论了。

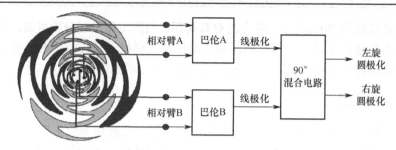

图 4.7　双圆极化 Sinuous 天线构成图示

4.1.5　喇叭天线

喇叭天线从形态上可以看成是一端开口的波导，并通过比波导更大的口径上产生均匀的等相位波前，从而获得相对较高的增益与波束定向性。各种常见喇叭天线的示例如图 4.8 所示。为了使导行波的反射最小化，位于波导端部与自由空间的口径之间的转化区域可以制造成按指数率逐渐锥削的形态，但是实用的喇叭天线都被制造成按直线率张开。图 4.8(a)与图 4.8(b)所示的形态是扇形喇叭，属于只沿某一维尺度张开的矩形喇叭，而另一个维度的尺寸与对应波导的尺寸保持一致。设矩形波导馈送的电磁波的电场沿垂直方向，图 4.8(a)中的喇叭沿电场所在的垂直平面张开，故称为 E 面（扇形）喇叭天线；图 4.8(b)中的喇叭沿垂直于电场所在的平面张开，故称为 H 面（扇形）喇叭天线；图 4.8(c)中的喇叭同时沿上述两个平面张开，故称为棱锥喇叭天线，又称角锥喇叭天线；图 4.8(d)是由圆形波导馈电的圆锥喇叭天线。

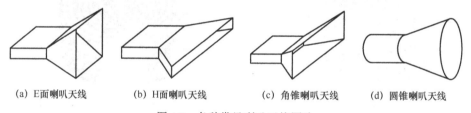

(a) E面喇叭天线　　　　(b) H面喇叭天线　　　　(c) 角锥喇叭天线　　　　(d) 圆锥喇叭天线

图 4.8　各种常见喇叭天线图片

由于电子对抗应用往往涉及宽频段，为了提升波导与喇叭天线的工作带宽，采用中心脊对波导加载，通过降低其主模的截止频率来增加波导的传输带宽，从而形成脊波导。将双脊结构从波导延伸至喇叭，就自然形成脊喇叭天线，如图 4.9 所示[4,9]，该应用形式同样能够使喇叭天线的工作带宽加宽许多倍。从理论上讲，用一种四脊喇叭连接双馈四脊双波导，能够提供高于 6∶1 的正交双线性极化相对带宽，从而为电子对抗应用提供更多形式的宽带喇叭天线选项。

(a) 双脊矩形喇叭天线　　　　　(b) 四脊矩形喇叭天线　　　　　(c) 四脊圆喇叭天线

图 4.9　各种常见脊喇叭天线实物图片

喇叭天线的增益 G_R 用有效口径的面积表示如式（4.9）所示：

$$G_R = 4\pi \eta A_{an} / \lambda^2 \tag{4.9}$$

式中，η 为口径效率，λ 为信号波长，A_{an} 为喇叭天线的物理口径面积，对于矩形喇叭 $A_{an} = a_E \cdot a_H$，其中 a_E 和 a_H 分别为矩形口径 E 面与 H 面的两条边长；对于圆锥喇叭 $A_{an} = \pi a_R^2$，其中 a_R 为圆锥口径的半径。假设喇叭天线口径尺寸至少在 1λ 以上，取 $\eta \approx 0.6$，则式（4.9）可近似为

$$G_R \approx 7.5 A_{an} / \lambda^2 \tag{4.10}$$

如果天线增益使用 dBi 为单位，式（4.10）可表示为

$$G_R = 10 \log_{10} \left(7.5 A_{an} / \lambda^2 \right) \ (\text{dBi}) \tag{4.11}$$

对于矩形（棱锥）喇叭天线，式（4.11）也可表示为

$$G_R = 10 \log_{10} \left(7.5 \cdot u_E \cdot a_H / \lambda^2 \right) \ (\text{dBi}) \tag{4.12}$$

对于部分喇叭天线，其 3dB 波束宽度由式（4.13）近似估计，其中 $\theta_{E,3dB}$ 和 $\theta_{H,3dB}$ 分别为最优 E 面矩形喇叭天线和最优 H 面矩形喇叭天线的 3dB 波束宽度，单位为度。

$$\begin{cases} \theta_{E,3dB} = 56\lambda / a_E \\ \theta_{H,3dB} = 67\lambda / a_H \end{cases} \tag{4.13}$$

以上对工程实际中最具代表性的几种干涉仪单元天线（偶极子天线、宽带螺旋天线、对数周期天线、Sinuous 天线、喇叭天线）相关的基本特性进行了概要的归纳总结，这对从系统总体层面上开展干涉仪测向应用的总体方案论证与初步系统方案设计具有一定的指导意义，对于电子对抗系统总体方案设计师来讲已经初步够用了。但如果要从事具体的干涉仪产品设计与研制工作则还需要具备天线方面的专业知识，关于这方面的专著和文献也出版了很多，有关上述干涉仪单元天线的详细设计方法与性能参数计算可直接查阅天线方面的专业技术资料，在本书中对此部分内容不再重复展开讲解。

4.2　单元天线相位中心的确定与频率无关干涉仪测向

本书前述章节中给出的干涉仪测向理论模型在确定来波信号到达单元天线处的具体接收位置时，都将各个单元天线简化成一个点，这个点在理论上就对应了单元天线的相位中心。天线的相位中心（Antenna Phase Center）为天线电磁辐射的等效点源的位置。天线所辐射出的电磁波在离开天线一定距离之后其等相位面可近似为一个局部球面，该局部球面所对应的球心位置即为该天线的相位中心。根据天线的收发互易特性，相位中心也是天线接收空间中入射电磁波信号的汇聚参考点所在位置。对于最简单的偶极子天线来讲，当忽略天线支架的附加影响时，其相位中心就在中心馈电点处。但是对于具有一定方向性的天线，例如对数周期天线，在作为干涉仪的单元天线使用时，天线的相位中心的确定就比较复杂，其相位中心是随工作频率变化的，下面就对这一问题进行讨论。

4.2.1　偶极子对数周期天线的可变相位中心

文献[10]在不考虑单元天线互耦的条件下，推导了二元直线阵和三元直线阵存在相位中心的条件，即当二元直线阵中两个单元天线的远区辐射场提取共同项之后互为共轭场时，二元直线阵具有稳定的相位中心；当三元直线阵中第一单元天线和第三单元天线的远区辐射场提

取共同项之后互为共轭场时，三元直线阵具有稳定的相位中心。在此基础上该文献采用数学归纳法证明了经过推广后的直线阵相位中心存在条件对于任意的奇数元和偶数元直线阵均成立。由图 4.5 可知，对数周期偶极子天线虽然有很多振子，但在确定频率上只有位于有效辐射区内的振子才能起到主要辐射作用，所以该类天线的相位中心主要取决于有效辐射区内的振子组阵情况。虽然这些振子上电流的幅相分布与前述条件要求接近，但各个振子之间的距离不满足前述条件，所以对数周期天线的严格意义上的相位中心不存在。

　　由 1.3.3 节的图 1.19 可知，干涉仪测向模型是在各个单元天线相位中心的基础上构建的，当干涉仪采用对数周期天线作为单元天线时，可引入可变相位中心的概念来解决干涉仪测向模型的可用性问题。将具有定向波束的天线等效看成是一个阵列辐射天线，如果以该阵列中的一个点为原点的远区合成场在给定方位角方向上具有等相位面的性质，即该合成场的相位对方位角的导数在该给定方位角上等于零，那么定义该点为定向波束天线在该给定方向上的相位中心。按此定义确定的相位中心是随天线波束方向角不断变化的，所以称为该天线的可变相位中心。按照此方法，如果要考虑阵列天线中各个单元之间的互耦效应，在各个单元天线相位中心位置确定之后，通过矩量法求解积分方程可得到每个单元天线上的信号幅度和相位，然后由可变相位中心的定义便能够确定一个定向阵列天线在不同方位角上的相位中心位置。

　　显然用矩量法求解积分方程一般很难得到解析解结果，通常都采用各种专业性天线仿真设计软件来获得数值解结果，如果将此求解过程展开阐述清晰将涉及大量的计算电磁学与天线方面的专业知识，难以在简短篇幅内概要表述，但为了让大家能够对对数周期天线的可变相位中心有一个更加感性的认识，在此直接引用文献[10]给出的部分仿真计算结果进行说明。图 4.10 显示了工作频段为 10～19MHz 的偶极子对数周期天线可变相位中心的位置和 H 面方向图这两个参数随方位角的变化情况。图中实线表示相位中心随不同方位角的位置变化曲线，虚线表示 H 面方向图随不同方位角的相对增益变化曲线。方位角 0° 方向是对数周期天线的前向轴向，对应天线增益最大的方向；方位角 180° 方向是对数周期天线的后向轴向，对应天线背瓣方向。由于对数周期天线 H 面的波束方向图和相位中心在 ±180° 范围内是对称的，所以图 4.10 中只绘制了一半的角度区域，另一半角度区域的特性通过对称性即可获得。

　　对比图 4.10(a)～(j)中虚线所示的H面波束方向图可知，在工作频率从 10MHz 变化到 19MHz 的过程中，对数周期天线的波束形状近似一样，改变并不明显，3dB 波束宽度大约为 90°，这也体现了对数周期天线的波束方向图的非频变特性。但是，对比图 4.10(a)～(j)中实线所示的可变相位中心位置曲线可知，随着工作频率的变化，以及来波方向的变化，相位中心的位置改变比较大；尽管如此，在每个小图中可以发现在天线 3dB 波束宽度所包含的角度范围内可变相位中心的位置基本保持稳定，由于图 4.10 中只绘制了一半的角度范围，所以在图 4.10 的每一个小图中 0° 到 45° 角度范围内可变相位中心的位置基本保持稳定，在工作频率从 10MHz 变化到 19MHz 的过程中对数周期天线主波束范围内的相位中心位置分别大约为：7m、9m、12m、15m、16.5m、19m、21.5m、21.5m、24m、26m。这一变化规律与 4.1.3 节中所给出的对数周期天线的辐射特性随频率变化的规律是相吻合的，同时也说明了可变相位中心计算方法的有效性。

　　采用对数周期天线作为干涉仪的单元天线在电子对抗侦察设备中是比较常见的。正如上面所分析的那样，对数周期天线在不同频率下其相位中心的位置不断改变，由于干涉仪的基线是按各个单元天线的相位中心之间的连线来规定的，大家自然会问：这种变化难道对干涉

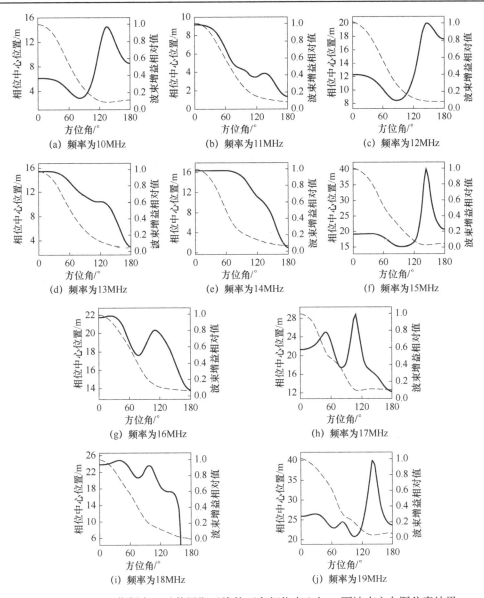

图 4.10　不同工作频率下对数周期天线的可变相位中心与 H 面波束方向图仿真结果

仪的基线构成没有影响吗？截至目前，对于电子对抗侦察应用中绝大部分的干涉仪来讲，在同一个工作频段的干涉仪中所有单元天线都是一样的，当各个单元天线布设完成之后，其在空间中的姿态也是相同的。当相位中心随频率改变时，所有单元天线都一起改变，虽然在宽频带测向应用中单元天线相位中心位置的改变会导致干涉仪基线随频率的变化在空间上发生位置平移，但是基线的长度与姿态不会改变，且基线位置在很小范围内发生平移对干涉仪测向结果没有影响，所以上述问题也就自然得到了解决。由此大家也深刻体会到为什么在干涉仪单元天线的工程研制过程中拼命强调要确保各个单元天线特性保持一致的重要原因了：只有一致性好，才能有一样的变化，对于干涉仪测向应用来讲就好处理了。即便在少部分应用中干涉仪单元天线的相位中心位置的变化会带来基线长短的变化，但只要对该变化进行大量的测试，找出其中的规律，对干涉仪进行充分的校正，同样能够消除单元天线相位中心变化所带来的影响。不过在整个干涉仪家族中也有一类比较特殊的频率无关干涉仪，顾名思义，其很多特性不会随信号频率（波长）的改变而改变，这一特性也能带来一些新的应用优势，接下来继续对此类干涉仪进行讨论。

4.2.2　基于对数周期单元天线的频率无关干涉仪测向

在宽频段测向应用中传统干涉仪的基线长度是基本固定的，所以基线长度与频段内信号波长的比值随着工作频率不同而不断发生改变；而频率无关干涉仪在宽频段测向时，其基线长度会随着信号频率的变化而改变，从而使得干涉仪基线长度与频段内信号波长的比值保持基本恒定。频率无关干涉仪测向具有如下优点：

（1）天线数量少、功能多。两个单元天线既能形成比幅测向所需要的交叉波束，又能形成干涉仪测向所需要的既定基线，综合了比幅测向与干涉仪测向的优点。

（2）工作频带宽，视场范围大，保留了干涉仪所具有较高测向精度的特点，在短基线条件下测向精度通常能够达到 1°～3°。

（3）整个系统体积小、质量轻，比较适合于星载和弹载等平台上应用。

早在 20 世纪 90 年代，文献[11]就在理论分析与实际测试之后，设计了一种使用对数周期偶极子天线组成的两元相位干涉仪，在 1～7GHz 工作频段内基线波长比基本与频率无关。在 1992 年的军事微波会议上也报道了美国研制的采用比幅比相复合体制的测向系统，其中比幅测向在 0.5～18GHz 工作频段内的测向精度优于 5°，比相系统采用了频率无关干涉仪，在 2～7.5GHz 工作频段测向精度优于 2°。在国内，文献[12]也报道过一种频率无关干涉仪与比幅复合的测向系统，其中比幅和比相共用一组天线，比相干涉仪的基线长度会随频率的变化而变化，天线的电长度基本不变，因此其测向精度及测角范围与频率无关。此处天线的电长度是指天线的有效辐射长度与其辐射的电磁波波长的比值，显然电长度不同于物理长度，并且通过增加一个适当的电抗元件，换算之后的电长度还可以显著地短于或长于物理长度。

下面对频率无关干涉仪的工作原理进行分析。把两个对数周期天线在空间中按一定夹角排列，使得两个天线的振子相互平行，并与两天线中线所在的平面垂直，由此组成一个二元干涉仪。当接收的信号频率发生改变时，按照 4.2.1 节中的分析，对数周期天线的相位中心也会随之发生移动，两个天线的电长度会保持基本不变，这使得对应频率的干涉仪基线长度与信号波长的比值保持恒定，这就形成了一个频率无关干涉仪，如图 4.11 所示。

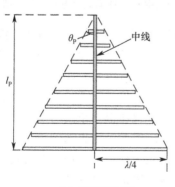
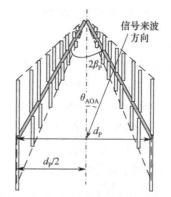

（a）对数周期天线　　　　　　（b）频率无关干涉仪中的两个对数周期天线

图 4.11　采用对数周期天线组成的频率无关干涉仪

根据对数周期天线的特点，天线上振子的长度与工作波长之间有明确的对应关系，设图 4.11(a) 中长度为 $\lambda/4$ 的小段振子距离天线顶点的距离为 l_P，天线上各个振子的外包络直线与天线中线之间的夹角构成对数周期天线的顶角，记为 θ_P。图 4.11(b) 中两个对数周期天线在空间中成夹角 $2\beta_P$ 安装，各个振子均与两中线所在平面垂直，两个天线中长度为 $\lambda/4$ 的小段振子之间的距离为 d_P。于是由上述几何关系可得：

$$\tan\theta_P = \lambda/\left(4l_P\right) \tag{4.14}$$

$$\sin\beta_P = d_P/\left(2l_P\right) \tag{4.15}$$

假设在两个天线中线所在平面内，波长为 λ 的辐射源信号以与两中线对称轴成 θ_{AOA} 角度入射，于是两个天线所组成的单基线干涉仪接收通道之间信号的相位差 ϕ_Δ 如下：

$$\phi_\Delta = 2\pi d_P \sin\theta_{AOA}/\lambda \tag{4.16}$$

将式（4.14）和式（4.15）代入式（4.16）后化简可得：

$$\phi_\Delta = \frac{2\pi\cdot\sin\beta_P\cdot 2l_P\cdot\sin\theta_{AOA}}{\tan\theta_P\cdot 4l_P} = \frac{\pi\cdot\sin\beta_P\cdot\sin\theta_{AOA}}{\tan\theta_P} = 2\pi D_E\sin\theta_{AOA} \tag{4.17}$$

式中，$D_E = \sin\beta_P/(2\tan\theta_P)$ 为干涉仪的电长度。由此可知：当两个对数周期天线的夹角参数 β_P 和顶角参数 θ_P 选定之后，干涉仪输出的相位差 ϕ_Δ 与信号的波长及频率无关。对式（4.17）等号两边求微分可得干涉仪的测向误差 $\delta\theta_{AOA,\Delta}$ 为

$$\delta\theta_{AOA,\Delta} = \frac{\delta\phi_{M\Delta}}{2\pi D_E\cos\theta_{AOA}} \tag{4.18}$$

式中，$\delta\phi_{M\Delta}$ 为干涉仪通道间相位差测量的误差。通过上述分析可推算出干涉仪的最大无模糊测角范围 θ_{max2} 为

$$\theta_{max2} = 2\cdot\arcsin\left[1/(2D_E)\right] \tag{4.19}$$

由式（4.18）和式（4.19）可知，该类干涉仪的测向精度与测角范围与信号波长及频率同样无关。由此可见，频率无关干涉仪名字的由来的确是名副其实的。

4.2.3　采用频率无关干涉仪构成比幅比相复合测向系统

传统的线阵干涉仪中各个单元天线在空间中姿态全部一样，其波束指向线也是完全平行的，相互之间没有交叉。而在图 4.11 所示的频率无关干涉仪中两个对数周期天线的波束指向线成 $2\beta_P$ 夹角，这样就能够形成交叉波束而实现比幅测向。于是设计基于频率无关干涉仪的比幅比相复合测向系统就成为工程应用中一个顺理成章的自然需求，并且还能够使用比幅测向的结果来解干涉仪测向的模糊，从而使得系统的体积更小、集成度更高、功能更强。

为了研制此类干涉仪测向产品，首先按照式（4.18）和式（4.19）计算在不同电长度 D_E 取值条件下，干涉仪的测向误差与最大无模糊测角范围如表 4.2 所示，参照表 4.2 的计算结果即可进行干涉仪测向系统的设计。需要说明的是，表 4.2 中数据是按照相位差测量误差 $\delta\phi_{M\Delta}=20^\circ$ 进行估算的。

表 4.2　不同电长度取值条件下干涉仪的测向误差与最大无模糊测角范围计算

电长度 D_E	0.5	0.577	0.707	1
法线方向的测向误差 $\delta\theta_{AOA,\Delta}$	6.37°	5.52°	4.50°	3.18°
最大无模糊测角范围 θ_{max2}	180°（±90°）	120°（±60°）	90°（±45°）	60°（±30°）

工程应用中频率无关干涉仪的单元天线的类型主要有两种：①对数周期天线，具有频带宽、波束宽、增益适中、设计加工方便等特点，但天线之间的互耦效应较大，相位一致性要特别加以控制；②锥螺旋天线，具有频带宽、波束宽、圆极化、低旁瓣、互耦小、极化损耗小、相位偏差小等特点，但天线增益较低、设计加工难度相对较大。这两类单元天线各有所长，所以在频率无关干涉仪设计中需要根据不同应用场合要求进行灵活选取。

在图 4.11 中，频率无关干涉仪的两个单元天线成 $2\beta_p$ 夹角安装，能够在空间中形成交叉波束，用于比幅测向，所以使用比幅测向的结果来解干涉仪测向的模糊，这一点是该比幅比相复合测向体制的最大优势所在。根据上述特点设计的采用频率无关干涉仪构成的比幅比相复合测向系统的组成框图如图 4.12 所示。图 4.12 中以模拟鉴相方法为例进行系统构建，按照前面章节的介绍，同样也可使用数字鉴相方法。

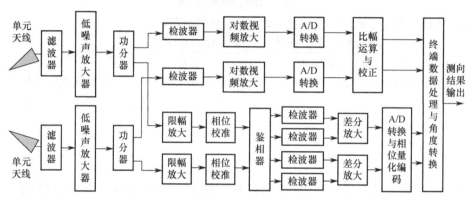

图 4.12 采用频率无关干涉仪构成的比幅比相复合测向系统的组成框图

图 4.12 上半部分完成比幅测向功能，主要由检波器、对数视频放大器、A/D 转换器、比幅运算与校正电路组成，其主要作用是将信号幅度的对数值之差转化成角度编码；图 4.12 下半部分完成单基线干涉仪测向功能，两个单元天线接收的信号在低噪声放大之后再进行限幅放大，经相位校准后进行模拟鉴相，鉴相结果量化编码，并利用比幅测向的结果实施解模糊运算，最后输出信号的来波方向角。

4.2.4 基于锥螺旋天线的频率无关干涉仪测向

如前所述，除对数周期天线外，（圆）锥螺旋天线也是典型的非频变天线。圆锥螺旋天线的半径 r_a 是不断变化的，该天线可看成由周长不同的螺旋线平滑连接后形成的综合辐射体，对于某一波长为 λ 的天线辐射特性主要由周长为 $0.8\lambda \sim 1.3\lambda$ 的一组螺旋线决定，所以圆锥螺旋天线的工作频段很宽，天线的上限工作频率由圆锥小端半径决定，而下限工作频率由圆锥大端半径决定。圆锥螺旋天线的相位中心同对数周期天线的相位中心一样，其位置也是随频率的不同而不断变化，但是无论怎样改变，圆锥螺旋天线的相位中心位置始终位于圆锥的对称轴上。当工作频率升高时，有效辐射区向天线小端移动，相位中心也随之沿对称轴向锥顶方向移动；当工作频率降低时，有效辐射区向天线大端移动，相位中心也随之沿对称轴向锥底方向移动。如果以工作波长为度量单位，在这一度量尺度下有效辐射范围同样是不随工作频段变化的，因此圆锥螺旋天线的电长度基本与频率无关，具有非频变特性。

利用圆锥螺旋天线的这一非频变特性来构建恒电长度的单基线干涉仪，使得干涉仪基线的长度也随频率按照一定比例变化，如果基线长度 d_p 与信号波长 λ 的比值为一恒定值，这就自然形成了恒电长度的干涉仪。如前所述，圆锥螺旋天线的相位中心位于有效辐射区中的圆锥对称轴上，因此干涉仪基线长度由圆锥螺旋天线轴心线上同频辐射点之间的连线长度决定。只要将两个圆锥螺旋天线共顶点交叉放置构成一个单基线干涉仪，那么干涉仪的基线长度也将随频率的变化而改变，如图 4.13 所示，这就确保了基线长度 d_p 和信号波长 λ 的比值为一恒定值，具体分析如下。

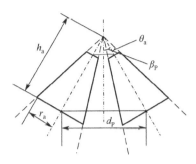

图 4.13　由两个圆锥螺旋天线组成的恒电长度的单基线干涉仪布置示意图

图 4.13 中两个圆锥螺旋天线交叉放置，它们的轴线相交于一点，d_P 为干涉仪基线长度，β_P 为两个天线的轴线之间的半夹角，θ_a 为圆锥螺旋天线的半锥角，r_a 为圆锥螺旋天线的底面半径，h_a 为圆锥的高。由上述几何关系可得：

$$\sin \beta_P = d_P / (2h_a) \tag{4.20}$$

$$\tan \theta_a = r_a / h_a \tag{4.21}$$

文献[13]给出的圆锥螺旋天线相位中心位置的估算公式如下：

$$2\pi r_a = \lambda \sin \gamma_c \cos \theta_a / (1 + \cos \gamma_c \cos \theta_a) \tag{4.22}$$

式中，λ 为长度为 d_p 的基线对应的接收信号波长，γ_c 为圆锥螺旋天线中一个与频率无关的设计参数。于是由式（4.20）～式（4.22）可推导得到：

$$d_P / \lambda = \sin \beta_P \sin \gamma_c \cos \theta_a / \left[\pi \tan \theta_a \cdot (1 + \cos \gamma_c \cos \theta_a) \right] \tag{4.23}$$

由式（4.23）可知，在单个圆锥螺旋天线的尺寸及两个天线之间的相对位置确定之后，从理论上讲，基线长度 d_p 和信号波长 λ 之比为一常数，即满足恒电长度干涉仪构成条件。

文献[13]报道了一个工作频段覆盖 2～8GHz 基于圆锥螺旋天线的频率无关干涉仪测向系统，并进行了实际性能指标的测试。在不同工作频率下，干涉仪的无模糊测角范围实测结果如图 4.14(a)所示。图 4.14(a)中两条曲线分别是两个边缘的最大测角度数，测向误差的均方根实测统计结果如图 4.14(b)所示。

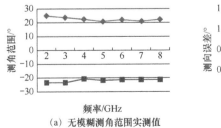
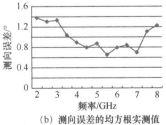

(a) 无模糊测角范围实测值　　　　　　(b) 测向误差的均方根实测值

图 4.14　基于圆锥螺旋天线的频率无关干涉仪的主要性能参数实测结果

由图 4.14 可知，该干涉仪在 2～8GHz 频段内，无模糊测角范围为 $\pm 21°$～$\pm 25°$，最大

有 ±4° 的起伏，测向精度的均方根值均优于 1.4°。以上实测数据表明：采用频率无关干涉仪能够较好地解决测向精度与单值测角范围随天线的电长度变化的矛盾，更有利于在小型宽带电子对抗侦察设备中应用。

4.3   采用抛物面天线作为干涉仪的单元天线

在表 4.1 的最后一行中，将抛物面天线也纳入干涉仪单元天线的范畴，大家对此或许有些疑惑，但在实际工程中的确有基于抛物面天线的干涉仪测向应用。文献[14]详细报道了采用抛物面天线作为单元天线构成干涉仪对同步轨道卫星发射的信号开展的测向实验，并实际验证了该干涉仪的测向精度能够达到 0.001°，以此来实现对同步轨道卫星的跟踪与定轨。该文献认为：对于由抛物面天线构成的干涉仪，一般采用参考点方式进行基线设计与建模，参考点的选择方式有多种，常见的是将抛物面天线的主轴线穿过反射面所在曲面上的交点作为参考点。此处定义的参考点与天线相位中心是不同的概念，相位中心是球面波起点上的假想点，它适合于偶极子天线、喇叭天线之类的天线，而对于辐射平面波的抛物面天线，相位中心不太好明确定义，而且不同的学者对此也有不同的看法，所以在本节中也沿用文献[14]中的参考点来描述。

4.3.1   抛物面天线的特性

在介绍多个抛物面天线组成干涉仪天线阵进行测向应用之前，需要对单个抛物面天线的特性进行简要分析。根据高中解析几何中的知识点：在二维平面内到一条直线的距离与到一个固定点的距离相等的所有点集便构成了一条抛物线，这条直线即是该抛物线的准线，这个点便是抛物线的焦点，如图 4.15(a)所示。正是利用抛物线的这一几何特性，借助一个金属反射面使点辐射源在大口径上产生平面波波前，这个金属反射面就是由抛物线平移或旋转形成的，所以该类天线自然取名为"抛物面天线"。图 4.15(b)在二维平面上按照几何光学方法将抛物线的上述特点清晰地展现了出来。

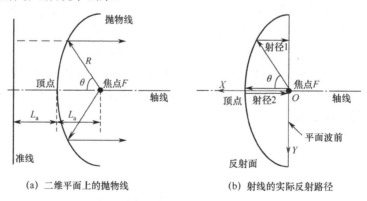

(a) 二维平面上的抛物线   (b) 射线的实际反射路径

图 4.15   射线经过抛物线反射的原理特性图

如果以图 4.15 中抛物线的焦点 F 为坐标系原点，由焦点指向顶点方向为 0° 方向，顺时针角度为正，构建极坐标系，并记抛物线焦点与顶点之间的距离为 L_a，显然与抛物线中心轴线垂直的准线与顶点之间的距离同样为 L_a。于是曲线上每一点的坐标 (R, θ) 均满足：到焦点的距离与到准线的距离相等，由此便可列出极坐标系下的抛物线方程为

$$R = 2L_a - R\cos\theta \tag{4.24}$$

如果以极坐标的原点作为直角坐标系的原点 O，$0°$ 方向作为 X 轴正向，如图 4.15(b)所示。于是把 $R=\sqrt{x^2+y^2}$ 和 $\cos\theta=x/\sqrt{x^2+y^2}$ 代入式（4.24）中，即可将极坐标系下的方程式（4.24）转化成直角坐标系下的方程：

$$x = L_a - y^2/(4L_a) \tag{4.25}$$

显然式（4.25）是一个标准的抛物线方程。由上述方程可知抛物线的反射特性为：来自焦点处各向同性电磁辐射源的所有电磁波经抛物线反射之后到达抛物线口面时都是同相的，因为各路电磁波信号传播的路径长度全部相等。如果将抛物线绕其轴线旋转 360°，便形成了一个旋转抛物面，同样能够将来自焦点处的电磁辐射源发射的球面电磁波转化为抛物面口面上的平面电磁波。在工程应用中将馈源天线放置于抛物面的焦点位置处充当电磁辐射源，对抛物面进行照射从而形成天线波束。于是从具有均匀照射口径的大型旋转抛物面辐射的电磁波都可近似等效为从均匀平面波照射的无限大金属板上相同直径的圆口径的辐射，由此模型即能够推导出旋转抛物面天线的相关特性。由天线的收发互易性可知，用抛物面天线接收电磁波信号时上述特性反向同样具备。

有关抛物面天线性能的几个关键指标概要小结如下。旋转抛物面天线的增益 G_R 可用其口面半径 R_{ant} 表示，如式（4.26）所示：

$$G_R = 4\pi^2\eta R_{ant}^2/\lambda^2 \tag{4.26}$$

式中，η 为口径效率，也称为天线的效率；λ 为信号波长。

对于口径均匀照射的旋转抛物面天线，其 3dB 波束宽度 $\theta_{ant,3dB}$ 和第一零点波束宽度 $\theta_{ant,zero}$ 可近似估算如下，单位为度：

$$\theta_{ant,3dB} = 29 \cdot \lambda/R_{ant} \tag{4.27}$$

$$\theta_{ant,zero} = 70 \cdot \lambda/R_{ant} \tag{4.28}$$

由于对反射面口径的均匀照射会使边缘漏射增大，天线波束副瓣特性恶化，所以在实际工程应用中往往采用非均匀照射方式，即反射面中心的照射强度大，而从中心到边缘照射强度逐渐降低。当然非均匀照射所付出的代价就是口径效率 η 有少许的降低，3dB 波束宽度略微增大，使得天线增益有一点下降，不过天线波束副瓣特性得到了较好的改善，更有利于工程应用。

4.3.2　抛物面天线的架设与反射式干涉仪

在地球表面对同步轨道卫星发射的信号进行干涉仪测向，由于信号传输距离超过了 36000km，信号到达地表时强度十分微弱，为了确保能够达到一定的接收信号的信噪比条件，需要采用抛物面天线作为干涉仪的单元天线，天线的尺寸与形状同甚小口径终端（Very Small Aperture Terminal，VSAT）级别的卫星通信天线大致在同一量级。在基线设计方面，C 频段干涉仪的基线通常需要达到 10m 量级，由于过长的基线与过短的信号波长，需要严格确保系统中各个接收支路的电缆传输长度的一致性，这其中也包含了热相平衡的要求。如果一根电缆在一棵大树或建筑物的阴影里，而另一根电缆受到太阳光的直晒，在此情况下即使电缆周围的空气保持自由流动，这两根电缆都会处于热不平衡状态，而引入附加的相位差。由于电缆过长，确保达到热平衡的要求技术难度较大，其中一个可行方案就是采用一个或多个平面反射镜对其中一路或多路信号进行反射，多个抛物面接收天线即可并排放置在一个较小的范围内，使配置的电缆尽可能处于相同的外部接收环境条件，从而满足热相平衡的要求，这样的设计就构成了反射式干涉仪。

在反射式干涉仪中，反射子系统中的反射镜放置在抛物面天线的近场范围内，反射镜与抛物面天线的距离一般不超过几十米，在此距离上微波波束的衍射效应可以忽略，换句话讲，微波的传播可以视为几何光学传播。反射镜的大小由覆盖抛物面天线孔径的几何形状确定，镜面必须全部覆盖整个天线孔径，否则天线接收增益就会降低，而且镜面边沿的散射也会产生不必要的旁瓣。反射镜通常采用光滑表面的金属平板构成，如图 4.16 所示。反射之后信号的相位会增加 π；而且反射镜会改变天线的极化，以圆极化信号为例，经过反射之后右旋圆极化（Right Hand Circular Polarization，RHCP）会变为左旋圆极化（Left Hand Circular Polarization，LHCP），反之 LHCP 会变为 RHCP；以线极化信号为例，反射之后极化角也会对应改变，所以在反射式干涉仪系统设计时要特别注意信号极化的控制与校准。

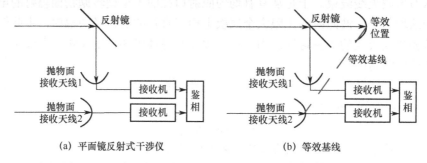

(a) 平面镜反射式干涉仪　　　　　　　(b) 等效基线

图 4.16　反射式干涉仪天线布置及其所形成的等效基线图示

图 4.16 所示的反射式干涉仪的两个单元天线之间的配置不一样，在系统校准中难以保持一致性，而对称形式的反射式干涉仪能够避免此问题，如图 4.17 所示。图 4.17(a)中反射式干涉仪基线矢量可看成是两个反射镜中心点的连线，如果反射镜安置在大楼的楼顶上，为了更好地接入信号，将中心机房配置在地面上，则可以采取如图 4.17(b)的布置形式。对称形式的反射式干涉仪能够确保各个单元天线在信号的相位与极化等方面保持一致，这样更便于进行系统校准与工程实现。

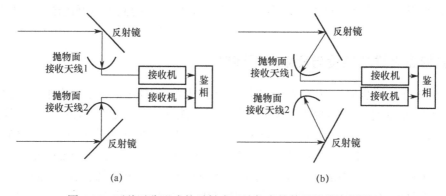

(a)　　　　　　　　　　　　　(b)

图 4.17　两种对称形式的反射式干涉仪中的单元天线布置图示

文献[14]中给出了一个工程实现的实例，反射式干涉仪工作于 11～12GHz 频段，反射镜由边长为 2m 的正方形光滑金属板构成，作为单元天线的抛物面天线的直径为 1.8m，G/T 值为 23.2dB/K，基线长度达到了 13m。

4.3.3　带反射镜旋转的反射式旋转干涉仪

4.3.2 节介绍的反射式干涉仪能够完成一维测向功能，如果要对同步轨道卫星辐射的下行信号进行来波方向的方位角与俯仰角的测量，则需要一个二维干涉仪才能实现。为了工程实现方便，可采用旋转干涉仪的方案，有关旋转干涉仪的工作原理在 5.4 节中会进行详细分析，在此仅从应用的角度对采用抛物面天线构成旋转干涉仪的方案进行介绍。考虑到抛物面天线的体积与质量都比较大，所以旋转方案也就自然演化为对反射镜进行旋转，其整个系统的工作原理及天线布设示意图如图 4.18 所示。

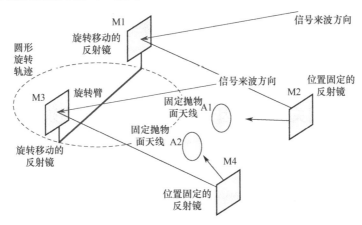

图 4.18　带反射镜旋转的反射式旋转干涉仪工作原理及天线布设示意图

由图 4.18 可见，固定抛物面天线 A1 接收的信号经过了镜面 M1 与 M2 的反射，固定抛物面天线 A2 接收的信号经过了镜面 M3 与 M4 的反射。镜面 M1 和 M3 安装在旋转臂上，而 M2 和 M4 位置固定，所有镜面均为平面镜。当旋转臂旋转时所有镜面的指向角严格受控，以确保 A1 和 A2 均能接收到目标信号，并且沿反射路径 M1—M2—A1 和沿反射路径 M3—M4—A2 的传播路径时延可由几何路径精确计算得到，如果从测量得到的相位中扣除由上述路径时延造成的相位变化，那么就能得到由 M1 与 M3 构成的一条在水平面内旋转的干涉仪基线所测量得到的来波信号的相位差，从而实现旋转干涉仪二维测向。按照上述工作原理构建的实际使用的 Ku/C 频段反射式旋转干涉仪实物照片与模型照片如图 4.19 所示[14]，在这一实物照片中由于拍摄角度的关系没有显示出反射镜 M2 和 M4 的位置，在模型照片中仅使用了一对 Ku 频段的固定天线。这个带反射镜旋转的反射式旋转干涉仪的主要性能指标如下：Ku 频段覆盖 11.7～12.75GHz，C 频段覆盖 3.7～4.2GHz，线极化天线口径 1.8m，Ku 频段 G/T=23.2dB/K，C 频段 G/T=16.8dB/K，平面反射镜为边长 2m 的正方形，旋转臂的转动速度为 1°/s。

在实际研制的系统中，M2—A1 和 M4—A2 的距离为 16m，M1—M2 和 M3—M4 的距离随着旋转臂的旋转在 15～28m 范围内变化。这些距离相对于抛物面天线的近场距离都比较小，反射的微波波束在传播过程中不会因为衍射而展宽，因此插入平面反射镜所引起的损耗可忽略不计。由图 4.18 中的几何关系可知，M1 和 M2 形成一条路径，M3 和 M4 形成另一条路径，在旋转臂的部分旋转角区域内二者的传播路径可能会出现交叉，但这不会造成信号的相互干扰，只不过有时会造成镜面对传播路径的短暂遮挡，所以在整个测量过程中需要对测量数据进行特殊处理。另外，为了避免极化改变所带来的附加误差，当旋转臂改变方向时需要对天线的极化角进行调整，或者在数据接收之后对测量的相位进行校正。文献[14]给出的实际测试数据表明：使用上述带反射镜旋转的以抛物面天线作为最终接收天线的反射式旋转干涉仪实现了对同步轨道 Ku/C 频段卫星下行信号的高精度测向，测角精度能够达到 0.001°。

(a) 实物照片　　　　　　　　　　　　　　(b) 模型照片

图 4.19　实际使用的 Ku/C 频段反射式旋转干涉仪实物照片与模型照片

4.4　与单元天线相关的各种因素对干涉仪测向的影响分析

4.4.1　单元天线极化的一致性对干涉仪测向的影响

按照理想的电磁波发射与传播特性，电磁波的极化方式主要分为线极化（Linear Polarization，LP）与圆极化，线极化又可细分为水平极化、垂直极化与 45° 斜极化，圆极化又可细分为左旋圆极化（LHCP）与右旋圆极化（RHCP）。实际上工程应用条件与理想条件之间存在差异，使得圆极化通常蜕变为椭圆极化，并用极化椭圆的长轴与短轴之比来描述其蜕变程度，称为圆极化轴比。当圆极化轴比趋近于无穷大时，圆极化便最终蜕变成为线极化。由此可见：电磁波的极化及其演变是十分灵活的。在干涉仪测向应用中，只有当空间传播的被测信号的极化与接收天线的极化完全匹配时，干涉仪各个单元天线输出的信号才能真实准确地与空间中的信号保持一致，否则就可能引入各种失配误差，而这些误差将造成后续相位差测量精度的降低，从而最终影响干涉仪的测向精度。文献[15]指出干涉仪单元天线不仅能接收信号的共极化分量，也会接收信号的交叉极化分量，存在一定的正交极化耦合度，单元天线的极化误差对测角性能会产生一定的影响，并且测角误差对信号源的极化方式也比较敏感，举例分析如下。

1. 考虑极化因素的干涉仪测向模型

设目标辐射源信号的频率为 f_c，入射角度为 θ_{AOA}，垂直极化方式采用极化状态矢量表示为 $\boldsymbol{E}_r = [0,1]^T$，则信号到达干涉仪基线的两个单元天线处的信号 $S_{V1}(t)$ 和 $S_{V2}(t)$ 如式（4.29）和式（4.30）所示，这两个信号之间的相位差 $\phi_{int\Delta} = \phi_2 - \phi_1$。

$$S_{V1}(t) = A_s(t)\exp\left[j(2\pi f_c t + \phi_1)\right] \tag{4.29}$$

$$S_{V2}(t) = A_s(t)\exp\left[j(2\pi f_c t + \phi_2)\right] \tag{4.30}$$

式中，$A_s(t)$ 表示信号复振幅。假设干涉仪采用右旋圆极化方式的对数螺旋天线，则两个单元天线的极化状态矢量为 $\boldsymbol{h}_{r1} = \boldsymbol{h}_{r2} = 1/\sqrt{2}\,[1,-j]^T$，此时两个单元天线接收到的信号 $R_1(t)$ 和 $R_2(t)$ 分别为

$$R_1(t) = \boldsymbol{h}_{r1}^{\mathrm{T}} \cdot \boldsymbol{E}_r \cdot S_{V1}(t) = 1/\sqrt{2} \cdot A_s(t) \exp\left[\mathrm{j}(2\pi f_c t + \phi_1 - \pi/2)\right] \tag{4.31}$$

$$R_2(t) = \boldsymbol{h}_{r2}^{\mathrm{T}} \cdot \boldsymbol{E}_r \cdot S_{V2}(t) = 1/\sqrt{2} \cdot A_s(t) \exp\left[\mathrm{j}(2\pi f_c t + \phi_2 - \pi/2)\right] \tag{4.32}$$

由式（4.31）和式（4.32）可知，在两个单元天线的极化特性完全一致的情况下，即使目标辐射源信号的极化与接收天线的极化有差异，干涉仪也能够精确地获得相位差的测量值 $\phi_{\mathrm{int}\Delta} = \phi_2 - \phi_1$，从而完成信号的来波方向估计。

2. 单元天线极化差异造成的影响

在一般情况下，入射信号的极化矢量表示为 $\boldsymbol{E}_i = \left[\cos\gamma_i, \mathrm{e}^{\mathrm{j}\delta_i}\sin\gamma_i\right]^{\mathrm{T}}$，其中，$\gamma_i$ 为信号幅度极化参数，δ_i 为信号相位极化参数。假设在理想情况下单元天线 1 和单元天线 2 为左旋圆极化，对应的极化状态矢量为 $\boldsymbol{h}_{r1} = \boldsymbol{h}_{r2} = 1/\sqrt{2}\left[1, \mathrm{j}\right]^{\mathrm{T}}$，但由于加工工艺、安装位置等因素的影响，其真实极化状态与理想状态之间存在偏差，于是天线实际的极化状态可表示为

$$\boldsymbol{h}_{rr1} = \boldsymbol{K}_{P1} \cdot \boldsymbol{h}_{r1} = \begin{bmatrix} 1 & 0 \\ 0 & k_{p1}\mathrm{e}^{\mathrm{j}\Delta\delta_{p1}} \end{bmatrix} \boldsymbol{h}_{r1} = \frac{1}{\sqrt{2}}\begin{bmatrix} 1 \\ \mathrm{j}k_{p1}\mathrm{e}^{\mathrm{j}\Delta\delta_{p1}} \end{bmatrix} \tag{4.33}$$

$$\boldsymbol{h}_{rr2} = \boldsymbol{K}_{P2} \cdot \boldsymbol{h}_{r2} = \begin{bmatrix} 1 & 0 \\ 0 & k_{p2}\mathrm{e}^{\mathrm{j}\Delta\delta_{p2}} \end{bmatrix} \boldsymbol{h}_{r2} = \frac{1}{\sqrt{2}}\begin{bmatrix} 1 \\ \mathrm{j}k_{p2}\mathrm{e}^{\mathrm{j}\Delta\delta_{p2}} \end{bmatrix} \tag{4.34}$$

式中，$\boldsymbol{K}_{P1}$ 和 $\boldsymbol{K}_{P2}$ 分别为单元天线 1 和单元天线 2 的极化误差矩阵，k_{p1} 和 $\Delta\delta_{p1}$ 分别表示单元天线 1 的正交极化分量的幅度误差与相位误差；k_{p2} 和 $\Delta\delta_{p2}$ 分别表示单元天线 2 的正交极化分量的幅度误差与相位误差。在此基础上即可求出入射信号极化矢量 $\boldsymbol{E}_i$，于是单元天线 1 和单元天线 2 接收到的信号 $R_1(t)$ 和 $R_2(t)$ 分别为

$$R_1(t) = \boldsymbol{h}_{rr1}^{\mathrm{T}} \cdot \boldsymbol{E}_i \cdot S_{V1}(t) = \frac{1}{\sqrt{2}}\left[\cos\gamma_i + \mathrm{j}k_{p1}\sin\gamma_i\mathrm{e}^{\mathrm{j}(\Delta\delta_{p1}+\delta_i)}\right] \cdot S_{V1}(t) \tag{4.35}$$

$$R_2(t) = \boldsymbol{h}_{rr2}^{\mathrm{T}} \cdot \boldsymbol{E}_i \cdot S_{V2}(t) = \frac{1}{\sqrt{2}}\left[\cos\gamma_i + \mathrm{j}k_{p2}\sin\gamma_i\mathrm{e}^{\mathrm{j}(\Delta\delta_{p2}+\delta_i)}\right] \cdot S_{V2}(t) \tag{4.36}$$

由此求得两个接收到的信号 $R_1(t)$ 和 $R_2(t)$ 的相位差 $\phi_{\mathrm{af}\Delta}$ 为

$$\begin{aligned}\phi_{\mathrm{af}\Delta} = {}&\phi_{\mathrm{int}\Delta} + \mathrm{angle}_{[-\pi,\pi)}\left\{\left[\cos\gamma_i - k_{p2}\sin\gamma_i\sin(\Delta\delta_{p2}+\delta_i)\right] + \mathrm{j}\left[k_{p2}\sin\gamma_i\cos(\Delta\delta_{p2}+\delta_i)\right]\right\} - \\ &\mathrm{angle}_{[-\pi,\pi)}\left\{\left[\cos\gamma_i - k_{p1}\sin\gamma_i\sin(\Delta\delta_{p1}+\delta_i)\right] + \mathrm{j}\left[k_{p1}\sin\gamma_i\cos(\Delta\delta_{p1}+\delta_i)\right]\right\}\end{aligned}$$

$$\tag{4.37}$$

式中，$\mathrm{angle}_{[-\pi,\pi)}(\bullet)$ 为求取一个复数的辐角并将其转换到 $[-\pi,\pi)$ 范围的函数（见 2.3.3 节）。由上可见，当单元天线 1 和单元天线 2 的极化误差矩阵 $\boldsymbol{K}_{P1} = \boldsymbol{K}_{P2}$ 时，接收到的信号的相位差 $\phi_{\mathrm{af}\Delta} = \phi_{\mathrm{int}\Delta}$，不会产生新的鉴相误差；而当 $\boldsymbol{K}_{P1} \neq \boldsymbol{K}_{P2}$ 时，则会引入新的鉴相误差。

举一例以简要说明，如果入射信号为垂直极化，即 $\gamma_i = \pi/2$，则 $\cos\gamma_i = 0$，$\sin\gamma_i = 1$，且 $\delta_i = 0$，于是两信号的相位差会附加上两个天线正交极化分量的相位误差之差：

$$\phi_{\mathrm{af}\Delta} = \phi_{\mathrm{int}\Delta} + \Delta\delta_{p2} - \Delta\delta_{p1} \tag{4.38}$$

由上可见，干涉仪的两个单元天线的极化特性不一致，特别是正交极化分量的相位特性不一致会导致测角误差；测角误差与入射波的极化状态有关，当信号与单元天线的极化特性越接近，由极化而引入的测角误差越小；反之则越大。

通过本节的分析也再次看出：在干涉仪测向应用中各个单元天线的特性保持一致的重要性所在，当然也包括了保持极化特性的一致性，否则就需要通过繁杂的校正来消除各个单元天线极化特性差异所带来的影响。

4.4.2　单元天线波束旁瓣对干涉仪测向的影响

在经典的干涉仪测向模型中各个单元天线都假设为：天线波束的幅度特性与相位特性都完全相同，但在工程实际中这样的单元天线根本制造不出来，实际的单元天线只能确保在主波束的角度覆盖内满足在规定误差范围内的一致性，而对于各个单元天线的旁瓣波束的幅度与相位特性的一致性则不受控制，当然也包含了极化特性几乎完全不受控，甚至可以用"千变万化"这个词来形容。也正因为这一原因，工程应用中的干涉仪测向实际上都默认为是在各个单元天线的主波束角度范围内进行，如果信号入射方向属于单元天线的旁瓣波束的角度范围，则此时干涉仪输出的测向结果则是非常不确定的，甚至还带有与目标信号参数相关的随机性。

在采用高增益单元天线的干涉仪测向应用中，为了区分一个信号是从干涉仪单元天线的主波束范围内入射，还是从旁瓣波束范围内入射，通常需要采用一个或几个附加的低增益宽波束天线充当切单元天线旁瓣的功能，也称之为"切旁瓣天线"。从理论上讲，切旁瓣天线的增益通常比单元天线主波束的增益至少要低 3dB，但比单元天线的旁瓣增益要高，显然其波束覆盖范围自然要比干涉仪的高增益单元天线的 3dB 主波束宽度要宽得多，如图 4.20 所示。由于切旁瓣天线要遵循上述天线增益与波束宽度的相关要求，所以在一个切旁瓣天线不能满足使用要求的情况下，还需要多个切旁瓣天线组合在一起来共同完成对高增益单元天线切旁瓣的功能。

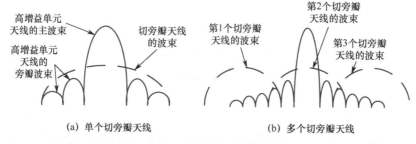

(a) 单个切旁瓣天线　　　　　　　　(b) 多个切旁瓣天线

图 4.20　高增益单元天线主波束、旁瓣波束与切旁瓣天线波束方向图之间的关系

由图 4.20 可见，只有当干涉仪单元天线接收到信号的强度高于任何一个切旁瓣天线接收到信号的强度时，才能明确判断该信号一定是从单元天线主波束方向入射的；否则可能是从单元天线旁瓣波束方向进入的。上述切旁瓣的方法在电子对抗侦察系统中广泛采用，但同时也会造成设备量的增加。如果在某些应用情况下，如目标辐射源的信号一直持续存在，干涉仪基线也安装于一个可运动的平台上，在此应用边界条件下不配置切旁瓣天线，而直接利用干涉仪自身接收信号的特性，也能够在一定程度上判断目标信号是否从单元天线主波束方向入射。文献[16]设计了一种通过多基线干涉仪主动转动来切除旁瓣的方法。为了更加清晰地对该方法进行介绍，在此将第 1 章中干涉仪测向公式重新书写如下：

$$\phi_{\text{int}\Delta} = \frac{2\pi d_{\text{int}} \sin\theta_{\text{AOA}}}{\lambda} \tag{4.39}$$

干涉仪主动转动时各条基线输出的相位差 $\phi_{\text{int}\Delta}$ 随来波方向角 θ_{AOA} 的变化情况，可由式（4.39）中 $\phi_{\text{int}\Delta}$ 对 θ_{AOA} 求导来表示：

$$\frac{\mathrm{d}\phi_{\text{int}\Delta}}{\mathrm{d}\theta_{\text{AOA}}}=\frac{2\pi d_{\text{int}}\cos\theta_{\text{AOA}}}{\lambda} \tag{4.40}$$

式（4.40）表明，相位差 $\phi_{\text{int}\Delta}$ 随来波方向角 θ_{AOA} 的变化大小与干涉仪的基线长度 d_{int} 成正比。由于干涉仪的主动转动等效于信号来波方向角度的改变，而且主动转动的角速度大小是由侦察方自主控制的，对于侦察方来讲是已知的。于是利用这一特性，在多基线干涉仪测向系统中，在干涉仪基线主动旋转了 θ_{R} 角度之后，通过观察各条基线测量到信号的相位差变化量 $\mathrm{d}\phi_{\text{int}\Delta}$ 是否与其对应的基线长度 d_{int} 成比例，以此来判断当前的信号来波方向是否在单元天线的主波束范围内。由于从单元天线旁瓣波束方向入射的信号不满足式（4.40），所以该方法能够在此应用场景下完成干涉仪单元天线切旁瓣的功能。

4.4.3　天线罩对干涉仪测向的影响

干涉仪的单元天线通常放置于露天环境，为了避免其遭受自然界中暴风雨、冰雪、沙尘及太阳辐射等恶劣条件的侵扰，确保其长期工作具有稳定可靠的性能，在工程应用中通常在天线外部罩上一个具有高透波特性的结构体，从而保护天线系统免受外部环境的影响，这个结构体就是天线罩。天线罩通常采用特定的高透波材料制成，在电气性能上具有良好的电磁波穿透特性，在机械性能上能够抵御外部恶劣环境的作用，从而在罩体内部空间为单元天线提供了一个良好的工作环境。另外，在飞机机体、吊舱等具有空气动力学外形要求的载体表面安装天线时，为了避免对原有结构外形产生破坏，通常把天线嵌入安装于载体外部的邻近结构内，然后再用天线罩对载体表面进行修形覆盖，不仅满足了天线接收外界电磁信号的要求，而且也尽量确保了原有结构的空气动力学特性不发生过大的改变。虽然在干涉仪天线外部安装的天线罩具有高透波特性，但天线罩作为一种电介质对电磁波传播特性还是有一定影响的，特别是天线罩对干涉仪各单元天线之间信号的高精度相位差测量的影响不可忽略。

文献[17]通过理论分析与实物测试发现天线罩对干涉仪相位差测量的影响因素主要体现在：天线罩两端曲率半径的差异、罩壁结构的选择与制作工艺。对于机载或舰载设备上的天线罩，其外形曲率半径一般有特殊的要求，所以要减小天线罩的影响就需要：优化罩壁结构并提高工艺水平；通过实测校正，将天线罩引入的相位误差减小到一定范围内，以满足工程应用要求。天线罩对信号的相位测量的影响与信号频率、极化、来波方向等因素都有关。以飞机机翼天线罩为例，针对特定频率 f_{c}、极化 p_{c}、方位角 θ_{az}、俯仰角 θ_{pi} 的来波信号，在没有天线罩时单元天线测得的信号相位为 $\theta_{\text{mea}}^{\text{A}}\left(f_{\text{c}},p_{\text{c}},\theta_{\text{az}},\theta_{\text{pi}}\right)$，在有天线罩时单元天线测得的信号相位为 $\theta_{\text{mea}}^{\text{B}}\left(f_{\text{c}},p_{\text{c}},\theta_{\text{az}},\theta_{\text{pi}}\right)$，于是二者之差便是插入天线罩之后所引入的附加相移 $\theta_{\text{mea}}^{\text{D}}\left(f_{\text{c}},p_{\text{c}},\theta_{\text{az}},\theta_{\text{pi}}\right)$，如下式所示：

$$\theta_{\text{mea}}^{\text{D}}\left(f_{\text{c}},p_{\text{c}},\theta_{\text{az}},\theta_{\text{pi}}\right)=\theta_{\text{mea}}^{\text{B}}\left(f_{\text{c}},p_{\text{c}},\theta_{\text{az}},\theta_{\text{pi}}\right)-\theta_{\text{mea}}^{\text{A}}\left(f_{\text{c}},p_{\text{c}},\theta_{\text{az}},\theta_{\text{pi}}\right) \tag{4.41}$$

图 4.21 是文献[17]给出的一个简单机翼的天线罩模型，中间 3 点表示干涉仪单元天线所在的位置，右边的小图为单元天线在天线罩上形成的有效电磁窗口。由于机翼天线罩两端的曲率半径不一样，几何光学中每一条射线在与天线罩罩壁交点处形成的入射角也不相同，即使在频率、极化等参数相同的情况下，也会由于信号到各个单元天线的入射方向与天线罩表

面的夹角之间存在差异，导致不同位置的单元天线出现不同的附加相移。由此可见，机翼天线罩两端曲率半径的差异是导致天线罩引入相位差测量误差的主要原因之一。另外，天线罩设计的罩壁形式与厚度也会影响插入相移的大小，还包括内、外蒙皮和芯层预成形工艺、组合固化工艺、粘接、修磨和喷漆工艺等。

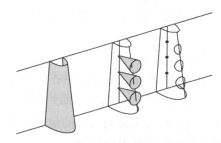

图 4.21　不同曲率半径的机翼天线罩导致不同的插入相位误差

如前所述，可采用校正的方法来减小天线罩所引入的额外相位误差。例如采用相关干涉仪测向方法时，在干涉仪的各个单元天线和天线罩安装完成之后，使用不同频率和不同来波方向的测试信号来制作相关干涉仪的相位差样本模板数据库，经过这种实测条件下的信号相位差样本采集，实际上将包括天线罩插入相位误差在内的系统性误差一并校正了。在采用长短基线组合干涉仪测向方法时，也可使用类似的流程记录在不同频率和不同来波方向的测试信号条件下实测的干涉仪各条基线的相位差与理论值之间的差异作为校正值，并用于后续实际测向中的相位差校正。文献[17]报道了对一个包含 6 个单元天线的工作频段覆盖 2～18GHz 的干涉仪进行附加天线罩的校正测试，以实测数据验证了校正方法的有效性。

除了如前所述的天线罩曲率半径差异因素，文献[18]主要针对天线罩附加引入的相位不一致性进行了分析，例如，在研制的天线罩的厚度不均匀时就会造成在天线罩的不同位置上出现插入相位误差大小的不同。假设干涉仪有 N_{a} 个单元天线，每两个单元天线之间，例如第 i 个单元天线与第 j 个单元天线由天线罩插入而引入的相位误差记为 $\varphi_{ij}^{\mathrm{R}}\left(f_{\mathrm{c}}, p_{\mathrm{c}}, \theta_{\mathrm{az}}, \theta_{\mathrm{pi}}\right)$，$i, j = 1, 2, \cdots, N_{\mathrm{a}}$，于是有如下关系式成立：

$$\varphi_{ij}^{\mathrm{R}}\left(f_{\mathrm{c}}, p_{\mathrm{c}}, \theta_{\mathrm{az}}, \theta_{\mathrm{pi}}\right) = -\varphi_{ji}^{\mathrm{R}}\left(f_{\mathrm{c}}, p_{\mathrm{c}}, \theta_{\mathrm{az}}, \theta_{\mathrm{pi}}\right) \tag{4.42}$$

干涉仪天线阵测试得到的相位误差的平均值 $\varphi_{\mathrm{ave}}^{\mathrm{R}}\left(f_{\mathrm{c}}, p_{\mathrm{c}}, \theta_{\mathrm{az}}, \theta_{\mathrm{pi}}\right)$ 如下：

$$\varphi_{\mathrm{ave}}^{\mathrm{R}}\left(f_{\mathrm{c}}, p_{\mathrm{c}}, \theta_{\mathrm{az}}, \theta_{\mathrm{pi}}\right) = \frac{1}{C_{N_{\mathrm{a}}}^{2}} \sum_{i<j} \varphi_{ij}^{\mathrm{R}}\left(f_{\mathrm{c}}, p_{\mathrm{c}}, \theta_{\mathrm{az}}, \theta_{\mathrm{pi}}\right) \tag{4.43}$$

式中，$C_{N_{\mathrm{a}}}^{2}$ 表示 N_{a} 个单元天线的排列组合数。于是不同天线位置处的天线罩的相位不一致性定义为这两个位置的相位误差与相位误差平均值之差：

$$U_{ij}^{\mathrm{R}}\left(f_{\mathrm{c}}, p_{\mathrm{c}}, \theta_{\mathrm{az}}, \theta_{\mathrm{pi}}\right) = \varphi_{ij}^{\mathrm{R}}\left(f_{\mathrm{c}}, p_{\mathrm{c}}, \theta_{\mathrm{az}}, \theta_{\mathrm{pi}}\right) - \varphi_{\mathrm{ave}}^{\mathrm{R}}\left(f_{\mathrm{c}}, p_{\mathrm{c}}, \theta_{\mathrm{az}}, \theta_{\mathrm{pi}}\right) \tag{4.44}$$

在理想情况下，各个单元天线位置处对应的天线罩插入而引入的相位误差均相同，相位不一致性为 0，则天线罩对干涉仪测向结果没有影响。但是当天线罩插入而引入的相位误差值波动较大时，相位不一致性就会变差，使得不同基线测量的相位差产生新的误差，最终导致测向误差增大。文献[18]设计并研制了一个满足宽频带透波性能要求的 0.8～6GHz 工作频段的干涉仪天线罩，分别对干涉仪天线在加罩与不加罩情况下的接收信号的相位差进行了实际测试，测试中信号来波方向角的覆盖范围为 $\left[-45^{\circ}, 45^{\circ}\right]$。实测数据显示：当干涉仪工作于 0.8GHz 频率时，天线罩引入的相位不一致性最大为 4.5°，造成的测向误差在-0.25°～1.4°；当工作频率达到 4GHz 时，天线罩引入的相位不一致性最大为 7.5°，造成的测向误差在-2.7°～2.2°；当工作频率达到 6GHz 时，天线罩引入的相位不一致性最大为 20°，造成的测向误差在 1.7°～6.0°。由此可见，随着工作频率的升高，天线罩所引入的相位不一致性增大，带来的测向误差也随之变大。这一变化趋势与理论分析结果也是吻合的，因为随着工作频率的升高，天线罩罩壁的电厚度尺寸也相应变大，其微小的制造公差将会带来相比于低频时更大的信号相位差的改变，导致各个单元天线的插入附加相位波动变大，相位不一致性增大，测向误差也相应增大。由此可见，对于干涉仪天线罩的研制来讲，工作频段越高，对应的信号波长越短，性能指标要求更高，加工制造难度也更大。

4.4.4　宽频带圆阵干涉仪测向中单元天线之间的互耦效应

文献[19]结合实际工程项目中研制的 30～2700MHz 双通道圆阵相关干涉仪测向系统，对单元天线存在互耦条件下的宽频带圆阵相关干涉仪测向的性能特性进行了研究。首先以常见的理想对称偶极子单元天线构成的 5 元、9 元均匀圆阵干涉仪为例，定量计算了互耦对该类单元天线幅度方向图和相位方向图的影响。由于单元天线互耦引起的附加相移使阵列的等效物理结构发生了变化，阵列的性能也随之改变。互耦的大小与工作频率、阵列口径、阵元形式、阵元数目等因素都有密切关系。在阵列口径保持一定的情况下，阵元数目越多，不同长度的基线数目增多，阵元间间距减小，圆阵干涉仪消除模糊的能力增强，但与此同时阵元间互耦增大，将导致阵列的性能发生改变。由于模型的复杂性，不能将上述变化过程用解析表达式直接列出，所以只能针对某种具体的参数设置开展仿真研究与对比。该文献通过 5 元阵与 9 元阵的仿真对比得出如下结论：如果不修正互耦，9 元阵的测向精度甚至比 5 元阵还要低。

该文献专门针对 1200～2700MHz 工作频段、口径为 465mm 的 5 元圆阵干涉仪采用不同形式的单元天线进行了对比性实验研究，实验证明：在不考虑阵元匹配网络改变天线电流分布，进而改变阵列互耦特性这一因素的情况下，采用微带印制板匹配网络中间馈电的无源偶极子天线由于受微带印制板馈电结构的影响远大于辐射器本身的影响，会造成单元天线性能恶化；带有圆锥反射器的单锥天线由于较大体积的辐射器，以及过大的圆锥反射器的综合影响同样会造成单元天线性能恶化；而选用套筒天线作为单元天线，其性能则会好得多。如果考虑使用宽频带的有耗匹配网络来减少单元天线之间的互耦，则系统的测向性能还可以得到改善，但也会造成接收增益的降低。

在此基础上该文献给出了存在互耦情况下宽频带圆阵相关干涉仪测向的几条设计原则如下：

（1）由于互耦与相位模糊的综合作用导致干涉仪阵列特性随频率与方位角呈无规律变化，而且互耦与多种因素有关，很难得出干涉仪最优配置的简单条件，只有通过数值统计方法来进行综合分析。总的趋势为：如果不修正互耦，整体上干涉仪的测向性能会恶化，特别是在低频时对于小口径干涉仪天线阵，基线波长比更小，不修正互耦等误差项难以获得高的测向精度。

（2）对于方位面呈现全向特性的单元天线，如果能够确保阵元的一致性，结构简单情况下互耦因素能够直接计算，在实际工程中馈线等造成的相位偏差也可以通过一次性校准得到，在此条件下通过理论计算式直接进行互耦修正，消除主要误差后基本能够满足一般测向系统的要求。

（3）对于超宽带双通道、单通道圆阵干涉仪，如果阵列结构过大、形式复杂，通过互阻抗矩阵进行互耦分析或使用现有的三维电磁计算软件进行互耦分析难度都较大，常用的方法是对相关干涉仪进行现场标校，即把所有基线原始相位信息通过相位差样本数据记录下来，将互耦、场地架设等所有误差因素一并计入处理，经过这样的校正之后可以达到较高的测向精度。该文献报道：使用上述方法 5 元圆阵相关干涉仪在 30～2700 MHz 频率范围内测向精度能够达到 1°。

4.5　单元天线中的噪声与极低信噪比条件下的信号接收新模型

当前的阵列天线信号接收模型几乎全部都认为阵列中的各个单元天线及其对应的各条支路中的噪声是统计独立和互不相关的，并基于这一假设前提条件，发展出了一大批阵列信号处理算法来降低噪声对信号接收的影响。干涉仪天线在某种意义上也是一个阵列天线，所以这一假设前提条件自然也在干涉仪测向的信号处理中继续沿用下来。虽然这些阵列信号处理算法在高信噪比和中等信噪比条件下，理论分析结果与工程实测结果比较吻合，但随着信噪比的降低，实际应用的效果变得越来越不理想。其中一个重要原因在于传统模型只重点关注了接收机引入的噪声和各单元天线的插损等因素引入的热噪声，而忽略了外界环境通过天线引入的附加外界环境噪声。下面以文献[20]的内容为基础，以干涉仪天线中天线噪声的来源为出发点，从天线热噪声与外界环境噪声两大方面分析了干涉仪中各个单元天线输出噪声的特性，即各接收支路的噪声中既有统计独立和互不相关的热噪声，也存在具有一定相关性的外界环境噪声。在解释该问题之前，首先回顾一下传统的阵列信号接收模型。

4.5.1　传统的阵列信号接收模型

一个由 N_a 个全向单元天线按任意排列构成的天线阵如图 4.22 所示。

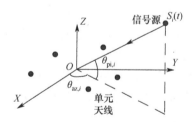

图 4.22　阵列天线接收信号示意图

图 4.22 中各个阵元的位置矢量记为 $\boldsymbol{p}_m = [x_m, y_m, z_m]^T$，$m = 1, \cdots, N_a$，有 N_s 个信号波长为 λ 的空间窄带平面波分别以角度 $(\theta_{az,i}, \theta_{pi,i})$，$i = 1, \cdots, N_s$，入射到该阵列，$\theta_{az,i}, \theta_{pi,i}$ 分别是第 i 个入射信号的方位角与俯仰角，于是传统的阵列信号接收模型（复基带形式）如式（4.45）所示：

$$\boldsymbol{X}(t) = \boldsymbol{A}_M(\theta_{az}, \theta_{pi})\boldsymbol{S}(t) + \boldsymbol{N}_M(t) \tag{4.45}$$

式中，$\boldsymbol{N}_M(t) = \left[n_1(t), \cdots, n_{N_a}(t)\right]^T$ 表示阵列噪声矢量，$\boldsymbol{S}(t) = \left[S_1(t), \cdots, S_{N_s}(t)\right]^T$ 表示入射信号矢量，$\boldsymbol{X}(t) = \left[x_1(t), \cdots, x_{N_a}(t)\right]^T$ 表示阵列输出的信号矢量，$\boldsymbol{A}_M(\theta_{az}, \theta_{pi}) = \left[\boldsymbol{a}_1(\theta_{az}, \theta_{pi}), \cdots, \boldsymbol{a}_{N_s}(\theta_{az}, \theta_{pi})\right]$ 表示方向矩阵，$\boldsymbol{a}_i(\theta_{az}, \theta_{pi}) = \left[\alpha_{1,i}(\theta_{az}, \theta_{pi}), \cdots, \alpha_{N_a,i}(\theta_{az}, \theta_{pi})\right]^T$ 表示方向矢量，且

$$\alpha_{m,i}\left(\theta_{az},\theta_{pi}\right)=\exp\left(j2\pi\frac{\boldsymbol{p}_m\boldsymbol{\cdot}\boldsymbol{\gamma}_{\theta,i}}{\lambda}\right),\quad \boldsymbol{\gamma}_{\theta,i}=\left[\cos\theta_{pi,i}\cos\theta_{az,i},\ \cos\theta_{pi,i}\sin\theta_{az,i},\ \sin\theta_{pi,i}\right]^{\mathrm{T}}$$ 表示第 i 个信号来波方向的单位矢量，其中 $\boldsymbol{\cdot}$ 表示矢量点积。

在这一传统阵列信号接收模型中，通常认为阵列噪声矢量 $N_{\mathrm{M}}(t)$ 满足如下关系式：

$$E\left[N_{\mathrm{M}}(t)\right]=\boldsymbol{0} \tag{4.46}$$

$$E\left[N_{\mathrm{M}}(t)N_{\mathrm{M}}^{\mathrm{II}}(t)\right]=\sigma_{\mathrm{N}}^2 \boldsymbol{I} \tag{4.47}$$

式中，σ_{N}^2 表示各个天线阵元输出噪声的方差，$\boldsymbol{I}$ 表示单位矩阵。由此可见：在传统阵列信号接收模型中均假设各个天线阵元输出信号中的噪声 $n_m(t)$ 是互不相关的。目前几乎所有的阵列信号处理算法，例如 MUSIC（Multiple Signal Classification）算法、ESPRIT（Estimating Signal Parameter via Rotational Invariance Techniques）算法等，都是基于这一假设条件而设计。虽然这些模型与算法得到了十分广泛的应用，并且在高信噪比和中等信噪比条件下，理论分析结果与工程应用结果具有较高的吻合度，但是当信噪比很低时，工程应用结果与理论分析结果之间的差异就逐渐扩大。其中一个重要原因就在于天线所引入的噪声中含有无处不在的外界环境微波背景辐射的影响，使得"各个阵元输出信号中的噪声 $n_m(t)$ 互不相关"的假设条件不再成立。接下来从天线噪声的组成与来源，以及外界环境微波背景辐射方面继续分析。

4.5.2　天线中的噪声与外界环境背景辐射

接收系统中微波频段的各种噪声等效之后的单边功率谱密度 n_0 可表示为

$$n_0=kT \quad（单位：W/Hz，或 J） \tag{4.48}$$

式中，$k=1.38054\times10^{-23}\mathrm{J/K}$ 为玻耳兹曼常数，T 为对应的噪声温度。天线噪声主要由天线本身固有的电阻性损耗而引起的热噪声和外界环境噪声两大部分组成，于是天线的噪声温度 T_{a} 可表示为

$$T_{\mathrm{a}}=T_{\mathrm{a,h}}+T_{\mathrm{a,e}} \tag{4.49}$$

式中，$T_{\mathrm{a,h}}$ 表示天线的热噪声温度，$T_{\mathrm{a,e}}$ 表示外界环境噪声温度。外界环境噪声主要包括：太阳噪声、宇宙噪声、大气噪声、降雨噪声、地面噪声等，如果装有天线罩则还包括天线罩的介质损耗引起的噪声。

（1）太阳噪声。实际上对于地球上的接收天线来讲，太阳本身就是一个最大的热辐射源，当一个增益约为 53dB 的天线的主波束指向太阳时，对此天线所引入的太阳噪声温度 $T_{\mathrm{a,e,s}}$ 高达 $10^4\sim10^6$K。

（2）宇宙噪声是外太空星体的热气体及分布在星际空间的物质辐射所形成的噪声。实际上宇宙噪声温度 $T_{\mathrm{a,e,u}}$ 不是无限小的，它的下限大约为 3K，因为宇宙中无论任何方向都始终存在着 3K 微波背景辐射，这其中还伴随着一段历史轶事。

1965 年，美国贝尔电话实验室的两位科学家阿尔诺·彭齐亚斯（Arno Penzias）与罗伯特·威尔逊（Robert Wilson）研制了一个巨大的糖铲形观测天线对天空的噪声温度进行测量，如图 4.23 所示，无论他们将天线转向天空中的任何方向，发现测量数据中总是维持 3K 的残余噪声温度。这被认为是来自宇宙诞生之初发生大爆炸时所产生的背景辐射，它为一切指向天空的天线的接收灵敏度设置了下限。Arno Penzias 与 Robert Wilson 因这项发现而共同获得了 1978 年的诺贝尔物理学奖。后来借助宇宙背景探测者卫星的测量，在 1983 年确定的该宇宙背景噪声温度的准确值为 2.726K。

图 4.23　发现宇宙噪声的两位科学家与他们研制的糖铲形观测天线

需要特别补充说明的是，在经典的电子对抗侦察接收机设计准则中，在接收前端入口处的噪声功率谱密度的典型值通常按噪声温度 300K 条件考虑，即按-114dBm /MHz 等效计算。如果一个高增益天线位于一颗卫星上，且该天线的主波束指向深空，那么天线引入的外界噪声温度最小可达到 3K，此时的噪声功率谱密度甚至小到接近-134dBm/MHz。但如果此高增益天线主波束指向了太阳，其噪声温度将会极大提升，此时的噪声功率谱密度甚至可能高于-80dBm/MHz，这就是在同步轨道卫星广播通信中每年春分和秋分前后发生日凌中断的原因所在。同样，在卫星的星间通信与星间天线波束互指过程中也可能发生类似的现象。

（3）当电磁波穿过大气中电离层、对流层，在产生损耗的同时也再次进行电磁辐射而形成噪声，其中主要是水蒸气与氧分子构成的大气噪声，该噪声温度 $T_{a,e,a}$ 的大小与频率紧密相关。另外，降雨及云、雾在引起电磁波传播损耗的同时也会产生降雨噪声，该噪声温度 $T_{a,e,r}$ 的影响与降雨量、信号频率、天线波束方向图及其指向有关。

（4）实际上，地球本身也是一个热辐射源，同样会通过天线的主瓣和副瓣的作用而引入噪声。如果更加细微地来看待这一问题，按照黑体辐射定律，只要是绝对温度高于 0K 的物体都会向外辐射电磁波，这些电磁波被天线的主瓣与副瓣波束接收后即对应了天线周围的地面环境所产生的噪声。

对于一个主波束指向一定的天线来讲，由于上述各种环境辐射源处于该天线方向图的不同位置，所以总的天线的外界环境噪声温度是上述各种噪声温度分别乘以由方向图曲线所确定的加权系数 β 的总和，如式（4.50）所示：

$$T_{a,e} = \beta_s T_{a,e,s} + \beta_u T_{a,e,u} + \beta_a T_{a,e,a} + \beta_r T_{a,e,r} + \cdots \tag{4.50}$$

$$1 = \beta_s + \beta_u + \beta_a + \beta_r + \cdots \tag{4.51}$$

式中，β_s、β_u、β_a、β_r …分别表示太阳噪声、宇宙噪声、大气噪声、降雨噪声等各自对应的加权系数。

综上所述，对于干涉仪中各个单元天线而言，虽然各自的热噪声是互不相关的，但各个单元天线所面对的外界环境几乎是相同的，这些由外界环境背景辐射而引入的噪声却是相关的。由于外界环境噪声相对较弱，在高信噪比和中等信噪比条件下可忽略这一因素的影响，但是在低信噪比信号处理过程中这一影响不可忽略，这即是造成当前低信噪比条件下工程应用结果与理论分析结果之间存在差异的重要原因，所以需要建立新的阵列信号接收模型来反映这一现象。

4.5.3　阵列信号接收新模型

在构建的阵列信号接收新模型中将考虑外界环境背景辐射因素引入的噪声。如前所述，由于外界环境背景辐射是一个充满整个三维空间的连续分布的辐射源，故采用 $b\left(\theta_{\mathrm{az}},\theta_{\mathrm{pi}},t\right)$ 来描述在波长为 λ 条件下外界环境背景辐射的复基带信号形式，即表示 t 时刻从方位角 θ_{az} 和俯仰角 θ_{pi} 方向上对应的环境背景辐射信号。于是阵列天线所接收到的环境背景辐射信号矢量 $N_{\mathrm{a,e}}(t)$ 可表示为

$$N_{\mathrm{a,e}}(t)=\int_{0}^{2\pi}\int_{-\pi/2}^{\pi/2}b\left(\theta_{\mathrm{az}},\theta_{\mathrm{pi}},t\right)\cdot R\left(\theta_{\mathrm{az}},\theta_{\mathrm{pi}}\right)\mathrm{d}\theta_{\mathrm{pi}}\mathrm{d}\theta_{\mathrm{az}} \tag{4.52}$$

式中，$R\left(\theta_{\mathrm{az}},\theta_{\mathrm{pi}}\right)=\left[r_{1}\left(\theta_{\mathrm{az}},\theta_{\mathrm{pi}}\right),\cdots,r_{N_{\mathrm{a}}}\left(\theta_{\mathrm{az}},\theta_{\mathrm{pi}}\right)\right]^{\mathrm{T}}$ 表示 N_{a} 个单元天线由于相对位置不同而引入的相位调制因子，如式（4.52）所示：

$$r_{m}\left(\theta_{\mathrm{az}},\theta_{\mathrm{pi}}\right)=\exp\left[\mathrm{j}2\pi\frac{\left(\boldsymbol{p}_{m}-\boldsymbol{p}_{1}\right)\cdot\boldsymbol{\gamma}_{\theta_{\mathrm{AOA}}}\left(\theta_{\mathrm{az}},\theta_{\mathrm{pi}}\right)}{\lambda}\right] \tag{4.53}$$

式中，$\boldsymbol{\gamma}_{\theta_{\mathrm{AOA}}}\left(\theta_{\mathrm{az}},\theta_{\mathrm{pi}}\right)=\left[\cos\theta_{\mathrm{pi}}\cos\theta_{\mathrm{az}},\cos\theta_{\mathrm{pi}}\sin\theta_{\mathrm{az}},\sin\theta_{\mathrm{pi}}\right]^{\mathrm{T}}$ 表示角度 $\left(\theta_{\mathrm{az}},\theta_{\mathrm{pi}}\right)$ 方向上的单位矢量。由于各个单元天线的热噪声仅仅与自身的物理条件相关，而不受其他单元天线的影响，所以阵列天线热噪声矢量 $N_{\mathrm{a,h}}(t)$ 仍可以用互不相关噪声来建模。综合上述两方面的因素，新的阵列信号接收模型可表示为

$$X(t)=A_{\mathrm{M}}\left(\theta_{\mathrm{az}},\theta_{\mathrm{pi}}\right)S(t)+N_{\mathrm{a,h}}(t)+N_{\mathrm{a,e}}(t) \tag{4.54}$$

式（4.54）所示新模型中的噪声由两部分组成：一部分是外界环境背景辐射所引入的噪声 $N_{\mathrm{a,e}}(t)$，另一部分是以单元天线热噪声为代表的噪声 $N_{\mathrm{a,h}}(t)$，且这两部分噪声满足如下性质：

$$E\left[N_{\mathrm{a,h}}(t)\right]=\boldsymbol{0} \tag{4.55}$$

$$E\left[N_{\mathrm{a,e}}(t)\right]=\boldsymbol{0} \tag{4.56}$$

$$E\left[N_{\mathrm{a,h}}(t)N_{\mathrm{a,e}}^{\mathrm{H}}(t)\right]=\boldsymbol{0} \tag{4.57}$$

$$E\left[N_{\mathrm{a,h}}(t)N_{\mathrm{a,h}}^{\mathrm{H}}(t)\right]=\sigma_{\mathrm{h}}^{2}\boldsymbol{I} \tag{4.58}$$

$$E\left[N_{\mathrm{a,e}}(t)N_{\mathrm{a,e}}^{\mathrm{H}}(t)\right]\neq\sigma_{\mathrm{e}}^{2}\boldsymbol{I} \tag{4.59}$$

式（4.58）中 σ_{h}^{2} 表示单元天线热噪声的方差，式（4.59）中 σ_{e}^{2} 表示单元天线接收到的环境噪声的方差。由此可见，各个单元天线所实际接收到的噪声中有一部分是互不相关的，而另一部分是存在一定相关性的。

在实际的干涉仪接收系统中除了上述单元天线的噪声，后端还有馈线损耗噪声 $N_{\mathrm{f}}(t)$、接收机噪声 $N_{\mathrm{r}}(t)$ 等。这两部分噪声往往大于天线接收到的外界环境噪声。所以在高信噪比和中等信噪比条件下单元天线接收到的外界环境噪声相对于目标信号来讲，强度低了许多，即使存在噪声之间的相关性，而这一点影响几乎可忽略不计，这也就是传统阵列信号接收模型在长期使用过程中没有暴露出理论与实际之间较大差异的原因。但是在低信噪比应用中，天线接收到的外界环境噪声相对于目标信号来讲不可忽略，噪声之间的相关性影响就会增大，从而使得按照传统阵列信号接收模型推导出来的算法偏离实际的程度加大，所以在此条件下需要采用新的阵列信号接收模型对应用问题进行分析。

4.5.4 阵列信号接收新模型的应用及对干涉仪测向的影响

1. 被动微波遥感成像应用

如前所述，新的阵列信号接收模型细化了天线噪声的组成，揭示了其中的相关性因素。下面以目标辐射信号 $S(t)=0$ 为例，来分析在此情况下阵列信号接收新模型的应用。根据式（4.54）可得：

$$X(t) = N_{a,h}(t) + N_{a,e}(t) \tag{4.60}$$

针对阵列中各个单元天线的输出进行加权求和可得信号 $y_{RS}(t)$ 如下：

$$y_{RS}(t) = W^{H}(\theta_{az,d}, \theta_{pi,d}) X(t) \tag{4.61}$$

其中 $W(\theta_{az,d}, \theta_{pi,d}) = \left[w_1(\theta_{az,d}, \theta_{pi,d}), \cdots, w_{N_a}(\theta_{az,d}, \theta_{pi,d}) \right]^{T}$ 为权矢量，各分量如式（4.62）所示（此处按等幅度值加权为例进行考虑）：

$$w_m(\theta_{az,d}, \theta_{pi,d}) = \exp\left[-j2\pi \frac{(p_m - p_1) \cdot n_{\theta_{AOA}}(\theta_{az,d}, \theta_{pi,d})}{\lambda} \right] \tag{4.62}$$

将式（4.52）、式（4.53）、式（4.60）、式（4.62）代入式（4.61），并暂时忽略天线热噪声的影响，可得：

$$
\begin{aligned}
y_{RS}(t) &\approx \sum_{m=1}^{N_a} \int_0^{2\pi} \int_{-\pi/2}^{\pi/2} b(\theta_{az}, \theta_{pi}, t) \cdot \left[w_m(\theta_d, \phi_d) r_m(\theta_{az}, \theta_{pi}) \right] d\theta_{pi} d\theta_{az} \\
&= \int_0^{2\pi} \int_{-\pi/2}^{\pi/2} b(\theta_{az}, \theta_{pi}, t) \cdot \sum_{m=1}^{M} \exp\left\{ j2\pi \frac{(p_m - p_1) \cdot \left[n_{\theta_{AOA}}(\theta_{az}, \theta_{pi}) - n_{\theta_{AOA}}(\theta_{az,d}, \theta_{pi,d}) \right]}{\lambda} \right\} d\theta_{pi} d\theta_{az}
\end{aligned}
\tag{4.63}
$$

记：$B(\theta_{az}, \theta_{pi}; \theta_{az,d}, \theta_{pi,d}) = \sum_{m=1}^{N_a} \exp\left\{ j2\pi \frac{(p_m - p_1) \cdot \left[n_{\theta_{AOA}}(\theta_{az}, \theta_{pi}) - n_{\theta_{AOA}}(\theta_{az,d}, \theta_{pi,d}) \right]}{\lambda} \right\}$，于是式（4.63）可表示为

$$y_{\theta_d, \phi_d}(t) = \int_0^{2\pi} \int_{-\pi/2}^{\pi/2} b(\theta_{az}, \theta_{pi}, t) \cdot B(\theta_{az}, \theta_{pi}; \theta_{az,d}, \theta_{pi,d}) d\theta_{pi} d\theta_{az} \tag{4.64}$$

显然 $B(\theta_{az}, \theta_{pi}; \theta_{az,d}, \theta_{pi,d})$ 代表的是在等幅度值加权情况下，天线主波束指向角度 $(\theta_{az,d}, \theta_{pi,d})$ 方向的阵列天线的方向图函数，于是式（4.64）对应了外界环境背景辐射与阵列天线波束方向图的加权求和，而求和的结果主要反映了来自主波束 $(\theta_{az,d}, \theta_{pi,d})$ 方向的外界环境背景辐射信号 $y_{\theta_d, \varphi_d}(t)$。改变阵列天线的主波束方向 $(\theta_{az,d}, \theta_{pi,d})$，则能够得到不同方向上的外界环境背景辐射信号，如果提取出这些不同方向上的外界环境背景辐射信号的强度 $G(\theta_{az,d}, \theta_{pi,d})$，即实施信号强度检测，则结果如式（4.65）所示：

$$G(\theta_{az,d}, \theta_{pi,d}) = \int_0^{\Delta Ti} \left\| y_{\theta_{az,d}, \theta_{pi,d}}(t) \right\| dt \tag{4.65}$$

通过波束扫描即可形成一幅关于外界环境背景辐射的强度图像，这就是大家常说的微波

被动成像，又称微波被动遥感。接收外界物体自发辐射的微波频段的电磁信号并精确测量其辐射强度，是微波被动遥感的基本技术途径，而其中所使用的接收测量设备又被称为微波辐射计、微波无源成像仪等[21-23]。自然界中各种物体在亮温上的差异一定程度上反映了其固有的属性，这也是微波被动遥感能够得以广泛应用的基础与前提。实际上此处所说的亮温就是外界环境背景辐射等效噪声温度的一个度量。图 4.24 所示的便是毫米波辐射计在安检中的应用示例，其中左图为光学成像结果，右图为毫米波成像结果，右图中明确显示了被检者在腰部与大腿处所隐藏的武器。因为在光波频段武器物品所辐射的电磁波被布料掩盖，而在毫米波频段由于波长关系，武器物品会与前面的布料掩盖物一起作用而产生与布料单独存在时不同的电磁波辐射特性，从而产生图像强度上的差异，由此可作为安检中检查藏匿物品的重要手段。

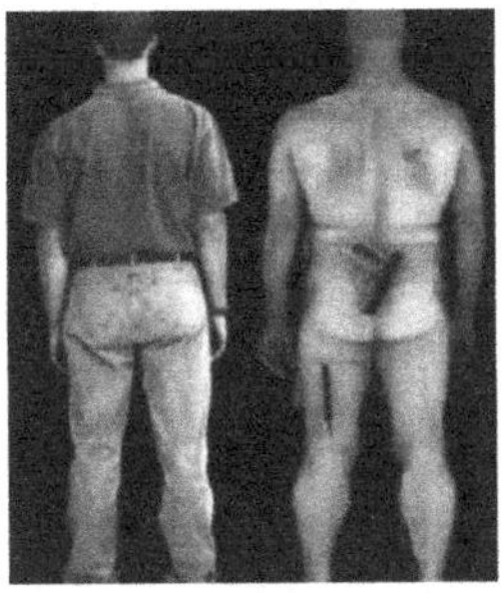

图 4.24　毫米波辐射计成像结果与光学成像结果的对比

工程上的微波被动遥感成像实际上是利用了天线所接收到的外界环境背景噪声信号来对外界环境进行感知。这部分信号在常规的阵列信号接收处理中会被当成无用的噪声信号而对其他目标信号的接收产生影响。当目标信号强度较大时，这部分外界环境背景辐射信号所产生的影响很小；但是当目标信号强度较弱时，这一影响就不可忽略了。所以在极低信噪比条件下的阵列信号接收处理中就需要将这一影响考虑进去，采用式（4.54）所示的模型来描述，从而更加真实地反映工程实际情况。

2. 基于互相关的信号检测极限性能及其对干涉仪测向的影响

按照传统的多通道侦察信号接收处理方法，如果使用由两个单元天线组成的阵列对同一个微弱辐射源信号 $s_r(t)$ 进行接收，在两路信号中 $s_r(t)$ 是完全相关的，而两路噪声 $n_{z1}(t)$ 与 $n_{z2}(t)$ 的均值为零，且互不相关，于是可得如下的传统信号接收模型：

$$x_{r,1}(t) = s_r(t) + n_{z1}(t) \tag{4.66}$$

$$x_{r,2}(t) = \gamma \cdot s_r(t) + n_{z2}(t) \tag{4.67}$$

式中，γ 为一个与接收增益相关的常系数。如果将 $x_{r,1}(t)$ 与 $x_{r,2}(t)$ 做互相关运算，将会得到信号的能量，而两路噪声的相关运算在理论上为零，所以从理论上讲，无论信号 $s_r(t)$ 多么微弱，只要有足够长时间的信号样本，那么不同通道间的互相关处理都能实现对任意微弱的信号进行有效检测，但上述理论在天线接收信号的工程应用中并没有得到充分验证。按照前面的分析，实际上更加准确的信号模型应该表示为

$$x_{r,1}(t) = s_r(t) + n_{com}(t) + n_{L1}(t) \tag{4.68}$$

$$x_{r,2}(t) = \gamma \cdot s_r(t) + \beta_n \cdot n_{com}(t) + n_{L2}(t) \tag{4.69}$$

式中，$n_{com}(t)$ 表示两个单元天线所共同面对的外界环境背景噪声，β_n 为一个与接收增益和空间相对位置相关的复系数，$n_{L1}(t)$ 和 $n_{L2}(t)$ 分别表示两个单元天线各自独立的噪声。将式（4.68）与式（4.69）再做互相关运算，两路信号中的噪声既有相关部分，也有不相关部分，最终所得到的结果是信号能量与两路相关噪声的能量都被保留下来，于是这一结果就决定了目标信号检测的一个性能极限。如果信噪比很低，其信号谱密度甚至比外界环境背景辐射所产生的噪声谱密度还要低，那么互相关运算的结果主要反映了外界环境噪声的能量，这实际上就是前面所描述的微波被动遥感成像所关注的信号，其实前面的微波被动成像的最基本的信号处理方法就是做接收通道之间的互相关处理，这也解释了在微弱信号检测与处理分析中工程应用结果与传统假设分析结果之间存在差异的重要原因所在。如前所述，宇宙中无论任何方向都始终存在着 3K 微波背景辐射，在地球上任何温度高于绝对 0K 的物体都一直在对外辐射电磁波，而绝对 0K 的温度只能无限接近而无法实际达到，所以这一点为现实世界中的微弱信号检测工程应用设置了下限，而这个下限是无法突破的。

如前所述，干涉仪测向从某种意义上讲也属于阵列天线信号处理的范畴，所以干涉仪天线阵的接收模型仍然遵循前述的分析结果。对于高信噪比和中等信噪比信号的干涉仪测向应用，采用传统模型均能得到较好的测向结果，也不必去考虑外界环境背景辐射对目标信号接收处理所带来的影响。但是对于低信噪比信号的干涉仪测向，特别是对于极低信噪比信号的干涉仪测向，那么外界环境背景辐射信号的影响就会逐渐显现出来。在此情况下，就需要仔细分析极其微弱的目标信号与外界环境背景辐射信号之间的相互作用，采用阵列信号接收新模型来描述与求解，才能得到与实际情况相吻合的结果。

本章参考文献

[1] ADAMY D L. EW 103: Tactical Battlefield Communication Electronic Warfare[M]. USA, Boston: Artech House, 2009.

[2] KRAUS J D, MARHEFKA R J. Antennas: For All Applications[M]. 3rd edition. USA, New York: The McGraw-Hill Companies, 2002.

[3] MILLIGAN T A. Modern Antenna Design[M]. 2nd edition. USA, New Jersey: John Wiley & Sons Inc., 2005.

[4] VOLAKIS J L. Antenna Engineering Handbook[M]. 4th edition. USA, New York: The McGraw-Hill Companies, 2007.

[5] 林昌禄. 近代天线设计[M]. 北京: 人民邮电出版社, 1990.

[6] 贾小娇. 平面齿状对数周期天线在地面数字电视中的研究设计[J]. 视听界(广播电视技术), 2018(6): 92-94.

[7] 张德文. 曲折臂天线[J]. 电子对抗技术, 1989, 4(1): 47-51.

[8] 邵云卿. 超宽带天线小型化研究[D]. 广州: 华南理工大学, 2015.

[9] POWELL J. Antenna Design for Ultra Wideband Radio[D]. USA: Department of Electrical Engineering of MIT, 2004.

[10] 金元松, 董明玉, 何绍林, 等. 对数周期偶极子天线的可变相位中心[J]. 电波科学学报, 2001, 16(3): 323-328.

[11] MUSSELMAN R L, NORGARD J D. Frequency Invariant Interferometry[J]. IEEE Transactions on Electromagnetic Compatibility, 1992, 34(2): 86-92.

[12] 朱伟强. 频率无关干涉仪及比幅复合测向技术[J]. 航天电子对抗, 1997, 13(2): 61-64.

[13] 程翔, 史雪辉. 一种基于恒电长度干涉仪测向的工程实现方法[J]. 舰船电子对抗, 2010, 33(5): 67-70.

[14] KAWASE S. Radio Interferometry and Satellite Tracking [M]. USA, Boston: Artech House, 2012.

[15] 戴幻尧, 申绪涧, 乔会东, 等. 基于极化误差的干涉仪测角性能建模与仿真[J]. 计算机仿真, 2013, 30(10): 237-240.

[16] 陈鑫, 梁永生, 唐勇. 一种基于天线阵转动的旁瓣切除技术[J]. 电讯技术, 2007, 47(4): 103-106.

[17] 李高生, 徐弘光, 曹群生. 天线罩相位误差研究[J]. 装备环境工程, 2014, 11(1): 39-44.

[18] 眭韵, 曹群生, 李豪, 等. 天线阵列—天线罩系统的相位不一致性研究[J]. 中国电子科学研究院学报, 2015, 10(3): 260-264.

[19] 何山红, 朱旭东. 宽频带干涉仪测向圆阵中的互耦效应[J]. 电波科学学报, 2002, 17(5): 543-548.

[20] 石荣. 天线噪声特性分析与阵列信号接收新模型构建[J]. 航天电子对抗, 2017, 33(6): 1-5.

[21] 李兴国, 李跃华. 毫米波近感技术基础 [M]. 北京: 北京理工大学出版社, 2009.

[22] 石荣, 李潇, 华云. 电子侦察卫星的被动微波遥感应用探讨[J]. 航天电子对抗, 2016, 32(5): 1-4, 17.

[23] NANZER J A. Microwave and millimeter-wave remote sensing for security application[M]. USA, Boston: Artech House, 2012.

第5章　干涉仪的各种天线阵型及其与应用相关的问题分析

由干涉仪测向原理可知，减小测向误差的一个重要途径是提高干涉仪的孔径波长比。一方面较大的天线阵列孔径会使得各个单元天线接收到的信号之间的绝对相位差数值增大，从而相对减小了相位测量误差对测向结果的影响；另一方面，增大天线阵列的孔径尺寸可提高整个系统的抗波前失真的能力，进而提高测向的准确度。所以在单元天线数目保持一定的情况下，针对不同的应用要求，选取性能优异的干涉仪天线阵型是干涉仪系统设计的关键环节之一。在不同的电子对抗侦察测向应用中，除了一维线阵干涉仪，其他的干涉仪的天线阵列形式也各不相同。文献[1]以 9 个单元天线组阵为例，列举了多种干涉仪测向阵型（如图 5.1 所示），分别是 L 形阵、三角阵、圆阵、十字阵、环形菱形阵、M 形阵、环形阵（又称 Y 形阵）、矩形阵，并在特定应用场景中对上述几种干涉仪天线阵型的典型示例开展了仿真，以仿真结果为依据进行了测向精度与解模糊概率的对比。除了部分特殊条件下的干涉仪测向应用，上述阵型基本代表了工程应用中大部分二维干涉仪天线阵的阵列类型。既然干涉仪天线阵可以看成一种阵列，那么干涉仪天线阵的测向与经典阵列信号处理中的阵列测向之间又有怎样的区别与联系呢？这也是自然延续的一个关注点，本章将对干涉仪的各种天线阵型及上述相关的问题进行分析与探讨。

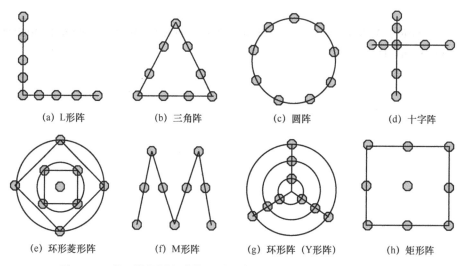

(a) L形阵　　　(b) 三角阵　　　(c) 圆阵　　　(d) 十字阵

(e) 环形菱形阵　　　(f) M形阵　　　(g) 环形阵（Y形阵）　　　(h) 矩形阵

图 5.1　二维干涉仪测向阵的主要天线阵型示意图（以 9 元阵为例）

在实际应用中除了广泛使用一维线阵干涉仪，十字交叉干涉仪与圆阵干涉仪也是工程中最常见的两种二维面阵干涉仪。无论是一维测向，还是二维测向，这两种二维面阵干涉仪设备都是电子对抗侦察测向应用中最常见的选择之一，在世界各国举办的公开防御装备展览上这两类干涉仪产品也是备受关注的主角。除此之外，在简氏防务资料和各类公开文献中对这两类干涉仪产品的性能与特点也进行过较多的介绍，所以接下来首先从这两种阵型的干涉仪开始分析。

5.1　十字交叉干涉仪

5.1.1　双十字交叉形式的二维干涉仪

文献[2]公开报道了反辐射导引头中采用的一种双十字交叉形式的二维干涉仪。该干涉仪由 8 个平面螺旋单元天线构成，所有单元天线均安装于 XOY 平面内，天线的电轴方向全部指向 Z 轴正向，即反辐射导弹弹头前向。X 轴位于垂直方向，Y 轴位于水平方向，X、Y、Z 三个坐标轴构成右手直角坐标系。在水平与垂直方向上有两条长度为 $d_{\mathrm{ARM,s}}$ 的短基线；在 $\pm45°$ 斜角方向上有两条长度为 $d_{\mathrm{ARM,l}}$ 的长基线，上述 4 条基线均关于原点 O 对称，如图 5.2 所示。实际上换个角度观察，在水平与垂直方向上还可以形成两条中等长度的基线，在 $\pm45°$ 斜角方向上还可以形成两条短基线，所以不同设计视角所产生的最终方案也各不相同。

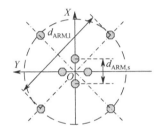
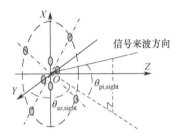

(a) XOY 平面上的单元天线位置　　　(b) 导引头干涉仪天线阵立体图

图 5.2　双十字交叉形式的二维干涉仪构型示意图

辐射源信号入射到 XOY 平面上，其来波方向可由视在方位角 $\theta_{\mathrm{az,sight}}$ 与视在俯仰角 $\theta_{\mathrm{pi,sight}}$ 这两个参数来描述。视在俯仰角 $\theta_{\mathrm{pi,sight}}$ 定义为信号来波方向线与 YOZ 平面之间的夹角，$\theta_{\mathrm{pi,sight}}$ 通常会受到导弹运动过程中载体姿态的俯仰角变化的影响；视在方位角 $\theta_{\mathrm{az,sight}}$ 定义为来波方向在 YOZ 平面上的投影线与 Y 轴正向构成的夹角，$\theta_{\mathrm{az,sight}}$ 通常会受到导弹运动过程中载体姿态的航向角变化的影响。反辐射导引头通过二维干涉仪测量得到 $OXYZ$ 坐标系中目标辐射源信号的来波方向，然后将此测量值传递给反辐射导弹上的控制计算机，结合导弹的飞行姿态测量参数，最终解算出飞控参数，从而引导反辐射导弹准确飞向辐射源目标。

5.1.2　NAVSPASUR 系统中二维测向的十字交叉干涉仪

文献[3,4]公开报道了美国海军空间监视系统（Naval Space Surveillance，NAVSPASUR），又称"电磁篱笆"，这是一个工作于 216.98MHz 的多基地大型连续波雷达系统，主要用于探测太空中的卫星与其他空间目标，获得其轨道数据。该系统在 1961 年就早已建成，至今仍在运行。虽然该系统属于雷达领域，而非电子对抗侦察领域，但其所使用的干涉仪测向技术还是值得学习借鉴的。NAVSPASUR 系统在整个美国本土横跨东西，一共部署了 3 个发射站（分别位于：GILARIVER 希拉河、LAKEKICKAPGO 拉克基卡波、JORDANLAKE 乔丹湖）与 6

个接收站（分别位于：SANDIEGO 圣地亚哥、ELEPHANTBUTIE 大象布蒂、REDRIVER 红河、SILVERLAKE 银湖、HAWKINSVILIE 霍金斯维尔、TATINALL 塔蒂纳尔），这 9 个雷达站分布在跨越美国南部形成的一个地球大圆上，该大圆面相对于赤道面的倾角为 33.57°，如图 5.3 所示。在雷达的接收端采用大型交叉天线阵接收目标反射的雷达回波信号，并使用干涉仪测向体制来获取空间目标的雷达回波信号的方向，这就决定了 NAVSPASUR 系统的一个重要技术特点——高精度的干涉仪测向。该系统为了在 75kHz 工作带宽上实现测向精度优于 0.01°，所设计的单个接收阵列长度至少要超过 200 倍波长。

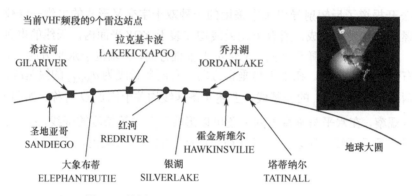

图 5.3　美国 NAVSPASUR 系统部署位置示意图

以部署于美国西海岸 SANDIEGO 的接收站为例，在 1600 英尺×1200 英尺（487.68m×365.76m）面积的站内布置了 12 个大型单元天线，每个单元天线都是一个长度为 400 英尺（121.92m）由 96 个偶极子天线构成的线阵，通过加权求和方式形成一个扇形波束指向太空，如图 5.3 中右上角的小图所示。在此基础上，这 12 个线阵中的 10 个再作为干涉仪的单元天线构成了一个二维测向的十字交叉干涉仪，如图 5.4 所示，从而完成空间目标的雷达回波信号的高精度方向测量。

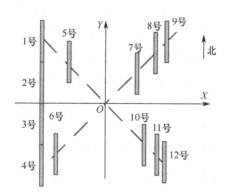

图 5.4　NAVSPASUR 系统中二维测向的十字交叉干涉仪

公开文献中报道的实际测试数据表明：在 SNR=7dB 条件下，整个系统的测角精度能够达到 0.01°。

5.1.3　基线分离的十字干涉仪及其二维测向处理系统

文献[5]公开报道了所研制的基线分离的十字干涉仪实物样机，该样机采用模拟鉴相方法提取各个通道之间信号的相位差,通过比较水平和垂直方向各个单元天线输出的同一脉冲信号的相位差来解算雷达辐射源信号的二维来波方向。该文献公开报道的实际性能指标测试数据表明:该干涉仪实物样机在 8~12GHz 的 X 频段内二维测向范围均达到了 ±60°,测角精度优于 1°,干涉仪天线阵实物照片及布阵形态如图 5.5 所示,这种形式的干涉仪阵型有时也被称为"T"形阵。

(a) 实物照片　　　　　　　　　　(b) 8 个单元天线布阵形态

图 5.5　基线分离的十字干涉仪天线阵实物照片与布阵形态图

图 5.5 中 8 个平面螺旋单元天线的工作频段覆盖 8~12GHz 的 X 频段,单个单元天线口面直径约为 13mm,3dB 波束宽度为 ±60°,相位一致性优于 ±10°,增益大于 0dB。图 5.5 中干涉仪的各条基线的长度满足如下比例关系: $d_{x3}=2d_{x2}$, $d_{x2}=2d_{x1}$,最短基线的长度 $d_{x1}=14.43$mm 。由于该干涉仪的测向角度范围限制在 ±60° 内,而 8~12GHz 频段所对应的波长在 25~37.5 mm,所以最短基线不会产生相位差测量模糊。这样,就能够使用短基线来逐级解长基线的相位差模糊,从而最终实现长基线无模糊测向。整个测向系统的组成框图如图 5.6 所示。

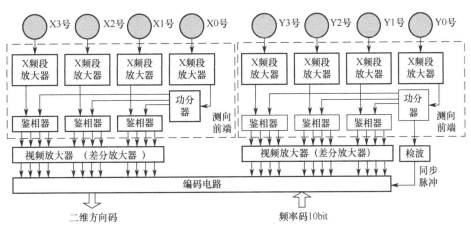

图 5.6　8 天线 X 频段干涉仪模拟测向系统的组成框图

由图 5.6 可知,测向前端有两套,每套由 1 个 4 通道 X 频段放大器、1 个四功分器和 3 个模拟鉴相器组成,分别用于水平方向和垂直方向的测向预处理。在每一套测向前端中,0 号单元天线输出的信号作为基准信号,放大功分后分别与其他 3 个单元天线接收放大后的信号进行鉴相,输出 3 组正交的相位差信号。为确保各接收通道的延迟和相位的一致性,各个组件之间采用尽量等长的电缆连接，通过调整连接到各个单元天线的 4 根电缆并借助矢量网络分析仪观测来精确校正各个通道的相位，实际测试结果表明：按照该方法校正之后各个通道的相位一致性可控制在 ±10° 以内。其实由图 5.5(b)可见，如果以 1 号单元天线作为公共基线的起点，而并非 0 号单元天线，那么长基线将会更长，测向精度也会进一步提高，但相邻基线长度比就会变为 5∶3∶1，而并非 4∶2∶1，这会使得后续模拟鉴相的编码电路变得比较复杂，也正因为如此才有了图 5.5 所示的设计。虽然该设计方案的测量精度并非最高，但是工程实现简便，也算是一种折中考虑了。

接收前端中 4 通道 X 频段放大器采用限幅放大器，每个通道的增益均大于 53dB，各个通道之间的增益差异小于 2dB。模拟鉴相器由相关器、4 个平方律检波器、两个差分输入输出的视频放大器组成，采用多层结构电路设计，实现耦合器的宽边耦合，该模拟鉴相器模块的实物照片如图 5.7 所示。功分器采用带线结构的威尔金森形式，相位一致性和幅度一致性较好，4 路输出信号的幅度的带内波动小于 0.7dB。

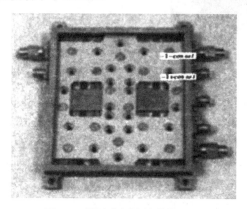

图 5.7　模拟鉴相器的实物照片

鉴相之后的处理电路主要由差分放大器与编码电路构成，如图 5.8 所示。

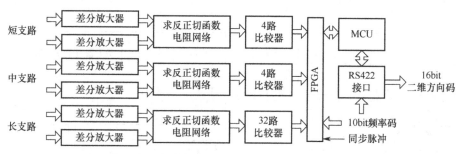

图 5.8　鉴相之后的处理电路的工作原理框图

由图 5.8 可见，差分放大器对鉴相器输出的信号进行视频放大，放大增益约 40dB，带宽 10MHz。差分放大器输出的信号分别是相位差的正、余弦函数值，经过求反正切函数电阻网络之后，输出的多个抽头信号送入比较器，生成格雷码并输入 FPGA 进行角度解算。微控制器（Microcontroller Unit，MCU）主要完成角度的校正，并通过 RS422 串口输入频率码，输出 16bit 的二维方向码。其中测向处理算法主要体现在反正切函数电阻网络的格雷码编码、各接收支路相位差的校正、角度编码和角度校正等功能上，其计算流程图如图 5.9 所示。

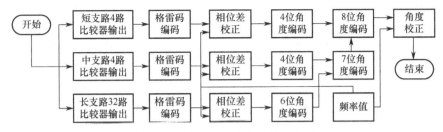

图 5.9 测向处理算法的计算流程图

由图 5.9 可见，编码是用长支路的 32bit 比较器的输出直接产生角度码的低 6 位，然后高位要依次进行校正编码，以长支路同步校正中支路，中支路同步校正短支路，之后产生一个方向上的 8 位角度编码输出。整个样机系统经过实际测试，在 8～12GHz 频段内，以及在二维 ±60° 角度覆盖范围内均满足测角精度优于 1° 的性能指标要求，测向灵敏度达到了-63.4dBm。整个实物样机体积小、质量轻，适合在小型机载、弹载平台上安装。

5.1.4 十字交叉干涉仪工程产品示例

本节根据公开文献报道的内容，对典型十字交叉干涉仪工程产品进行示例性介绍。

1. 车载十字交叉干涉仪

图 5.10(a)是土耳其艾斯兰（Aselsan）公司开发的 DFINT-3A2 通信电子战车载系统，图 5.10(b)是该系统处于工作状态时十字交叉干涉仪的放大图片，其中单元天线为偶极子天线，桅杆顶端有 3 层十字交叉干涉仪阵列。由图 5.10(b)可见，天线振子的尺寸大约按 3∶1 的比例逐级递减，这也反映了整个天线阵的工作频段总共超过了 9∶1 的倍频程。

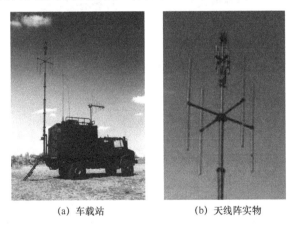

(a) 车载站　　　　　　(b) 天线阵实物

图 5.10 车载十字交叉干涉仪实物图片

2. 星载十字交叉干涉仪

俄罗斯为了对地面与海面电磁辐射源目标实施星载电子对抗侦察，研发了 Liana "藤蔓" 系列侦察卫星，并采用了十字交叉干涉仪测向。该系列的侦察卫星又分为 Lotos"莲花"和 Pion "介子" 两个子型号，分别如图 5.11 所示。

Lotos 子型号又分为不同批次，其中"莲花-S"（Lotos-S）电子情报（ELINT）侦察卫星的运行周期大约为 96 分钟，轨道倾角为 67.2°，轨道近地点为 242km，远地点为 899km。该卫星不仅能够侦收各种雷达信号，还可以侦收全球无线电通信信号。图 5.12 所示的"莲花-M"（Lotos-M）电子情报侦察卫星的图片则更加清晰地显示了该型卫星采用了十字交叉干涉仪测向方式，能够对地面雷达与通信辐射源信号进行实时测向，并完成基于测向线与地面相交的无源定位。

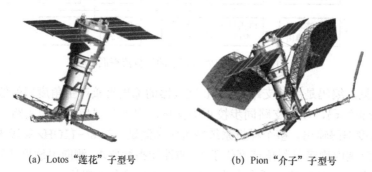

(a) Lotos"莲花"子型号   (b) Pion"介子"子型号

图 5.11　俄罗斯研制的 Liana"藤蔓"系列侦察卫星实物图片

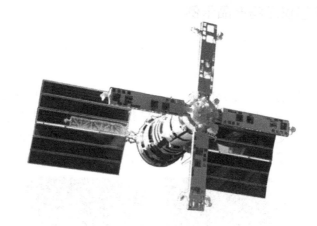

图 5.12　Lotos-M"莲花-M"电子情报侦察卫星上的十字交叉干涉仪实物图片

5.2　圆阵干涉仪

一般情况下，当所有的干涉仪单元天线排布在半径为 R_{circ} 的圆周上时，便自然构成了一个圆阵干涉仪。按照测向角的维度划分，圆阵干涉仪分为两大类：第一类是仅对信号来波方向的 360° 方位角进行一维测向的圆阵干涉仪，其特点是：各个单元天线主波束以圆心 O 为正中心沿 XOY 平面内的圆半径方向向外辐射，所有波束合在一起能铺满整个 360° 方位角，如图 5.13(a)中各条虚线指示方向；第二类是对方位角和俯仰角进行二维测向的圆阵干涉仪，干涉仪中各个单元天线主波束方向垂直于圆阵所在的 XOY 平面，即各单元天线主波束轴向与 Z 轴平行，如图 5.13(b)中各条虚线所指示的方向。图 5.13(b)中信号来波方向的方位角定义为信号来波方向线在 XOY 平面上的投影线与 X 轴正向之间的夹角，来波方向的俯仰角定义为信号来波方向线在 XOY 平面上的投影线与其自身之间的夹角。

第一类仅在方位角维度上进行一维测向的圆阵干涉仪主要采用相关干涉仪测向工作模式，在本书 2.3 节中已经详细讨论，在此不再重复阐述。下面首先对第二类可在方位角与俯仰角两个维度上进行二维测向的圆阵干涉仪进行分析与介绍。

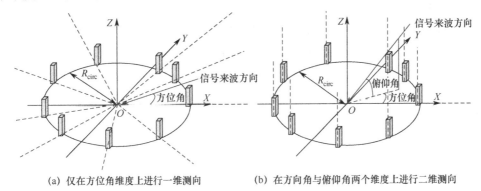

(a) 仅在方位角维度上进行一维测向　　　　　(b) 在方向角与俯仰角两个维度上进行二维测向

图 5.13　两类圆阵干涉仪中单元天线的不同主波束指向图示（以 9 元圆阵为例）

5.2.1　圆阵干涉仪二维测向通用模型

假设含有 N_a 个单元天线的圆阵干涉仪的半径为 R_{circ}，各个单元天线沿圆周等间距分布，分别记为 An_m，$m = 0, 1, \cdots, N_a - 1$，且单元天线 An_0 位于 X 轴正向，波长为 λ 的信号以方位角 θ_{az} 和俯仰角 θ_{pi} 入射到干涉仪阵面上，以圆心 O 为参考点，单元天线 An_m 所接收信号的相对相位 ϕ_m 可表示为

$$\phi_m = \frac{-2\pi R_{circ}}{\lambda} \cos\theta_{pi} \cos\left(\theta_{az} - \frac{2\pi m}{N_a}\right) \tag{5.1}$$

由式（5.1）可推导得到单元天线 $An_{m_{i1}}$ 和 $An_{m_{i2}}$ 之间的相位差 $\phi_{\Delta m_{i1}, m_{i2}}$ 为

$$
\begin{aligned}
\phi_{\Delta m_{i1}, m_{i2}} = \phi_{m_{i2}} - \phi_{m_{i1}} &= \frac{2\pi R_{circ}}{\lambda} \cos\theta_{pi} \left[\cos\left(\theta_{az} - \frac{2\pi m_{i1}}{N_a}\right) - \cos\left(\theta_{az} - \frac{2\pi m_{i2}}{N_a}\right) \right] \\
&= \frac{4\pi R_{circ}}{\lambda} \cos\theta_{pi} \sin\frac{\pi(m_{i1} - m_{i2})}{N_a} \sin\left[\theta_{az} - \frac{\pi(m_{i1} + m_{i2})}{N_a}\right] \\
&= \frac{2\pi d_{m_{i1}, m_{i2}}}{\lambda} \cos\theta_{pi} \sin\left[\theta_{az} - \frac{\pi(m_{i1} + m_{i2})}{N_a}\right]
\end{aligned}
\tag{5.2}
$$

式（5.2）便是圆阵干涉仪二维测向的通用模型，其中 $d_{m_{i1}, m_{i2}} = 2R_{circ} \sin\frac{\pi(m_{i1} - m_{i2})}{N_a}$ 为单元天线 $An_{m_{i1}}$ 和 $An_{m_{i2}}$ 之间的基线长度，当 $d_{m_{i1}, m_{i2}} \geqslant \lambda/2$ 时，就有可能出现相位差 $\phi_{\Delta m_{i1}, m_{i2}}$ 超出 $[-\pi, \pi)$ 范围，即出现相位差模糊。如果采用长短基线组合干涉仪测向工作模式，则需要通过不同单元天线之间的多条基线来解相位差模糊才能最终得到来波方向的方位角 θ_{az} 和俯仰角 θ_{pi}；如果采用相关干涉仪测向工作模式，虽然明面上回避了解相位差模糊的操作，但实际上同样需要多条基线来确保最大相关值与来波方向之间的一一对应关系。

5.2.2　将圆阵二维测向分解为两个一维相关干涉仪测向

二维测向输出的最终结果是两个角度值，即方位角 θ_{az} 和俯仰角 θ_{pi}，如果能够通过空间几何关系对两个角度进行解耦，分别进行测向，那么就能够将圆阵二维测向问题分解为两个独立的一维测向问题，然后采用一维相关干涉仪测向算法进行求解。为了更加形象地描述这一方法流程，文献[6]以图 5.14 所示的 9 元圆阵二维测向为例进行了说明。图 5.14 中所示的虚线为选取的两组平行基线，选取的原则为：第 1 组中的 4 条平行基线（其长度分别记为：$d_{1,1}$、$d_{1,2}$、$d_{1,3}$、$d_{1,4}$）需要尽量保持与 X 轴之间的夹角 θ_{bx} 最小或者夹角的补角 $\pi - \theta_{bx}$ 最小；而第 2 组中的 4 条平行基线（其长度分别记为：$d_{2,1}$、$d_{2,2}$、$d_{2,3}$、$d_{2,4}$）需要尽量保持与 Y 轴之间的夹角最小或者夹角的补角最小，上述两组基线之间的夹角记为 θ_{ba}，且在此问题的求解过程中 θ_{bx} 和 θ_{ba} 的数值均事先已知。

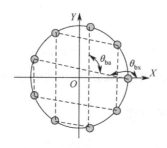

图 5.14　9 元圆阵干涉仪俯视图及各条基线的选取图示

假设信号来波方向线与上述两组基线之间的空间夹角分别为 θ_{1a} 和 θ_{2a}，于是两组基线测量得到信号的相位差 $\phi_{\Delta1,k}$ 和 $\phi_{\Delta2,k}$（$k=1,2,3,4$）与 θ_{1a} 和 θ_{2a} 的关系如式（5.3）所示：

$$\begin{cases} \phi_{\Delta1,k}=2\pi d_{1,k}\cos\theta_{1a}/\lambda \\ \phi_{\Delta2,k}=2\pi d_{2,k}\cos\theta_{2a}/\lambda \end{cases} \tag{5.3}$$

而 θ_{1a}、θ_{2a} 与信号来波方向的方位角 θ_{az}、俯仰角 θ_{pi} 之间的关系如式（5.4）所示：

$$\begin{cases} \cos\theta_{1a}=\cos\theta_{pi}\cdot\cos(\theta_{bx}-\theta_{az}) \\ \cos\theta_{2a}=\cos\theta_{pi}\cdot\cos(\theta_{bx}+\theta_{ba}-\theta_{az}) \end{cases} \tag{5.4}$$

将两组平行基线的实测相位差 $(\phi_{M\Delta1,1},\phi_{M\Delta1,2},\phi_{M\Delta1,3},\phi_{M\Delta1,4})$ 和 $(\phi_{M\Delta2,1},\phi_{M\Delta2,2},\phi_{M\Delta2,3},\phi_{M\Delta2,4})$ 分别与以空间夹角 θ_{1a} 和 θ_{2a} 为自变量的事先采集构建的相位差样本模板数据库中的样本数据做相关运算，分别找出最大相关值对应的空间夹角作为 θ_{1a} 和 θ_{2a} 的估计值，然后由式（5.4）求解出目标信号来波方向的方位角 θ_{az} 和俯仰角 θ_{pi} 的估计值。这样就将圆阵二维测向问题分解成了两个一维测向问题，并采用相关干涉仪测向方法分别进行了求解，其优越性体现在：二维相关不仅运算量大，而且也需要更大的样本模板数据库来存储事先采集的相位差样本，而一维相关极大地降低了运算量和存储量，这一点随着圆阵干涉仪的单元天线数目的增长其优势体现更加明显。

虽然上面以 9 元圆阵为例对方法流程进行了描述，但该方法也可推广到其他阵元数目的圆阵二维测向应用之中。另外，由于事先采集构建的相位差样本模板数据库是按照一定的角度取样间隔产生的，为了进一步提高相关干涉仪测向的精度，还可通过相关计算结果插值细化的方法对来波方向角进行精细估计，具体方法在 2.3.2 节中进行过详细讲述，在此不再重复阐述。

5.2.3　9 元均匀椭圆阵干涉仪一维测向

圆阵的变形形式为椭圆阵，所以在此将椭圆阵干涉仪也纳入圆阵干涉仪一类中进行介绍。

文献[7]根据飞机平台所具有的机身横向宽度较窄而纵向长度较长的结构特点，设计了一种安装于机腹位置的 9 元均匀椭圆阵干涉仪，用于一维测向。该天线阵的长轴为 5m，短轴为 1.9m，相邻两个单元天线与中心点连线之间的夹角均为 360°/9＝40°，如图 5.15 所示，所以此处的"均匀"一词是指角度上的均匀分布。

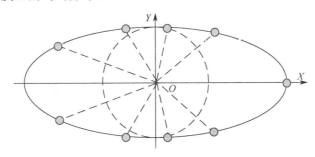

图 5.15　9 元均匀椭圆阵干涉仪的单元天线布置图示

该 9 元均匀椭圆阵采用相关干涉仪工作模式对方位 360° 来波方向的信号进行测向，工作频段覆盖 100～400MHz，通道间信号相位差测量的最大误差为 20°，在信噪比为 12dB 的条件下，文献[7]分别对给定频率的信号测向误差随入射信号角度的变化情况，以及在特定工作频段内测向误差随频率的变化关系进行了计算机仿真，仿真结果显示，在全方位、全频段内测向误差的典型值均小于 2°。该 9 元均匀椭圆阵干涉仪最大限度地利用了载机机腹的空间位置，较好地满足了天线阵元数量适中、天线口径尽量扩大、不同长度的基线种类尽量多的设计原则。而且仿真结果也表明，该干涉仪具有较强的抑制机载天线受金属蒙皮影响所导致接收信号相位畸变的能力，在一定程度上较好地解决了机载干涉仪测向设备在低频段工程实际应用中的小误差测向问题。

5.2.4　圆阵干涉仪工程产品示例

本节根据公开文献报道内容对部分典型的圆阵干涉仪工程产品进行示例性介绍。

1. 各种奇数单元天线的圆阵干涉仪

具有代表性的奇数单元天线的圆阵干涉仪有 5 元、7 元和 9 元等，相关的产品概要小结如下。圆阵干涉仪的单元天线数目之所以通常定为奇数，主要是因为在阵元均布于同一个圆周上时，360° 的奇数等分后所形成的基线能够更好地解算干涉仪测向中的相位差模糊，关于这一特点在干涉仪单元天线数量较少时表现得更加突出。

1）白俄罗斯研制的"雷电"车载通信对抗系统中的 5 元圆阵干涉仪

图 5.16 显示了 2014 年明斯克军事装备和军事技术展览会上展出的白俄罗斯 KB 雷达设计局为白俄罗斯武装部队研制的"雷电"VHF/UHF 通信对抗系统，该系统属于公开设备，对外出口。"雷电"通信对抗系统能够侦察截获战术通信频段内定频与跳频无线电通信信号，并能对相关通信链路实施有效干扰。位于该车后部的侦察设备桅杆可升高至 14m 高度，上面装有至少两层的 5 元圆阵干涉仪，工作频段覆盖 30～3000MHz。该系统采用相关干涉仪工作模式能够对最大跳速为 1000 跳/秒的跳频信号实施测向。

2）美国 TCI 国际公司研制的"黑鸟"通信情报系统中的 5 元圆阵干涉仪

图 5.17 所示是美国 TCI 国际公司研制的"黑鸟"通信情报系统，该系统工作在 VHF/UHF

频段，用于对辐射源信号进行测向、分析与识别。TCI 公司已经向海外用户出口交付了数百套"黑鸟"系统，部署在全球多个关键地点，每天都在执行通信情报侦察任务。该系统采用可搬移式设计，利用 5 元圆阵干涉仪进行测向。

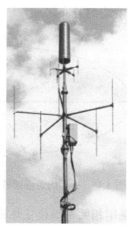

图 5.16　车载 5 元圆阵干涉仪实物照片

图 5.17　可搬移式 5 元圆阵干涉仪实物照片

3）艾斯兰公司研制的单兵测向系统中的 5 元圆阵干涉仪

艾斯兰（Aselsan）公司从 2011 年开始研制新型 VHF/UHF 频段 MILKED-3T4 单兵测向系统，并于 2014 年装备土耳其军队，其首要用途是边境监视。该系统工作频段覆盖 20～3000MHz（划分为两个子频段：20～500MHz，500～3000MHz），瞬时测向带宽为 40MHz，通过频率切换实现全频段覆盖，接收机的频率扫描速度为 2.5GHz/s，测频分辨率为 25kHz，在频谱占用密度为 10%时，采用 5 元圆阵干涉仪测向，测向精度能达到 3° rms 甚至更高。该系统能够对500 跳/秒的跳频信号进行侦察测向，如图 5.18 所示。几套 MILKED-3T4 系统联网之后通过测向交叉方法对辐射源目标进行定位，并将定位信息传输至指挥控制中心。MILKED-3T4 系统总质量不到 40kg，还包括背包、一套备用电池和通信设备。全套设备由两人搬运和安装，架设时间大约为 20 分钟，大容量锂电池能够持续供电超过 15 小时，在铺设有电网的条件下可由市电的交流电供电，除此之外还能够使用太阳能电池板供电。

4）7 元和 9 元圆阵干涉仪

图 5.19(a)所示是一个安装于装甲车车顶的 7 元圆阵干涉仪；图 5.19(b)所示是俄罗斯

R-330Zh "居民" 电子战系统中的 9 元圆阵干涉仪。上述两种圆阵干涉仪都具备对方位 360°
范围内来波信号的测向能力。

图 5.18　VHF/UHF 频段 MILKED-3T4 单兵测向系统中 5 元圆阵干涉仪实物照片

(a) 车载7元圆阵干涉仪　　　　　　　　　　(b) 车载9元圆阵干涉仪

图 5.19　车载 7 元和 9 元圆阵干涉仪实物照片

2. 短波超大型圆阵接收系统

标准的短波频段为 3～30MHz，而扩展的短波高频信号可覆盖 1～30MHz，对应的波长范
围从 10～300m。美军的 AN/FLR-9 短波侦察系统首次部署于 1964 年，俗称 "乌兰韦伯"
（Wullenweber）"象笼"，能接收 1.5～30MHz 频段内的信号，可对 5000 海里（9260km）范围
的信号进行精确测向。图 5.20(a)是部署在德国奥格斯堡（Augsberg）场站的 AN/FLR-9 系统。
由图 5.20(a)可见，AN/FLR-9 系统由三个同心的环形天线阵组成，最内部的环形天线阵
覆盖 18～30MHz，中间的环形天线阵覆盖 6～18MHz；外圈的环形天线阵直径达到 853 英
尺（259.99m），覆盖 1.5～6MHz。该系统中单元天线形式多种多样，包括折叠偶极子天线、
套筒天线等。另外，还有一个直径约为 1200 英尺（365.76m）的水平地网环绕着整个阵地。
冷战期间，美军在世界各地一共部署了 20 套类似的系统，部署在德国奥格斯堡场站的
AN/FLR-9 系统于 1998 年退役。部署在日本三泽空军基地的设备作为最后一套系统，一直工
作到 2013 年年底才退役并销毁，如图 5.20(b)所示。

以上仅仅选取了部分具有代表性的干涉仪天线及其组阵实例进行简要介绍，实际上在公
开发行的简氏防务资料和互联网上可查阅到大量公开的各种圆阵天线的图片与资料，感兴趣
的读者可自行收集与对比，并体会各种圆阵干涉仪的精巧阵型设计。

（a）部署在德国奥格斯堡的AN/FLR-9系统　　　　（b）部署在日本三泽空军基地的AN/FLR-9系统

图 5.20　部署在德国和日本的 AN/FLR-9 系统实物照片

5.3　其他阵型干涉仪

前面介绍的十字交叉干涉仪与圆阵干涉仪虽然是工程应用中最常见的两类二维干涉仪，但是在一些安装条件受限、有特殊功能要求的应用场合中，这两类干涉仪也不能发挥其优势，难以满足应用要求，所以需要对干涉仪天线阵型进行专门设计。在本节中就对已经在工程上获得应用的其他阵型的干涉仪进行简要介绍，从而为干涉仪天线阵型设计与优选提供参考。

5.3.1　L 形阵干涉仪

1. L 形阵干涉仪的设计

L 形阵干涉仪实际上与十字交叉干涉仪非常相似。文献[8]介绍了一个由三个单元天线构成的最简 L 形阵干涉仪，三个单元天线 An_0、An_1、An_2 分别位于 $OXYZ$ 坐标系的原点、X 轴正向与 Y 轴正向位置上，An_0 与 An_1 构成的基线，以及 An_0 与 An_2 构成的基线长度均为 d_L。目标信号入射到 XOY 平面时方位角 θ_{az} 与俯仰角 θ_{pi} 分别如图 5.21 所示。

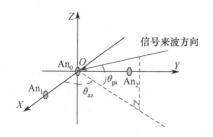

图 5.21　L 形阵二维干涉仪进行二维测向示意图

由图 5.21 的几何关系可知：An_0 与 An_1 之间的相位差 $\phi_{\Delta0,1}$，以及 An_0 与 An_2 之间的相位差 $\phi_{\Delta0,2}$ 如式（5.5）所示：

$$\begin{cases} \phi_{\Delta0,1} = 2\pi d_L \cos\theta_{pi} \cos\theta_{az} / \lambda \\ \phi_{\Delta0,2} = 2\pi d_L \cos\theta_{pi} \sin\theta_{az} / \lambda \end{cases} \tag{5.5}$$

在没有相位差模糊的条件下，即满足 $d_L < \lambda/2$ 时，通过直接求解式（5.5）可以得到来波方向的方位角 θ_{az} 与俯仰角 θ_{pi}：

$$\theta_{az}=\text{angle}_{[-\pi,\pi]}\left(\phi_{\Delta 0,1}+\text{j}\cdot\phi_{\Delta 0,2}\right) \tag{5.6}$$

$$\theta_{pi}=\arccos\left(\frac{\lambda\sqrt{\phi_{\Delta 0,1}^2+\phi_{\Delta 0,2}^2}}{2\pi d_L}\right) \tag{5.7}$$

式中，$\text{angle}_{[-\pi,\pi]}(\cdot)$ 为求取一个复数的辐角并将其转换到 $[-\pi,\pi]$ 范围的函数，其特性及工程实现方法请见 2.3.3 节。当 $d_L\geqslant\lambda/2$ 时，就会存在相位差测量的模糊，此时需要采用多基线 L 形阵干涉仪，多基线干涉仪相位差解模糊方法在第 2 章中已详细讲述，在此不再重复。

2．L 形阵干涉仪产品实例

文献[9]报道了以色列埃尔塔系统（Elta Systems）有限公司研制的 EL/L-8385 无人机电子支援与电子情报系统。该系统能够对地基、舰载、机载雷达辐射源信号进行截获、参数测量、测向定位、分析与分类，其中就采用了两个 L 形阵干涉仪，分为高低两个频段对雷达信号来波方向进行测向，干涉仪天线阵照片如图 5.22 所示。该 L 形阵干涉仪的水平基线有三个单元天线，而垂直基线只有两个单元天线，而且水平基线长度大约是垂直基线长度的 2.5 倍，显然水平方向的测向精度优于垂直方向。

图 5.22　EL/L-8385 无人机电子支援与电子情报系统中 L 形阵干涉仪的照片

5.3.2　环形阵（Y 形阵）干涉仪

文献[10]设计了一个 9 元的环形阵干涉仪，又称 Y 形阵干涉仪，对 VHF/UHF 频段战术通信信号进行方位 360° 的一维测向。在此类通信侦察应用中为了适应架设和全方位等精度的测向要求，干涉仪天线阵的配置形式通常设计成对称结构，且孔径尽量大，单元天线的数量尽量少，但构成不同长度的基线种类尽量多。整个 9 元环形阵干涉仪的基线配置及 5 种不同长度的基线，从短至长依次记为 d_1、d_2、d_3、d_4、d_5，如图 5.23 所示，显然每一种基线都成 120° 对称环绕分布。

在该环形阵干涉仪的 5 种不同长度的基线中，基线之间的长度比为：$d_2/d_1=2$，$d_3/d_2=1.87$，$d_4/d_3=1.90$，$d_5/d_4=2.26$。由此计算出 $d_5/d_1\approx16$。其中最短基线 d_1 一般选择为最短波长的 0.3～0.4 倍，从而使得基线 d_1 在测向过程中没有相位差模糊。虽然该环形阵干涉仪只有 9 个单元天线，但是其孔径大小是最短基线长度的 16 倍左右，而且最短的 3 条基线均位于三个对应的横臂上，使得 1 号、4 号和 7 号单元天线与天线中心支撑杆的距离比自身组成的最短基线长度还要大，极大地降低了天线中心支撑杆对干涉仪测向的影响。

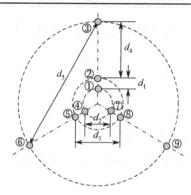

图 5.23　9 元环形阵（Y 形阵）干涉仪的单元天线布置图示

文献[10]在 100～400MHz 频段内按照最短基线 d_1=0.25m 进行了计算机仿真，接收机带宽设置为 100kHz，信号带宽为 60kHz，信号采用频率调制方式，具有直达路径的测试信号源距离天线阵中心 1000m，环境中的两个反射源分别在 45° 方向、距离 400m 和 130° 方向、距离 500m 处，反射系数均为 0.1。计算机仿真模拟结果表明：9 元环形阵（Y 形阵）干涉仪在较强多径传输影响的情况下，仍然具有较高的测向精度。

5.3.3　半圆阵干涉仪及其扩展形式

1. 半圆阵干涉仪

为了解决反辐射导弹中多模复合制导导引头体积空间受限条件下的干涉仪测向问题，文献[11]设计了一种半圆阵干涉仪。导引头的天线盘上单元天线摆放所允许的最大半径为 100mm，这也是各个单元天线中心到天线盘圆心的距离。5 个单元天线摆放在天线盘一侧的半圆上，如图 5.24 所示。

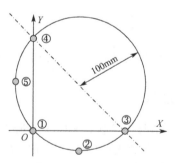

图 5.24　5 元半圆阵干涉仪单元天线布置图示

由图 5.24 可见，5 个单元天线在 XOY 直角坐标系中的坐标分别为：①号天线（0，0），②号天线（70.7，−29.3），③号天线（141.4，0），④号天线（0，141.4），⑤号天线（−29.3，70.7），单位：mm，其中③号与④号天线之间的连线为圆的直径。按照排列组合原理可知：上述 5 元半圆阵一共有 10 条基线，基线长度一共有 4 种，通过优化组合来实现单元天线之间信号的相位差测量的解模糊。上述半圆阵干涉仪是在特殊应用场合下的特殊设计，从理论上讲，由于在 X 轴与 Y 轴方向的最长基线长度仅有完整圆阵最长基线的 $1/\sqrt{2}$，所以在测向精度上都有部分损失，但是在反辐射多模复合导引头的有限空间内腾挪出了一半的空间给其他传感器使用，做到了综合性能的提升，这也是工程实现上一种系统整体优化折中的考虑。

2. 共圆非均匀阵干涉仪

文献[12]同样针对复合制导反辐射导引头上的干涉仪单元天线布阵空间受限的问题,将半圆阵干涉仪的天线形式扩展为共圆非均匀阵。共圆非均匀阵干涉仪的各个单元天线同样分布在天线盘平面的同一个圆周上,但并非均匀分布,所以从某种意义上讲,半圆阵干涉仪是共圆非均匀阵干涉仪的一个特例。由于单元天线可以在圆周上的任意位置布放,按照几何原理:圆周上任意 3 个不同的点都不会位于同一条直线上,所以从理论上讲,无论在圆周上如何布放 N_a 个单元天线,任意挑选其中的 3 个单元天线就能得到两个独立的相位差测量值,从而构建出两个独立的方程来求解信号来波方向的方位角与俯仰角。于是 N_a 个单元天线就有 $C_{N_a}^3$ 种组合,各种组合求解时均可能出现测向模糊,但是无模糊的真值是每组解所共有的,所以通过比较各组求解结果找出共有的解,便能获得真正的信号来波方向。

为了降低共圆非均匀阵干涉仪设计的复杂度,该文献[12]附加了一个限制条件,即假设误差分析过程在低频段进行,不存在测向模糊的情况,通过对不同设计方案的测向误差的仿真对比,得到如下结论:①当圆周上的单元天线围成正三角形形状时,方位角与俯仰角联合测向误差可达到最小,但这实际上又退化成了圆周均匀布阵的情况。②多个单元天线围成区域的周长与测向误差基本成反比例关系,圆阵的半径波长比增大时测向误差减小,实际上这一定性结论与一维线阵干涉仪测向的特性也是类似的,因为随着干涉仪基线长度的增大测向误差自然会减小,从直观上讲这也是比较自然的推广。由上可见,共圆非均匀阵干涉仪的概念虽然已经形成,但是通用的优化设计方法还有待进一步继续研究。

5.3.4　三维空间布阵的立体基线干涉仪

一维线阵干涉仪的所有单元天线位于同一条直线上,二维面阵干涉仪的所有单元天线位于同一个平面上,在前述章节中已经对一维线阵干涉仪和二维面阵干涉仪都进行了比较详细的分析,这也是当前工程上最常见的干涉仪应用形式。如果干涉仪的单元天线在三维空间中立体分布,并不在同一个平面上,如此布阵的干涉仪称为三维立体基线干涉仪。实际上三维立体基线干涉仪的测向模型可以从二维平面干涉仪测向模型上自然扩展产生,简要概述如下。

首先在三维空间中构建 $OXYZ$ 三维直角坐标系,于是 N_a 个单元天线的位置坐标可记为 $(x_{An,i}, y_{An,i}, z_{An,i})$,$i = 0,1,\cdots,N_a-1$。与前面章节中的二维平面干涉仪对比,三维立体基线干涉仪的各个单元天线的 $z_{An,i}$ 不全为零。在测向过程中辐射源的来波方向线向 XOY 平面进行投影,来波方向线与投影线之间的夹角定义为俯仰角 θ_{pi},X 轴正向与投影线之间的夹角定义为方位角 θ_{az},如图 5.25 所示,将辐射源信号的来波方向线对应的单位方向矢量 γ_{AOA} 记为 $\left[\cos\theta_{pi}\cos\theta_{az}, \cos\theta_{pi}\sin\theta_{az}, \sin\theta_{pi}\right]$。

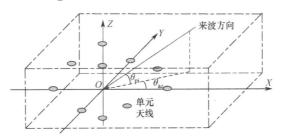

图 5.25　三维立体基线干涉仪测向示意图

对于任意两个单元天线 An_i 和 An_j，$i \neq j$，由点 An_i 指向点 An_j 的矢量 $\boldsymbol{A}_{\mathrm{r},i,j}$ 为

$$\boldsymbol{A}_{\mathrm{r},i,j} = \left[x_{\mathrm{An},j} - x_{\mathrm{An},i}, y_{\mathrm{An},j} - y_{\mathrm{An},i}, z_{\mathrm{An},j} - z_{\mathrm{An},i} \right] \tag{5.8}$$

于是两个单元天线 An_i 和 An_j 之间所接收到信号的相位差 $\phi_{\Delta i,j}$ 可用如下两个矢量点积的形式进行表达，从本质上讲这也是较通用的干涉仪测向模型：

$$\begin{aligned}
\phi_{\Delta i,j} &= 2\pi \left(\boldsymbol{A}_{\mathrm{r},i,j} \cdot \boldsymbol{\gamma}_{\mathrm{AOA}} \right) / \lambda \\
&= 2\pi \left[\left(x_{\mathrm{An},j} - x_{\mathrm{An},i} \right) \cos\theta_{\mathrm{pi}} \cos\theta_{\mathrm{az}} + \left(y_{\mathrm{An},j} - y_{\mathrm{An},i} \right) \cos\theta_{\mathrm{pi}} \sin\theta_{\mathrm{az}} + \left(z_{\mathrm{An},j} - z_{\mathrm{An},i} \right) \sin\theta_{\mathrm{pi}} \right] / \lambda
\end{aligned} \tag{5.9}$$

式中，"·"表示两个矢量之间的点积运算。于是三维立体基线干涉仪测向就是基于相位差的测量值 $\phi_{\mathrm{M}\Delta i,j}$ 并利用式（5.9）来求解来波方向的俯仰角 θ_{pi} 和方位角 θ_{az}。实际上，式（5.9）是本书 2.1.5 节中二维面阵干涉仪测向模型通用公式（2.38）的进一步推广。对于三维立体基线干涉仪的相位差测量值的解模糊同样可借鉴二维平面干涉仪的有关方法，除此之外，还可采用如下遍历搜索匹配的方法：

（1）结合信号波长 λ、每两个单元天线之间对应的矢量 $\boldsymbol{A}_{\mathrm{r},i,j}$，以及测向范围，由式（5.9）可得这两个单元天线之间测量的信号相位差的模糊数范围为 $\left[-m_{i,j}, m_{i,j} \right]$，于是每两个单元天线测向的模糊数就有 $2m_{i,j} + 1$ 个；

（2）根据各条测量基线，在其对应的模糊数范围内进行遍历配对后估算来波方向，然后由估算结果反推出各条基线在此信号入射条件下的预计相位差，并与相位差测量值实施最佳匹配，选取整体匹配误差最小的模糊数作为最终解模糊的结果；

（3）根据解模糊结果得到没有模糊的相位差测量值，然后通过最小二乘法等方法综合求解式（5.9），获得来波方向的俯仰角 θ_{pi} 和方位角 θ_{az} 的最终估计值。

以上是三维立体基线干涉仪二维测向解模糊与测向解算的通用方法，计算量比较大。如果针对具体的空间布阵结构和基线的优化选取，也能够设计出一些计算量相对较小的方法流程。

上述三维立体基线干涉仪仅仅是一个十分理想的理论模型，在实际工程应用中还有很多工程问题需要进一步研究。当三维立体基线干涉仪中各个单元天线的电轴方向都完全平行，且天线极化的空间方向也完全一致时，测向问题的求解还不太困难；一旦三维立体基线干涉仪中各个单元天线的电轴指向任意选择时，不仅各个单元天线的波束方向图会给测向带来巨大影响，而且有关天线相位中心随频率和来波方向不断变化的情况发生时，很可能会造成测向问题的求解异常复杂，再加上空间极化方向上的差异，甚至会导致测向失败。所以尽管三维立体基线干涉仪测向的概念早已提出，但至今仍然极少在工程中实际使用。

5.4　旋转干涉仪

顾名思义，旋转干涉仪即是干涉仪的基线绕其中点在一指定平面内做圆周旋转运动，使得干涉仪基线在信号来波方向上的投影线产生周期性变化，从而完成信号相位差的持续测量与连续解模糊，最终实现对信号来波方向的二维测向。一般情况下，旋转干涉仪采用双天线单基线构型，旋转中心为两个单元天线连线的中点位置处。如果在干涉仪旋转 180° 半周的时间内，信号的来波方向相对于干涉仪保持不变，那么旋转干涉仪就相当于在空间中合成了一

个虚拟的圆阵干涉仪，并且这个虚拟圆阵几乎具有沿整个圆周紧密排布的单元天线，但是这些单元天线所构成的基线只能取通过圆心的最长基线。所以从这个意义上讲，也可以从圆阵干涉仪测向的角度来看待旋转干涉仪。

5.4.1　旋转干涉仪测向原理与模型

记旋转干涉仪的两个单元天线分别为 An_0 和 An_1，干涉仪基线中点设置为坐标系原点 O，该干涉仪绕 O 点在 XOY 平面内做圆周旋转运动，如图 5.26 所示。信号来波方向与 Z 轴之间的夹角称为离轴角 θ_{off}，离轴角与二维干涉仪测向中信号来波方向的俯仰角 θ_{pi} 互为余角，即 $\theta_{off}=\pi/2-\theta_{pi}$，信号来波方向在 XOY 平面内的投影线与 X 轴正向之间的夹角称为方位角 θ_{az}。

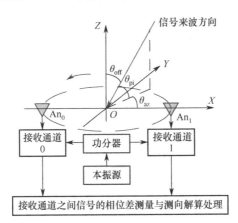

图 5.26　双天线单基线旋转干涉仪测向示意图

设基线长度为 d_{int} 的干涉仪绕 O 点做匀速旋转运动，角速度为 ω_r，并且在 t_0 时刻干涉仪基线与 X 轴正向之间的夹角为 θ_{t0}，在 t 时刻干涉仪两个单元天线所接收到信号的相位差 $\phi_{\Delta r}$ 如式（5.10）所示：

$$\phi_{\Delta r}=\phi_{\Delta r,max}\cos\left\{\theta_{az}-\left[\omega_r\left(t-t_0\right)+\theta_{t0}\right]\right\}=2\pi d_{int}\sin\theta_{off}\cos\left\{\theta_{az}-\left[\omega_r\left(t-t_0\right)+\theta_{t0}\right]\right\}/\lambda \quad (5.10)$$

式中，$\phi_{\Delta r,max}=2\pi d_{int}\sin\theta_{off}/\lambda$ 表示无相位模糊时的最大相位差。在信号来波方向相对于干涉仪旋转平面保持不变，且信号长时间持续存在的条件下，旋转干涉仪接收到信号的无模糊相位差呈余弦规律变化。一般情况下基线长度 $d_{int}\gg\lambda$，旋转干涉仪测量输出的原始相位差会出现 2π 周期的模糊，如图 5.27 所示。在相位差解模糊之前的曲线如图 5.27 中实线所示，其取值范围为 $[-\pi,\pi)$；在经过解模糊之后的曲线如图 5.27 中虚线所示，整个相位差曲线成余弦规律变化，干涉仪每旋转 360° 相位差曲线完成一次循环，在图 5.27 中最大相位差 $\phi_{\Delta r,max}=12\text{rad}$。当干涉仪基线旋转角度等于方位角 $\theta_{az}+N\cdot2\pi$ 时，解模糊之后的相位差达到最大值 $\phi_{\Delta r,max}$。所以旋转干涉仪测向的关键在于，采取高效的解模糊算法对相位差测量的原始数据进行解模糊之后求解出最终的测向角度。

图 5.27 所示的相位差曲线是在没有测量噪声情况下的理想曲线，在此条件下如果旋转干涉仪的相位差测量过程是持续不断的，针对所获得的 $[-\pi,\pi)$ 取值范围内的相位差测量曲线，只需调用 MATLAB 中 unwrap 函数即可恢复出没有相位模糊时的曲线，解模糊之后的相位差取值范围为 $\left[-\phi_{\Delta r,max},\phi_{\Delta r,max}\right]$。但是存在测量噪声时，上述相位差解模糊过程就需要更加精细

的判断，特别是在旋转干涉仪的相位差测量过程并不连续，只能间断地输出部分旋转角度上的测量值时，这一解模糊过程就会存在一定的复杂度。这样的情况在对雷达脉冲信号的测向过程中有时会发生，因为雷达脉冲是间断发射的，只有脉冲持续时间段才能测量，这就意味着图 5.27 中实线部分的曲线并不连续，只存在以雷达脉冲到达时刻对应的采样点。由此可见，在电子对抗侦察工程应用中对旋转干涉仪的相位差测量数据进行解模糊处理需要具体问题具体分析。

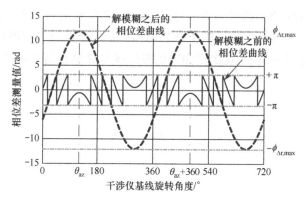

图 5.27　双天线旋转干涉仪通道间信号的相位差测量值随旋转角度变化的理论曲线

5.4.2　旋转干涉仪中的相位差解模糊与测向求解方法

如前所述，一般情况下旋转干涉仪的基线长度 $d_{\text{int}} \gg \lambda$，在测角范围内必然产生相位差测量的模糊，所以高效准确地解相位差模糊是旋转干涉仪测向应用的关键所在。根据式（5.10）的模型，在 t_n 时刻得到的第 n 次测量的无模糊相位差理论值 $\phi_{\Delta r,n}$ 可表示为

$$\begin{aligned}\phi_{\Delta r,n} &= 2\pi d_{\text{int}} \sin\theta_{\text{off}} \cos\left\{\theta_{\text{az}} - \left[\omega_r\left(t_n - t_0\right) + \theta_{t0}\right]\right\} / \lambda \\ &= \left(2\pi/\lambda\right) d_{\text{int}} \sin\theta_{\text{off}} \left(\cos\theta_{\text{az}} \cos\theta_{r,n} + \sin\theta_{\text{az}} \sin\theta_{r,n}\right) = \kappa \boldsymbol{b}_n^{\mathrm{T}} \boldsymbol{x}\end{aligned} \tag{5.11}$$

式中，$\theta_{r,n} = \omega_r\left(t_n - t_0\right) + \theta_{t0}$，$\kappa = 2\pi/\lambda$，$\boldsymbol{x} = \left[\sin\theta_{\text{off}} \cos\theta_{\text{az}}, \sin\theta_{\text{off}} \sin\theta_{\text{az}}\right]^{\mathrm{T}}$ 表示来波方向在 XOY 平面内投影的方向矢量，$\boldsymbol{b} = \left[d_{\text{int}} \cos\theta_{r,n}, d_{\text{int}} \sin\theta_{r,n}\right]^{\mathrm{T}}$ 表示 t_n 时刻旋转干涉仪的基线矢量。在此基础上可得第 n 次相位差测量值 $\phi_{M\Delta r,n}$ 如下：

$$\phi_{M\Delta r,n} = \text{mod}\left[\left(\kappa \boldsymbol{b}_n^{\mathrm{T}} \boldsymbol{x} + \delta\phi_n\right) + \pi, 2\pi\right] - \pi \tag{5.12}$$

式中，$\delta\phi_n$ 为相位差测量误差，可假设其服从均值为零、方差为 σ_ϕ^2 的独立高斯分布。于是将所有观测数据表示成矩阵形式为

$$\boldsymbol{\Phi} = \text{mod}\left[\left(\boldsymbol{Hx} + \boldsymbol{E}\right) + \pi, 2\pi\right] - \pi \tag{5.13}$$

式中，$\boldsymbol{\Phi} = \left[\phi_{M\Delta r,1}, \phi_{M\Delta r,2}, \cdots, \phi_{M\Delta r,N_r}\right]^{\mathrm{T}}$，$\boldsymbol{H} = \left[\kappa \boldsymbol{b}_1, \kappa \boldsymbol{b}_2, \cdots, \kappa \boldsymbol{b}_{N_r}\right]^{\mathrm{T}}$，$\boldsymbol{E} = \left[\delta\phi_1, \delta\phi_2, \cdots, \delta\phi_{N_r}\right]^{\mathrm{T}}$，其中 N_r 表示总的测量次数。旋转干涉仪测向解模糊问题就转化为求解非线性方程组式（5.13）的问题，可用代数领域的各种方法进行求解。下面简要介绍公开文献中报道的代表性方法。文献[13,14] 分别采用了伪线性最小二乘法和多假设伪线性迭代最小二乘法，通过模糊的相位差得到多组测向初值，再使用线性最小二乘法进行迭代，最终通过检测最小相位误差来获得信号的来波方向估计。具体来讲，在观测空间内时变基线长度是已知的，因此每个相位差测量值的模糊

范围是确定的，由此可求得对应的多个初值；对每一个初值采用最小二乘法进行迭代计算，只要有一个初值处于真值附近，通过选取最小化的代价函数 $C_R(m)$ 即可求解出信号的来波方向角如下：

$$(\theta_{off},\theta_{az})=\min_m C_R(m) \tag{5.14}$$

式中，m 表示来波方向参数空间划分的标号。代价函数 $C_R(m)$ 定义如下：

$$\begin{cases} C_R(m)=z_m^\top z_m \\ z_m=\text{mod}\left[(\boldsymbol{\Phi}-\boldsymbol{Hx}_m)+\pi,2\pi\right]-\pi \end{cases} \tag{5.15}$$

从本质上讲，如果对来波方向取值空间进行穷尽搜索，当 $\boldsymbol{x}_m$ 取真实值时，代价函数 $C_R(m)$ 一定会达到最小值，所以按照此方法肯定能够比较准确地估计出信号的来波方向角，但穷尽搜索法的计算量比较大，如果针对特定应用条件进行优化，也能够设计出一些计算量较小的方法。

5.4.3　旋转干涉仪的典型应用与其他演变形式

1. 旋转干涉仪的典型应用：弹载导引头上的旋转干涉仪测向

文献[15]公开报道了一种针对 33～36GHz 频段（8mm 波段）的毫米波雷达信号进行无源侦收与测向的导引头，采用双天线绕基线中心旋转的旋转干涉仪测向体制，干涉仪基线长为 150mm，单元天线接收的信号经前端低噪声放大之后下变频至 875～1375MHz 的中频，采用 ADC08D1500 双通道 ADC 芯片以 1.5GHz 的采样频率将中频模拟信号进行数字化，然后由 XC5VSX95T 型号的 FPGA 芯片进行信道化处理，该样机一共设计了 64 个频域接收信道，各个信道之间带宽交叠 50%，在进行雷达信号的频域信道化检测之后，由 TS201S 型号的 DSP 芯片完成信号的参数估计、分选与识别，利用最终输出的信号的相位差测量值进行旋转干涉仪测向解算，整个样机系统组成框图如图 5.28 所示。该文献报道：所研制的旋转干涉仪样机实物在微波暗室针对简单脉冲、二相编码脉冲、线性调频脉冲等典型雷达信号进行了实际测试，测向误差在 0.2° 以内。

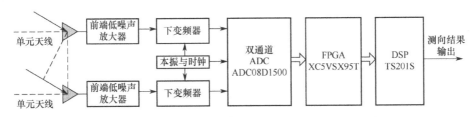

图 5.28　弹载导引头上的双天线旋转干涉仪样机系统组成框图

在旋转干涉仪相位差解模糊方面，文献[16]针对反雷达辐射源导引头中的旋转干涉仪对 Ka 频段雷达信号测向问题开展研究，在分析过程中设定目标雷达信号的频率范围为 33.4～36GHz，雷达脉冲重复频率范围为 1～20kHz，干涉仪旋转的角速度范围为 $20\pi \sim 30\pi\text{rad/s}$，干涉仪基线长度为 150mm。在上述条件下旋转干涉仪测向过程中会出现相位差的较大变化而使得相位差频繁出现模糊，该文献设计了一种两次修正的解模糊算法，并通过计算机仿真验证了算法的有效性与稳定性。

2. 基于高速电子开关切换的旋转干涉仪

在旋转干涉仪的设计中基线旋转通常采用机械运动方式实现，不过也可以采用其他方式，例如文献[17]采用均匀圆阵双通道干涉仪来模拟旋转干涉仪,干涉仪的各个单元天线以圆心为对称中心均匀分布于同一个圆周上,通过高速电子开关切换来瞬时选通其中两个以圆心对称的单元天线组成一条干涉仪基线,通过连续不断的依次切换,即可模拟干涉仪基线绕圆心的旋转运动,如图 5.29 所示。该方法与机械旋转运动的干涉仪相比,各个单元天线的位置相对固定,不需要复杂的机械装置,便于安装和位置误差校正。

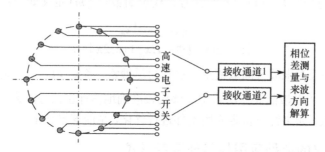

图 5.29　基于高速电子开关切换的旋转干涉仪工作原理框图

实际上该方法相当于电子旋转的干涉仪,当然电子旋转相对于机械旋转来讲,不受机械部件惯性的影响,旋转速度能够达到非常高,而且旋转速度的变化也可以非常快,这都是由高速电子开关切换速度所决定的。除此之外,在相位差测量与测向解算的算法方面,电子旋转的干涉仪与机械旋转的干涉仪都是一样的,所以在此不再重复展开阐述。但需要注意的是,上述基于高速电子开关切换的旋转干涉仪不仅可以选择以圆心对称的两个单元天线来构成最长基线的干涉仪,也能够选择不以圆心对称的两个单元天线来构成较短基线的干涉仪,所以在干涉仪基线选择的灵活性上比机械旋转的干涉仪要强得多。从另外一个角度看,图 5.29 中所示的干涉仪也可认为是一个均匀圆阵双通道干涉仪,这样就能够利用前述圆阵干涉仪的测向流程与解算方法实现对该问题的更好求解,同时也说明:从某种意义上讲,旋转干涉仪是圆阵干涉仪的一种特殊演化类型与特定运用方式,很多理论方法可以相互借鉴与共同发展。

5.5　干涉仪测向与阵列测向的对比与综合

在阵列测向应用中基于空间谱估计的测向是较典型的代表,即根据各个天线阵元所接收到的信号样本数据、天线位置和阵元特性参数,应用现代谱估计理论和矩阵理论对来波信号的空间谱进行估计,通过其能量角度分布状态来确定信号的来波方向。简要回顾,阵列测向的发展已有半个多世纪的历史。1967 年伯格(Burg)提出了最大熵谱估计方法;1969 年卡彭(Capon)提出了最小方差谱估计方法[18];1979 年施密特(Schmidt R O)等提出了多重信号分类(MUSIC)算法[19],通过对阵列数据协方差矩阵的特征分解把数据空间划分成信号子空间和与其正交的噪声子空间,通过构建尖锐的空间谱峰来实现对信号来波方向的超分辨估计,后续又发展了一些改进算法,包括求根 MUSIC 算法(root-MUSIC)[20]、最小范数方法(Min-Norm)[21];1986 年罗伊(Roy)、保拉(Paulraj)和凯拉特(Kailath)提出了基于旋转不变性技术的信号参数估计(ESPRIT)算法,不需要空间谱峰搜索就能够快速直接得到信号的来波方向,包括 LS-ESPRIT 算法[22]和 TLS-ESPRIT 算法[23]等;后续又发展了信号子空间拟合(Signal Subspace Fitting,SSF)算法[24]、加权子空间拟合(Weighted Subspace Fitting,WSF)算法[25]。除此之外,这一时期也出现了最大似然(Maximum Likelihood,ML)算法,包括确定性最大似然算法和随机性最大似然算法，通过多维搜索来求解最优解，与 MUSIC 和 ESPRIT 相比性能更好，但是计算量比较大。通过前述章节的介绍可知，实际上干涉仪的各个单元天线自然构成了一个天线阵，干涉仪通过对各个天线阵元所接收到的信号的测量来测向，空间谱测向同样是基于各个天线阵元所接收到的信号来解算信号的来波方向，二者之间又有怎样的联系呢？关于这一点，接下来就通过举例方式对干涉仪测向与典型的阵列测向进行对比。

5.5.1   干涉仪测向与典型阵列测向方法的对比

在前述章节的有关讨论中也曾涉及阵列信号接收模型，但为了保持论述上的连贯性，在此再简要将阵列信号接收模型表述如下：一般情况下，天线阵列输出的信号 $X(t) = \left[X_1(t), X_2(t), \cdots, X_{N_a}(t)\right]^T$ 可建模，如式（5.16）所示，其中 N_a 表示阵列中天线阵元的个数。

$$X(t) = A(\Theta)S(t) + N(t) \tag{5.16}$$

式中，$S(t) = \left[S_1(t), S_2(t), \cdots, S_{N_s}(t)\right]^T$ 表示空间中 N_s 个信号所构成的信号矢量，$N(t) = \left[N_1(t), N_2(t), \cdots, N_{N_a}(t)\right]^T$ 表示噪声矢量，$A(\Theta) = \left[\alpha(\theta_1), \alpha(\theta_2), \cdots, \alpha(\theta_{N_s})\right]^T$ 表示方向矩阵，$A(\Theta)$ 中任意一个列矢量 $\alpha(\theta_i)$ 表示空间中一个来波方向为 θ_i 的信号的方向矢量，又称导向矢量，如式（5.17）所示：

$$\alpha(\theta_i) = \left[e^{j2\pi f_i \tau_1(\theta_i)}, e^{j2\pi f_i \tau_2(\theta_i)}, \cdots, e^{j2\pi f_i \tau_{N_a}(\theta_i)}\right]^T \tag{5.17}$$

式中，f_i 表示第 i 个信号的载波频率，$\tau_j(\theta_i)$ 表示来波方向为 θ_i 的第 i 个信号到达第 j 个阵元时相对于到达参考阵元的时间延迟。在阵列信号处理中最典型的一个方法就是利用式（5.18）计算信号 $X(t)$ 的协方差矩阵 R_x，并用 R_x 实现各种参数的估计。

$$R_x = E\left\{\left[X(t) - m_x(t)\right]\left[X(t) - m_x(t)\right]^H\right\} \tag{5.18}$$

式中，$m_x(t) = E[X(t)]$ 表示均值矢量。在很多情况下 $m_x(t) = 0$，于是在此条件下阵列输出信号的协方差矩阵与互相关矩阵是相同的，于是有：

$$R_x = E\left\{X(t)\left[X(t)\right]^H\right\} = E\left\{\left[A(\Theta)S(t) + N(t)\right]\left[A(\Theta)S(t) + N(t)\right]^H\right\} \tag{5.19}$$

一般假设 $N_a > N_s$，即阵元个数大于空间中的信号个数，各个信号的来波方向均不相同，各个噪声分量 $N_j(t)$ 之间互不相关，均值为 0、方差为 σ_n^2，且空间中各个信号之间互不相关，即信号的互相关矩阵 $R_s = E\left\{S(t)\left[S(t)\right]^H\right\}$ 是对角非奇异阵，于是有式（5.20）成立：

$$R_x = A(\Theta)R_s\left[A(\Theta)\right]^H + \sigma_n^2 I \tag{5.20}$$

由式（5.20）可知，R_x 是非奇异的正定 Hermitain 方阵，满足 $R_x = R_x^H$。利用酉变换对 R_x 进行对角化，其相似对角阵是由各不相同的 N_a 个正实数 ξ_j 组成，ξ_j 又称特征值，与之对应的 N_a 个特征矢量 u_j 是线性独立的，于是 R_x 的特征分解式可表示为

$$R_x = U\Sigma U^H = \sum_{j=1}^{N_a} \xi_j u_j u_j^H \tag{5.21}$$

式中，$\Sigma = \text{diag}\left[\xi_1, \xi_2, \cdots, \xi_{N_a}\right]$，$U = \left[u_1, u_2, \cdots, u_{N_a}\right]^T$。$N_s$ 个较大特征值对应的特征矢量构成信

号子空间，记为 U_s，而剩余的 $N_{\text{small}}=N_a-N_s$ 个较小特征值对应的特征矢量构成噪声子空间，记为 U_n，于是式（5.21）分解为

$$R_x=U_s\Sigma_sU_s^H+U_n\Sigma_nU_n^H \tag{5.22}$$

式中，Σ_s 为 N_s 个较大特征值组成的对角阵，Σ_n 为 N_{small} 个较小特征值组成的对角阵。

在上述阵列信号接收模型的基础上，基于 Capon 算法的空间谱估计函数 $f_{\text{Capon}}(\theta)$ 如式（5.23）所示：

$$f_{\text{Capon}}(\theta)=\text{abs}\left[\alpha^H(\theta)\hat{R}_x^{-1}\alpha(\theta)\right]^{-1} \tag{5.23}$$

式中，$\hat{R}_x$ 表示 R_x 的估计值。

基于 MUSIC 算法的空间谱估计函数 $f_{\text{MUSIC}}(\theta)$ 如式（5.24）所示：

$$f_{\text{MUSIC}}(\theta)=\text{abs}\left[\alpha^H(\theta)U_nU_n^H\alpha(\theta)\right]^{-1} \tag{5.24}$$

在求出空间谱函数值 $f_{\text{Capon}}(\theta)$ 或 $f_{\text{MUSIC}}(\theta)$ 之后，通过搜索在测角范围内的 N_s 个峰值点所对应的角度，即是 N_s 个信号的来波方向，从而完成测向过程。在信号能量远高于噪声能量的条件下，由式（5.22）和式（5.23）可近似得到式（5.25）：

$$\begin{aligned} f_{\text{Capon}}(\theta)&=\text{abs}\left[\alpha^H(\theta)\left(U_s\Sigma_sU_s^H+U_n\Sigma_nU_n^H\right)^{-1}\alpha(\theta)\right]^{-1} \\ &\approx\text{abs}\left[\alpha^H(\theta)U_s\Sigma_s^{-1}U_s^H\alpha(\theta)\right]^{-1} \end{aligned} \tag{5.25}$$

对比式（5.24）和式（5.25）可知，Capon 算法主要是基于信号子空间的估计，而 MUSIC 算法主要是基于噪声子空间的估计。由于信号子空间与噪声子空间是相互正交的，而且由二者构成的整个空间的信息是能够测量得到的，所以两种算法都能实现信号来波方向的估计。

接下来利用上述阵列测向方法的求解思路来重新梳理干涉仪测向处理过程。假设单个目标信号从角度 θ_{AOA} 入射，于是干涉仪阵列的方向矩阵 $A(\Theta)$ 将退化成一个列矢量 $\alpha(\theta_{\text{AOA}})$，如式（5.26）所示：

$$\alpha(\theta_{\text{AOA}})=\left[e^{j2\pi d_0\sin\theta_{\text{AOA}}/\lambda},e^{j2\pi d_1\sin\theta_{\text{AOA}}/\lambda},\cdots,e^{j2\pi d_{N_a-1}\sin\theta_{\text{AOA}}/\lambda}\right]^T=\left[e^{j\phi_0},e^{j\phi_1},\cdots,e^{j\phi_{N_a-1}}\right]^T \tag{5.26}$$

其中 $\phi_i=2\pi d_i\sin\theta_{\text{AOA}}/\lambda$，$d_0=0$，$\phi_0=0$，$d_1,\cdots,d_{N_a-1}$ 表示由干涉仪的 N_a 个单元天线构成的 N_a-1 条基线。为了更加清晰地观察阵列测向与干涉仪测向之间的关联，暂不考虑噪声的影响，源信号的互相关矩阵将退化为信号的功率值，即 $R_s=S_E$，在此条件下，由式（5.20）可得干涉仪输出信号的互相关矩阵 $R_{x,A}$ 为

$$R_{x,A}=\alpha(\theta_{\text{AOA}})S_E\left[\alpha(\theta_{\text{AOA}})\right]^H=S_E\cdot\begin{bmatrix} 1 & e^{j(\phi_1-\phi_0)} & \cdots & e^{j(\phi_{N_a-1}-\phi_0)} \\ e^{j(\phi_0-\phi_1)} & 1 & \cdots & e^{j(\phi_{N_a-1}-\phi_1)} \\ \cdots & \cdots & \cdots & \cdots \\ e^{j(\phi_0-\phi_{N_a-1})} & e^{j(\phi_1-\phi_{N_a-1})} & \cdots & 1 \end{bmatrix} \tag{5.27}$$

由式（5.27）可知，矩阵 $R_{x,A}$ 的秩为 1，其所拥有的唯一特征矢量 $u_{1,A}$ 为

$$u_{1,A}=\left[e^{j\phi_0},e^{j\phi_1},\cdots,e^{j\phi_{N_a-1}}\right]^T \tag{5.28}$$

由式（5.28）可见，干涉仪所接收到信号的互相关矩阵的特征矢量 $u_{1,A}$ 完全由干涉仪各条

基线测量所得信号的相位差唯一决定。根据 Capon 算法和 MUSIC 算法可知，估计出的空间谱函数在 $\theta=\theta_{AOA}$ 位置处都会出现峰值。这说明采用阵列信号处理方法对干涉仪各个单元天线接收到的信号进行测向处理，同样能完成信号来波方向的准确估计。这反映出干涉仪其实是一种特殊的阵列，干涉仪测向也能够看成是一种特殊的阵列测向。一部分学者例如施密特（Schmidt）在 MUSIC 算法提出之时就认为干涉仪可看成是 MUSIC 算法的一种特殊扩展，二者都属于阵列信号处理的范畴，具有很多共性。除此之外，部分公开文献也通过仿真等手段对干涉仪测向与阵列测向进行了对比，部分对比结果概要小结如下。

1）二维均匀圆阵干涉仪测向与 MUSIC 阵列测向的对比

文献[26]以 5 元均匀圆阵的二维干涉仪测向为例，从测向精度、耗费时间、幅相误差影响、所用快拍数等方面将干涉仪测向方法与标准的 MUSIC 测向处理方法进行了对比。其中二维干涉仪测向采用最小二乘拟合方式对各个单元天线实测相位差进行处理，即取相位差实测值与理想值之差的平方和为目标函数，将目标函数最小化时所对应的角度作为干涉仪输出的测向角。通过仿真实验对比后得出的结论是：①在低信噪比情况下 MUSIC 算法的测向精度优于干涉仪测向，但在高信噪比情况下二者的测向精度基本相同；②干涉仪测向耗时远远小于 MUSIC 算法；③MUSIC 算法比干涉仪在通道的幅相误差适应性方面要好；④两种方法受快拍数的影响基本一致，测向精度都随着快拍数的增加而增加。

2）干涉仪测向与 MUSIC 阵列测向、盲源分离测向方法的对比

文献[27]从理论上对干涉仪测向与基于子空间投影的阵列测向在测向精度方面进行了分析，指出阵列测向在多信号测向方面具有一定的优势，对单个辐射源信号测向比干涉仪测向的精度要高，并在此基础上通过仿真对基于盲源分离的测向算法与基于子空间投影的阵列测向算法所能达到的分辨率进行了比较，验证了阵列处理测向算法在测向精度方面的优势，但是计算量特别大。

3）干涉仪测向与阵列单脉冲比幅测向的精度对比

从严格意义上讲，阵列单脉冲比幅测向与空间谱测向之间的关联度并不大，但这也是工程上一种比较实用的阵列测向方法，所以在此一并讨论。文献[28]从理论上推导出阵列单脉冲比幅测向和干涉仪测向的精度表达式，通过对比后认为：当单元天线数目与阵列合成损耗之比小于 8 时，干涉仪测向的精度更高；反之，阵列单脉冲比幅测向的精度更高。

5.5.2　干涉仪测向与阵列测向的综合应用

由 5.5.1 节的对比可知，干涉仪测向与阵列测向各具特点，在不同的工程应用条件下各有各的优势，工程实际中既能够在干涉仪已有的各个单元天线接收到信号的基础上直接应用阵列测向算法[29]，也可以将二者结合起来综合应用，有关此方面应用的公开报道概要小结如下。

1. 用干涉仪粗测向结果引导 MUSIC 阵列测向

文献[30]以 L 形 5 元干涉仪测向与阵列测向结合为例开展了仿真研究，二者都使用相同阵型与相同数量的单元天线，对空间中信号的来波方向进行二维测向。首先利用干涉仪对辐射源目标信号进行粗测向，然后在粗测向结果的±10° 邻近角度区域范围内利用 MUSIC 算法计算空间谱，搜索谱峰从而得到最终的精测向结果，上述流程缩减了空间谱计算的角度范围，有效提高了 MUSIC 算法的效率。该文献同时将上述联合测向方法与 L 形长短基线组合干涉仪测向、相关干涉仪测向、基于 MUSIC 谱估计的测向进行了对比，结果显示联合测向方法在测

向精度与运算耗时方面具有优势，可有效解决高精度与高实时性之间的工程应用矛盾。

    2. 基于导向矢量估计与相关干涉仪思想融合的测向

    1）基于阵列二阶统计量与锁相环原理对导向矢量最优估计的相关干涉仪测向

    阵列天线导向矢量失配和相位测量噪声的影响将导致基于阵元之间的相位差测量值难以准确构建与天线实际阵列流形一致的矢量样本，造成测向精度降低。文献[31]针对此问题，首先利用阵列天线接收信号的协方差矩阵构建信号子空间对来波信号导向矢量进行初步估计，然后将该矢量输入到矢量闭环跟踪系统进一步降低其中残留的相位噪声，以获得来波信号导向矢量的最优估计；在闭环跟踪环路锁定之后，再借鉴相关干涉仪测向思想将最优估计结果作为相关运算的矢量样本，通过最大相关值来估算出信号的来波方向。最后以 10 元均匀直线阵为例开展了仿真，验证了在信噪比由大到小的变化过程中，该方法相对于传统的测向算法具有更高的测向精度。

    2）基于方向图拟合与 Capon 波束形成的双向迭代矢量相关测向方法

    文献[32]针对前述同样的问题，利用方向图与信号能量空间分布的相似性，对目标信号来波方向进行聚焦搜索，在聚焦区间内将基于稳健 Capon 波束形成的导向矢量迭代估计与相关干涉仪测向方法融合，在保证测向精度的前提下对目标信号来波方向进行双向迭代测量。同样以 10 元均匀直线阵为例开展了仿真，仿真结果表明：该方法能够降低阵列流形失配和相位噪声的影响，提升测向的准确度。

    3. 应用四阶累积量阵列扩展特性提升干涉仪测向的性能

    在阵列信号处理中四阶累积量具有阵列扩展特性，可达到通过增加虚拟阵元来扩展阵列，并提高阵列测向精度的目的，由此发展出了基于四阶累积量的 MUSIC 算法、基于四阶累积量的 ESPRIT 算法等。受这一思想的启发，文献[33]将四阶累积量阵列扩展特性应用于干涉仪测向系统，采用举例论证分析的方式以包含三个单元天线的直线阵干涉仪测向为例，直接给出了阵列扩展之后的导向矢量，构造出了虚拟的四个单元天线，并由此认为利用扩展阵列构成的虚拟短基线可用于解干涉仪测向的相位差模糊，而构成的虚拟长基线则能够提高干涉仪的测向精度。在这个三元阵干涉仪测向示例中所构造出来的虚拟长基线刚好是原来实际长基线长度的两倍，同时该文献推导了扩展阵元构成的长基线对应的测向误差计算公式，最后通过仿真验证了该方法的可行性。

    从以上公开文献的报道来看，借鉴阵列信号处理中的部分思想与方法并应用到干涉仪测向中是一个比较自然的研究思路。另外，也可将二者综合起来应用，充分发挥干涉仪测向与阵列测向各自的优势，满足各种工程应用的要求。

5.6　影响干涉仪测向工程应用的内外因素与改善措施

    影响干涉仪测向工程应用的因素很多，归纳起来分为内因与外因两大方面。内因是指影响因素来自干涉仪内部，由干涉仪自身所造成，包括干涉仪的单元天线、接收机、传输馈线与电缆的特性差异等；外因是指影响因素来自干涉仪外部，主要包括干涉仪测向场地，周边环境等所造成的影响。以上这些因素使得干涉仪测向理论模型中的部分假设前提条件不能完全得到满足，导致理论模型与实际工程设备状态之间出现差异，而差异的大小则直接决定了工程应用中干涉仪测向实际所能达到的测向精度，差异过大时甚至会导致干涉仪测向失败。

而解决上述问题的方法措施也要量体裁衣、因势利导，包括测向应用场地的优化选择、各种校正手段的构建与实施等，以确保干涉仪的测向精度保持在工程应用所要求的范围之内。

5.6.1　外部主要影响因素：工作场地对干涉仪测向的影响

架设于地面的干涉仪测向天线肯定会受到周边环境的影响，而且工作于短波与超短波频段的干涉仪相比工作于微波与毫米波频段的干涉仪来讲，信号波长更长，且波长与周围地物的尺寸在同一量级，所受到的影响更大，所以在此重点关注在地表附近工作的低频段干涉仪所受环境影响的问题。

1.　地面不均匀性对短波与超短波干涉仪测向的影响

短波频段的干涉仪测向场地的选择可参见公开发布的 GB 13614—92 短波无线电测向台站电磁环境要求国家标准；而超短波测向场地可参照这一标准适当减小保护距离。在短波和超短波频段，如果测向场地周围地形存在不均匀性，当不均匀区域处于来波方向背面时对测向影响较小，而处于来波方向同向时会造成测向误差较大，且不均匀区域的大小及其距离天线的远近都是影响测向误差的重要因素，不均匀区域越大，离天线越近，影响也就越大。另外，测向场地周围的二次辐射体产生的二次感应电磁场的强度不仅与入射信号大小相关，而且与二次辐射体本身的体积大小有关，体积越大，二次感应电磁场作用距离也就越远，所以在测向应用中要求场地周围没有大的反射体，而且还要尽量消除地面反射。

上述有关短波与超短波频段干涉仪测向场地的选择原则只是一些定性的要求，文献[34]以偶极子单元天线构成的干涉仪为例，基于 Ballantne（巴兰特）互易定理定量分析了地面不均匀性对测向天线所接收到信号的相位产生的影响。该文献首先建立并推导了地面上架设的垂直正弦偶极子与水平正弦偶极子的辐射场的表达式，并利用上述结果对多种不均匀地面引起的干涉仪测向应用中天线接收信号的相位测量误差进行了定量仿真计算，然后通过干涉仪测向公式换算成了对应的测向误差。虽然这只是通过举例论证的方式对一些简单的不均匀地面进行了建模分析，所得到的结论也比较初步，但可参考该方法并结合具体的应用需求来实际建模，对更复杂的地形地貌等条件下的环境条件影响进行定量分析。

2.　高压输电线路对中短波相关干涉仪测向精度影响的实测分析

文献[35]以国家无线电监测中心上海监测站附近建设高压输电线路为例，对监测站的中短波相关干涉仪测向系统的测向精度的影响进行了长期跟踪实验性测量与研究，比较了高压输电线路建设前后干涉仪测向误差的变化情况。前面也谈到，虽然在国家标准 GB 13614—92 中对短波频段的干涉仪测向场地选择有明确的要求，但是上海监测站附近的高压输电线路是在监测站建成使用之后才开始修建，而且这一高压输电线路与该监测站之间的保护间距也不满足 GB 13614—92 的要求，所以这为高压输电线路对中短波相关干涉仪测向影响研究提供了实例性验证。

中短波频段为 $0.3 \sim 30\text{MHz}$，其对应的电磁波波长为 $10 \sim 1000\text{m}$，而高压输电线路的导线和金属铁塔的尺寸也在这一波长范围之内，所以高压输电线路一定会对空中的中短波频段的无线电波产生感应并二次辐射，与原有电磁信号叠加，从而对位于附近的中短波无线电干涉仪测向产生影响。在实际的对比性实验中采用的相关干涉仪测向系统由德国 R&S 公司生产，型号为 DDF01E，接收频段为 $0.3 \sim 30\text{MHz}$，9 元交叉环形有源天线阵的半径为 25m，瞬时测向带宽为 300Hz。在实验中通过对测量数据进行平均来减少随机误差，按照测向误差的均方根值随频率的变化进行曲线拟合，如图 5.30 所示，以此来观察对比高压输电线路修建前后干涉仪测向误差的均方根值变化情况。

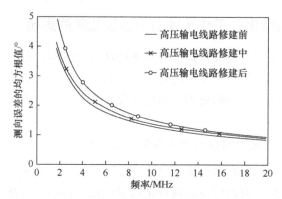

图 5.30　高压输电线路修建前后干涉仪测向误差的均方根值变化情况对比图

　　由实测数据和拟合曲线的变化趋势可知，高压线路修建前后，在 20MHz 频率以上干涉仪测向误差的均方根值增大不超过 0.3°，而在 20MHz 以下随着频率的逐渐降低，干涉仪测向误差的均方根值变化越来越大，在 2MHz 频率附近增大了近 1.5°。经过实测数据分析后得出的结论是：高压输电线路对其附近的中短波相关干涉仪测向系统的测向精度存在一定的影响，在低频段的影响大，而高频段的影响小，在 20MHz 频率以上高压输电线路带来的系统误差小于测量的随机误差，基本可以忽略。

　　虽然上述实测实验是在中短波频段开展的，但相关的实验结论可以向更高频段进行推广。在上述数据中 20MHz 频率对应无线电波的波长为 15m，而高压输电线路中的钢架、线缆等空间结构的尺寸基本上在 15m 以上。这也说明，如果在干涉仪测向天线阵附近存在与信号波长在同一量级的金属框架性结构与线缆结构等，则会对空中对应波长的无线电波产生感应并形成二次辐射，从而使得干涉仪测向误差增大。另外，虽然上述结论是由地面实验得到的，其对于机载干涉仪的安装位置选择也有一定的参考意义，当干涉仪在载机平台上安装时，一定要尽量避免飞机机翼、发动机、起落架等处于干涉仪单元天线的波束覆盖区域内，否则同样会造成电磁波传播条件的改变。所以在干涉仪测向应用场地的选择中，干涉仪天线阵的架设与安装等工作需要特别避免上述情况的发生，以确保干涉仪测向系统能够达到其设计时的测向精度指标要求。

5.6.2　内部主要影响因素：接收支路差异对干涉仪测向的影响

　　影响干涉仪测向的内部因素主要来自干涉仪自身的接收支路。干涉仪的各个接收支路中包含了如下部件：单元天线、天线馈线、接收机、传输电缆等，其中接收机又分为仅放大滤波型接收机与下变频接收机，在下变频接收机中又涉及变频功能中的同源本振、混频器、滤波器、放大器、传输电缆等，将上述部件引入的各种差异因素归纳整理如下。

　　（1）单元天线的增益方向图、相位方向图、交叉极化特性的不同，以及各个单元天线之间存在互耦，互耦误差同样会导致干涉仪中各个通道输出信号的相位差实际值与理论设计值不同。"与单元天线相关的各种因素对干涉仪测向的影响分析"在 4.4 节中已经进行过比较详细的讨论，在此不再重复论述。

　　（2）天线后端的馈线长度不同，以及接收机中各种信号传输电缆长度的不同。在干涉仪工程制造过程中各个接收通道通常会使用等相位射频电缆,简称稳相电缆,顾名思义,等相位射频电缆是指在一组长度几乎相同的电缆中各根电缆对同一频率的射频信号进行传输的过程中,在输入端输入相同激励时输出端的信号相位的差异需要控制在规定的范围之内,常见的性能要求是≤5°。这意味着各根电缆的长度差异需要控制在信号波长的5°/360°=1/72 范围以内,对于工作于 3GHz 的 S 频段接收机来讲,各根电缆长度误差必须≤1.4mm,这在制造工艺上还能够达到要求;而对于 30GHz 毫米波频段的接收机而言,各根电缆长度误差必须≤0.14mm,加工精度要求非常高。这仅仅是一个很小的局部,在一个接收支路中需要的电缆数量少则几根,多则十几或二十几根,长度误差累积在一起最终的综合误差也将难以控制,特别是在毫米波频段,电缆接头处连接松紧程度的差异同样会导致传输长度的差异,而接头装配这道工序大都是由不同工人手工完成,人与人之间的手工操作差异肯定是存在的。

(3)对同源本振信号实施多路功分的功分器各路之间幅频相频传输特性不同,以及接收机中各种滤波器、放大器、混频器的幅频特性和相频特性的差异。在电子对抗侦察应用中通常使用宽频带放大器,但是在接收带宽过宽时就会带来相位失衡,所以需要对放大器进行测试配对。在同一个测试平台上对多个同型号放大器在工作频段内的相频传输特性进行测量,通过比较后选择相频曲线更加一致的几个放大器作为一组配对使用。

(4)设备内散热不均导致各个通道温度不同,同种部件的不同温差导致特性差异,如各支路传输电缆热胀冷缩不同,导致信号传输长度不同,对于波长一定的目标信号而言,传输长度变了,各个接收通道间就会引入附加的相位差;另外,接收通道中的放大器增益和噪声特性也会随温度的变化而变化。

文献[36]给出了一个示例来说明这一问题:一个长度为 1m 的同轴电缆样品的温度从 0℃上升至 30℃时,电缆内的铜线因线性热膨胀而变长了 0.5mm,与此同时填充在电缆内的聚乙烯绝缘体的介电常数 ε 随温度也在变化,从而造成电磁波沿同轴电缆的传播速度 v_s 按照如下关系式改变:

$$v_s = c/\sqrt{\varepsilon} \tag{5.29}$$

式中,$c \approx 3 \times 10^8 \text{m/s}$ 为电磁波在真空中的传播速度。在 0℃时电缆内的 $\varepsilon = 2.39$,电磁波在 1m长的同轴电缆中传播的时间为 5.1532ns;而当温度为 30℃时电缆内的 $\varepsilon = 2.37$,电磁波在1.0005m 长的同轴电缆中传播的时间为 5.1342ns,二者时间差为 0.019ns。这一时间差将造成附加的相位差,对工作于微波及以上频段的干涉仪影响特别大。以 10GHz 的信号为例,其波长为 30mm,0.019ns 的时差对应的相位差为 68.4°,这个相位误差在干涉仪测向应用中已经是比较大的了。由此可见,在工程实际中必须考虑温度变化对干涉仪测向接收机的影响。

针对温度变化引起的误差可采取如下几种方法来减小:①尽量选取同批次生产的器件与稳相电缆,确保各个接收通道在工艺上的一致性,从而使得各通道的相位变化随温度改变的特性趋于一致;②增加散热或恒温装置使系统工作温度尽量保持恒定;③在系统中根据需要划分为不同的温区,并布设温度传感器,在调试过程中实际测出不同温区处于不同温度范围时各个通道的相位变化差异,并将此数据作为校正数据存储,在设备正常工作时根据各个温区中温度传感器的测温指示值,对各个通道的相位差异进行校正,补偿温度变化带来的影响。

(5)部件特性的长期稳定性不同,例如各个部件在使用过程中出现老化的速度不一样,时间一长,原来特性差异较小的部件之间同样会出现较大差异;干涉仪安装平台的振动导致微波器件与电缆等的传输特性发生改变,例如机载平台上的发动机振动等,上述因素都会造成干涉仪各个通道间信号的相位差发生改变。

（6）干涉仪单元天线在平台上的位置与其理论设计位置之间存在差异，这也会导致干涉仪输出的相位差实际值与理论设计值之间存在差异，由于单元天线的位置偏差是一种系统误差，所以通过一定的手段能够得以校正。

由上可见，在工程应用中要保持干涉仪各个接收支路中所有这些部件的特性在全工作频段、全温度范围内都完全一样，在目前的制造工艺水平下几乎难以实现。比较现实可行的方法是在一定的加工制造成本要求条件下，尽量将上述差异所带来的误差降至最低，然后在此基础上采用校正技术来确保干涉仪中各个接收支路特性的一致性，逼近理论设计值，提升干涉仪的测向精度。

5.6.3　干涉仪测向中两类校正系统的设计与应用对比

干涉仪的测向误差主要分为随机误差与系统误差两大类。随机误差是各种互不相关的因素影响下产生的时变误差，该误差难以通过校正手段进行消除，主要包括接收机噪声引入的误差、时变多径传播引入的误差等。系统误差是在测向过程中各种因素固定作用下产生的不变误差，主要包括场地误差、设备固有缺陷引入的误差、测向天线安装架导致的误差、各个接收通道元器件的差异引入的误差等。对系统误差进行校正是所有测量设备提升性能的重要途径之一，具有代表性的方法包括自校正方法与有源校正方法。其中自校正方法无须已知辐射源的信息，只需要利用天线阵结构等先验知识建立优化函数进行迭代运算，以实现对误差参数的估计；而有源校正方法需要已知一个或多个空间辐射源的方位、频率等各种信息，或者内部校正源的频率等信息，以此来实现对误差参数的估计。在当前的干涉仪测向工程应用中普遍采用有源校正方法来消除其中的系统误差，根据校正信号的传输方式不同，又细分为两类：采用有线传输方式的校正系统与采用无线辐射方式的校正系统，接下来对这两类校正系统进行介绍。

1. 有线传输方式的校正系统

有线传输方式的校正只能对干涉仪中的接收通道进行校正，校正源产生的校正信号经过放大与功分之后，直接馈入各个接收通道的入口处，并确保校正信号到达所有入口位置处的相位保持一致，然后测量干涉仪各个接收通道输出信号之间的相位差，如图 5.31 所示。显然从理论上讲，如果以接收通道 0 为参考通道，则这些相位差全都应该为零，但是实测的相位差结果为 $\phi_{\text{pro}\Delta,k}(f)$，并非等于零，于是便得到不同频率不同通道之间的相位差校正值，其中 $k = 0, 1, 2, \cdots, N_a - 1$，$N_a$ 为干涉仪接收通道的数目。

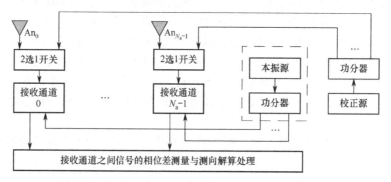

图 5.31　干涉仪中有线传输方式的校正系统组成框图

由图 5.31 可见，有线传输方式的校正系统通过在每一个单元天线后端增加 2 选 1 开关，用于校正信号与目标信号的单独选通。当干涉仪处于校正模式时，所有接收通道前的 2 选 1 开关选通校正信号；当干涉仪处于实际工作模式时，2 选 1 开关选择天线端口馈来的目标信号。虽然有线传输方式的校正系统能够校正干涉仪各个接收通道之间的相位差，但是对于单元天线及其后端馈线，甚至部分前端 LNA 低噪声放大器等部件引入的相位差则无法校正，所以对于此类系统需要严格控制天线及后端放大传输部件的幅相特性，才能确保干涉仪在长时间使用过程中的测向精度。

另外，在上述有线传输方式的校正系统中功分器、功分器至开关的线缆，以及 2 选 1 开关的相位不一致性也会引入一定的相位误差，这些新引入的相位误差同样是信号频率的函数，需要尽可能地减小。当然也可以将这部分误差包含在系统无源部分所导致的误差之中，在后续的无线辐射方式的校正过程中再进一步实施综合校正。

2. 无线辐射方式的校正系统

无线辐射方式的校正系统消除了前述有线传输方式的校正系统只能局部校正的缺陷，将校正源的信号通过一个标校天线在干涉仪的远场处辐射出来，通过校正源与干涉仪的准确位置坐标计算出此时校正信号相对于干涉仪基线的来波方向，从而估计得到干涉仪各个接收支路之间信号相位差的理论值 $\phi_{\Delta\mathrm{theo},k}(f,\theta)$，然后对干涉仪各个接收通道输出相位差进行实际测量得到实测值 $\phi_{\Delta\mathrm{real},k}(f,\theta)$，于是相位校正值 $\phi_{\Delta\mathrm{pro},k}(f,\theta)$ 为

$$\phi_{\Delta\mathrm{pro},k}(f,\theta)=\phi_{\Delta\mathrm{real},k}(f,\theta)-\phi_{\Delta\mathrm{theo},k}(f,\theta) \tag{5.30}$$

干涉仪中无线辐射方式的校正系统组成框图如图 5.32 所示。

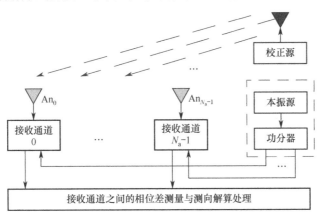

图 5.32 干涉仪中无线辐射方式的校正系统组成框图

校正源的标校天线处于干涉仪的远场主要是为了确保辐射信号到达干涉仪位置处能够近似为平面电磁波，且要求标校天线的极化方式与干涉仪单元天线的极化方式保持一致。另外，在整个校正过程中校正源不仅要辐射不同频率 f 的校正信号，还需要相对于干涉仪在不同方向 θ 上辐射信号，其效果在于能够将单元天线在不同方向上的幅相差异和幅频差异全部实施校正。但为了获得这些效果，也需要付出一定的成本，特别是在不同方向 θ 上辐射信号，对于小型干涉仪可将其架设在二维转台上，通过转台旋转的角度设置来提供相对于固定校正源的不同来波方向，且上述校正实施的流程规律性强，通过计算机编程控制来自动完成整个校正流程，能够形成一个自动化的干涉仪校正系统。公开文献[37]报道按上述思路研制的干涉仪自

动相位校准测试系统对被测干涉仪通道间信号的相位差误差的校正可控制在 ±3° 以内。但上述方法对于大型甚至超大型干涉仪来讲，在现场安装之后难以实施整体旋转，此时只有移动校正源来获得校正信号相对于干涉仪的不同来波方向进入。随着技术的发展进步，目前商用小型无人机已经获得普遍应用，而且无人机的位置坐标能够通过差分全球导航卫星系统（Global Navigation Satellite System，GNSS）导航接收机实时高精度记录，所以将校正源搭载于商用小型无人机上相对于已经安装好的干涉仪天线阵进行远距离飞行，从而模拟出不同来波方向的校正信号发射，即可在工程应用中高效率、低成本地完成大型甚至超大型干涉仪测向天线阵的相位差标校。

3. 两类校正系统的对比与综合应用

基于有线传输方式与基于无线辐射方式这两类校正系统的特点与优势对比归纳总结如表 5.1 所示。

表 5.1　两类校正系统的特点对比

序　号	有线传输方式的校正系统	无线辐射方式的校正系统
1	只能校正接收通道的误差，不能校正单元天线与馈线引入的误差	能够校正全系统的误差，包括单元天线、馈线、接收通道引入的误差
2	能够实时校正	只能进行非实时校正或近实时校正
3	既能校正静态误差，也能校正动态误差	主要校正静态误差，局部校正动态误差
4	校正速度快	校正速度相对较慢

由表 5.1 可见，无线辐射方式相对于有线传输方式而言能够对单元天线的误差进行校正，该误差主要体现在天线方向图（包括幅度方向图和相位方向图）上。一般来讲，天线方向图误差属于静态误差，校正一次即可长期使用。对于普通的应用，天线方向图校正过程也可以在微波暗室中进行，测试各个单元天线之间的相位数据并形成相应的天线方向图相位差文件，存储后用于后续校正过程。单元天线之间的相位不一致性与天线的设计和加工关系密切，并且在单元天线组阵之后，安装环境及天线之间的互耦还会引入新的不一致性，所以对于测向精度要求较高的应用，干涉仪单元天线在载体上安装完成之后，一般在使用现场还会进行一次无线辐射校正。另外，有线传输方式相对于无线辐射方式而言在工程应用中更加方便，因为接收通道中的模块或器件更换或环境温度发生改变，有线传输方式能够随时对接收通道进行实时动态校正。由图 5.31 可知，校正时首先将各通道的信号选择开关切换至校正信号输入，然后校正源在整个工作频段内按照一定的频率步进输出校正信号，接收机采集各通道的信号并进行相位差计算，自动记录各个频率点处的校正值。在校正完成之后，自动将开关切换至天线信号输入，即可进入对外部目标信号的测向状态。通过上述对比可知，两类方法各具特色，在工程应用中最好将二者综合起来，以达到干涉仪各个支路间信号高精度相位差测量的目的，具体实施流程如下。

当干涉仪在载体上安装完成之后，首先采用无线辐射方式对干涉仪进行校正，从而得到不同频率 f 和不同来波方向 θ 上的通道 j 和通道 k 之间整体相位差校正数据，记为 $\phi_{j,k}^{\Delta,\text{whole}}(f,\theta)$；然后采用有线传输方式对干涉仪进行校正，从而得到不同频率 f 上通道 j 和通道 k 之间接收通道相位差校正数据，记为 $\phi_{j,k}^{\Delta,\text{channel}}(f)$，由此便可计算得到干涉仪天线分系统部分的相位误差值 $\phi_{j,k}^{\Delta,\text{antenna}}(f,\theta)$ 如下：

$$\phi_{j,k}^{\Delta,\mathrm{antenna}}\left(f,\theta\right)=\phi_{j,k}^{\Delta,\mathrm{whole}}\left(f,\theta\right)-\phi_{j,k}^{\Delta,\mathrm{channel}}\left(f\right) \tag{5.31}$$

一般来讲，天线分系统部分的相位误差 $\phi_{j,k}^{\Delta,\mathrm{antenna}}\left(f,\theta\right)$ 是静态误差，校正一次即可长期使用。但是通道部分的相位误差 $\phi_{j,k}^{\Delta,\mathrm{channel}}\left(f\right)$ 是动态误差，随时间变化相对较快，所以每间隔一段时间之后就需要重新进行有线传输方式的校正，从而得到新的误差校正值，记为 $\phi_{j,k,\mathrm{new}}^{\Delta,\mathrm{channel}}\left(f\right)$。于是在每次有线传输校正完成之后，通过式（5.32）便能够获得整个干涉仪测向系统的新的校正值 $\phi_{j,k,\mathrm{new}}^{\Delta,\mathrm{whole}}\left(f,\theta\right)$ 为

$$\phi_{j,k,\mathrm{new}}^{\Delta,\mathrm{whole}}\left(f,\theta\right)=\phi_{j,k,\mathrm{new}}^{\Delta,\mathrm{channel}}\left(f\right)+\phi_{j,k}^{\Delta,\mathrm{antenna}}\left(f,\theta\right) \tag{5.32}$$

按照上述综合校正方法，即可对整个干涉仪测向的系统误差进行实时、全面的校正。

4. 关于综合校正值的使用

由上可见，综合校正值不仅是频率 f 的函数，也是来波方向角 θ 的函数。在干涉仪测向过程中会同时对目标信号的频率进行精确估计，并通过估计值来计算信号的波长 λ，所以每次校正时校正信号的频率值是已知的；但是在干涉仪完成相位差解算之前无法获得来波方向角的估计值，而在相位差校正过程中又需要提前知道来波方向角 θ 的数值，并据此从校正表格中去查找综合校正值 $\phi_{j,k,\mathrm{new}}^{\Delta,\mathrm{whole}}\left(f,\theta\right)$，于是就出现了一个矛盾，即在来波方向估计出来之前，准确的校正值无法获得。在实际工程应用中可以采用迭代求解方式来解决这一问题，因为同一个频率的综合校正值 $\phi_{j,k,\mathrm{new}}^{\Delta,\mathrm{whole}}\left(f,\theta\right)$ 在来波方向角差异不大的情况下其校正值差异也不会太大，可以选取一个角度区间 $[\theta_{s1},\theta_{s1}+\Delta\theta_{Cs}]$ 范围的平均校正值进行初次校正，获得来波方向角的初次估计，然后由初次估计值 θ_{s2} 来确定综合校正表中校正值取值，如此反复迭代直至最终解在数值上收敛为止，即可完成最终的精确校正与测向解算过程。

5.6.4　干涉仪测向的其他校正方法及应用

除前述常见的有线传输方式与无线辐射方式的两类干涉仪校正系统所使用的校正方法外，结合干涉仪测向系统的具体应用边界条件，还可以设计出一些其他的校正方法与应用技巧，概要小结如下。

1. 利用外部目标信号充当校正信号的干涉仪接收通道校正方法

如 5.6.3 节所述，利用有线传输方式的校正系统能够对干涉仪各个接收通道之间信号相位差的固有系统误差进行校正，但需要配备一个校正源。而文献[38]在民用电磁频谱监测应用中设计了一个利用外部目标信号充当校正信号的针对接收通道的校正方法，并以双通道 5 元圆阵干涉仪测向为例将该方法与传统的配置了有线传输校正源的方法进行了对比，在该文献所列举的示例中两种方法的工作原理如图 5.33 所示。

在图 5.33(a)中采用传统的校正方法，校正信号产生器产生的校正信号功分两路后分别输出。当接收机处于校正模式时，通道 1 的单刀双掷开关切换至校正信号 1 支路，通道 2 的单刀五掷开关切换至校正信号 2 支路，于是通过两路校正信号对两个接收通道之间所接收信号的相位差进行校正。当接收机处于正常工作模式时，通道 1 的单刀双掷开关切换至 1 号天线，通道 2 的单刀五掷开关依次接通 2 号至 5 号天线，从而完成 4 条干涉仪基线对应的相位差测量，在对测量值校正之后便能进行测向解算了。

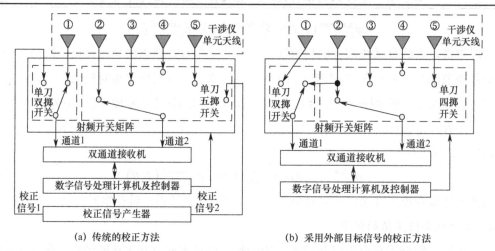

图 5.33　双通道 5 元圆阵干涉仪利用外部目标信号实施校正及与传统方法的对比

在图 5.33(b)中巧妙地利用外部的目标信号源作为公共的校正源，将 2 号天线接收的外部信号功分两路同时输送给两个接收通道，对其实施校正，省去了图 5.33(a)所示传统方法中配置的校正信号产生器，简化了样机规模，节约了成本。当接收机处于校正模式时，通道 1 通过单刀双掷开关、通道 2 通过单刀四掷开关都与 2 号天线输出的信号相接，通过这个共同的外部功分信号来完成两个接收通道之间所接收信号的相位差的校正。当接收机处于正常工作模式时，通道 1 的单刀双掷开关切换至 1 号天线，通道 2 的单刀四掷开关依次接通 2 号至 5 号天线，从而完成 4 条干涉仪基线对应的相位差测量，在对测量值校正之后便能进行测向解算了。

虽然图 5.33(b)的设计十分巧妙，但是如此设计也存在使用受限的问题，因为外部信号的发射是非合作的，不受接收机自身控制，如果外部信号具有突发特性，持续时间短，那么干涉仪还没有来得及校正，目标信号就已经消失了。不过对于民用电磁频谱监测应用来讲，目标信号通常具有长时间存在的特点，针对这样的目标信号特点，干涉仪首先利用外部的目标信号进行通道校正，在校正的基础上再对目标信号进行干涉仪测向，所以该文献所报道的方法对于此类应用也是比较合适的。

2. 利用自适应滤波器模型的时域校准方法

干涉仪通道校正的目的就是要使各个接收通道具有完全一样的频率相位特性。在不同频率点上输入校正信号对干涉仪的各个通道进行校正，该方法已经在前述小节中进行了介绍。校正信号一般是一个单载波信号，以一定的频率步进在干涉仪的工作带宽内依次改变频率，从而获得干涉仪各个接收通道在不同输入频率条件下信号的幅相误差，这其实是一种频域校正方法。由于干涉仪的接收通道的时域特性与频域特性存在一定的对应关系，如果将信号接收通道建模成一个数字滤波器模型，那么从理论上讲，干涉仪各个接收通道之间的差异既体现在滤波器频域特性的差异上，同时也体现在数字滤波器系数的差异上。这样，将待校准通道中的信号通过一个 FIR 校正滤波器，使其输出的信号与标准接收通道的信号保持一致，于是原有通道的传输函数就等于标准通道的频率响应与校正滤波器的频率响应之比。按照上述思想，文献[39]构建了一个最小均方（Least Mean Square，LMS）自适应滤波器作为 FIR 校正滤波器串接在待校正的接收通道之中，并采用标准通道输出的信号作为期望信号，以两个通道输出信号之差的均方差最小为准则来调整自适应滤波器的系数，最终达到干涉仪接收通道校正的目的，其工作原理如图 5.34 所示。

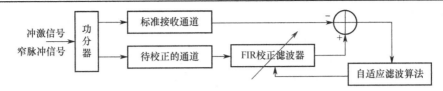

图 5.34　采用自适应滤波器进行通道幅相特性校正的原理框图

由图 5.34 可见,属于时域校正方法的自适应滤波器的校正信号与属于频域校正方法的单载波校正信号是不同的,自适应滤波器所在通道的输入采用冲激信号或是近似冲激信号的窄脉冲信号作为校正信号,而频域方法一般采用频率步进的单载波信号。设作为参考的标准通道的频率响应为 $H_1(\mathrm{j}\omega)$,待校正通道的频率响应为 $H_2(\mathrm{j}\omega)$,两个通道的频率响应的差异体现为 $H_1(\mathrm{j}\omega)/H_2(\mathrm{j}\omega)$,利用自适应滤波器进行校正就是在待校正通道中增加一个数字 FIR 校正滤波器,通过自适应滤波算法对 FIR 滤波器的系数进行调节,当算法收敛之后获得 FIR 校正滤波器的频率响应 $H_3(\mathrm{j}\omega)$ 满足式(5.33):

$$H_3(\mathrm{j}\omega)=H_1(\mathrm{j}\omega)/H_2(\mathrm{j}\omega) \tag{5.33}$$

由此可见,校正滤波器的频率响应恰好等于两个接收通道之间的频率响应的差异。通过上述自适应滤波器的时域校正方法同样能达到对干涉仪各个接收通道校正的目的。

3. 考虑近距离球面波效应的基于转台的校正方法

本书 2.5.1 节对干涉仪对平面电磁波测向与对球面电磁波测向的差异进行过简要分析,不仅在干涉仪日常使用中面临上述问题,而且在其校正过程中同样面临平面电磁波与球面电磁波的应用差异。特别是在微波暗室中对干涉仪进行校正时,虽然能够充分发挥微波暗室电磁环境较好的优点,但也面临着微波暗室空间大小受限的问题,所以在高精度干涉仪测向的校正过程中必须将校正辐射源发射的电磁波信号建模为球面电磁波,按照球面电磁波到达干涉仪各个单元天线的路径差来精确计算校正信号的传播路径差,从而完成干涉仪各个接收通道之间的相位特性的校正。有关上述校正问题在部分文献中也有报道[40]。

文献[41]正是按照上述方法,将待校正的干涉仪架设于微波暗室的转台上,转台的转动精度可达到 0.01°,高于干涉仪测向精度一到两个数量级,但由于测试距离较近,校正源辐射的信号到达干涉仪基线的电磁波为球面电磁波,所带来的路径误差不能忽略。而且当校正信号发射天线与干涉仪接收天线基线的旋转平面不在同一平面上时,二维干涉仪测向模型还需要进一步扩展至三维空间测向模型。所以在工程上需要采用全站仪、激光跟踪仪等精密仪器对转台旋转前各个单元天线的位置坐标进行测量标定,并通过转台旋转角度对干涉仪各个单元天线的位置坐标进行精确换算,按照干涉仪在三维空间中接收球面电磁波的模型来计算波程差,同时与校正的相位差一一对应起来,换算成针对平面电磁波的校正数据。该文献报道了实际校正的对比结果,即在 30m 距离上对一个基线长 1.3m 的干涉仪进行校正,采用平面电磁波模型校正后干涉仪的测向误差大约为 2°,而采用球面电磁波模型校正后干涉仪的测向误差减小到了 ±0.25° 的范围内,从而验证了上述校正方法的有效性。

文献[42]同样按照球面波测向原理,在近场条件下对雷达侦察设备中的干涉仪进行校正。首先通过高精度的光学标校设备测量出天线转台的 0° 位置,同时将发射天线标校到干涉仪基线中心位置的法线上,根据标校结果利用三维空间立体几何关系分别计算出干涉仪中每一个单元天线相对于发射天线的波程差,由此获得各个工作频率点上需要校正补偿的相位差,并按规定格式生成相位校正补偿矩阵 $\boldsymbol{M}_{\mathrm{A1}}$,该矩阵消除了近场环境对雷达侦察设备的影响,等效地将入射波由球面波转化成了平面波。然后在转台的 0°位置处，使用自动测试软件按照一定的频率步进通过标校天线发射校正脉冲信号，为了达到一定的稳定性与有效性，发射信号在每个频点上到达干涉仪单元天线口面的功率要在侦察接收灵敏度之上 10～20dB，在此条件下按照规定格式自动形成相位校正矩阵 M_{A2}，该矩阵消除了干涉仪各个接收通道之间的相位不一致性。最后综合矩阵 M_{A1} 和 M_{A2} 的信息即可得到最终的相位校正矩阵。在 0°位置校正完成之后，天线转台旋转一定角度，重复上述校正流程即可在近场条件下完成干涉仪的校正。该文献报道了在微波暗室的近场条件下对雷达侦察设备中 L、S 频段 2.5m 长的四基线干涉仪进行校正的过程，转台角度从-60°旋转到+60°，校正角度间隔设置为 5°，频率校正步进设置为 10MHz。该文献给出的实测数据表明：在没有修正近场球面波效应时测向误差的均方根在±30°测角范围时已经超过了 1.1°，在±60°测角范围时已经超过了 2.9°；而在采用近场球面波校正方法之后，测向误差的均方根在±30°测角范围时仅为 0.24°，在±60°测角范围时仅为 0.83°。

4. 利用人工神经网络训练数据的自动校正方法

在本书 2.3.2 节"对相关干涉仪测向方法的改进与实现"中曾经介绍过利用人工神经网络对相关求最值处理函数进行拟合来实现快速测向的方法，除此之外，在干涉仪测向的校正过程中也可以使用人工神经网络这一工具。因为理论上已经证明，人工神经网络具有对任意函数的逼近拟合能力，所以自然也能够用于干涉仪相位差解模糊函数，以及由相位差计算来波方向角的函数的逼近与拟合。另外，由于用于人工神经网络训练的原始相位差样本数据中已经包含了干涉仪系统的固有偏差、设备制造误差和入射信号相位差等所有信息，所以在人工神经网络完成训练之后，用训练好的神经网络计算来波方向角相当于自动完成了各种系统误差的校正。

文献[43]以反向传播（Back Propagation，BP）神经网络为例，以微波暗室的实验测试数据为训练数据，利用 MATLAB 工具箱对基于神经网络处理的干涉仪测向应用进行了验证性仿真实验。仿真结果表明：与传统的干涉仪测向算法相比，在神经网络完成训练之后，由训练好的神经网络计算出的方位角无须单独的校正步骤就能够达到较高的精度，并且能够缩短测向计算处理的时间。尽管该文献报道的仿真结果令人鼓舞，但是大家也不要过度解读而产生误解，一方面，目前的人工神经网络在理论上的突破还不多，性能类似于一个黑匣子，很难具备可解释性[44]；另一方面，对于利用人工神经网络训练数据的自动校正方法来讲，用于训练的数据量是比较大的，由于干涉仪在使用过程中经常需要实施校正，这也就意味着利用人工神经网络训练数据的自动校正方法也需要经常进行训练，如何产生大量的训练数据也成为实际工程应用中一个难以解决的问题。所以在干涉仪测向应用中使用人工神经网络的方法也需要具体问题具体分析，不要一味求新，而要扬长避短，适当适量。

5. 干涉仪测向定位应用中系统误差的标校

将干涉仪测向结果用于无源定位的解算在本书第 7 章中会专门进行讲解，但是在此类应用中同样需要对干涉仪测向的系统误差进行标校。在此结合前述内容对其中涉及干涉仪测向的标校方法进行介绍。

1）基于多个标校站的干涉仪系统误差校正方法

文献[45]设计了一种基于多个标校站的非线性最小二乘（Nonlinear Least Square，NLS）干涉仪系统误差联合估计方法，该方法利用干涉仪同时测量得到多个标校源辐射信号的相位差，利用高斯-牛顿（Gauss-Newton）法多次迭代求解出系统误差。该方法能同时估计干涉仪测向定位过程中基线长度的系统误差、安装角的系统误差和相位差测量的系统误差。该文献通过理论分析和仿真验证表明：该方法可以达到克拉美–罗下界（Cramer-Rao Lower Bound，CRLB），能够有效消除干涉仪测向定位的系统误差，提高测向定位的精度。

2）基于两个标校站对运动单站平台上的干涉仪基线布设方向的标校

文献[46]指出，在运动平台上搭载干涉仪对辐射源目标信号的来波方向进行高精度测向需要满足两个前提条件：①运动平台自身的姿态测量精度要高；②干涉仪在平台上的安装位置精度要高。因为这两项误差在干涉仪测角结果换算成空间绝对来波方向角时会造成角度方向线的偏差，并最终导致定位误差的增加。但上述两个条件在工程上也难以完全得到满足，所以利用空间中已知坐标位置的两个辐射源，通过实时测向校正的方式来获得运动平台上干涉仪基线的空间绝对指向角，从而完成标校。

之所以需要两个标校站的原因在于：干涉仪基线的空间位置坐标是通过导航设备实时准确测量得到的；而一维线阵干涉仪的基线指向角仅需两个参数即可唯一决定。从理论上讲，如果干涉仪单元天线为理想的全向天线，那么一维线阵干涉仪以自身基线为轴进行任意角度的旋转，干涉仪测向结果不变，所以一维线阵干涉仪基线的姿态仅需采用两个姿态参数来描述。从空间立体几何的角度来看，一维线阵干涉仪测向得到的方向余弦角 θ_c 是目标来波方向与基线之间夹角，目标位于以干涉仪基线方向为轴线，以干涉仪基线中点为顶点，以方向余弦角 θ_c 为半锥角的圆锥曲面上，关于这一点在本书 2.5.2 节"一维线阵干涉仪测向在三维空间中的圆锥效应"中已详细讲解过。当平台运动而到达空间中不同位置时，就能够获得多个这样的圆锥曲面，所有这些曲面的共同交点位置处即是目标所在的位置。

根据上述几何意义的解释可知：双标校源校正算法相对简单，设在 $OXYZ$ 三维空间坐标系中干涉仪基线所在方向的单位矢量为 $\gamma_{\text{interf}} = \left[\gamma_{\text{In},x}, \gamma_{\text{In},y}, \gamma_{\text{In},z} \right]^{\text{T}}$，空间中已知坐标位置的两个标校源相对于干涉仪的单位方向矢量记为 $\gamma_{c1} = \left[\gamma_{cx1}, \gamma_{cy1}, \gamma_{cz1} \right]^{\text{T}}$ 和 $\gamma_{c2} = \left[\gamma_{cx2}, \gamma_{cy2}, \gamma_{cz2} \right]^{\text{T}}$，干涉仪对这两个标校源测向之后所得到的方向余弦值分别为 ξ_{s1} 和 ξ_{s2}，于是便能够建立如下方程组：

$$\begin{cases} \gamma_{\text{In},x} \gamma_{cx1} + \gamma_{\text{In},y} \gamma_{cy1} + \gamma_{\text{In},z} \gamma_{cz1} = \xi_{s1} \\ \gamma_{\text{In},x} \gamma_{cx2} + \gamma_{\text{In},y} \gamma_{cy2} + \gamma_{\text{In},z} \gamma_{cz2} = \xi_{s2} \\ \gamma_{\text{In},x}^2 + \gamma_{\text{In},y}^2 + \gamma_{\text{In},z}^2 = 1 \end{cases} \tag{5.34}$$

式中，前两个方程由单位矢量点积性质得到，第三个方程由单位矢量自身特性得到，由上述 3 个方程即可求解 $\left[\gamma_{\text{In},x}, \gamma_{\text{In},y}, \gamma_{\text{In},z} \right]^{\text{T}}$ 这 3 个未知参数，从而获得干涉仪基线所在方向的单位矢量，最终完成干涉仪基线方向的实时校正。

6. 提高相位差测量精度的野值剔除算法

在任何测量过程中粗大误差都会使测量结果严重恶化，具有粗大误差的数据在工程上被称为野值，虽然出现的概率很小，但必须对野值进行检测和剔除，干涉仪测向中的相位差测量同样也不例外。虽然野值剔除与干涉仪通道间信号的相位差校正并无直接的关联，但其作用也是通过数据处理来进一步提高干涉仪测向的精度，所以在此就一并介绍了。

文献[47]运用了三种剔除野值的方法来提高干涉仪通道间信号的相位差测量精度，分别是：基于莱以特准则的方法、平滑滤波法和极坐标变换法，概要介绍如下。

1）基于莱以特准则剔除粗大误差

莱以特准则又称 3 倍标准差准则（3σ 准则），是工程上最简单、最常用的剔除粗大误差的法则之一。根据中心极限定理，在工程上测试样本中仅存在随机误差时，其通常近似服从正态分布，偏差落在 $[m_E - 3\sigma, m_E + 3\sigma]$ 范围之外的概率约为 0.3%，其中 m_E 和 σ 分别为测试样本的均值与标准差。于是，如果发现有偏差大于 3σ 的数据，即可判断为粗大误差而剔除。剔除粗大误差后如需人为补充数据，最简单的方法就是将与剔除点相邻的两个数据的平均值作为插入值加以补充。

2）采用平滑滤波法对粗大误差进行处理

平滑滤波是指采用实测的时间序列值中所有过去时刻的测量值和当前测量值作为输入，通过各种滤波算法来计算当前时刻的处理值。其中一种最简单的平滑滤波递推公式如式（5.35）所示：

$$\hat{x}_n = a_F \cdot \hat{x}_{n-1} + (1 - a_F) \cdot x_n \qquad (5.35)$$

式中，$\hat{x}_n$ 为 n 时刻的滤波值，a_F 为平滑常数，取值范围为 0～1，x_n 为 n 时刻的测量值。采用该平滑滤波公式时，随着平滑常数 a_F 的增大，测量值序列的均方误差相应减小，但对于快速变化信号的测量精度也会受到影响。

3）采用极坐标变换法剔除粗大误差

由于相位差的取值范围为 $[-\pi, \pi)$，即角度值具有模 2π 的特性，如果将相位差数值与单位圆上的单位矢量一一对应起来，则能够有效消除在 $-\pi, \pi$ 等特殊角度的周期性跳变特性，由此可设计出一种剔除相位差野值的方法，举例说明如下。记 V_1、V_2、V_3 为对一个相位差进行 3 次测量后对应的单位矢量，于是每一个矢量对应的镜像矢量 V_{m1}、V_{m2}、V_{m3} 由式（5.36）计算。

$$\begin{cases} V_{m1} = V_2 + V_3 \\ V_{m2} = V_1 + V_3 \\ V_{m3} = V_1 + V_2 \end{cases} \qquad (5.36)$$

在上述 3 个镜像矢量中模极大者如果达到模极小者的 α_0 倍以上，即可将该镜像矢量对应的相位差判决为相位差测量中的野值。α_0 可根据具体应用情况进行取值，一般取 $\alpha_0 = \sqrt{2}$。由上述三种方法对比可知，极坐标变换法克服了角度模值运算带来的不必要的误差，能够及时检测并剔除野值，计算简便，比较适合于角度运算类的工程应用。

本章参考文献

[1] 刘云龙, 郭福成, 张敏, 等. 等面积约束的多种干涉仪阵型性能比较分析[J]. 航天电子对抗, 2015, 31(6):8-11.

[2] 黄飞, 王星, 张曦, 等. ARM 的单脉冲正交四基线导引头测向解耦[J]. 现代防御技术, 2010, 38(4): 78-82.

[3] 吴刚. 电磁篱笆系统交叉干涉仪测角技术研究[J]. 现代雷达, 2011, 33(5):50-53.

[4] 李旭, 蒋德富. MUSIC 算法在交叉干涉仪测向中的应用[J]. 现代雷达, 2009, 31(10): 55-59.

[5] 丁勇, 谢兴军, 曾耿华. 基于三基线干涉仪的二维瞬时测向系统[J]. 电子技术应用, 2012, 38(9): 100-102, 106.

[6] 郑攀, 程婷, 何子述. 二维干涉仪测向算法研究[J]. 现代电子技术, 2013, 36(1): 1-4.

[7] 杨忠. 一种基于干涉仪体制的机载测向技术研究[J]. 无线电工程, 2010, 40(12): 58-60.

[8] 李川. 干涉仪测向体制误差性能分析[J]. 电子测量技术, 2011, 34(6):114-117.

[9] STREETLY M. Jane's Radar and Electronic Warfare System [M]. 22th edition. UK: HIS Jane's, HIS Global Limited, 2010.

[10] 刘建华, 王慕玺. 一种具有稳健匹配性能的九阵元干涉仪基线配置[J]. 无线电通信技术, 1999, 25(1): 8-10, 16.

[11] 司伟建, 初萍, 孙圣和. 基于半圆阵的解模糊技术研究[J]. 系统工程与电子技术, 2008, 30(11): 2128-2131.

[12] 司伟建, 万良田. 立体基线算法的测向误差研究[J]. 弹箭与制导学报, 2012, 32(4): 13-17.

[13] 张敏, 郭福成, 李腾, 等. 旋转长基线干涉仪测向方法及性能分析[J]. 电子学报, 2013, 41(12): 2422-2429.

[14] 张敏, 郭福成, 周一宇, 等. 时变长基线 2 维干涉仪测向方法[J]. 电子与信息学报, 2013, 35(12): 2882-2888.

[15] 祝俊, 李昀豪, 王军, 等. 被动雷达导引头旋转式相位干涉仪测向方法[J]. 太赫兹科学与电子信息学报, 2013, 11(3):382-387.

[16] 何明, 李昀豪, 唐斌. 一种新的雷达信号旋转干涉仪测向解模糊算法[J]. 电讯技术, 2013, 53(3): 297-301.

[17] 马琴, 朱伟强, 胡新宇. 均匀圆阵双通道干涉仪定位技术[J]. 航天电子对抗, 2015, 31(5): 1-4, 8.

[18] CAPON J. High-resolution frequency-wavenumber spectrum analysis[J]. Proceedings of IEEE, 1969, 57(8): 1408-1418.

[19] SCHMIDT R O. Multiple emitter location and signal parameter estimation[J]. IEEE Transactions on Antennas and Propagation, 1986, 34(3): 276-280.

[20] RAO B D, HARI K V S. Performance analysis of root-MUSIC[J]. IEEE Transactions on Acoustic Speech and Signal Processing, 1989, 37(12): 1939-1949.

[21] KUMARESAN R, TUFTS D W. Estimating the angle of arrival of multiple plane waves[J]. IEEE Transactions on Aerospace Electron System, 1983, 19(1): 134-139.

[22] ROY R, PAULRAJ A, KAILATH T. ESPRIT A subspace rotation approach to estimation of parameters of cisoids in noise[J]. IEEE Transactions on Acoustic Speech and Signal Processing, 1986, 34(5): 1340-1342.

[23] ROY R, KAILATH T. ESPRIT estimation of signal parameters via rotational invariance techniques[J]. IEEE Transactions on Acoustic Speech and Signal Processing, 1989, 37(7): 984-995.

[24] VIBERG M, OTTERSTEM B. Sensor array processing based on subspace fitting[J]. IEEE Transactions on Signal Processing, 1991, 39(5): 1110-1121.

[25] CADZOW J A. A high resolution direction-of-arrival algorithm for narrow band coherent and incoherent sources[J]. IEEE Transactions on Acoustics Speech and Signal Processing, 1988, 36(7): 965-979.

[26] 卢卿, 丁前军, 陈晖, 等. MUSIC 与干涉仪测向算法性能研究[J]. 信息技术, 2010(8):9-12.

[27] 陆安南, 缪善林, 邱焱. 星载测向定位技术研究[J]. 航天电子对抗, 2014, 30(1): 13-16.

[28] 范忠亮, 胡元奎. 阵列单脉冲比幅和干涉仪测向精度比较[J]. 雷达科学与技术, 2013, 11(4): 434-436, 442.

[29] 胡知非, 盛骥松. 基于机载平台的干涉仪测向技术研究[J]. 现代电子技术, 2013, 36(9): 43-46, 53.

[30] 王国林, 王玉文, 黄永兢, 等. 基于 MUSIC 算法的相位干涉仪测向[J]. 通信技术, 2013, 46(11):29-32.

[31] 任晓松, 杨嘉伟, 安建波, 等. 基于矢量最优估计的稳健测向方法[J]. 现代防御技术, 2016, 44(1): 53-58.

[32] 任晓松, 杨嘉伟, 崔嵬, 等. 基于方向图拟合与稳健波束形成的相关测向[J]. 系统工程与电子技术, 2015, 37(3): 503-508.

[33] 司伟建, 吴迪, 初萍. 阵列扩展在干涉仪测向系统中的应用[J]. 弹箭与制导学报, 2012, 32(5): 157-160.

[34] 金元松, 蔡志远, 秦晋平. 地面不均匀性对测向天线性能的影响[J]. 电波科学学报, 2008, 23(5): 873-876.

[35] 沈建峰. 高压输电线路对无线电测向精度影响实测分析[J]. 电子学报, 2014, 42(6): 1244-1248.

[36] KAWASE S. Radio Interferometry and Satellite Tracking [M]. USA, Boston: Artech House, 2012.

[37] 崔玉鑫. 多通道数字式干涉仪测向接收机相位校准系统设计[J]. 舰船电子对抗, 2010, 33(1): 44-46, 55.

[38] 莫景琦. 双通道相关干涉仪两种技术方案的比较[J]. 中国无线电, 2015(4): 50-52, 57.

[39] 高波, 徐忠伟, 程嗣怡. 改进的通道特性校准方法在干涉仪中的应用[J]. 火力与指挥控制, 2014, 39(4): 126-128, 132.

[40] 程翔. 近场测试对干涉仪测向体制的相位影响[J]. 现代电子技术, 2013, 36(5): 13-16.

[41] 程鹏, 杨光, 陆君. 一种基于转台的高精度干涉仪测向系统测试方法[J]. 电子科学技术, 2015, 2(3): 317-320.

[42] 季权. 雷达侦察系统近场相位校正方法的实现[J]. 航天电子对抗, 2013, 29(5): 55-57.

[43] 崔功杰, 吕涛, 王东风, 等. 基于神经网络的干涉仪测向方法[J]. 无线电工程, 2013, 43(2): 16-20.

[44] 石荣, 刘江. 从统计学与心理学的视角看可解释性人工智能[J]. 计算机与数字工程, 2020, 48(4): 872-877.

[45] 何朝鑫, 张敏, 郭福成. 基于多标校站的干涉仪系统误差校正方法[J]. 航天电子对抗, 2015, 31(3): 1-5, 64.

[46] 钟丹星, 杨争斌, 周一宇, 等. LBI 测向定位系统的多标校源校正算法[J]. 系统工程与电子技术, 2008, 30(5): 960-963.

[47] 曹颖. 提高相位差测量精度的野值剔除算法研究[J]. 无线电工程, 2006, 36(11): 31-33.

第6章 同频多信号同时进入干涉仪的效应分析

在本书前述章节对干涉仪测向的理论分析与建模解算过程中都没有考虑多信号同时到达的问题，干涉仪只对一个无线电信号进行来波方向测量，即便是多个无线电信号同时进入干涉仪，这些信号在频谱上也是相互不重叠的，于是用频域滤波器将每一个信号单独滤波输出后分别进行测向处理，这又转化为干涉仪只对一个无线电信号进行测向的应用场景。上述条件用一句话来概括，即干涉仪能够对时频图上没有区域完全交叠的任意两个信号进行测向。如果放弃上述假设前提条件，即两个或两个以上来自不同方向的具有相同频率的无线电信号同时到达干涉仪，此时所发生的现象就是本章所要讨论的同频多信号同时进入干涉仪所产生的效应。在某些实际工程应用场景中上述现象还是时有发生的，例如在复杂地表环境或者遮挡效应场景中产生的电磁波多径传输，直达信号与来自其他方向的反射、绕射、散射等信号同时到达干涉仪；在现代战场激烈的电子对抗条件下对干涉仪测向系统实施主动的人为干扰，目标信号与同频干扰信号同时进入干涉仪等。所以对该类问题进行分析，并寻找可能的解决措施，这也是电子对抗中干涉仪测向应用所必须面对的挑战。

6.1 多径效应对干涉仪测向的影响分析

多径效应是指电磁波在具有山峦、建筑、植被、人工物件等障碍物的空间中传播时，直达波与相关障碍物导致的反射波、绕射波或散射波相互叠加而形成的一种复杂传播效应，虽然这些电磁波的载频与调制等参数均相同，但存在不同的多普勒频移与时延特性，有可能还伴随着极化的改变，叠加之后必然造成直达波信号的失真，对接收方产生严重影响。如前所述，当多径传播的电磁信号进入干涉仪时，干涉仪将面临同频多信号的测向问题。在现实生活中，大家最常见、最熟悉的多径效应是地面移动通信环境中手机与基站之间无线电信号的传播，反射、绕射和散射信号分量大量存在，多径传播异常复杂。地面移动通信体制从1G的模拟信号发展到2G的数字信号，到了3G转变为直接序列扩频信号，4G又采用了OFDM信号，到如今的5G最终使用了MIMO-OFDM信号，这一发展演变过程的主要技术推动因素之一就是为了更好地在地面多径传播环境中提升移动通信的有效性与可靠性，尽可能减小甚至消除多径传播的负面影响，充分反映出分析与研究多径效应的重要性与必要性所在，同样在电磁波测向应用领域也不例外。

1. 多径效应对L形干涉仪与圆阵干涉仪测向的影响分析

文献[1]以采用机载L形干涉仪与圆阵干涉仪对地面雷达信号侦察测向为例，构建了地空多径传输模型和信号传播的多径簇模型，仿真分析了多径效应对信号侦察接收与干涉仪测向的影响。仿真结果显示，当仅存在直射路径时，截获的雷达脉冲信号除延迟与衰减外，各脉冲幅度相同，频域上由于多普勒效应出现谱峰频移，但频谱形状基本没有改变，且相位具有周期性，只是由于时延与多普勒效应造成相位周期发生了改变。但是在多径情况下各传输路径的信号经过延迟衰减后叠加在一起，脉冲幅度变得参差不齐，信号频谱展宽，形状也发生了改变，相位谱没有明显规律，且变化速率迅速增大，这对于按照传统方法处理的干涉仪测向应用产生了较大影响。具体体现在：对于 L 形干涉仪而言，多径效应造成测向误差整体增大，且俯仰角的测角误差大于方位角的测角误差；对于 5 元均匀圆阵干涉仪而言，随着多径簇角度扩展的增加，测向误差迅速增大，而且多径簇对俯仰角测量精度的影响要大于方位角。

　　2. 双径效应对干涉仪测向的影响分析

　　多径效应中一种特殊情况就是传播路径只有两条，一条是直达路径，另一条是非直达路径，又称双径效应，该效应在地面镜面反射的传播场景中时有发生。文献[2]分析了干涉仪对时间上重叠的同频两点源信号的测向问题，推导了其中主信号入射角测量的通用表达式，并简要讨论了几种特殊情况下的测向精度。文献[3]以反辐射导弹导引头上的干涉仪对雷达信号测向为例，构建了目标雷达信号在经过地面反射之后与直达信号构成的双径传播模型，定量计算了干涉仪对上述双径信号的测向误差。假设雷达辐射源天线与反辐射导弹距离地面的高度分别为 h_T 和 h_R，导弹的飞行速度为 v_R，导引头上干涉仪的两个单元天线分别位于 A 点与 B 点处，AB 之间的基线长度为 d_{int}，该基线与水平面之间的夹角为 α_R，雷达辐射源直达波到达 A 与 B 的距离分别为 d_{AC} 和 d_{BC}，雷达信号经地面反射后的反射波到达 A 和 B 的距离分别为 d_{AEC} 和 d_{BDC}，如图 6.1 所示。

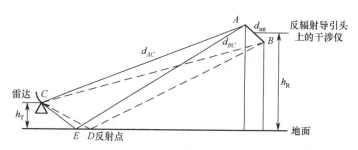

图 6.1　反辐射导引头上的干涉仪在双径传播环境下的应用图示

　　设目标雷达辐射源发射的信号 $S_T(t) = \exp\left[j(2\pi f_c t + \phi_c)\right]$，其中 f_c 和 ϕ_c 分别表示信号的载频与初相，于是到达 A 点处的天线的直达波信号 $S_{AC}(t)$ 可表示为

$$S_{AC}(t) = \beta_d \cdot \exp\left[j(2\pi f_c t + \phi_c)\right] \cdot \exp(j2\pi d_{AC}/\lambda) \tag{6.1}$$

式中，λ 为信号波长，β_d 为路径传播幅度衰减因子，经过地面反射的信号 $S_{AEC}(t)$ 可表示为

$$S_{AEC}(t) = \beta_d \cdot \gamma_1 \cdot \exp(j\phi_{G1}) \cdot \exp\left[j(2\pi f_c t + \phi_c)\right] \cdot \exp(j2\pi d_{AEC}/\lambda) \tag{6.2}$$

式中，γ_1 和 ϕ_{G1} 分别表示在反射点 E 处的地面反射系数和地面起伏引起的附加相移，由于直达路径与反射路径长度差异不太大，所以式（6.1）与式（6.2）中采用了相同的路径传播幅度衰减因子，于是 A 点处的单元天线接收到的合成信号 $S_A(t)$ 为

$$
\begin{aligned}
S_A(t) &= S_{AC}(t) + S_{AEC}(t) \\
&= \beta_d \cdot \exp\left[j(2\pi f_c t + \phi_c)\right] \cdot \left\{\exp(j2\pi d_{AC}/\lambda) + \gamma_1 \cdot \exp\left[j(2\pi d_{AEC}/\lambda + \phi_{G1})\right]\right\}
\end{aligned}
\tag{6.3}
$$

　　同理可得 B 点处的单元天线接收到的合成信号 $S_B(t)$ 为

$$
\begin{aligned}
S_B(t) &= S_{BC}(t) + S_{BDC}(t) \\
&= \beta_d \cdot \exp\left[j(2\pi f_c t + \phi_c)\right] \cdot \left\{\exp(j2\pi d_{BC}/\lambda) + \gamma_2 \cdot \exp\left[j(2\pi d_{BDC}/\lambda + \phi_{G2})\right]\right\}
\end{aligned}
\tag{6.4}
$$

式中，γ_2 和 ϕ_{G2} 分别表示在反射点 D 处的地面反射系数和地面起伏引起的附加相移，由式（6.3）和式（6.4）可解得位于 A 与 B 两点处的单元天线构成的干涉仪测量得到相位差 $\phi_{M\Delta AB}$ 为

$$\phi_{M\Delta AB}=\text{angle}_{[-\pi,\pi)}\left\{\begin{array}{l}\left[\cos\left(2\pi d_{AC}/\lambda\right)+\gamma_1\cdot\cos\left(2\pi d_{AEC}/\lambda+\phi_{G1}\right)\right]+\\ j\left[\sin\left(2\pi d_{AC}/\lambda\right)+\gamma_1\cdot\sin\left(2\pi d_{AEC}/\lambda+\phi_{G1}\right)\right]\end{array}\right\}-$$
$$\text{angle}_{[-\pi,\pi)}\left\{\begin{array}{l}\left[\cos\left(2\pi d_{BC}/\lambda\right)+\gamma_2\cdot\cos\left(2\pi d_{BDC}/\lambda+\phi_{G2}\right)\right]+\\ j\left[\sin\left(2\pi d_{BC}/\lambda\right)+\gamma_2\cdot\sin\left(2\pi d_{BDC}/\lambda+\phi_{G2}\right)\right]\end{array}\right\} \tag{6.5}$$

式中，$\text{angle}_{[-\pi,\pi)}(\bullet)$ 为求取一个复数的辐角并将其转换到 $[-\pi,\pi)$ 范围的函数，在本书 2.3.3 节中已定义，在本章后续各节中还会反复应用此函数，后续就不再重复说明了。

根据上述推导结果，文献[3]按照以下参数设置开展了仿真实验：干涉仪基线长度 $d_{\text{int}}=0.2\text{m}$，雷达辐射源天线距离地面的高度 $h_T=4\text{m}$，地面反射系数 $\gamma_1=\gamma_2=0.6$，地面起伏引起的附加相移 $\phi_{G1}=\phi_{G2}=\pi/3$，反辐射导弹飞行速度 $v_R=240\text{m/s}$。通过仿真数据分析得到如下结论：随着攻击角度的增加，双径效应对干涉仪测角的影响不断减小，影响距离也变得越短；随着目标雷达信号载频的增加，双径效应对干涉仪测角的影响不断减小，但影响的距离会变得越长。由上述仿真分析结论得出了反辐射导弹实际作战使用的原则：尽可能增加反辐射导弹的攻击角度，必要时可采取顶空垂直攻击雷达目标的方式，这样能够提升存在地面反射影响条件下导引头对雷达辐射源的瞄准精度。

除了多径传输会在干涉仪测向应用中造成同频多信号同时进入的效应，在现代战争激烈的电子对抗环境中，人为主动发射的电磁干扰信号与被干扰的目标信号也会同时进入干涉仪，同样产生同频多信号同时到达的效应，接下来继续分析。

6.2　对干涉仪测向系统的人为主动同频干扰

对于同时到达干涉仪的两个同频信号 $S_1(t)$ 和 $S_2(t)$，一般假设为零均值信号，它们之间的相关系数 ρ_{12} 定义为

$$\rho_{12}=\frac{E_t\left[S_1(t)S_2^*(t)\right]}{\sqrt{E_t\left[\left|S_1(t)\right|^2\right]E_t\left[\left|S_2(t)\right|^2\right]}} \tag{6.6}$$

式中，$E_t[\bullet]$ 表示沿时间求平均。由 Schwartz 不等式可知，$|\rho_{12}|\leqslant 1$，根据 ρ_{12} 的不同取值，信号 $S_1(t)$ 和 $S_2(t)$ 之间存在如下三种关系：

（1）当 $\rho_{12}=0$ 时，$S_1(t)$ 和 $S_2(t)$ 互不相关，而更加严格的条件是二者相互独立，因为根据概率论中对零均值信号的特性分析，两个相互独立的信号一定是不相关的，而不相关的两个信号不一定是相互独立的；

（2）当 $0<|\rho_{12}|<1$ 时，$S_1(t)$ 和 $S_2(t)$ 是相关信号；

（3）当 $|\rho_{12}|=1$ 时，$S_1(t)$ 和 $S_2(t)$ 是相干信号。

当两个信号 $S_1(t)$ 和 $S_2(t)$ 是相干信号时，$|\rho_{12}|=1$，由 Schwartz 不等式的等号成立条件可知，这两个信号之间只相差一个复常数 C_{c12}，即

$$S_1(t)=C_{c12}\cdot S_2(t) \tag{6.7}$$

由上可知，两个相干信号之间一定具有相同的频率、相同的调制，唯一的不同点在于幅度与初相可能存在差异。而当两个信号相互独立或者互不相关，以及两个信号具有一定的相关性时，都可称这两个信号不相干，即不相干包含了上述三种关系中的前两种情况。接下来分析当同时进入干涉仪的几个信号具有一定相关性甚至相干性时，对干涉仪测向产生的影响。

6.2.1 三点源对干涉仪一维测向的相关干扰

根据公开文献报道可知，干涉仪测向是当前反辐射导引头对辐射源信号来波方向进行测量的主流技术体制之一，对反辐射导引头实施干扰，使其不能对被保护的辐射源目标完成准确测向，同样是电子对抗的重要任务之一。在部分公开文献中对此类应用也做了初步研究，其中多点源诱偏技术是雷达防御方对抗反辐射导弹的重要手段之一，因此深入研究多点源的诱偏干扰机理，无论对于提高反辐射导弹抗诱偏的作战效能，还是提高雷达诱饵诱偏反辐射导弹的能力都具有重要意义。文献[4]主要研究了采用干涉仪测向体制的反辐射导引头抗三点源诱偏的性能，分析了非相干三点源干扰作用下传统的干涉仪测向结果及其误差分布特性，总结通过脉冲积累方法使导引头指向大功率辐射源的条件，并开展了仿真验证。在该文献所构建的简化场景中，假设具有相同频率 f_c 的三点源与反辐射导弹上的一维干涉仪基线在同一平面内，且三个点源位于一条直线上，其位置关系如图 6.2 所示。

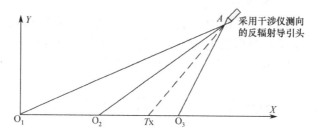

图 6.2　反辐射导弹与三个辐射源之间的位置关系图示

图 6.2 中 O_1、O_2、O_3 为三个同频辐射源，Tx 为导引头上干涉仪基线的法线与三点源连线的交点，AO_i 与 ATx 之间的夹角记为 θ_i，$i=1,2,3$，干涉仪基线长度为 d_{int}。对于常规雷达信号而言，三个点源的信号可表示为 $S_i(t)=A_i\exp\left\{\text{j}\left[2\pi f_c t+\phi_i(t)\right]\right\}$，其中 A_i 和 $\phi_i(t)$ 分别表示第 i 个辐射源信号的幅度与相位信息，于是干涉仪两个单元天线接收到的信号 $U_1(t)$ 和 $U_2(t)$ 分别为

$$U_1(t)=\sum_{i=1}^{3}S_i(t)=\sum_{i=1}^{3}A_i\exp\left\{\text{j}\left[2\pi f_c t+\phi_i(t)\right]\right\} \tag{6.8}$$

$$U_2(t)=\sum_{i=1}^{3}S_i(t)\exp\left(\text{j}2\pi d_{\text{int}}\sin\theta_i/\lambda\right)=\sum_{i=1}^{3}A_i\exp\left\{\text{j}\left[2\pi f_c t+\phi_i(t)+2\pi d_{\text{int}}\sin\theta_i/\lambda\right]\right\} \tag{6.9}$$

于是信号 $U_1(t)$ 和 $U_2(t)$ 之间的相位差测量值 $\phi_{\text{M}\Delta1,2}$ 可表示为

$$\phi_{\text{M}\Delta1,2}=\text{angle}_{[-\pi,\pi]}\left[U_2(t)\right]-\text{angle}_{[-\pi,\pi]}\left[U_1(t)\right] \tag{6.10}$$

该文献将三个辐射源建模为同频非相干辐射源，但相互之间具有一定的相关性，所以这属于相关干扰。三个干扰信号的相位随机取值，服从均匀分布，在此条件下通过数字仿真分析得到三点源间相位差随机分布时导引头上的干涉仪输出测向角度的数学期望。通过仿真得

到如下结论：当三点源中一个点源的幅度大于另两个点源的幅度之和时，导引头上的干涉仪输出的测向角度分布在三点源中间偏向大功率源的一侧；当不满足上述条件时，导引头上的干涉仪输出的测向角度散布在整个无模糊测角范围内。

6.2.2　两点源对干涉仪一维测向的相干干扰

6.2.1 节讨论了非相干点源对干涉仪一维测向的干扰，在本节进一步讨论两个干扰信号相干时的效应。设在空间上相隔一定距离布置了两个相干干扰源，对单基线一维测向干涉仪实施相干干扰，如图 6.3 所示。干扰实施方通过严格控制这两个干扰信号的功率和相位等参数，使两个电磁波在空间中产生相互干涉，引起合成电磁波的等相位波前发生倾斜，在工程上也将此现象称为"波前畸变"。干涉仪测向原本是要确定来波信号的等相位波前的法线方向，而合成的干扰信号在干涉仪接收区域处发生了等相位波前畸变后，将导致干涉仪输出的角度测量值产生较大的虚假误差。

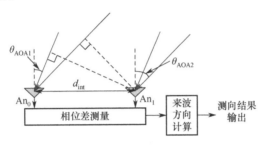

图 6.3　两点源对干涉仪一维测向实施相干干扰

由图 6.3 可见，频率为 f_c 的两个相干点源发射信号的入射角度分别为 θ_{AOA1} 和 θ_{AOA2}，如果以干涉仪基线的中点位置处为参考点，则单元天线 An_0 处的两个干扰信号分别为

$$J_{01}(t) = A_1 \exp\left[j\left(2\pi f_c t + \Delta\phi_{12} + \pi d_{int} \sin\theta_{AOA1}/\lambda\right)\right] \tag{6.11}$$

$$J_{02}(t) = A_2 \exp\left[j\left(2\pi f_c t + \pi d_{int} \sin\theta_{AOA2}/\lambda\right)\right] \tag{6.12}$$

式中，$\Delta\phi_{12}$ 为干涉仪基线中点位置处两个相干干扰信号之间恒定的相位差，A_1 和 A_2 分别表示两个相干干扰信号的幅度，d_{int} 为干涉仪基线长度。同理可得单元天线 An_1 处的两个干扰信号分别为

$$J_{11}(t) = A_1 \exp\left[j\left(2\pi f_c t + \Delta\phi_{12} - \pi d_{int} \sin\theta_{AOA1}/\lambda\right)\right] \tag{6.13}$$

$$J_{12}(t) = A_2 \exp\left[j\left(2\pi f_c t - \pi d_{int} \sin\theta_{AOA2}/\lambda\right)\right] \tag{6.14}$$

于是干涉仪两个单元天线接收到的合成信号分别为

$$\begin{aligned} S_1(t) &= J_{01}(t) + J_{02}(t) \\ &= A_1 \exp\left(j2\pi f_c t\right)\left\{\exp\left[j\left(\Delta\phi_{12} + \pi d_{int} \sin\theta_{AOA1}/\lambda\right)\right] + b_{21}\exp\left[j\left(\pi d_{int} \sin\theta_{AOA2}/\lambda\right)\right]\right\} \end{aligned} \tag{6.15}$$

$$\begin{aligned} S_2(t) &= J_{11}(t) + J_{12}(t) \\ &= A_1 \exp\left(j2\pi f_c t\right)\left\{\exp\left[j\left(\Delta\phi_{12} - \pi d_{int} \sin\theta_{AOA1}/\lambda\right)\right] + b_{21}\exp\left[j\left(-\pi d_{int} \sin\theta_{AOA2}/\lambda\right)\right]\right\} \end{aligned} \tag{6.16}$$

式（6.15）和式（6.16）中，$b_{21} = A_2/A_1$ 为两个信号的幅度比值。

于是单元天线 An_0 与 An_1 之间合成信号的相位差测量值 $\phi_{M\Delta1,2}$ 可表示为

$$\phi_{M\Delta1,2}=\text{angle}_{[-\pi,\pi)}\left\{\begin{bmatrix}b_{21}\cdot\cos\left(\pi d_{\text{int}}\sin\theta_{\text{AOA2}}/\lambda\right)+\cos\left(\Delta\phi_{12}+\pi d_{\text{int}}\sin\theta_{\text{AOA1}}/\lambda\right)\end{bmatrix}+\\ j\begin{bmatrix}b_{21}\cdot\sin\left(\pi d_{\text{int}}\sin\theta_{\text{AOA2}}/\lambda\right)+\sin\left(\Delta\phi_{12}+\pi d_{\text{int}}\sin\theta_{\text{AOA1}}/\lambda\right)\end{bmatrix}\right\}-$$

$$\text{angle}_{[-\pi,\pi)}\left\{\begin{bmatrix}b_{21}\cdot\cos\left(\pi d_{\text{int}}\sin\theta_{\text{AOA2}}/\lambda\right)+\cos\left(\Delta\phi_{12}-\pi d_{\text{int}}\sin\theta_{\text{AOA1}}/\lambda\right)\end{bmatrix}+\\ j\begin{bmatrix}-b_{21}\cdot\sin\left(\pi d_{\text{int}}\sin\theta_{\text{AOA2}}/\lambda\right)+\sin\left(\Delta\phi_{12}-\pi d_{\text{int}}\sin\theta_{\text{AOA1}}/\lambda\right)\end{bmatrix}\right\}$$

(6.17)

由式（6.17）可见，干涉仪中两个单元天线接收到的合成信号的相位差测量值$\phi_{M\Delta1,2}$与两干扰源信号的幅度之比b_{21}，两信号之间的相位差$\Delta\phi_{12}$，以及两信号的入射角θ_{AOA1}和θ_{AOA2}，这4个变量存在复杂的函数关系。文献[5]根据式（6.17）的函数关系式选取了部分典型参数开展了仿真研究；文献[6]从矢量合成的角度对上述过程进行了解释，所得到的结果仍然可通过式（6.17）来表示。总的来讲，主要研究结论如下：

（1）如果两个相干点源以干涉仪基线的法向对称布置，两个干扰信号的幅度越接近，即幅度之比b_{21}越趋近于1，而相位差$\Delta\phi_{12}$越接近180°时，干涉仪的测向误差越大，而且该测向输出角会远远偏离两点源实际所在的张角位置。但是当两点源的幅度差异越大时，即b_{21}越趋近于0或者∞时，干涉仪输出的测向结果也会趋近于幅度值更大的辐射源所在的角度方向。在本书8.1节"从杨氏双缝干涉实验结果解释雷达对抗中的交叉眼干扰原理"中将会对此现象进行更加深入的分析。

（2）两点源入射角度相差越大，则两相干点源的有效干扰相位区间越大，而且引起的测向误差也越大。但考虑到干涉仪单元天线的主波束宽度保持一定，为了使干扰信号都能够从主波束覆盖角度范围内进入，所以在空间上布置干扰源时需要综合权衡各种因素。在此处以测向结果超出两点源实际所在的张角范围定义为两相干点源的有效干扰相位区间。

（3）干涉仪基线长度越短，两相干干扰信号所引入的最大测向误差越大，但有效干扰相位区间越小；反之，干涉仪基线长度越长，两相干干扰信号所引入的最大测向误差越小，但有效干扰相位区间越大。

有效干扰相位区间增大则意味着当两个干扰源对干涉仪实施相干干扰时对信号的相位控制精度可以适当放宽，干扰成功的概率会更高，这一点在实际干扰行动中具有重要的工程现实意义。虽然仿真结果展示了上述干扰效果，但是在工程上要实现上述干扰效果则还有如下应用边界条件需要满足：

（1）要求空间上间隔一定距离的两个干扰源的发射通道，包括天线在内，要有非常高的幅度匹配度与相位匹配度，并且要做到同源相干信号产生，技术难度比较高。但是随着数字射频存储器（Digital Radio Frequency Memory，DRFM）技术水平的进步与高速ADC和DAC等电子器件的应用，以及长距离光纤稳相传输技术的普及，通过数字方式对通道之间的幅相不一致性进行校正，并精确控制相位差已在一定程度上使两点源的相干干扰具备了工程可实现性。

（2）由于干涉仪测向是一个被动侦察系统，两相干点源信号之间会由于干扰信号传播路径差而引起附加的相移。这一附加相移在对实施主动侦察的雷达进行干扰的场合可以通过类似于交叉眼干扰机的架构方式来加以抵消，但是在对被动侦察测向的干涉仪实施干扰时却难以完全抵消，这就会造成两点源信号到达干涉仪天线处的相位差$\Delta\phi_{12}$不能精确控制，无法形成一个闭环干扰系统，使得干扰效果难以有效调控。如果目标干涉仪还架设在一个运动平台上，干扰效果的精确控制难度则会更大。

6.2.3　两点源对干涉仪二维测向的相干干扰

6.2.2 节对两点源相干干扰条件下一维线阵干涉仪的一维测向误差特性进行了分析，本节将继续在相干干扰条件下对二维面阵干涉仪的二维测向误差特性进行分析。选取最简形式的由三个单元天线构成的双基线二维 L 形干涉仪为例，建立直角坐标系如图 6.4 所示。图 6.4 中三个单元天线分别位于坐标系原点、X 轴与 Y 轴正向，①号与②号天线构成基线 1，①号与③号天线构成基线 2，两条基线长度均为 d_{int}，信号来波方向与 XOY 平面的夹角为俯仰角 θ_{pi}，其在水平面的投影线与 X 轴正向的夹角为方位角 θ_{az}。于是两条干涉仪基线 1 和 2 所测得的单个信号的相位差分别为

$$\phi_{\Delta 1} = \left(2\pi d_{int} \cos\theta_{pi} \cos\theta_{az}\right)\big/\lambda \tag{6.18}$$

$$\phi_{\Delta 2} = \left(2\pi d_{int} \cos\theta_{pi} \sin\theta_{az}\right)\big/\lambda \tag{6.19}$$

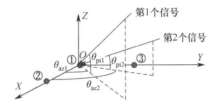

图 6.4　两点源对二维面阵干涉仪的二维测向实施相干干扰

假设两个相干点源发射的干扰信号同时到达上述 L 形干涉仪，第 1 个信号的方位角与俯仰角分别为 θ_{az1} 和 θ_{pi1}，第 2 个信号的方位角与俯仰角分别为 θ_{az2} 和 θ_{pi2}，上述两个信号到达干涉仪处的信号幅度分别为 A_1 和 A_2，两个干扰信号在坐标原点处的相位差为 $\Delta\phi_{12}$。于是①号、②号、③号单元天线接收到的合成干扰信号如下式所示：

$$J_1(t) = A_1 \exp\left[j\left(2\pi f_c t + \phi_c\right)\right] + A_2 \exp\left[j\left(2\pi f_c t + \phi_c + \Delta\phi_{12}\right)\right] \tag{6.20}$$

$$J_2(t) = A_1 \exp\left[j\left(2\pi f_c t + \phi_c + 2\pi d_{int}\cos\theta_{pi1}\cos\theta_{az1}\big/\lambda\right)\right] + \\ A_2 \exp\left[j2\pi f_c t + \phi_c + \Delta\phi_{12} + 2\pi d_{int}\cos\theta_{pi2}\cos\theta_{az2}\big/\lambda\right] \tag{6.21}$$

$$J_3(t) = A_1 \exp\left[j\left(2\pi f_c t + \phi_c + 2\pi d_{int}\cos\theta_{pi1}\sin\theta_{az1}\big/\lambda\right)\right] + \\ A_2 \exp\left[j\left(2\pi f_c t + \phi_c + \Delta\phi_{12} + 2\pi d_{int}\cos\theta_{pi2}\sin\theta_{az2}\big/\lambda\right)\right] \tag{6.22}$$

由式（6.20）～式（6.22）可得三个单元天线输出信号的相位分别为

$$\phi_{J1} = \text{angle}_{[-\pi,\pi)}\left\{\text{Re}\left[J_1(t)\right] + j\cdot\text{Im}\left[J_1(t)\right]\right\} \tag{6.23}$$

$$\phi_{J2} = \text{angle}_{[-\pi,\pi)}\left\{\text{Re}\left[J_2(t)\right] + j\cdot\text{Im}\left[J_2(t)\right]\right\} \tag{6.24}$$

$$\phi_{J3} = \text{angle}_{[-\pi,\pi)}\left\{\text{Re}\left[J_3(t)\right] + j\cdot\text{Im}\left[J_3(t)\right]\right\} \tag{6.25}$$

式（6.23）～式（6.25）中，$\text{Re}(\bullet)$ 和 $\text{Im}(\bullet)$ 分别表示提取一个复数的实部和虚部。在无相位差模糊的条件下干涉仪基线 1 和 2 对合成的干扰信号测向而获得的相位差 $\phi_{\Delta 1}$ 和 $\phi_{\Delta 2}$ 分别如下：

$$\phi_{\Delta 1} = \phi_{J2} - \phi_{J1} \tag{6.26}$$

$$\phi_{\Delta 2} = \phi_{J3} - \phi_{J1} \tag{6.27}$$

将 $\phi_{\Delta 1}$ 和 $\phi_{\Delta 2}$ 代入式（6.18）和式（6.19）即可求得合成的干扰信号的来波方向的方位角 θ_{azJ} 与

俯仰角 θ_{piJ} 如下：

$$\theta_{azJ}=\text{angle}_{[-\pi,\pi]}\left(\phi_{\Delta1}+j\cdot\phi_{\Delta2}\right) \tag{6.28}$$

$$\theta_{piJ}=\arccos\left[\sqrt{\phi_{\Delta1}^2+\phi_{\Delta2}^2}\cdot\lambda/\left(2\pi d_{int}\right)\right] \tag{6.29}$$

从上述推导过程与所得结果可知：两个点源信号对 L 形二维干涉仪测向系统的相干干扰对其所造成的测向误差与两个干扰信号的幅度比，两个干扰信号到达天线参考点时的相位差，以及两个干扰信号的入射角都有着比较复杂的关系。文献[7]根据上述分析流程开展了仿真研究，得出如下结论：干涉仪的测向误差随着两点源信号的俯仰角的同时增大而减小，但是两点源信号方位角的同时等量改变对测向误差几乎没有影响，因为两个信号的方位角同时等量改变等效于相对 $OXYZ$ 坐标系的 Z 轴进行旋转，本质上并没有改变两个干扰信号之间的相对空间位置关系。

6.2.4   相干干扰在抗反辐射攻击的相干诱饵中的应用

如前所述，在世界各国研制的反辐射导引头对辐射源目标的测向应用中普遍采用干涉仪测向体制，为了保护辐射源目标免遭反辐射导弹的攻击，世界各国同样也普遍采用相干诱饵技术来对导引头上的干涉仪测向进行相干干扰。相干诱饵即是诱饵与被保护的辐射源目标具有几乎完全相同的辐射参数，在辐射源目标对外辐射的同时，相干诱饵也对既定空域实施辐射，从而在空间上形成一个相干的两点辐射源产生的合成场，正如 6.2.2 节和 6.2.3 节所分析的那样，无论是一维线阵干涉仪测向还是二维面阵干涉仪测向，对于空间上相干的两点辐射源都会有较大的测向误差，这样就达到了扰乱反辐射导弹导引信息的目的，极大地降低了反辐射导弹击中被保护辐射源目标的概率。当然采用更多数量的相干诱饵，就能够在空间中构建多个相干干扰源，在一定程度上能够进一步提升保护的成功率。

文献[8]正是针对上述应用场景，以相干诱饵保护雷达辐射源目标为例，从与干涉仪测向机理几乎一样的比相单脉冲测向体制出发，构建了比相体制的反辐射导引头跟踪相干两点源的数学模型，对两点源诱偏下的反辐射导引头的测角误差进行了分析。仿真分析结果表明：比相体制的测角导引头无法分辨雷达辐射源目标和相干诱饵，比相体制的反辐射导引头将跟踪雷达和诱饵的合成相位中心，跟踪角度不断变化且不固定，不能正确指向雷达目标。该文献还实际报道了一组在一维比相测角条件下的实验室实测数据，即在实验室环境下设置两个相干点源的工作频率为 38GHz，入射角度分别为 0° 和 15°，采用长短基线组合干涉仪测向，长基线 100mm，短基线 40mm，利用 Anristu（安立）公司型号为 MG3694B 的信号发生器来模拟干扰源，两个干扰源信号之间的相位差由信号发生器的 10MHz 同步信号控制在 $[0,2\pi)$ 范围内变化。调整信号发生器的功率使得两个相干干扰信号到达导引头位置处的功率比分为：0.5、1、2。实际测试结果与仿真分析结果完全吻合，从而验证了前述分析的有效性。

6.3   干涉仪对同时同频多信号的测向方法

由前述分析可知，无论是相关干扰还是相干干扰存在时，传统干涉仪测向处理算法的测向结果误差较大，甚至完全失效。尽管如此，在某些频段的干涉仪测向过程中遇到同频信号同时到达干涉仪的概率还是比较大的，例如，按照国际电联的规定在 1.5~30MHz 的中短波通信应用中，每个中短波电台占用 3.7kHz 的频率带宽，而整个可用的频率范围仅有 28.5MHz，全球只能容纳 7700 多个可用信道，所以中短波频段信号密度较大，同一个信道内有时会有多个不同电台发射的同频信号同时存在。文献[9]针对上述情况利用全国短波监测网，通过相关干涉仪对同频多信号开展了测向试验，总结了一些可供参考的方法，如当同频多信号中各个信号的电平强度差异较大时，那么对其中的最强信号进行干涉仪测向，可以得到最强信号的近似来波方向。但是这样做也存在测向误差较大的问题，而且只能得到其中 1 个信号的来波方向。所以针对多个同频信号同时到达干涉仪的情况，还是需要研究一些有效的方法来解决对其中各个信号的测向问题，目前关于这方面的研究报道并不多，但是附加一定的应用边界条件之后该问题在某种程度上还是有解的，这也是本节所要讨论的主要内容。

6.3.1　基于矢量合成的干涉仪对相干信号的测向

6.3.1.1　基于矢量合成的线阵干涉仪对相干信号的一维测向

1. 基于矢量合成的相干多信号干涉仪测向模型[10]

在 6.2.2 节中针对两相干点源对干涉仪一维测向的干扰效应进行了初步分析，由最终得到的式（6.15）和式（6.16）所示的相干信号的时域信号模型可知，相干信号具有相同的载频 f_c，如果将时域信号模型转换为复平面上的矢量信号模型，虽然每一个信号矢量都以相同的角速度 $2\pi f_c$ 绕原点旋转，但各个信号矢量的相对位置关系却是保持不变的。在复平面上以 N_s 个相干信号的幅度和参考相位为基础，将这 N_s 个信号的复振幅表示成复矢量形式 $\boldsymbol{S}_{i,c}$ 如下：

$$\boldsymbol{S}_{i,c} = A_i \cdot \exp[\mathrm{j}\phi_i], \quad i=1,2,\cdots,N_s \tag{6.30}$$

式中，A_i 表示第 i 个信号的幅度，ϕ_i 表示第 i 个信号到达干涉仪中参考单元天线时的相位，整个测向场景如图 6.5 所示。

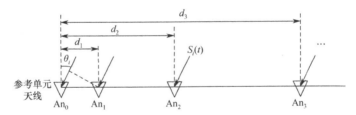

图 6.5　一维线阵干涉仪对多个相干信号的一维测向

在图 6.5 中，以单元天线 An_0 为参考天线，θ_i 是第 i 个信号 $S_i(t)$ 的来波方向与干涉仪法向之间的夹角，d_k 表示天线单元 An_k 与天线单元 An_0 之间的距离，$k=0,1,2,\cdots N_a-1$，N_a 为单元天线的总数，于是所有相干信号在单元天线 An_0 处合成的综合信号矢量 $\boldsymbol{S}_{0,z}$ 可表示为

$$\boldsymbol{S}_{0,z} = \sum_{i=1}^{N_s} \boldsymbol{S}_{i,c} = \sum_{i=1}^{N_s} A_i \cdot \exp(\mathrm{j}\phi_i) \tag{6.31}$$

同理，所有相干信号在天线单元 An_k 处所合成的综合信号矢量 $\boldsymbol{S}_{k,z}$ 可表示为

$$\boldsymbol{S}_{k,z} = \sum_{i=1}^{N_s} \boldsymbol{S}_{i,c} \cdot \exp\left(-\mathrm{j}2\pi \frac{d_k \cdot \sin\theta_i}{\lambda}\right) = \sum_{i=1}^{N_s} A_i \cdot \exp\left[\mathrm{j}\left(\phi_i - 2\pi \frac{d_k \cdot \sin\theta_i}{\lambda}\right)\right] \tag{6.32}$$

式（6.32）中的附加相位项是由于信号到达不同单元天线时的延迟所产生的。为了形成统一的数学表达式，可从形式上定义天线单元 An_0 与其自身的距离 $d_0=0$，于是基于矢量合成的相干多信号干涉仪测向理论模型统一表示为

$$S_{k,z} = \sum_{i=1}^{N_s} A_i \cdot \exp\left[\text{j}\left(\phi_i - 2\pi \frac{d_k \cdot \sin\theta_i}{\lambda} \right) \right] + N_k, \quad k = 0, 1, 2, \cdots, N_a - 1 \qquad (6.33)$$

式中，N_k 为天线单元 An_k 测量时所引入的噪声矢量。

在使用干涉仪对相干多信号进行测向时，将对每一个单元天线接收到的合成信号的幅度与相位进行同时测量，从而可得综合信号矢量 $S_{k,z}$ 的测量值 $\tilde{S}_{k,z}$，然后建立方程组式（6.33）并求解各个相干信号的幅度 $\hat{A}_i$、相位 $\hat{\phi}_i$，以及到达方向角 $\hat{\theta}_i$。由此可见，在新模型中不再对各通道间的相位差进行直接测量与计算，从而避免了多个信号相干所带来的通道间相位差测量失效的问题。

2. 测向模型的求解及相干信号个数的判断

在式（6.33）所示的模型中待求解的未知数的个数为 $3N_s$，分别是 A_i、ϕ_i、θ_i，$i = 1, 2, \cdots, N_s$，按照复数的实部与虚部分别列方程，则方程的个数为 $2N_a$。在不考虑通道噪声影响的情况下，在满足如下条件时该模型才可能有解：

$$2N_a \geqslant 3N_s \qquad (6.34)$$

但在工程应用中干涉仪各单元天线对应的综合信号矢量的测量过程总是存在噪声影响的，所以式（6.33）的解的集合 $\{A_i, \phi_i, \theta_i \mid i = 1, 2, \cdots, N_s\}$ 需满足下式：

$$\left\{\hat{A}_i, \hat{\phi}_i, \hat{\theta}_i \mid i = 1, \cdots, N_s\right\} = \arg\min \sum_{k=0}^{N_a - 1} \left\| \tilde{S}_{k,z} - \sum_{i=1}^{N_s} \hat{A}_i \cdot \exp\left[\text{j}\left(\hat{\phi}_i - 2\pi \frac{d_k \cdot \sin\hat{\theta}_i}{\lambda} \right) \right] \right\|_p \qquad (6.35)$$

式中，$\|\bullet\|_p$ 表示 p 范数，在 $p = 2$ 时，式（6.35）则表示均方误差最小。满足式（6.35）的最优解可以通过对整个解空间进行优化搜索的方式来得到。但上述求解过程中，还隐含了一个假设条件，即已知同时到达干涉仪的相干信号的个数 N_s，实际上在求解式（6.35）之前，N_s 是一个未知数，因为事先并不知道所得到的测量数据中究竟包含多少个相干信号，所以在求解该式之前，需要利用式（6.36）对 N_s 的上限值 $N_{s,\max}$ 做一个估计：

$$N_{s,\max} \leqslant \text{floor}\left(2N_a / 3\right) \qquad (6.36)$$

首先假设有 $N_{s,\max}$ 个相干信号同时到达干涉仪，然后对式（6.35）进行求解，即可得到 $N_{s,\max}$ 个信号参数解的集合 $\{A_i, \phi_i, \theta_i \mid i = 1, 2, \cdots, N_{s,\max}\}$。在此基础上，对上述 $N_{s,\max}$ 个解对应的信号幅度 A_i 的大小由大至小排序如下：

$$A_{j_1} \geqslant A_{j_2} \geqslant \cdots \geqslant A_{j_{N_{s,\max}}} \qquad (6.37)$$

式中，$j_1, j_2, \cdots j_{N_{s,\max}}$ 为 $1, 2, \cdots, N_{s,\max}$ 的一个排列。在最大值 A_{j_1} 与最小值 $A_{j_{N_{s,\max}}}$ 之间设置一个判决门限 A_{th}，于是有下式成立：

$$A_{j_1} \geqslant \cdots \geqslant A_{j_{N_{\text{th}}}} \geqslant A_{\text{th}} \geqslant A_{j_{N_{\text{th}+1}}} \geqslant \cdots \geqslant A_{j_{N_{s,\max}}} \qquad (6.38)$$

由式（6.38）可知，信号幅度超过此门限的解信号的个数 N_{th} 即判决为同时到达干涉仪的相干信号的实际个数，而剩余的 $N_{s,\max} - N_{\text{th}}$ 个解可认为是由于测量噪声而引入的虚假解。这一求解思想类似于信号子空间与噪声子空间的划分，而门限 A_{th} 的设置方法也可按照不同的准则根据实际应用而定。以上述推断出的相干信号的个数 N_{th} 为基础，再次对式（6.35）进行最优化求解，从而最终得到各个相干信号的来波方向 $\{\hat{\theta}_i \mid i = 1, 2, \cdots, N_{\text{th}}\}$，与此同时也获得了各个相

干信号的幅度估计值 $\{\hat{A}_i\,|\,i=1,2,\cdots,N_{\text{th}}\}$ 和对应的相位估计值 $\{\hat{\phi}_i\,|\,i=1,2,\cdots,N_{\text{th}}\}$。

如果在上述信号个数推断过程中直接得到的结果是 $N_{\text{th}}=1$，这说明此时干涉仪接收到的是单信号。在此条件下既可按照传统的通道间信号的相位差测量方式来获得该信号的来波方向，也可通过求解式（6.35）来估计该信号的来波方向，在此情况下两种方法所得到的解应具有一致性。这同时说明：新模型相对于传统的基于相位差测量的干涉仪测向模型来讲，更具有普适性，同时对传统模型也具有向下兼容性。

3. 仿真验证

在如下仿真过程中采用（幅度、参考相位、来波方向角）的三元组形式来进行信号参数和求解结果的描述，其中幅度为相对值，相位以到达干涉仪单元天线 An_0 位置处为参考，来波方向角定义为来波方向线与干涉仪单元天线所形成基线的法向之间的夹角。

1）干涉仪采用矢量合成模型对两个相干信号的测向

仿真条件：一维线阵干涉仪由五个单元天线组成，它们之间的间距分别为 0.05m、0.2m、0.8m、3.0m，两个相干信号的载波频率均为 3GHz，其信号参数分别以三元组形式表示为（1.0，40°，50.1°）、（1.6，110°，19.9°），如图 6.6 所示。

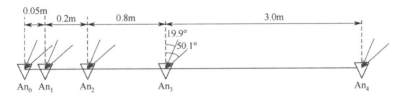

图 6.6　5 元线阵干涉仪及两相干信号来波方向示意图

按照前述的信号矢量表示方法，以天线单元 An_0 作为参考天线，可以测量得到在 5 个单元天线处的综合信号矢量如图 6.7 所示。图 6.7 中各信号矢量均添加了标准差为 0.02 的高斯白噪声。

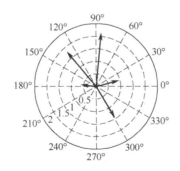

图 6.7　干涉仪 5 个单元天线测量得到的双信号合成矢量图示

根据式（6.36），在此条件下最多可实现 3 个相干信号的测向。于是首先假设 3 个不同方向的同频相干信号同时到达干涉仪，采用式（6.35）进行求解。由于整个解空间比较大，所以在求解搜索策略上采用了由粗至精的两步搜索法，粗搜索的步进较大，幅度步进为 0.25，相位步进为 30°，来波方向步进为 5°。通过粗搜索得到几个候选结果，其中一个表示为（1.5，120°，20°）、（1，30°，50°）、（0.25，60°，15°）。在几个候选结果附近区域都做精搜索，精搜索的幅度步进为 0.1，相位步进为 5°，来波方向步进为 0.2°。通过精搜索所得到的结果为（1.6，

115°, 20°)、（1.1, 35°, 50.2°）、（0.1, 55°, 15°）。上述结果是在 3 个同时到达的相干信号假设条件下得到的，其信号幅度值分别为 1.6、1.1、0.1。前两个数值明显大于第 3 个，且第 3 个值趋近于零，由此推断：所接收到的相干信号的个数为 2。在此条件下，采用两个信号的合成模型再对式（6.35）进行求解，最终可得这两个相干信号的来波方向分别为 19.88°、50.02°；误差分别为-0.02°、-0.08°。

2）干涉仪采用矢量合成模型对单信号的测向

信号个数减少至 1 个，即信号参数为（1.0, 40°, 50.1°），除此之外，其他仿真条件同前，同样可测量得到 5 个信号矢量，如图 6.8 所示。

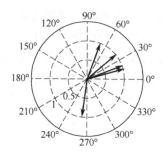

图 6.8　干涉仪 5 个单元天线测量得到的信号矢量图示

由图 6.8 可见，5 个信号矢量的幅度几乎全部一样，这也满足单信号到达干涉仪时综合信号矢量的特征。通过解空间搜索，得到的结果以三元组形式表示为（1°, 40°, 50°）、（0,0,0）、（0,0,0）。显然此时只有 1 个信号到达干涉仪天线阵。在 1 个信号条件下，再对式（6.35）进行求解，从而可得该信号的来波方向为 50.09°，误差为-0.01°。

6.3.1.2　基于矢量合成的测向求解方法的几何物理意义

6.3.1.1 节基于矢量合成原理从理论上阐述了干涉仪对空间中多个相干信号的测向方法，本节将利用相干信号在空间中所形成的干涉条纹，从更加直观的图像视角来对该问题的求解思路进行解释。为了清晰地展现干涉条纹的图样，在二维平面上进行讨论，所得到的相关结论可自然推广到三维空间的应用场景。

首先从幅度相等的两个相干平面电磁波所形成干涉条纹图样开始讨论。对于单个平面波而言，等相位波前的法向就是该平面波的传播方向，假设两个相干平面波传播方向线之间的夹角为 2α，以该夹角的角平分线作为平面直角坐标系的 Y 轴，其垂线方向为 X 轴，建立 XOY 平面直角坐标系，于是在该平面坐标系内两个等幅相干平面波形成的干涉条纹如图 6.9 所示。

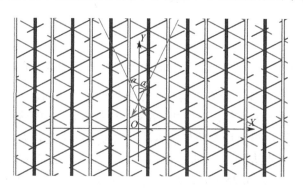

图 6.9　两个等幅相干平面波形成的干涉条纹图样示意图

　　图 6.9 中两个斜向下的带箭头标识的指向线为传播方向线,该直线与 Y 轴正向之间的夹角分别为 $\pm\alpha$;而其他的斜直线与斜虚线代表平面电磁波的等相位波前,斜直线与斜虚线之间的线型差异代表相位相差 $180°$,所以相同线型交叉位置处两相干平面波同相叠加产生干涉相长的最大振幅,不同线型交叉位置处两相干平面波反相叠加产生干涉相消的最小振幅,最小振幅为零。于是就形成了如图 6.9 所示的等间距垂直于 X 轴的线条状干涉条纹,其中的实线条条代表最大振幅位置,空心线条代表零振幅位置。最大振幅线条条纹与最小零振幅线条条纹相互平行,且交替出现,记二者之间的距离为 d_{m},于是相邻两条最大振幅线条条纹的间距为 $2d_{\mathrm{m}}$,相邻两条最小零振幅线条条纹的间距同样为 $2d_{\mathrm{m}}$。由上述干涉条纹图样可立即确定出两个等幅相干平面波来波方向夹角的角平分线的方向与干涉条纹指向是保持一致的,而条纹间距 d_{m} 与两个相干平面波传播方向线之间的夹角 2α 存在如下关系:

$$\lambda \cdot \sin\alpha = 2d_{\mathrm{m}} \tag{6.39}$$

式中,λ 为平面电磁波的波长。由式(6.39)可立即求解出:

$$\alpha = \arcsin(2d_{\mathrm{m}}/\lambda) \tag{6.40}$$

　　于是在前述确定的来波方向夹角角平分线的基础上再左右旋转 $\pm\alpha$ 角,即可得到两个相干等幅平面波的来波方向。这意味着:如果保持两相干等幅平面波来波方向的夹角平分线的指向不变,而只改变夹角 2α 的大小,那么所形成的干涉条纹仍然类似于图 6.9 所示的平行线条条纹,条纹图案的样式没有改变,变化的仅仅是条纹间距 d_{m},即仅仅是条纹的疏密程度发生了变化而已。显然,根据以上特点,只要测量得到一块区域内两个等幅平面波的干涉条纹图样,就能够对这两个相干信号的来波方向做出准确的估计。其实 6.3.1.1 节所述的“基于矢量合成的线阵干涉仪对相干信号的一维测向”方法,本质上也是利用了干涉条纹图样的信息来求解相干信号的测向问题,只不过是在一条直线段上对干涉条纹进行离散采样而已,如图 6.10 所示。

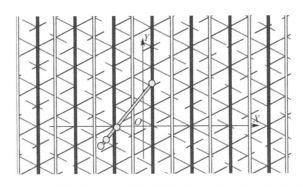

图 6.10　用一维线阵干涉仪对两等幅相干平面波进行测向的示意图

　　图 6.10 相对于图 6.9 而言增加了一个一维线阵干涉仪,图 6.10 中带圆圈的斜直线段即为干涉仪的基线,基线上的圆圈代表干涉仪的单元天线。换句话讲,干涉仪的基线即是所在的采样直线段,而基线上的每一个单元天线可看成是空间中一个独立的采样点,干涉仪输出的测量值即是空间干涉条纹图样的采样值,所以“基于矢量合成的线阵干涉仪对相干信号的一维测向”方法本质上是一种基于电磁波干涉图样的来波方向信息估计方法,这便是 6.3.1.1 节所述方法的几何物理意义所在。

　　当两个相干信号的幅度不相同时,分别记为 A_1 和 A_2,并假设 $A_1 > A_2$。在此条件下可将振幅大的一个信号分解为振幅分别为 A_2 和 A_1-A_2 的两个信号的叠加。于是干涉条纹图样同样也能够看成是两部分的叠加。第一部分是振幅同为 A_2 的两个相干信号形成的干涉条纹，该条纹的特点与图 6.9 所示的特点相同；第二部分是一个振幅为 A_1-A_2 的振动波。将合成的综合干涉条纹按照上述两部分进行分解，利用分解之后的干涉条纹结果同样也能完成两个不等幅相干信号的来波方向的估计。

　　以上仅仅是对两个相干平面波信号所形成的干涉条纹进行了概要的展现，并利用干涉条纹信息来估计相干信号的来波方向。上述方法同样可以推广至更多数目的相干信号的干涉条纹图样分析，只不过复杂程度更高而已，参照前述方法流程利用空间中多个相干信号的干涉条纹图样所包含的信息，便能够估计出各个相干信号的来波方向。

6.3.2　以 DBF 阵列天线为单元天线的干涉仪测向

　　在本书第 4 章中对干涉仪单元天线的主要类型进行过详尽的介绍，包括偶极子天线、对数周期天线、喇叭天线、宽带螺旋天线、抛物面天线等，却唯独没有讲述将阵列天线作为单元天线的例子。因为干涉仪的天线系统本身就是一种天线阵列的特殊形式，如果干涉仪的单元天线再采用阵列天线，那么就会增加工程实现的成本与复杂度，不过对于一些不以成本为主要考虑因素的军事国防类应用来讲还是有用的。例如在本书 5.1.2 节介绍雷达领域的NAVSPASUR "电磁篱笆" 实例中将偶极子阵列天线作为单元天线的干涉仪就是一个典型代表。其实这种形式的干涉仪也有其自身独特的优点，那就是能够在单元天线的信号接收过程中引入阵列信号处理的方法，来实现对同频同时到达的信号进行区分，从而能够在一定程度上解决对多个同时到达的相干信号的干涉仪测向问题。

　　也正是基于上述思想，文献[11]针对多个同频目标信号同时测向的问题，将数字波束形成（Digital Beam Forming，DBF）与干涉仪测向相结合，即采用数字阵列作为干涉仪的单元天线，并设计了分别利用波束形成法和空间谱估计法进行解模糊的干涉仪测向流程，上述方法具有较高的自由度和多目标分辨能力，消除了常规干涉仪抗干扰能力较弱的问题，提升了信噪比，而且采用数量较少的基线即能够达到较高的测向精度。以一维线阵干涉仪为例对以 DBF 阵列作为单元天线的干涉仪测向原理及性能优势说明如下。

　　假设一维线阵干涉仪由 N_a 个 DBF 子阵组成，如图 6.11 所示，每个子阵均看成一个独立的单元天线，每个子阵仍然是一个由 N_{sub} 个阵元组成的线阵，子阵中各阵元之间的间距为 r_s，第 k 个子阵中心到第 0 个子阵中心的距离记为 d_k，$k=0,1,2,\cdots,N_a-1$。

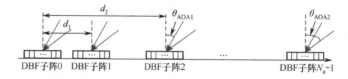

图 6.11　由 N_a 个 DBF 子阵组成的一维线阵干涉仪

　　当 N_s 个窄带信号同时到达干涉仪时，第 k 个子阵阵列的输出可表示为

$$\boldsymbol{X}_{\mathrm{sub},k}(t)=\boldsymbol{A}_{\mathrm{sub},k}\boldsymbol{S}(t)+\boldsymbol{N}_{\mathrm{sub},k}(t) \tag{6.41}$$

式中，$\boldsymbol{S}(t)=\left[S_1(t),S_2(t),\cdots,S_{N_s}(t)\right]^{\mathrm{T}}$ 为目标信号矢量，$\boldsymbol{N}_{\mathrm{sub},k}(t)$ 为噪声矢量，$\boldsymbol{A}_{\mathrm{sub},k}=\left[\boldsymbol{a}_{k,1},\boldsymbol{a}_{k,2},\cdots,\right.$ $\left.\boldsymbol{a}_{k,N_s}\right]$ 为信号的导向矩阵，其中列矢量 $\boldsymbol{a}_{k,l}$ 如式（6.42）所示：

$$\boldsymbol{a}_{k,l}=\left[\mathrm{e}^{-\mathrm{j}2\pi d_k \sin\theta_l/\lambda_l},\mathrm{e}^{-\mathrm{j}2\pi(d_k+r_s)\sin\theta_l/\lambda_l},\cdots,\mathrm{e}^{-\mathrm{j}2\pi\left[d_k+(N_{\mathrm{sub}}-1)r_s\right]\sin\theta_l/\lambda_l}\right]^{\mathrm{T}} \tag{6.42}$$

$$=\mathrm{e}^{-\mathrm{j}2\pi d_k \sin\theta_l/\lambda_l}\left[1,\mathrm{e}^{-\mathrm{j}2\pi r_s \sin\theta_l/\lambda_l},\cdots,\mathrm{e}^{-\mathrm{j}2\pi(N_{\mathrm{sub}}-1)r_s \sin\theta_l/\lambda_l}\right]^{\mathrm{T}}=\mathrm{e}^{-\mathrm{j}2\pi d_k \sin\theta_l/\lambda_l}\cdot\boldsymbol{a}_l$$

式中，$\boldsymbol{a}_l$ 是第 l 个信号的导向矢量，θ_l 和 λ_l 分别表示第 l 个信号的到达角与信号波长，$l=1,2,\cdots,N_s$，于是导向矩阵 $\boldsymbol{A}_k$ 可重新表示为如下形式：

$$\boldsymbol{A}_{\mathrm{sub},k}=\left[\boldsymbol{a}_{k,1},\boldsymbol{a}_{k,2},\cdots,\boldsymbol{a}_{k,N_s}\right]$$

$$=\left[\boldsymbol{a}_1,\boldsymbol{a}_2,\cdots,\boldsymbol{a}_{N_s}\right]\cdot\mathrm{diag}\left[\mathrm{e}^{-\mathrm{j}2\pi d_k \sin\theta_1/\lambda_1},\mathrm{e}^{-\mathrm{j}2\pi d_k \sin\theta_2/\lambda_2},\cdots,\mathrm{e}^{-\mathrm{j}2\pi d_k \sin\theta_{N_s}/\lambda_{N_s}}\right] \tag{6.43}$$

$$=\boldsymbol{A}_{\mathrm{com}}\cdot\mathrm{diag}\left[\mathrm{e}^{-\mathrm{j}2\pi d_k \sin\theta_1/\lambda_1},\mathrm{e}^{-\mathrm{j}2\pi d_k \sin\theta_2/\lambda_2},\cdots,\mathrm{e}^{-\mathrm{j}2\pi d_k \sin\theta_{N_s}/\lambda_{N_s}}\right]$$

式中，$\boldsymbol{A}_{\mathrm{com}}=\left[\boldsymbol{a}_1,\boldsymbol{a}_2,\cdots,\boldsymbol{a}_{N_s}\right]$，令 $\boldsymbol{S}_s(t)=\mathrm{diag}\left[S_1(t),S_2(t),\cdots,S_{N_s}(t)\right]$，$\boldsymbol{\Phi}_k=\mathrm{diag}\left[\mathrm{e}^{-\mathrm{j}2\pi d_k \sin\theta_1/\lambda_1},\right.$ $\left.\mathrm{e}^{-\mathrm{j}2\pi d_k \sin\theta_2/\lambda_2},\cdots,\mathrm{e}^{-\mathrm{j}2\pi d_k \sin\theta_{N_s}/\lambda_{N_s}}\right]$，于是式（6.41）可表示为

$$\boldsymbol{X}_{\mathrm{sub},k}(t)=\boldsymbol{A}_{\mathrm{com}}\cdot\boldsymbol{S}_s(t)\cdot\boldsymbol{\Phi}_k+\boldsymbol{N}_{\mathrm{sub},k}(t) \tag{6.44}$$

采用 DBF 数字波束形成技术对子阵接收到的信号进行统一的加权处理，根据不同的加权系数来增强期望信号，抑制干扰信号，于是第 k 个子阵接收的信号经过 DBF 处理之后为

$$y_k(t)=\boldsymbol{W}^{\mathrm{H}}\cdot\boldsymbol{X}_{\mathrm{sub},k}(t) \tag{6.45}$$

式中，$\boldsymbol{W}=\left[w_1,w_2,\cdots,w_{N_{\mathrm{sub}}}\right]^{\mathrm{T}}$ 为波束成形器的复加权矢量，加权矢量各分量的模表示阵元输出信号的幅度加权，而辐角表示对阵元输出信号的移相。不同的加权系数能够生成子阵阵列不同的波束方向图，针对同时到达干涉仪的 N_s 个同频信号，加权矢量 $\boldsymbol{W}$ 的设计原则是使阵列输出的方向图的最大增益方向对准侦察方感兴趣的期望信号，而各个波束零点对准其他的 N_s-1 个同频干扰信号，从而达到最大限度地接收期望信号，抑制同频干扰信号的目的。当然还有一个附加条件需要满足，即 $N_{\mathrm{sub}}\geqslant N_s+1$。于是整个以 DBF 阵列天线作为单元天线的干涉仪输出的信号为

$$\boldsymbol{Y}(t)=\left[Y_0(t),Y_1(t),\cdots,Y_{N_a-1}(t)\right]^{\mathrm{T}}=\left[\boldsymbol{\Phi}_1,\boldsymbol{\Phi}_2,\cdots,\boldsymbol{\Phi}_{N_a-1}\right]^{\mathrm{T}}\cdot\boldsymbol{S}_s(t)\cdot\boldsymbol{A}_{\mathrm{com}}^{\mathrm{T}}\cdot\boldsymbol{W}^*+\boldsymbol{N}_{\mathrm{Int}}(t) \tag{6.46}$$

式中，上标*表示取复共轭，$\boldsymbol{N}_{\mathrm{Int}}(t)$ 表示经过波束形成之后阵列输出的总噪声矢量。由此可见：不同 DBF 子阵输出的信号仅相差一个相位，与加权矢量 $\boldsymbol{W}$ 无关。这就意味着：子阵经过统一加权的波束形成之后的信号保留了干涉仪测向原有的信号相位差信息，所以以 DBF 阵列天线作为单元天线的干涉仪测向与传统干涉仪测向的后续处理过程是完全一样的，只是在此基础上增加了利用 DBF 阵列进行阵列信号处理与空间滤波的操作，其优势主要体现在如下几个方面：

（1）能够提高接收信号的信噪比，从而提升系统的测向灵敏度。

假设传统干涉仪以 DBF 子阵中的一个阵元天线作为单元天线进行信号接收与测向，而采用 DBF 阵列天线作为单元天线的干涉仪，每个子阵都包含了 N_{sub} 个阵元，这意味着新的干涉仪单元天线的增益在理论上提高了 N_{sub} 倍，自然其所接收到信号的信噪比也会提升 N_{sub} 倍。

（2）从理论上讲能够对 $N_{\mathrm{sub}}-1$ 个同时同频信号进行干涉仪测向。

按照阵列信号处理理论，具有 N_{sub} 个阵元的 DBF 阵列最多能够形成 $N_{\mathrm{sub}}-2$ 个波束方向

图零点和 1 个主波束方向，对于 $N_{sub}-1$ 个到达干涉仪的同时同频信号，且这些信号分布于不同的来波方向角上，于是从中任意挑选出 1 个信号，使得 DBF 子阵天线的主波束指向该信号方向，而 DBF 子阵天线的其他 $N_{sub}-2$ 个波束零点指向剩余的 $N_{sub}-2$ 个同频信号的来波方向，这样便能够对 $N_{sub}-1$ 个同时同频信号中任意 1 个信号进行空间滤波，在此基础上按照传统干涉仪测向方法测量经过空间滤波之后信号的来波方向。将上述过程重复 $N_{sub}-1$ 遍，分别对各个同频信号进行空间滤波，即可实现对 $N_{sub}-1$ 个同时同频信号的干涉仪测向。

大家阅读至此自然会提出一个疑问：在空间滤波过程中就已经事先获得并利用了各个信号的来波方向信息了，后续的干涉仪测向还有必要吗？答案是有必要，因为两种方法对信号来波方向的估计精度不同。在空间滤波操作过程中，仅需要大致粗的信号来波方向信息即可实现滤波操作；而干涉仪测向所得到的信号来波方向的精度要高得多，所以在前述方法流程中首先根据各个信号的粗略来波方向进行空间滤波，然后再实施干涉仪测向获得更加精确的信号来波方向是相对合理的。

（3）用子阵阵列信号处理结果来辅助解干涉仪各通道间信号相位差测量的模糊。

如前面章节所述，可以使用子阵的初步测向结果来辅助干涉仪各通道间信号相位差测量的解模糊，所以当干涉仪的单元天线采用 DBF 阵列时同样能够发挥这一优势，相关的原理请参见第 2 章的内容，在此不再重复阐述。

6.3.3　在地面镜像反射干扰条件下干涉仪对主信号的测向

在 6.1 节中曾讨论过地面反射信号与直达主信号所形成的相干双信号对干涉仪测向的影响，这种情况在反辐射导引头上的干涉仪对辐射源目标信号测向应用的场景中时常出现。地面反射信号可以看成是由辐射源目标相对于地表的镜像位置处所产生的，即相当于地面以下同样深度的地方还有一个一模一样的辐射源目标，称为地面镜像目标，如图 6.12 所示。在此情况下干涉仪对双径信号的测向误差也是比较明确的。在本节中再次对该应用问题进行分析的目的是在附加部分应用边界约束条件之后，力图得到更好的测向求解结果。

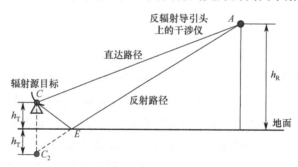

图 6.12　地面镜像目标所形成的双径信号传输图示

在如图 6.12 所示的应用场景中，反辐射导引头上的干涉仪接收到来自直达路径与反射路径的两个相干信号，如果要消除地面反射信号的影响而仅对辐射源目标的直达信号进行测向，可以在附加不同的应用边界约束条件下采取如下措施来求解该问题。

1）干涉仪单元天线采用窄波束高增益天线

该方法比较适合于复合制导的反辐射导引头，在直达波与反射波之间的夹角大于干涉仪的窄波束高增益天线的 3dB 波束宽度时，干涉仪天线的主波束直接指向辐射源目标，反射信号只能通过天线旁瓣进入而受到极大的抑制，从而提高了干涉仪对直达主信号的测向精度。但是上述方法应用范围有限，在常规的宽波束单元天线的干涉仪测向中不能使用，因为此时直达波与反射波全都从天线主波束进入，无法区分。

2）针对雷达信号测向时采用脉冲前沿测向技术

地面辐射源目标主要包含雷达目标、通信目标等，绝大多数雷达采用脉冲工作体制，如图 6.12 所示，直达脉冲信号与经过地面反射后的脉冲信号之间在传播路径长度上是不相同的，由平面几何原理可知：三角形两边之和一定大于第三边，所以地面反射脉冲信号传播路径一定长于直达路径。这样，直达脉冲信号就会先于反射脉冲信号到达干涉仪天线，二者之间的时延长度与应用场景中导弹、辐射源及反射点之间的几何位置关系紧密相关。由于在空气中电磁波在 1μs 时间内可传播约 300m，所以只要直达脉冲与反射脉冲之间的路径差大于 30m，就存在 0.1μs 的到达时间差。干涉仪测向只要利用这一应用边界条件，截取脉冲前沿所在时段的信号进行测向就能消除反射信号的影响，从而巧妙地将干涉仪对同时同频双信号的测向问题转化为对单信号的测向问题。当然该方法也会付出一定的代价，正如本书第 3 章对干涉仪测向精度分析的那样，由于只利用了整个脉冲信号的一小部分，信号能量的利用严重不足，其测向精度相对于对整个脉冲信号的测向精度要损失很多。不过在反辐射导引头的干涉仪测向应用中，导弹与目标的距离不断缩减，再加上有时还能直接截获到雷达辐射源天线主波束的信号，所以该问题在此应用场景下也会在一定程度上得到缓解。

3）通过对运动干涉仪的持续测量值进行统计分析来获得直达波的方向

如果干涉仪处于运动状态，例如反辐射导引头上的干涉仪随着导弹一起飞行，那么图 6.12 所示场景就是一个动态变化的场景，其中反射信号的地面反射点位置是不断变化的，反射路径与直达路径的长度也在不断变化，再加上地面反射系数通常小于 1，即地面的镜像反射信号的强度通常小于甚至远小于直达信号的强度，这样，双径信号之间的波程差造成的相位差在 $[0, 2\pi)$ 范围呈现非均匀分布特性，干涉仪对二者的混合信号测向后的输出值就会在真实信号的来波方向角上形成一个统计频度的峰值，所以对混合信号测向值进行直方图统计分析可以得到统计频度峰值位置处所对应的直达波主信号的来波方向。文献[12]结合具体的信号形式进行了更细致的分析，并通过计算机仿真验证了这一方法的可行性。

由上可见，在地面镜像反射干扰条件下干涉仪对主信号进行测向时能够通过附加应用边界约束条件来得到实际问题的近似解。将这一思想方法推广开去，在工程实际中遇到类似问题时，大家也可以对自己所面临的应用场景进行仔细分析，找出能够附加的应用边界约束条件，从而在此条件下来解决实际工程问题，其实这也是工程上一种比较常用的问题解决思路。

6.3.4　基于信号盲分离的同频多信号测向

实际上干涉仪对同时同频到达的多个混合信号进行测向的问题仅仅是同时同频混合信号处理大方向上的一个分支问题，如果站在更高的层次上来纵观全局就会体会到同时同频混合信号处理这个大方向的博大精深，反过来也能够借鉴这个大方向上已有的研究成果与处理方法来解决干涉仪对同时同频到达的多个混合信号进行测向的问题。正是基于这样的思路，借鉴同时同频混合信号处理中信号盲分离方法，首先从混合信号中将各个信号分离出来，然后再对各个分离出的单信号进行干涉仪测向，便能够得到各个信号的来波方向角。但是在使用该方法时同样要认清其中的应用边界限制条件，从理论上讲，多个同频混合信号盲分离方法的应用边界限制条件是：混合信号中的各个信号必须是统计独立的，这就意味着该方法不能处理相干干扰信号、相关干扰信号的测向问题，即对于多径传输环境下的测向问题不适用，而只能在同时到达的同频非相关信号中寻找自己的应用场景。

同频多信号的混合模式多种多样，主要分为三大类：①线性瞬时混合模式，该模式中的混合信号是各个独立信号的简单叠加；②卷积混合模式；③非线性混合模式。在干涉仪测向中主要关注第 1 类线性瞬时混合模式。假设当 N_s 个窄带同频信号同时到达干涉仪时，其数学模型表示为

$$X_{\mathrm{mix}}(t)=B \cdot S(t)+N_{\mathrm{x}}(t) \tag{6.47}$$

式中，$S(t)=\left[S_1(t),S_2(t),\cdots,S_{N_s}(t)\right]^{\mathrm{T}}$ 为目标信号矢量，$N_{\mathrm{x}}(t)$ 是噪声矢量，$B=\left[b_1(\theta),b_2(\theta),\cdots,\right.$ $\left.b_{N_s}(\theta)\right]$ 为混合矩阵，也是阵列流形和来波方向角的函数。对于上述模型，如果没有关于混合矩阵 B 和源信号 $S(t)$ 的任何先验知识，仅从接收到的信号 $X_{\mathrm{mix}}(t)$ 中恢复 $S(t)$ 是不可能的，所以一般还要附加如下的假设前提条件：①源信号中最多只允许有一个高斯信号；②源信号中各个信号相互之间统计独立；③各个原始信号具有零均值与单位方差。在后续盲分离处理过程中为了使运算简洁，一般首先对观测信号 $X_{\mathrm{mix}}(t)$ 进行白化去相关，使得 $E\left[X_{\mathrm{mix}}(t)X_{\mathrm{mix}}^{\mathrm{T}}(t)\right]=I$，其中 I 表示单位矩阵。

由中心极限定理可知，如果一个随机变量由大量的相互独立的随机变量之和组成，且各个独立的随机变量具有有限的均值和方差，则无论各个独立随机变量为何种分布，最终求和之后生成的随机变量的分布特性将趋近于高斯分布，所以在信号盲分离过程中，通过对分离结果的非高斯性度量来检测输出结果之间的相互独立性。当非高斯度量达到最大时表明已经完成分离过程。文献[13]按照如下步骤来进行同频信号的盲分离之后实施干涉仪测向，首先对于概率密度函数为 $\mathrm{pdf}(\xi)$ 的随机变量 ξ，定义其负熵为

$$J_{\mathrm{H}}(\xi)=H(\xi_{\mathrm{Gauss}})-H(\xi) \tag{6.48}$$

式中，ξ_{Gauss} 是一个与 ξ 具有相同方差的高斯分布的随机变量，$H(\cdot)$ 是随机变量的熵，对式（6.48）进行最优化处理后可得到如下迭代公式：

$$w^+ = E\left[x\left(w^{\mathrm{H}}x\right)g\left(\left|w^{\mathrm{H}}x\right|^2\right)\right]-E\left[g\left(\left|w^{\mathrm{H}}x\right|^2\right)+w^{\mathrm{H}}xg'\left(w^{\mathrm{H}}x\right)\right]w_{\mathrm{u}}^* \tag{6.49}$$

$$w_{\mathrm{u}}^* = w^+/\left\|w^+\right\| \tag{6.50}$$

式中，$g(\cdot)$ 可取 $g_1(u)=\sqrt{a_1+\xi}$，或 $g_2(u)=\log(a_1+\xi)$。当 w 收敛之后，利用 $\xi=w^{\mathrm{H}} \cdot X_{\mathrm{mix}}(t)$ 即可求得其中一个源信号。为了分离出所有的独立源信号，避免重复，需要对式（6.49）做正交化处理，如式（6.51）所示：

$$w_{p+1} = w_{p+1}-\sum_{i=1}^{p}w_{p+1}^{\mathrm{T}}\gamma_{w_i} \tag{6.51}$$

式中，γ_{w_i} 表示 w_i 方向上的单位矢量。按照上述流程，针对多个独立的同频混合信号实施盲分离之后，再对分离出的每一个独立信号进行干涉仪测向。

文献[13]采用 9 元圆阵干涉仪对 800～900MHz 频率范围内的 3 个具有相同载频，调制方式分别为调幅、调频和单频的来自不同方向的信号实施了盲分离之后的干涉仪测向仿真实验，举例验证了上述方法的可行性。其实在上述整个处理过程中还有一个隐含的假设条件需要大家特别注意，即干涉仪的每一个单元天线都是一个配有多通道接收机的阵列天线，因为只有

在这样的条件下才能确保在干涉仪的每一个单元天线位置处实现对混合信号的盲分离。由此可见，该方法的工程实现代价还是非常大的，虽然理论上可行，但在工程实际中应用非常受限。

6.4　同时同频多信号的阵列测向方法及其在干涉仪测向中的延续应用

在 6.3 节中从不同的视角讨论了干涉仪对同时同频信号测向的各种方法，这些方法都需要一定的工程应用边界条件，只有在特殊的应用场合下才能使用。如果要寻求比较通用的方法，还需回归到干涉仪测向的本源去搜寻答案。正如本书第 5 章所讲，干涉仪本质上属于一种特殊的阵列，可以看成是在口径一定情况下的最简稀布阵，干涉仪的信号处理原理及方法在某种程度上也可纳入阵列信号处理这一大方向之中，作为其中一个分支而继续发展，并借鉴阵列信号的处理方法来对同时同频信号进行测向，所以接下来首先概要回顾一下在同频多信号同时到达情况下的阵列测向方法，以期望获得一些启发，为干涉仪测向技术的持续发展注入新的动力。

6.4.1　天线阵列对多个同时到达的同频信号的测向

1. 天线阵列对多个同频不相关信号的测向

阵列测向属于阵列信号处理中到达方向（Direction Of Arrival，DOA）估计的应用分支，在阵列信号处理中比较常用的几种 DOA 估计方法分别是：Capon 算法、MUSIC 算法、ESPRINT 算法，以及针对上述算法的改进。这些算法在同时满足式（6.52）和式（6.53）时，能够实现对同时到达阵列的多个信号 $S_i(t)$ 进行测向，$i = 1, 2, \cdots, N_s$，其中 N_s 为同时到达阵列的信号个数，阵列天线的阵元个数为 N_a：

$$N_s \leqslant N_a - 1 \tag{6.52}$$

$$\int_{t \in D_t} S_{i_1}(t) \cdot S_{i_2}(t) \mathrm{d}t = 0 , \quad i_1 \neq i_2 \tag{6.53}$$

式中，D_t 表示测向时段范围。式（6.52）和式（6.53）的物理意义为：只有同时到达天线阵列的信号个数不超过阵元天线个数减 1，并且这 N_s 个同时到达阵列的信号互不相关时，传统阵列信号处理中的 DOA 估计算法都能够比较准确地估计出信号的个数及各个信号的来波方向。

在上述传统阵列测向过程中并没有关注这 N_s 个同时到达阵列的信号是否是同频信号。由信号之间相关运算的性质可知，当两个信号的频谱不重叠时，这两个信号的互相关值为零；这就意味着不同频率的信号，相互之间是不相关的，显然可以直接应用传统阵列信号处理中的 DOA 算法进行测向。另外，即便两个信号是同频信号，只要这两个信号不相关，传统阵列信号处理的 DOA 算法仍然能够对这两个同频不相关的信号进行准确的测向。大家阅读至此可能有些疑惑，两个频率相同的单频正弦波互相关值在绝大多数情况下都是一个非零值，这就意味着纯粹的两个相同频率的单频正弦波同时到达阵列天线时，传统阵列信号处理中的 DOA 估计算法是无法测出各个信号来波方向的。但如果这两个单频正弦波上承载的基带调制信号 $S_{b1}(t)$ 和 $S_{b2}(t)$ 相互之间没有相关性，即满足：

$$\int_{t \in D_t} S_{b1}(t) \cdot S_{b2}^*(t) \mathrm{d}t = 0 \tag{6.54}$$

那么即便两个信号 $S_1(t)=S_{b1}(t)\exp(j2\pi f_c t)$ 和 $S_2(t)=S_{b2}(t)\exp(j2\pi f_c t)$ 的载波频率相同，它们相互之间也是不相关的。这就很好地解释了在很多讲授阵列信号处理技术原理的教科书中举例时大多采用零中频的基带信号进行仿真的原因，因为所生成的示例信号都采用高斯白噪声进行调制，所以各个信号的互相关值为零，完全满足传统阵列信号处理中的应用边界条件。显然上述结论对于多个同频信号存在时仍然成立，即传统的阵列信号处理算法能够完成对多个同频不相关信号的来波方向测量。

如果将上述应用边界条件与 6.3.4 节所述的基于信号盲分离的同频多信号测向条件对比一下，便可发现：盲分离过程中要求各个信号之间统计独立，这比各个信号相互之间互不相关还要苛刻。从理论上讲，在零均值条件下统计独立的各个信号之间一定是互不相关的；但是反过来讲，互不相关的各个信号之间却不一定是统计独立的。由此可见，采用传统的阵列测向和阵列信号处理方法就完全能够解决盲信号处理中多个独立信号的空间混合问题，因为在获得各个独立信号的来波方向信息之后，通过阵列的空间滤波处理即可实现不同来波方向的各个独立信号的分离，所以在这个问题上，盲信号处理方法的优势并不明显。

2. 天线阵列对多个同频相关信号的测向

如果多个信号之间存在一定的相关性，即互相关值不为零，特别是当互相关值等于 ± 1 时，相关信号就会转变为相干信号，相干信号会导致信源协方差矩阵出现秩亏缺，从而使得信号特征矢量发散到噪声子空间中去，传统的阵列信号处理 DOA 估计算法就会出现较大的误差，甚至产生错误而导致测向失效。为了解决相关和相干信号的测向问题，就需要从解决信号协方差矩阵的秩亏缺入手，采用信号预处理手段，确保信号协方差矩阵的秩恢复到等于信源的个数，这一技术途径在阵列信号处理中又被称为去相干（相关）处理，在去相干（相关）之后就可以采用传统阵列信号处理算法进行测向了。去相干（相关）处理有两类方法：第一类是降维处理，采用缩小有效阵列孔径来达到去相干（相关）的目的，如各种空间平滑技术、前后向预测投影矩阵法、数据矩阵分解法等；第二类是不损失阵元数，利用阵列移动的方法或者是采用频率平滑方法对相干（相关）信号进行处理，如频率平滑算法、旋转子空间不变和加权子空间拟合方法等[14-16]。下面以空间平滑技术为例进行介绍。

空间平滑技术的基本思想是将等间距线阵分成若干个相互重叠的子阵列，各个子阵的阵列流形相同，于是通过各个子阵的协方差矩阵的平均来达到信号去相干的目的[17]。空间平滑技术除了对阵列进行前向平滑，还可以将前向平滑的子阵进行共轭倒置后形成后向空间平滑，甚至在此基础上与前向平滑结合而形成前后向空间平滑[18,19]。另外，也可通过加权方式综合利用各个子阵的自相关信息和互相关信息进行平均，以总协方差的秩为准则获得最优加权矩阵，并以此来提升平滑效果[20]。除了对等距线阵进行空间平滑，还可以把阵元空间中的均匀圆阵转化成模式空间中的虚拟均匀线阵，且该虚拟均匀线阵与实际均匀线阵均具有平移不变性，这样即可沿用线阵的空间平滑算法[21]来处理均匀圆阵的相关问题。空间平滑能够在一定程度上减小信号之间的相关性，对于大多数阵列测向算法来讲，更小的相关性意味着更好的性能门限，以及在门限之上的更好的误差性能。但是空间平滑技术会造成阵列孔径的缩减，这同样会导致测向性能的下降，所以在实际应用中需要对两方面因素进行一个折中与权衡，以期达到更好的测向性能。

下面以 N_a 个阵元组成的等间距线阵为例对空间平滑技术进行分析。将整个线阵采用滑动方式分为 N_M 个子阵，每个子阵均包含 N_{Sub} 个单元天线，且有式（6.55）成立：

$$N_{Sub} = N_a - N_M + 1 \tag{6.55}$$

由式（6.55）可知，每一次滑动仅滑过一个单元天线，且前向滑动与后向滑动的方向刚好相反，如图 6.13 所示。

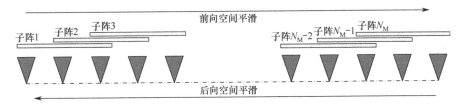

图 6.13　前向平滑与后向平滑的子阵形成示意图

定义第 k 个前向子阵（$1 \leqslant k \leqslant N_M$）的输出为

$$X_k(t) = \left[x_k(t), x_{k+1}(t), x_{k+2}(t), \cdots, x_{k+N_{Sub}-1}(t) \right]^T = A_M D_M S(t) + N_k(t) \tag{6.56}$$

式中，A_M 为 $N_{Sub} \times N_s$ 维的方向矩阵，N_s 为同时到达阵列的信号个数，A_M 的列矢量是 N_s 个导向矢量 $a_M(\theta_i)$，$i = 1, 2, \cdots, N_s$，且 D_M 定义如下：

$$D_M = \text{diag}\left[e^{j\frac{2\pi d_e}{\lambda}\sin\theta_1}, e^{j\frac{2\pi d_e}{\lambda}\sin\theta_2}, e^{j\frac{2\pi d_e}{\lambda}\sin\theta_3}, \cdots, e^{j\frac{2\pi d_e}{\lambda}\sin\theta_{N_s}} \right] \tag{6.57}$$

式中，d_e 为阵元间距，θ_i 为第 i 个信号的来波方向。于是第 k 个前向子阵的协方差矩阵为

$$R_k = E\left\{ X_k(t)\left[X_k(t) \right]^H \right\} = A_M D_M R_S D_M^H A_M^H + \sigma^2 I \tag{6.58}$$

定义前向空间平滑协方差矩阵 $R_{forward}$ 为

$$R_{forward} = \frac{1}{N_M} \sum_{k=1}^{N_M} R_k \tag{6.59}$$

同理，定义后向空间平滑协方差矩阵 $R_{backward}$ 为

$$R_{backward} = \frac{1}{N_M} \sum_{k=1}^{N_M} R_{b,k} \tag{6.60}$$

式中，$R_{b,k}$ 为 R_k 的共轭倒序矩阵，它们之间的关系就是阵列信号处理中的共轭倒序不变性。于是在式（6.59）与式（6.60）的基础上定义前后向平滑协方差矩阵 R_{fb} 为

$$R_{fb} = \frac{1}{2}\left(R_{forward} + R_{backward} \right) \tag{6.61}$$

共轭倒序不变性的优点在于增加了子阵的数量，但是每一个子阵所包含的阵元数减少了，相当于缩减了阵列的有效孔径。尽管如此，经过平滑处理之后的协方差矩阵是一个满秩矩阵，消除了多个相干（相关）信号导致协方差矩阵出现奇异的情况，于是采用传统的阵列信号处理算法对平滑处理之后的协方差矩阵进行运算，即可得到各个相干（相关）信号的来波方向。

除了空间平滑算法，还有一些其他的阵列信号去相干（相关）后进行 DOA 估计的算法，例如 ESPRIT-Like 方法[22]，该方法通过特殊的天线阵列模型重构了一个 Toeplitz 矩阵，使得该矩阵的秩只与信号的来波方向有关，不受信号相关性的影响；还有的方法将阵列所接收到信号的协方差矩阵 R_{norm} 进行修正，使其从 Hermite 矩阵转变为 Toeplitz 矩阵 R_x 如式（6.62）所示：

$$R_x = R_{norm} + I_v R_{norm}^* I_v \tag{6.62}$$

式中，I_v 表示反单位矩阵，定义为

$$I_{\mathrm{v}} = \begin{bmatrix} 0 & 0 & \cdots & 1 \\ 0 & \cdots & 1 & 0 \\ \cdots & \cdots & \cdots & \cdots \\ 1 & 0 & \cdots & 0 \end{bmatrix} \tag{6.63}$$

由此可知，R_{x} 是 R_{norm} 的无偏估计，再对 R_{x} 进行分解得到噪声子空间，最后将噪声子空间特征矢量代入 MUSIC 算法中即可估计出各个相干（相关）信号的来波方向[15]。

由于篇幅所限，更多的有关阵列去相干（相关）处理的方法介绍请参见阵列信号处理与阵列测向方面的文献，在此不再重复展开论述。总之，将干涉仪看成是一种特殊的阵列，在阵列信号处理中所采用的部分方法与思想也能借鉴并应用到干涉仪测向任务中，使得经过特殊设计的干涉仪能够完成对多个同时到达的相干（相关）信号的测向。

6.4.2　从满阵到稀布阵再到干涉仪最简阵的演化过程

在本书 5.5 节中对干涉仪测向与采用阵列信号处理方法的测向进行了对比，指出干涉仪是一种简化结构的测向阵列形式，如果将干涉仪各个单元天线接收到的信号采用阵列信号处理的方式实施运算，同样能够实现信号的来波方向估计功能。

在传统阵列信号处理中通常都假设阵列中相邻两个单元天线之间的距离 d_{e} 为一个定值，且 $d_{\mathrm{e}} < \lambda/2$，这样的阵列是一个标准的满阵。在各种讲述阵列信号处理的教科书中对满阵的天线波束方向图都进行过详尽的讨论，实际上满阵可以看成是在空间中对连续孔径天线的一个空间采样，而且 $d_{\mathrm{e}} < \lambda/2$ 也能看成是空间采样定理的一种表现形式。正是基于上述思想，将连续孔径的天线用一个阵列天线来近似，同样能够通过阵列信号处理方式来研究连续孔径天线的特性。从本质上讲，如果在空间上的采样频率足够高，就能够构建出类似于电磁仿真建模软件的解算效果，当然在计算电磁学中对电磁场与各种激励源的建模更加精细化，从某种程度上讲在天线波束成形方面阵列信号处理仅仅是计算电磁学中比较小的一部分内容而已，但是在空间谱分析与信号来波方向估计方面，阵列信号处理又开拓出了广阔的天地。如上所述的满阵在雷达、通信、电子对抗等领域中的相控阵天线上广泛使用，虽然满阵的研制成本比较高，但也有一个固有的优点，那就是满阵的抗毁性特别强。例如，在互联网上经常报道：某某相控阵雷达即使在 30%的阵元失效之后，整个雷达的探测距离仍然能够保持在原有水平的 90%左右。当一个满阵中部分阵元失效之后，满阵就变成了一个稀布阵，阵列稀疏的程度实际上由剩余阵元的数量与分布图样来定量描述。稀布阵与满阵相比具有如下特性：

（1）稀布阵与相同孔径尺寸的满阵有几乎相同的主波束宽度，但阵元数目较少，所以成本相应降低，如果在相同孔径尺寸下，采用与稀布阵相同阵元数目的等间隔阵列相比，稀布阵具有更高的测向分辨率；

（2）稀布阵合成主波束之后的增益比满阵要低，实际上增益与阵列单元天线的数目近似成正比，单元天线数量的减少必然会带来天线合成增益的降低；

（3）稀布阵的旁瓣特性相对于满阵来讲要差，尤其是远区旁瓣比满阵的远区旁瓣要高，而且越稀疏，旁瓣特性就越差。

上述三个特性中第一个特性为优点，第二、第三个特性为缺点。由此可见，稀布阵以牺牲主瓣增益和旁瓣特性为代价来保持主波束形状的近似稳定，并降低成本，所以在工程应用中，在对主波束增益要求不高但对主波束的宽度有较高要求的应用场合可以使用稀布阵[23]。稀布阵有专门的设计方法，在此不必展开赘述，结合本书的主题，从某种意义上讲，干涉仪也可以看成是一种特殊的稀布阵。

既然从稀布阵的观点来看待干涉仪，那么干涉仪也同样具有稀布阵的特性。如果将干涉仪所有单元天线所接收的信号加权求和来合成一个主波束，且要求该主波束方向指向被测目标信号的来波方向，那么加权系数 w_i 也刚好是由各个单元天线之间所测出的相位差为辐角的共轭复数，如式（6.64）所示：

$$w_i = \exp\left(-j2\pi d_i \sin\theta_{\text{AOA}}/\lambda\right) \tag{6.64}$$

式中，θ_{AOA} 为信号来波方向角，λ 为信号的波长，d_i 为干涉仪第 i 条基线的长度，$i = 0,1,\cdots,N_a - 1$，N_a 为干涉仪单元天线的个数。将加权系数 w_i 代入阵列天线合成增益计算式，可得干涉仪合成的主波束增益 G_{Inte} 的理论值为

$$G_{\text{Inte}} = N_a \cdot G_{\text{single}} \tag{6.65}$$

式中，G_{single} 为单个单元天线的增益。如果干涉仪像阵列天线那样通过调节加权系数 w_i 来实现主波束的空间扫描，那么可以发现，只有在所设计出的干涉仪满足无模糊测向的条件下才不会出现天线扫描的栅瓣。由上述特性可以体会到，在没有冗余设计的条件下，干涉仪的确是具有最少阵元数的稀布阵列，称为最简阵。所以一个阵列天线从满阵到稀布阵，再从稀布阵到干涉仪的最简阵的演化过程完美地展现了阵列天线由繁至简，阵列信息由冗余到最简的一个演变过程，同时也深刻揭示了干涉仪天线阵与阵列天线之间的亲缘关系。

6.4.3 采用常规阵列信号处理方法的干涉仪对多个同频不相关信号的测向

由前可知，既然干涉仪是一种特殊的阵列，而阵列处理天生就能够实现对多个同频不相关信号的测向，将干涉仪各个单元天线所接收到的信号按照常规阵列测向方法来处理，那么干涉仪同样也能够完成对多个同频不相关信号的测向任务。下面以一维线阵干涉仪测向为例进行分析与说明，一般情况下都采用零均值信号假设。

在由 N_a 个单元天线 An_i，$i = 0,1,\cdots,N_a - 1$，构成的一维线阵干涉仪中，以 An_0 为参考天线，其他单元天线 An_i 与 An_0 之间的基线长度分别记为 d_i，并约定 $d_0=0$。当只有一个信号 $S_1(t)$ 从 θ_1 方向入射到干涉仪的情况下，干涉仪 N_a 个单元天线所接收信号的互相关矩阵 $\boldsymbol{R}_{\text{S1}}$ 为

$$\boldsymbol{R}_{\text{S1}}=R_1 \cdot \begin{bmatrix} 1 & e^{\frac{j2\pi d_1 \sin\theta_1}{\lambda}} & \cdots & e^{\frac{j2\pi d_{N_a-1}\sin\theta_1}{\lambda}} \\ e^{\frac{-j2\pi d_1 \sin\theta_1}{\lambda}} & 1 & \cdots & e^{\frac{j2\pi\left(d_{N_a-1}-d_1\right)\sin\theta_1}{\lambda}} \\ \cdots & \cdots & \cdots & \cdots \\ e^{\frac{-j2\pi d_{N_a-1}\sin\theta_1}{\lambda}} & e^{\frac{-j2\pi\left(d_{N_a-1}-d_1\right)\sin\theta_1}{\lambda}} & \cdots & 1 \end{bmatrix} \tag{6.66}$$

式中，$R_1 = E_t\left[\left|S_1(t)\right|^2\right]$ 表示信号 $S_1(t)$ 的自相关系数。由此可见，矩阵 $\boldsymbol{R}_{\text{S1}}$ 的共轭转置与自身相等，于是可将 $N_a \times N_a$ 维的矩阵 $\boldsymbol{R}_{\text{S1}}$ 分解成矢量乘积形式如下：

$$\boldsymbol{R}_{\text{S1}}=R_1\boldsymbol{A}_1\boldsymbol{A}_1^{\text{H}} \tag{6.67}$$

式中，$N_a \times 1$ 维的矢量 $\boldsymbol{A}_1=\left[1, e^{\frac{-j2\pi d_1 \sin\theta_1}{\lambda}},\cdots,e^{\frac{-j2\pi d_{N_a-1}\sin\theta_1}{\lambda}}\right]^{\text{T}}$，于是可得：

$$\boldsymbol{R}_{\text{S1}}\boldsymbol{A}_1=R_1\boldsymbol{A}_1\boldsymbol{A}_1^{\text{H}}\boldsymbol{A}_1=N_a R_1 \boldsymbol{A}_1 \tag{6.68}$$

由于矩阵 $\boldsymbol{R}_{S1}$ 的秩为 1，所以矢量 $\boldsymbol{A}_1$ 是矩阵 $\boldsymbol{R}_{S1}$ 的唯一特征值 $\alpha_1=N_a R_1$ 对应的特征矢量。

假设另一个信号 $S_2(t)$ 从 θ_2 方向单独入射，则干涉仪 N_a 个单元天线所接收信号的互相关矩阵 $\boldsymbol{R}_{S2}$ 为

$$\boldsymbol{R}_{S2}=R_2\cdot\begin{bmatrix}1 & e^{\frac{j2\pi d_1\sin\theta_2}{\lambda}} & \cdots & e^{\frac{j2\pi(N_a-1)\sin\theta_2}{\lambda}}\\ e^{\frac{-j2\pi d_1\sin\theta_2}{\lambda}} & 1 & \cdots & e^{\frac{j2\pi(d_{N_a-1}-d_1)\sin\theta_2}{\lambda}}\\ \cdots & \cdots & \cdots & \cdots\\ e^{\frac{-j2\pi d_{N_a-1}\sin\theta_2}{\lambda}} & e^{\frac{-j2\pi(d_{N_a-1}-d_1)\sin\theta_2}{\lambda}} & \cdots & 1\end{bmatrix} \tag{6.69}$$

式中，$R_2=E_t\left[\left|S_2(t)\right|^2\right]$ 表示信号 $S_2(t)$ 的自相关系数，同理可得：

$$\boldsymbol{R}_{S2}=R_2\boldsymbol{A}_2\boldsymbol{A}_2^H \tag{6.70}$$

式中，矢量 $\boldsymbol{A}_2=\left[1,e^{\frac{-j2\pi d_1\sin\theta_2}{\lambda}},e^{\frac{-j2\pi d_2\sin\theta_2}{\lambda}},\cdots,e^{\frac{-j2\pi d_{N_a-1}\sin\theta_2}{\lambda}}\right]^T$，且矢量 $\boldsymbol{A}_2$ 是矩阵 $\boldsymbol{R}_{S2}$ 的唯一特征值 $\alpha_2=N_a R_2$ 对应的特征矢量。

如果两个同频信号 $S_1(t)$ 从 θ_1 方向、$S_2(t)$ 从 θ_2 方向同时入射，且两个信号互不相关，即 $E_t\left[\left|S_1(t)S_2^*(t)\right|\right]=0$，于是干涉仪 N_a 个单元天线所接收信号的互相关矩阵 $\boldsymbol{R}_{S12}$ 如式（6.71）所示：

$$\boldsymbol{R}_{S12}=\boldsymbol{R}_{S1}+\boldsymbol{R}_{S2} \tag{6.71}$$

将式（6.67）和式（6.70）代入式（6.71）可得：

$$\boldsymbol{R}_{S12}=[\boldsymbol{A}_1,\boldsymbol{A}_2]\begin{bmatrix}R_1 & 0\\ 0 & R_2\end{bmatrix}[\boldsymbol{A}_1,\boldsymbol{A}_2]^H \tag{6.72}$$

将两个信号的情形推广至 N_s 个同频不相关信号的情形，即 $E_t\left[\left|S_{i1}(t)S_{i2}^*(t)\right|\right]=0$，$i_1,i_2\in\{1,2,\cdots,N_s\},i_1\neq i_2$，且 $R_i=E_t\left[\left|S_i(t)\right|^2\right]$，$i=1,2,\cdots,N_s$。于是干涉仪 N_a 个单元天线所接收信号的互相关矩阵 $\boldsymbol{R}_{ST}$ 为

$$\boldsymbol{R}_{ST}=\sum_{i=1}^{N_s}\boldsymbol{R}_{Si} \tag{6.73}$$

式中，$\boldsymbol{R}_{Si}$ 为信号 $S_i(t)$ 从 θ_i 方向单独入射时干涉仪 N_a 个单元天线所接收信号的互相关矩阵，同样有：

$$\boldsymbol{R}_{Si}=R_i\boldsymbol{A}_i\boldsymbol{A}_i^H \tag{6.74}$$

式中，矢量 $\boldsymbol{A}_i=\left[1,e^{\frac{-j2\pi d_1\sin\theta_i}{\lambda}},e^{\frac{-j2\pi d_2\sin\theta_i}{\lambda}},\cdots,e^{\frac{-j2\pi d_{N_a-1}\sin\theta_i}{\lambda}}\right]^T$，且矢量 $\boldsymbol{A}_i$ 是矩阵 $\boldsymbol{R}_{Si}$ 的特征值 $\alpha_i=N_a R_i$ 对应的特征矢量，于是可将 $\boldsymbol{R}_{ST}$ 分解如下：

$$\boldsymbol{R}_{ST}=[\boldsymbol{A}_1,\boldsymbol{A}_2,\cdots,\boldsymbol{A}_{N_s}]\begin{bmatrix}R_1 & 0 & \cdots & 0\\ 0 & R_2 & \cdots & 0\\ \cdots & \cdots & \cdots & \cdots\\ 0 & 0 & \cdots & R_{N_s}\end{bmatrix}[\boldsymbol{A}_1,\boldsymbol{A}_2,\cdots,\boldsymbol{A}_{N_s}]^H \tag{6.75}$$

实际上，R_{ST} 就是阵列信号处理中的信号子空间，R_{Si} 的 N_s 个特征矢量即与各个信号的来波方向一一对应。各种阵列信号处理算法正是通过对信号子空间的估计，或者是对与信号子空间正交的噪声子空间的估计来解算出到达干涉仪的多个同时同频不相关信号的来波方向。下面以一个具体示例来展示干涉仪对多个同时到达的同频不相关信号的测向过程。

例 6.1： 由 4 个单元天线构成的 3 基线一维线阵干涉仪，其工作频率范围为 500～1500MHz，将第 1 个单元天线作为参考天线，分别与后续 3 个单元天线构成的 3 条基线的长度分别为 d_1=0.35m，d_2=0.84m，d_3=2.96m。有 3 个频率均为 1435MHz 的零均值 QPSK 调制信号（对应波长 λ=0.2091m）分别从与干涉仪基线法向成 $-16°$、$5°$、$29°$ 夹角同时入射，且这 3 个信号相互之间互不相关。如果按照传统的通过测量干涉仪各个通道间信号相位差的测向处理算法，显然不能对上述 3 个同频信号进行来波方向的估计。但由于这 3 个信号互不相关，所以可以采用阵列信号处理方法对上述 3 个信号进行来波方向估计。

将干涉仪的 4 个单元天线接收到的 1435MHz 的信号下变频至零中频，分别得到 4 个复基带数字采样信号，分别记为 $X_1(n)$，$X_2(n)$，$X_3(n)$，$X_4(n)$，n=1,2,…,N_{ST}，N_{ST} 为信号处理时段的采样点总数。由于信号的波形与来波方向都未知，所以不能通过式（6.75）来估计阵列接收的互相关矩阵，而只能通过干涉仪各个单元天线接收到的信号来估计整个阵列的互相关矩阵 $R_M=\left(R_{k_1,k_2}\right)_{4\times4}$，其中矩阵元素 R_{k_1,k_2} 如式（6.76）所示：

$$R_{k_1,k_2}=\frac{1}{N_{ST}}\sum_{n=1}^{N_{ST}}X_{k_1}(n)X_{k_2}^*(n), \quad k_1,k_2\in\{1,2,3,4\} \tag{6.76}$$

通过阵列接收信号的互相关矩阵 R_M 即可按照各种阵列测向算法来对各个信号的来波方向进行估计，选取两种典型算法分析如下。

1）Capon 算法

Capon 算法的 DOA 估计值由以下函数 $f_{Capon}(\theta)$ 取极大值时的 $\{\theta_i\}$ 决定。

$$f_{Capon}(\theta)=\frac{1}{abs\left[a^H(\theta)\cdot R_M^{-1}\cdot a(\theta)\right]} \tag{6.77}$$

式中，$a(\theta)=\left[1,e^{\frac{-j2\pi d_1\sin\theta}{\lambda}},e^{\frac{-j2\pi d_2\sin\theta}{\lambda}},e^{\frac{-j2\pi d_3\sin\theta}{\lambda}}\right]^T$ 为来波方向矢量。按照本例中的场景条件，通过仿真得到的函数 $f_{Capon}(\theta)$ 如图 6.14 所示。

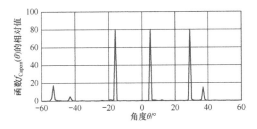

图 6.14　采用 Capon 算法得到的用于来波方向估计的函数

由图 6.14 可知，函数 $f_{Capon}(\theta)$ 在 3 个角度位置处取局部极大值，由此估计出同时到达干涉仪的信号个数为 3，以及这 3 个信号的来波方向角分别为 $-16°$、$5°$、$29°$。

2）MUSIC 算法

MUSIC 算法需要对互相关矩阵 R_M 进行特征值分解，按照本例中设置的场景条件，通过仿真得到互相关矩阵 $\boldsymbol{R}_{\mathrm{M}}$ 的 4 个特征值由大到小排列分别为：1456.401、727.553、221.342、0.498。由此可见，前 3 个特征值明显大于第 4 个特征值，所以前 3 个特征值对应的特征矢量张成信号子空间，信号子空间的维数为 3，剩余的 1 个特征值对应的特征矢量张成噪声子空间，噪声子空间的维数为 1。在 MUSIC 算法中噪声子空间由噪声特征矢量张成，记为 $\boldsymbol{U}_{\mathrm{n}} = (\boldsymbol{u}_{\mathrm{n,1}}, \boldsymbol{u}_{\mathrm{n,2}}, \cdots, \boldsymbol{u}_{\mathrm{n},L_{\mathrm{n}}})$，其中 $\boldsymbol{u}_{\mathrm{n},l}$，$l = 1, 2, \cdots, L_{\mathrm{n}}$ 为 L_{n} 个噪声特征矢量。按照 MUSIC 算法，信号 DOA 估计值由以下的空间谱函数 $f_{\mathrm{MUSIC}}(\theta)$ 取极大值时的 $\{\theta_i\}$ 决定。

$$f_{\mathrm{MUSIC}}(\theta) = \frac{1}{\mathrm{abs}\left[\boldsymbol{a}^{\mathrm{H}}(\theta) \cdot \left(\boldsymbol{U}_{\mathrm{n}} \boldsymbol{U}_{\mathrm{n}}^{\mathrm{H}}\right) \cdot \boldsymbol{a}(\theta)\right]} \tag{6.78}$$

在本例中，噪声子空间的特征矢量即是第 4 个最小特征值所对应的特征矢量，将其代入式（6.78），得到的空间谱函数 $f_{\mathrm{MUSIC}}(\theta)$ 如图 6.15 所示。

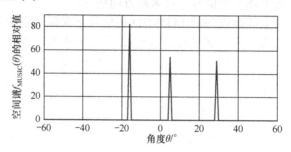

图 6.15　采用 MUSIC 算法得到的用于来波方向估计的空间谱函数

由图 6.15 可知，函数 $f_{\mathrm{MUSIC}}(\theta)$ 在 3 个角度位置处取局部极大值，由此估计出 3 个同时到达干涉仪的信号的来波方向角分别为-16°、5°、29°。

由上可见，只要到达干涉仪的多个同时同频信号之间不具有相关性，就可以采用传统阵列信号处理中的 DOA 估计算法来对干涉仪各个单元天线接收到的信号进行分析处理，同样能够使干涉仪完成对多个同时同频到达信号的测向。

本章参考文献

[1] 毛虎, 杨建波, 邱宏坤. 多径效应对信号接收及方向测量的影响[J]. 电讯技术, 2010, 50(10): 63-68.

[2] 向淑兰, 张杰儒. 干涉仪对两点源信号测向的分析[J]. 火力与指挥控制, 2005, 30(5): 65-67.

[3] 范江涛, 沈义龙, 张斌. 多路径效应对被动导引头测向性能影响分析[J]. 战术导弹技术, 2015(6): 81-84.

[4] 李益民, 王丰华, 黄知涛, 等. 反辐射导引头抗非相干三点源性能分析[J]. 系统工程与电子技术, 2011, 33(3): 500-505, 510.

[5] 赵锐, 王根弟, 李锋. 两相干点源对干涉仪测向系统干扰效果分析[J]. 航天电子对抗, 2012, 28(2): 34-36, 44.

[6] 杨军佳, 毕大平, 陈慧. 相位法测向系统相干干扰效果分析[J]. 电子信息对抗技术, 2012, 27(6): 47-49, 63.

[7] 刘伟, 付永庆, 许达. 二维相位干涉仪在相干干扰下的测向误差模型[J]. 中南大学学报(自然科学版), 2015, 46(4):1274-1280.

[8] 曲志昱, 司锡才, 谢纪岭. 相干源诱偏下比相被动雷达导引头测角性能分析[J]. 系统工程与电子技术, 2008, 30(5): 824-827.

[9] 于淦, 赵静. 短波频段同信道中多个广播信号测向方法的研究[J]. 数字通信世界, 2013(3): 18-19.

[10] 石荣, 李潇, 刘畅. 基于矢量合成的相干信号干涉仪测向模型[J]. 现代雷达, 2016, 38(9): 23-27.

[11] 王克让, 王笃祥, 陈卓, 等. 基于 DBF 技术的相位干涉仪及性能研究[J]. 航天电子对抗, 2015, 31(3): 6-9.

[12] 乔元新. 被动导引头对噪声调频源镜像目标抑制技术[J]. 现代防御技术, 1999, 27(1): 48-56, 61.

[13] 李立峰, 耿新涛. 基于盲信号分离的同频多信号测向技术[J]. 无线电通信技术, 2009, 35(5): 48-50.

[14] VAN T H L. Optimum array processing: Part IV of detection, estimation, and modulation theory[M]. USA, New York: John Wiley & Sons, Inc., 2002.

[15] 张小飞, 李剑峰, 徐大专, 等. 阵列信号处理及 MATLAB 实现[M]. 2 版. 北京: 电子工业出版社, 2020.

[16] 王永良, 丁前军, 李荣锋. 自适应阵列处理[M]. 北京: 清华大学出版社, 2009.

[17] SHAN T J, WAX M, KAILATH T. On spatial smoothing for direction-of-arrival estimation of coherent signals[J]. IEEE Transactions on Acoustic Speech and Signal Processing, 1985, 33(4): 806-811.

[18] PILLAI S U, KWON B H. Forward/Backward spatial smoothing techniques for coherent signal identification[J]. IEEE Transactions on Acoustic Speech and Signal Processing, 1989, 37(1): 8-15.

[19] DU W X, KIRLIN R L. Improved spatial smoothing techniques for DOA estimation of coherent signals[J]. IEEE Transactions on Signal Processing, 1991, 39(5): 1208-1210.

[20] WANG B H, WANG Y L, CHEN L. Weighted spatial smoothing for direction-of-arrival estimation of coherent signals[C]. IEEE international symposium on antennas and propagation, 2002, 668-671.

[21] WAX M, SHEINVALD J. Direction finding of coherent signals via spatial smoothing for uniform circular array[J]. IEEE Transactions on Antennas and Propagation, 1994, 42(5): 613-619.

[22] HAN F M, ZHANG X D. An ESPRIT-like algorithm for coherent DOA estimation[J]. IEEE Antennas and wireless propagation letters, 2005(4): 443-446.

[23] 徐超. 稀布线阵设计方法综述[J]. 雷达与对抗, 2009(1): 29-33.

第7章 基于干涉仪测向的无源定位

采用雷达来发现目标并对目标进行定位属于有源定位的范畴，因为在定位过程中雷达需要对探测区域辐射电磁信号，这就容易遭受电子干扰和反辐射打击，从而危及雷达的安全。在无源定位中，侦察站本身不主动辐射电磁信号，而是利用目标辐射的电磁信号来实现对该辐射源目标的定位，具有作用距离远、隐蔽性好、生存能力强等优点。无源定位是电子对抗侦察的基本功能之一，因为辐射源的位置坐标不仅是电磁态势情报的重要组成要素，而且也是引导电子进攻与火力打击的重要信息。电子对抗侦察中有很多无源定位方法，例如，测向交叉定位、时差定位、测向与时差联合定位、多普勒频差定位、时差频差联合定位等，而基于干涉仪测向的定位是其中最重要的手段之一。虽然利用电磁波的来波方向信息实施无源定位并不一定需要干涉仪，但干涉仪所具有的测向精度高、设备量小等优点却不是其他测向手段，如比幅测向、基于阵列的测向等所能比拟的，所以基于干涉仪测向的无源定位在电子对抗侦察工程中广泛使用。

通过干涉仪测向能够获得辐射源信号的来波方向信息，这实际上已经将辐射源的位置约束在了以干涉仪所在位置处发出的一条射线上，于是对辐射源的定位问题立即转化为在这一条射线上找到与辐射源位置对应的一个点的问题。如果不考虑其他测量手段的联合定位，而只依赖干涉仪输出的信息来独立求解定位问题，那么根据不同的准则，基于干涉仪测向的无源定位有不同的分类方法。按照定位过程中所使用的侦察站的个数，可分为多站测向交叉定位与单站测向定位两大类；进一步根据定位过程中单个侦察站是否处于运动状态，又将单站测向定位细分为固定单站定位与运动单站定位。特别是在搭载干涉仪的侦察平台处于运动状态时，例如，飞机、导弹、低轨卫星等，干涉仪将随平台一起运动，在此条件下能够产生变化的定位约束方程，从而为无源定位问题的求解提供更多方法与手段。总而言之，干涉仪在无源定位应用中发挥着极其重要的作用，所以本章主要针对公开文献中报道过的模型与应用示例进行讲解，以展现干涉仪测向在电子对抗侦察领域中的重要地位和广泛应用。

7.1 单条测向线与约束面相交的无源定位

如果侦察方所掌握的先验知识显示被定位的辐射源目标位于空间中某一确定的曲面上，我们称之为约束面，那么只要能对目标信号的来波方向进行测向，则测向线与约束面相交的交点处便是目标所在的位置，这就是最简单的单条测向线与约束面相交的无源定位基本原理。显然利用干涉仪测向就能得到这条测向线，所以这也是单个侦察站对辐射源目标实施无源定位的常用方法之一，又称为单站测向与约束面相交的无源定位，其数学模型可简要描述如下。

三维空间中已知单个侦察站在地心地固坐标系中的位置坐标为 (x_R, y_R, z_R)，侦察站测向所获得的目标信号来波方向线对应的单位矢量为 $\gamma_d = [\gamma_x, \gamma_y, \gamma_z]$，于是这条测向线可用式（7.1）所示的直线方程表示，而目标所在的约束面可用式（7.2）所示的三维函数 $g(\cdot)$ 表示，式（7.1）和式（7.2）中 (x_T, y_T, z_T) 是待求解的辐射源目标的位置坐标。

$$(x_T - x_R) / \gamma_x = (y_T - y_R) / \gamma_y = (z_T - z_R) / \gamma_z \tag{7.1}$$

$$g(x_T, y_T, z_T) = g_0 \tag{7.2}$$

式中，g_0 是与约束面相关的一个常系数，通过联立求解式（7.1）和式（7.2）构成的方程组即可获得辐射源目标的位置坐标 (x_T, y_T, z_T)。

在上述定位模型中并没有限制单个侦察站的运动状态，该侦察站既可以是固定静止的，也可以是运动的，只要侦察站在完成对辐射源目标信号的来波方向测量的同时准确记录自身的位置坐标 (x_R, y_R, z_R)，就能够使用上述模型实现对辐射源目标位置坐标 (x_T, y_T, z_T) 的解算。工程上有许多采用干涉仪测向所形成的单条测向线与约束面相交的无源定位应用实例，下面就选取其中具有代表性的公开应用进行讲解。

7.1.1　单站测向对地面辐射源的无源定位

最典型的单条测向线与约束面相交的无源定位应用就是运行于同步静止轨道或中低轨道的电子侦察卫星采用星载干涉仪对地面和海面的各型雷达与通信终端等电磁辐射源信号的来波方向进行测向并实施定位，由于这些辐射源均位于地球表面，于是测向线与地球表面相交的交点处便是电磁辐射源的所在位置，如图 7.1 所示。

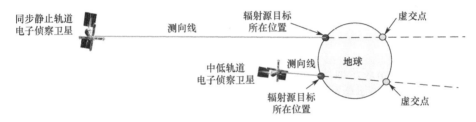

图 7.1　通过电子侦察卫星上的干涉仪测向对地球表面的辐射源目标进行无源定位

在图 7.1 所示的应用场景中，地球表面作为电磁辐射源位置坐标所在约束面的数学模型如式（7.2）所示，具体来讲，在定位精度要求较高的情况下采用三维数字地球数据来精细构建，在定位精度要求一般的情况下近似为一个椭球面，甚至在粗略定位或初次定位中还可将地球表面简化成一个半径 $R_E = 6378\text{km}$ 的标准球面。如果在最简单的球面假设条件下，在地心地固坐标系中电磁辐射源的位置坐标满足式（7.3）：

$$x_T^2 + y_T^2 + z_T^2 = R_E^2 \tag{7.3}$$

联立求解式（7.1）和式（7.3）组成的方程组即可获得辐射源的位置坐标。一种比较简捷的求解方法是参数方程法，即在式（7.1）中令 $(x_T - x_R)/\gamma_x = (y_T - y_R)/\gamma_y = (z_T - z_R)/\gamma_z = k_g$，其中 k_g 为参数变量，于是式（7.1）转化成参数方程式（7.4）：

$$\begin{cases} x_T = k_g \cdot \gamma_x + x_R \\ y_T = k_g \cdot \gamma_y + y_R \\ z_T = k_g \cdot \gamma_z + z_R \end{cases} \tag{7.4}$$

将式（7.4）代入式（7.3），并利用单位矢量的特性 $\gamma_x^2 + \gamma_y^2 + \gamma_z^2 = 1$，化简后可得：

$$k_g^2 + 2k_g \left(\gamma_x x_R + \gamma_y y_R + \gamma_z z_R \right) + \left(x_R^2 + y_R^2 + z_R^2 - R_E^2 \right) = 0 \tag{7.5}$$

式（7.5）是一个标准的一元二次方程，通过求根公式能够求解出参数变量 k_g 的两个值，将这两个值代入参数方程式（7.4）即可估计出辐射源的两个位置坐标。如图 7.1 所示，一条直线穿过一个球面会产生两个交点，但只有距离电子侦察卫星较近的一个交点才能与实际应用场景对应起来，因此按照这一原则在两个交点中舍弃 1 个不合理的虚交点，便能最终得到电磁辐射源在地心地固坐标系中位置坐标的初估值 $(\hat{x}_T, \hat{y}_T, \hat{z}_T)$。

虽然上述求解方法能够获得目标位置坐标的解析解，但是将地球表面简化成一个球面的近似误差偏大，不过该初估值完全可作为后续进一步精确求解的初始值使用。为了提高电子侦察卫星测向定位的精度，采用非标椭球面建模，并引入 WGS-84 坐标系进行对应的描述。电磁辐射源目标位置在 WGS-84 坐标系中通常采用经度、纬度和高度 $(\phi_{T,lo}, \phi_{T,la}, h_T)$ 这三个坐标参数来表示，地心地固坐标系中电磁辐射源的位置坐标与 WGS-84 坐标系中电磁辐射源的位置坐标之间的换算关系如下：

$$\begin{cases} x_T = (N_g + h_T) \cos\phi_{T,la} \cos\phi_{T,lo} \\ y_T = (N_g + h_T) \cos\phi_{T,la} \sin\phi_{T,lo} \\ z_T = [N_g(1 - e_g^2) + h_T] \sin\phi_{T,la} \end{cases} \tag{7.6}$$

式中，e_g 表示地球的偏心率，$e_g^2 = 0.006694379990141$；$N_g$ 表示地球基准椭球体的卯酉圆曲率半径，如式（7.7）所示：

$$N_g = \frac{R_a}{\sqrt{1 - e_g^2 \sin^2\phi_{la}}} \tag{7.7}$$

式中，$R_a = 6378.137\text{km}$ 表示地球基准椭球体的长半轴。对于海面舰载辐射源目标的海拔高度 $h_T \approx 0$，对于陆地上的电磁辐射源目标可首先通过前面的初始定位值获知其所在的大致区域，然后从地图上估算该区域的平均海拔高度作为 h_T 的近似值代入式（7.6）中进行计算。这样电子侦察卫星对地面辐射源的测向定位问题就转化为求解辐射源的经度和纬度 $(\phi_{T,lo}, \phi_{T,la})$ 这两个未知参数的问题。于是将式（7.6）代入测向方程式（7.1），即可由式（7.1）的两个测向方程求解出两个未知参数 $(\phi_{T,lo}, \phi_{T,la})$，从而获得辐射源在 WGS-84 坐标系中的位置坐标 $(\phi_{T,lo}, \phi_{T,la}, h_T)$。在此基础上通过式（7.6）即可换算出电磁辐射源在地心地固坐标系中的位置坐标 (x_T, y_T, z_T)。显然用非标椭球面模型替代前面的球面模型，能够得到更加准确的辐射源位置坐标，但在这一过程中需要采用迭代法或数值计算方法求解非线性方程。

实际上，在介于式（7.6）非标椭球面模型与式（7.3）球面模型之间，还有一个精度折中的标准椭球面模型，该模型实际上是在式（7.6）所示的模型中取 $h_T = 0$ 和 $N_g = R_a$ 时的简化近似，如式（7.8）所示：

$$\frac{x_T^2}{R_a^2} + \frac{y_T^2}{R_a^2} + \frac{z_T^2}{R_a^2(1 - e_g^2)} = 1 \tag{7.8}$$

将式（7.4）测向线的参数方程代入式（7.8）后同样能够得到一个类似于式（7.5）的关于参数变量 k_g 的一元二次方程，将求解出的 k_g 代入式（7.4），即可获得定位结果。

由以上定位解算过程可知：上述测向定位模型对于同步静止轨道电子侦察卫星和运动的中低轨道电子侦察卫星均适用，因为电子侦察卫星上的干涉仪测向过程十分短暂，几乎近似于实时输出测向结果，只要根据卫星轨道参数实时记录每一个测向值所对应的卫星平台位置坐标，就能使用上述方法对地面和海面的固定及移动电磁辐射源目标实施无源定位。在此方面也已经发表了大量的公开文献，部分文献的研究结论归纳总结如下。

文献[1,2]通过公式推导与仿真分析后得出如下结论：

（1）电子侦察卫星对地面辐射源的定位精度的几何精度衰减因子（Geometric Dilution of Precision，GDOP）值随着目标与卫星星下点之间距离的增大而增大。目标距离星下点越近，定位精度越高；目标距离星下点越远，定位精度越低。实际上该结论从立体几何的视角能够得到比较形象的解释，将平面上方一个点作为一个锥角固定的圆锥面的顶点，该圆锥面的中心轴线以不同的角度向平面进行投射，每一次投射之后圆锥面都会与平面相交而产生一个椭圆，如图 7.2 所示。

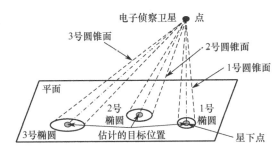

图 7.2　锥角固定的圆锥面以不同投射方向与平面相交示意图

在图 7.2 中，平面上方的点代表空间中的电子侦察卫星，平面近似代表地球表面，3 个圆锥面的锥角都是相同的，这意味着相同的测向误差，1 号圆锥面至 3 号圆锥面与平面相交产生 1 号椭圆至 3 号椭圆，椭圆的面积大小就近似对应了定位误差的大小，而椭圆中心处便是估计出的辐射源目标所在的位置。1 号圆锥面的轴线与平面垂直，垂足位置处即是星下点，1 号圆锥面与平面相交产生的 1 号椭圆退化成一个圆，而且面积最小，意味着定位精度最高。从 1 号椭圆至 3 号椭圆，目标距离星下点的位置越远，对应的圆锥面与平面相交产生的椭圆的面积越大，意味着定位误差也越大。

（2）电子侦察卫星对地面辐射源定位精度的 GDOP 值随着卫星测角误差、卫星姿态测量误差和卫星位置误差的增大而增大。实际上，卫星的测角误差可以通过图 7.2 中圆锥面的锥角大小来度量，误差越大，对应的锥角也就越大。在相同投射角度条件下，锥角越大，圆锥面与平面相交所形成的椭圆的面积也就越大，意味着定位误差越大。

（3）定位误差曲线是以星下点为中心对称分布的圆形。卫星测角误差、姿态测量误差和卫星位置测量误差对电子侦察卫星测向定位精度的 GDOP 值影响的大小程度依次为：卫星测角误差 > 姿态测量误差 > 卫星位置测量误差。所以优先提高测向精度将更有利于提升定位精度。

针对电子侦察卫星对同一个地面静止辐射源实施多次测向与约束面交叉而产生的多个定位估计值的融合问题，文献[3]提出了利用定位误差协方差矩阵对定位点进行加权综合处理的融合方法，具有不依赖于先验知识的特点，并通过仿真验证了该方法的有效性。文献[4]基于星下点的定位误差分布特点提出了一种定位点选择算法，并基于观测方程和定位误差的方差分布给出了两种定位点融合方法，可使得融合后定位误差的方差达到最小，最后通过仿真验证了上述方法在定位精度提升方面的有效性。所以在实际工程应用中可借鉴以上方法通过多次测量结果的融合进一步提升定位精度。

7.1.2 单站测向对等高度约束面上的辐射源的无源定位

文献[5]报道了地面固定单站对民航飞机上的敌我识别器（Identification Friend or Foe，IFF）进行无源定位的技术验证试验。在该试验中，地面固定侦察站采用二维长短基线组合干涉仪对民航飞机上的 IFF 信号进行侦察测向，通过对 IFF 信号的解调解码获知搭载该 IFF 应答器的飞机的高度信息，并利用此信息构建飞机运动所在的约束椭球面，最终通过单条测向线与约束椭球面相交的方式实现对民航飞机的固定单站无源定位。

下面以 IFF 系统中的 MARK X 应答信号为例简要说明目标平台高度信息的提取过程。MARK X 的应答信号由前后两个框架脉冲，以及位于框架脉冲之间的 13 个宽度为 0.45μs 的脉冲信号组成，相邻脉冲之间的间隔为 1.45μs。在 13 个脉冲中除中间的 1 个脉冲外其余 12 个脉冲都能够承载信息，即通过 12 个脉冲的有无来传递 12 比特的信息。在相应位置上有脉冲，则表示该比特取值为 1；反之没有脉冲，该比特取值为 0。MARK X 应答信号编码又细分为不同的模式类型，其中模式 C 应答信号代表高度码，12 比特的高度码组成顺序为 $D_1D_2D_4$、$A_1A_2A_4$、$B_1B_2B_4$、$C_1C_2C_4$。其中前 9 比特的 D_1 至 B_4 按"标准循环码"编码，最小递增单位为 500 英尺[①]，后 3 比特的 C_1 至 C_4 按"五周期循环码"编码，最小递增单位为 100 英尺，于是当 C 组码连续递增 5 次，即累计增加 500 英尺后，"标准循环码"递增 1 次。所以通过对 IFF 系统的模式 C 应答信号的检测、识别与解调，能够获知目标平台的高度值。

实际上，地面固定侦察站利用 IFF 信号对民航飞机的测向定位模型与前一节介绍的电子侦察卫星对地面辐射源的测向定位模型在理论上几乎是相同的。首先地面侦察站在地心地固坐标系中的位置坐标 (x_R, y_R, z_R) 是已知的，而被定位的目标，即飞机的海拔高度 h_T 通过 IFF 信号解调也能准确获得，地面侦察站通过干涉仪测向得到信号来波方向的方位角与俯仰角分别为 θ_{az} 和 θ_{pi}，此处的方位角为测向线在水平面投影后与正东方向的夹角，俯仰角为测向线与其向水平面投影线之间的夹角，于是可得在本地东北天坐标系下 IFF 信号来波方向的单位矢量为 $\gamma_{d,l} = \left[\cos\theta_{pi} \cdot \cos\theta_{az}, \cos\theta_{pi} \cdot \sin\theta_{az}, \sin\theta_{pi} \right]$，通过空间解析几何中的坐标系平移与旋转变换，将本地东北天坐标系中的单位矢量 $\gamma_{d,l}$ 转换为地心地固坐标系中所对应的单位矢量为 $\gamma_d = \left[\gamma_x, \gamma_y, \gamma_z \right]$，于是可得如式（7.1）所示的测向线方程。而被定位的民航飞机可看成是在距离地球表面高度为 h_T 的椭球面上飞行，即式（7.6）所描述的椭球面模型依然成立，如图 7.3 所示。为了更加清晰地展示这一空间几何关系，图 7.3 并没有严格按照比例关系来绘制。

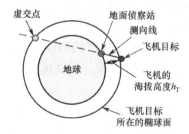

图 7.3　地面侦察站利用 IFF 信号对民航飞机的测向定位

将式（7.6）代入测向线方程式（7.1），即由式（7.1）的两个测向方程求解出飞机目标的经度和纬度参数 $(\phi_{T,lo}, \phi_{T,la})$，由此得到飞机在 WGS-84 坐标系中的位置坐标 $(\phi_{T,lo}, \phi_{T,la}, h_T)$，然

---

① 1 英尺=0.3048 米。

后再通过式（7.6）换算出飞机在地心地固坐标系中的位置坐标$(x_\mathrm{T}, y_\mathrm{T}, z_\mathrm{T})$。在上述求解过程中同样会出现两个解，其中一个解对应虚交点，如图 7.3 所示，根据应用边界限制条件去掉距离地面侦察站更远的虚交点位置即可获得飞机目标的位置坐标。

该文献报道了以民航飞机为对象开展实际技术验证的试验结果。试验中干涉仪二维测向的方位角精度优于 0.4°，俯仰角精度优于 0.3°，在此条件下，地面单站对民航飞机实施单站测向，对等高度约束面上的辐射源进行无源定位，在 200km 距离以内实测的定位精度在 1%R～1.5%R 之间，其中 R 为侦察站与民航飞机之间的距离。

7.2　多条测向线相互交叉的无源定位

在 7.1 节中举例阐述了单个侦察站使用单个干涉仪测向所得到的单条测向线与约束面相交的无源定位原理与应用情况。如果使用空间不同位置上的多个干涉仪对同一辐射源目标进行测向就能够得到多条测向线，从理论上讲这些测向线相互交叉的交点处就是辐射源目标的位置。但是在现实世界中，三维空间中两条直线之间的关系除平行和相交外，还存在既不平行也不相交的情况，如图 7.4 所示。

图 7.4　三维空间中两条直线之间的相互关系图示

图 7.4 所示的立方体中 AB 与 CD 所在的直线就是相互平行的，AB 与 AC 所在的直线相交于 A 点，空间中两条直线无论是平行还是相交，这两条直线都处于同一个平面内，即 AB 与 CD、AC 都位于同一个平面上，但 AB 与 CG 所在直线既不平行也不相交，且不在同一个平面上。如果反过来讲，两条直线不共面，即不在同一个平面内，这两条直线既不平行也不相交。这样，两个干涉仪通过二维测向在三维空间中所形成的两条测向线就有可能由于测向误差等原因，在很大概率上都交会不到同一个点上，所以在三维空间中求解此类问题时，往往采用最优化方法，即寻找空间中一个点 A_S，使得该点到两条测向线的距离之和为最小，最终将满足这一条件的点作为两条测向线在三维空间中的近似交点，同时将该点作为被定位辐射源目标的位置。该方法也可以推广到多条测向线在三维空间中求交点的情形，即寻找空间中到各条测向线的距离之和为最小的一个点，这个点就被认为是被定位的辐射源目标所在的位置。虽然上述求解思路在数学模型上比较合理，但是在揭示工程问题中所体现的物理含义方面却有些晦涩。为了更加清晰地展示工程问题的本质，接下来研究讨论二维平面上多条测向线相互交叉的无源定位问题，在二维平面上所得到的研究结论也能够方便地推广应用到三维空间中去。

对于基于多条测向线相互交叉的无源定位应用来讲，根据用于测向的几个干涉仪在空间中的位置分布情况又可细分为多站测向交叉定位与单站测向交叉定位两大类。如果这几个干涉仪都部署于同一个侦察站的营区范围内，此时所形成的多条测向线相互交叉实施的无源定位称为单站测向交叉定位。大家阅读至此自然会有一些疑惑：多个干涉仪都部署于同一个侦察站内，在没有测量误差的条件下所形成的各条测向线还存在差异吗？难道这些测向线之间不会平行，而要发生相互交叉吗？事实上，当两个干涉仪的测向精度达到非常高的程度时，即使二者在部署距离上只相隔百米量级，这两个干涉仪给出的测向线仍然会有交叉点。其实，单站测向交叉定位在工程上已应用了半个多世纪了，只是没有引起人们的关注而已；多站测向交叉定位是大家十分熟悉的应用情况，几个干涉仪分别部署在空间上长距离分开的几个不同侦察站之中，这是电子对抗侦察应用中无源定位的最常见的形式，也是各种电子对抗教科书所必然讲授的内容之一[6-8]。为了保持本书内容上的完整性，接下来首先简要回顾一下电子对抗侦察中传统意义上的多站测向交叉无源定位。

7.2.1   多站测向交叉无源定位原理

多站测向交叉无源定位中最简单的一种形式就是二维平面上两个侦察站分别通过干涉仪测向所形成的两条测向线相交来确定辐射源目标所在的位置，如图 7.5 所示。

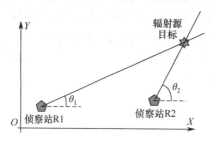

图 7.5   二维平面上两个侦察站测向交叉定位应用图示

在图 7.5 中，已知侦察站 R1 与 R2 在平面直角坐标系 XOY 中的位置坐标分别为 (x_{R1}, y_{R1}) 和 (x_{R2}, y_{R2})，两个侦察站采用干涉仪对辐射源目标信号测向之后，得到的来波方向线与 X 轴正向之间的夹角分别为 θ_1 和 θ_2，待求解的辐射源目标的位置坐标记为 (x_T, y_T)，于是可建立如下两个直线方程：

$$\begin{cases} (y_T - y_{R1})/(x_T - x_{R1}) = \tan\theta_1 \\ (y_T - y_{R2})/(x_T - x_{R2}) = \tan\theta_2 \end{cases} \tag{7.9}$$

由式（7.9）中的两个方程即可求解出 (x_T, y_T) 这两个未知参数，如式（7.10）所示，从而完成整个无源定位过程。

$$\begin{cases} x_T = (y_{R1} - y_{R2} - x_{R1} \cdot \tan\theta_1 + x_{R2} \cdot \tan\theta_2)/(\tan\theta_2 - \tan\theta_1) \\ y_T = \left[y_{R1} \cdot \tan\theta_2 - y_{R2} \cdot \tan\theta_1 - \tan\theta_1 \tan\theta_2 (x_{R1} - x_{R2}) \right]/(\tan\theta_2 - \tan\theta_1) \end{cases} \tag{7.10}$$

如果将两个侦察站推广至多个侦察站的应用场景，即平面上有 $N_R \geqslant 3$ 个侦察站，各个侦察站的位置坐标记为 (x_{Ri}, y_{Ri})，都分别利用干涉仪对辐射源目标进行测向，得到的信号来波方向线与 X 轴正向之间的夹角记为 θ_i，$i = 1, 2, \cdots, N_R$，于是自然能够建立如下 N_R 个直线方程：

$$\frac{y_T - y_{Ri}}{x_T - x_{Ri}} = \tan\theta_i \quad (i = 1, 2, \cdots, N_R) \tag{7.11}$$

从理论上讲，二维平面上的 N_R 条直线相交最多能产生 $N_R(N_R - 1)/2$ 个交点，但是要从 N_R 个方程来求解 (x_T, y_T) 这两个未知参数，显然是一个超定方程组求解问题。具体来讲，如何对多个交点进行融合而得到最终的定位估计值，仍然可采用最优化思想来解决该问题。在数学和物理上有各种求解方法，不同方法采用的评价准则有一些差异，但最终结果都比较相近，例如，最小二乘误差估计算法、总体最小二乘定位算法、布朗最小二乘三角定位算法、半球最小二乘误差估计定位算法、Pages-Zamora 最小二乘定位算法等，这些方法在文献[9]中都有详细的讲解，而且在各种电子对抗教科书和大量文献中还对多站测向交叉无源定位应用中的不同布站形式、误差特性、定位精度等进行过比较细致的理论公式推导与数值仿真分析，大家查阅参考文献即可，这并不是本书关注的重点，所以在此不再重复阐述。

实际上，在多站测向交叉无源定位应用中测向功能并不只有干涉仪能够完成，采用比幅测向等其他方法也是可以的，只是测向精度较差，导致定位误差更大而已，在部分指标要求不高的工程应用中还是能够接受的。但是在接下来要讲解的固定单站测向交叉无源定位应用中对测向精度的要求极高，在这一领域中干涉仪测向自然成为几乎不可替代的主角了。

7.2.2　基于高精度测向的固定单站测向交叉无源定位

如前所述，"固定单站测向交叉无源定位"这一表述仅从字面上看容易引起误解。从本质上讲，固定单站测向交叉无源定位在一定程度上可以看成是缩短了多个测向站之间距离的多站测向交叉无源定位的极限演化形式，只不过所有测向站均位于同一个侦察站的站址范围内，所以从宏观应用上讲就演变为一种单站定位应用形式了。也正是基于这个原因，在很多公开文献与工程应用中都将该方法简称为"固定单站无源定位"。与前述的多站测向交叉无源定位相比，这种形式的单站定位对测向精度要求极高，不过该方法的最早应用起源于光频电磁波频段，后来在向无线电波频段应用演进时，干涉仪的高精度测向特点才使得该方法逐渐具备工程实用化能力[10]。为了使大家更好地认识该方法的技术本质，接下来首先回顾一下在光波频段的固定单站测向交叉无源定位的概要发展历程与主要公开装备。

7.2.2.1　光波频段的固定单站测向交叉无源定位

光波频段的固定单站测向交叉无源定位设备的典型代表是光学测距仪。早在 20 世纪第二次世界大战（简称"二战"）期间交战各方就普遍使用光学测距仪来对目标实施测向交叉的单站定位了。图 7.6 所示是当时广泛使用的舰载光学测距仪，以此来引导火炮对海面或者空中目标实施准确的瞄准射击。

图 7.6　第二次世界大战期间使用的典型舰载光学测距仪

光学测距仪有各种基线长度，例如，1m、1.5m、3m、5m 等，"二战"期间日本的大和级战列舰曾经装备过基线长达 15m 的光学测距仪。互联网上公开展示的我国国产 58 式 1m 基线的光学测距仪如图 7.7 所示，主要配发给单兵独立使用，用于对空中目标进行测向定位，从而引导高射炮兵对空中目标实施准确的拦截射击。

图 7.7　单兵使用的光学测距仪

　　不失一般性，在二维平面上来分析基于光学测距仪的单站无源定位原理。图 7.8 所示光学测距仪基线的左右两端各有一个潜望镜分别位于 A 点与 B 点，AB 之间的距离固定且事先已知，记基线长度为 d_{opb}。两个潜望镜的光轴均能够绕着基线的垂线方向在很小的角度范围内转动，且转动角度 θ_{opA} 和 θ_{opB} 能够被实时精确测量。当人眼通过两个潜望镜合成的光路观察到位于 C 点的同一个目标时，就形成了如图 7.8 所示的测向线 AC 与测向线 BC 相交于 C 点的平面几何关系，为了表达清晰，图 7.8 中仅示意性绘制。

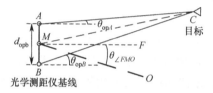

图 7.8　光学测距仪的测距与定位原理示意图

　　一般情况下，由于目标距离远远大于光学测距仪的基线长度，即 AC 之间距离 $L_{AC} \gg d_{opb}$，BC 之间的距离 $L_{BC} \gg d_{opb}$，并且 θ_{opA} 和 θ_{opB} 都非常小，几乎趋近于零。根据上述几何关系，在三角形 $\triangle ABC$ 中由正弦定理可得：

$$\frac{L_{AC}}{\sin\left(\dfrac{\pi}{2} - \theta_{opB}\right)} = \frac{L_{BC}}{\sin\left(\dfrac{\pi}{2} + \theta_{opA}\right)} = \frac{d_{opb}}{\sin\left(\theta_{opB} - \theta_{opA}\right)} \tag{7.12}$$

由于 $\theta_{opA} \to 0$，$\theta_{opB} \to 0$，所以由式（7.12）可解得：

$$L_{AC} \approx L_{BC} \approx \frac{d_{opb}}{\theta_{opB} - \theta_{opA}} \tag{7.13}$$

于是利用式（7.13）便能够对目标与侦察站之间的距离进行实时估算。由于光学测距仪上的潜望镜绕其基线的垂线方向的转动角度很小，所以基于光学测距仪的单站定位需要以光学测距仪的基线中点 M 为支撑点，将其安装在一个转台上进行大角度范围转动来粗略对准目标，然后在此基础上，通过微调两个潜望镜的转动角度来精细对准目标。在图 7.8 中，大角度转动的参考基线记为 MO，大范围转动的角度是光学测距仪基线对应的法线 MF 与参考基线 MO 之间的夹角 $\angle FMO$，记为 $\theta_{\angle FMO}$，并能够被实时精确测量。如果以 M 为极坐标系的原点，MO 为极坐标系的 0 度方向线，则位于 C 点的被定位的目标的极坐标 (r_{ob}, θ_{ob}) 由式（7.14）和式（7.15）所示：

$$r_{ob} = L_{MC} \approx L_{AC} \approx L_{BC} \tag{7.14}$$

$$\theta_{ob} \approx \theta_{\angle FMO} + \left(\theta_{opA} + \theta_{opB} \right) / 2 \tag{7.15}$$

式中，L_{MC} 表示 M 与 C 之间的距离。除基于光学测距仪的单站测向交叉无源定位外，使用同一艘舰艇上的激光无源侦察测向系统，通过两条测向线的交叉也能够对反舰武器的激光照射源进行单站测向交叉无源定位，从而在实施舰载激光威胁告警的同时，还能够定位出反舰武器平台的位置，为舰艇自卫提供更多的防护信息。文献[11]还将这一定位体制应用于单站红外被动定位系统中，并研制了样机设备，通过实验测试表明：此类单站红外被动定位方法不仅具有 10%R 的定位精度，而且具有多目标定位能力，其中 R 为侦察站与目标之间的距离。

7.2.2.2　微波频段固定单站测向交叉无源定位模型与求解

由前可知，光学测距仪本质上是一个典型的基于两条测向线交叉的无源定位系统，目标所在位置 C 点就是测向线 AC 与 BC 的交叉点，而 C 点的位置坐标也正是通过三角形 $\triangle ABC$ 的几何关系计算得到的，只不过这是一个非常奇异的被压扁拉长的三角形，两个长边 AC 与 BC 远远大于底边 AB，即相当于超近距离的两个测向站实施的测向交叉定位。将这一单站定位体制从光波频段演进至微波频段，则有如图 7.9 所示的定位模型。

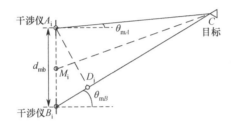

图 7.9　微波频段的超近距离的两个干涉仪测向交叉无源定位应用图示

由于微波频段的侦察接收天线通常具有较宽的天线波束，能够在较大的角度范围内直接接收到目标辐射的电磁信号，所以在将光波频段的潜望镜替换成具有高精度测向功能的干涉仪之后，整个系统及干涉仪的基线都不用像光学测距仪基线那样通过旋转来粗略对准目标，于是微波频段部署距离很近的两个分别位于 A_i 和 B_i 处的干涉仪对位于 C 处的目标进行测向如图 7.9 所示。图 7.9 中 A_i 和 B_i 是干涉仪基线的中点，二者之间的距离为 d_{mb}，A_i 和 B_i 连线的中点记为 M_i，且两个干涉仪的基线位于同一条直线上，二者测量得到目标信号来波方向线与干涉仪基线的法线之间的夹角分别为 θ_{mA} 和 θ_{mB}。同样在图 7.9 所示应用场景中目标与干涉仪之间的距离远远大于 A_i 和 B_i 之间的距离，即 A_iC 之间的距离 $L_{A_iC} \gg d_{mb}$，B_iC 之间的距离 $L_{B_iC} \gg d_{mb}$，但是夹角 θ_{mA} 和 θ_{mB} 的取值范围相对较大，例如在 $[-\pi/4, \pi/4]$ 范围，所以虽然同样由正弦定理可以列出类似于式（7.12）的关系式（7.16），但却不能得到类似于式（7.13）的近似结果。

$$\frac{L_{A_iC}}{\sin\left(\dfrac{\pi}{2} - \theta_{mB}\right)} = \frac{L_{B_iC}}{\sin\left(\dfrac{\pi}{2} + \theta_{mA}\right)} = \frac{d_{mb}}{\sin\left(\theta_{mB} - \theta_{mA}\right)} \tag{7.16}$$

为了求解该问题，在图 7.9 中过 A_i 点向直线段 B_iC 做垂线，垂足为 D_i，所形成的直角三角形 $\triangle A_iD_iC$ 中两个锐角 $\angle D_iA_iC$ 和 $\angle A_iCD_i$ 分别记为 $\theta_{\angle D_iA_iC}$ 和 $\theta_{\angle A_iCD_i}$，由平面几何关系可得：

$$\theta_{\angle D_iA_iC} = \pi / 2 - \theta_{mB} + \theta_{mA} \tag{7.17}$$

$$\theta_{\angle A_iCD_i} = \theta_{mB} - \theta_{mA} \tag{7.18}$$

由于在直角三角形 $\triangle A_i D_i C$ 中 $L_{A_iC} \gg L_{A_iD_i}$，所以 $\theta_{\angle A_iCD_i} \to 0$，于是可得：

$$L_{A_iC} = \frac{L_{A_iD_i}}{\sin\theta_{\angle A_iCD_i}} = \frac{d_{mb}\cos\theta_{mB}}{\sin\theta_{\angle A_iCD_i}} \approx \frac{d_{mb}\cos\theta_{mB}}{\theta_{mB}-\theta_{mA}} \tag{7.19}$$

再加上 $L_{A_iC} \gg d_{mb}$，$L_{B_iC} \gg d_{mb}$，$d_{mb} \geqslant L_{A_iD_i}$，于是目标所在位置 C 点与两个干涉仪连线中点 M_i 之间的距离 L_{M_iC} 近似为

$$L_{M_iC} \approx L_{A_iC} \approx \frac{d_{mb}\cos\theta_{mB}}{\theta_{mB}-\theta_{mA}} \tag{7.20}$$

对比式（7.20）与式（7.13）可知，由于在微波频段的两条测向线交叉的单站定位中没有光学测距仪的整体旋转，所以在大角度范围内瞄准目标时，式（7.20）中分子部分所示的测距基线长度是随不同的测向角而变化的。除此之外，二者的测距原理都是基于超近距离的两个测向站通过测向线交叉来实现的。如果同样以基线中点 M_i 为极坐标系的原点，M_iB_i 为极坐标系的 0° 方向线，则目标所在位置的极坐标 (r_{ib}, θ_{ib}) 如下：

$$r_{ib} = L_{M_iC} \approx L_{A_iC} \approx L_{B_iC} \tag{7.21}$$

$$\theta_{ib} \approx \pi/2 + (\theta_{mA}+\theta_{mB})/2 \tag{7.22}$$

对比式（7.21）与式（7.14），以及式（7.22）与式（7.15）可知：微波频段超近距离的两个测向站测向之后进行测向线交叉的无源定位与基于光学测距仪的固定单站定位在数学模型上二者的测距功能是完全一样的。由于两个测向站之间的距离 d_{mb} 特别小，全部测向定位设备都能部署在同一个侦察站的站址范围内，所以在实际应用中也就将其简称为固定单站无源定位了。

7.2.2.3　固定单站无源定位精度与高精度测向之间的关系

在 7.1 节讲述的单条测向线与约束面相交的单站无源定位中，测向精度越高定位误差越小，多条测向线相互交叉的固定单站无源定位的定位精度对测向精度的要求更高。固定单站测向交叉无源定位实际上由测向与测距两部分组成，只要获得了信号来波方向线上目标与侦察站之间的距离，实际上也就得到了以侦察站为极坐标系原点的目标的位置坐标。为了准确地评估固定单站测向交叉定位的精度，首先对定位模型中的相对测距精度与作用范围分析如下。

1. 相对测距精度

之所以不用绝对测距精度，而使用相对测距精度，主要为了使分析得到的结论更具普遍性，能够为工程应用中的定位性能评估提供参考。为了后续方便推导，将图 7.9 中两个干涉仪的测向线所形成的夹角 $\angle A_iCB_i$ 记为 θ_D，即式（7.18）再次表达如下：

$$\theta_D = \theta_{mB} - \theta_{mA} \tag{7.23}$$

在两个干涉仪之间的距离 d_{mb} 固定，且测向角 θ_{mA} 和 θ_{mB} 已准确测量得到的情况下，对固定单站测距公式（7.20）两端求微分可得：

$$\mathrm{d}L_{M_iC} = -d_{mb}\cos\theta_{mB}\frac{\mathrm{d}\theta_D}{\theta_D^2} \tag{7.24}$$

记测距相对误差为 γ_L，单个干涉仪测向的角度误差为 $\delta\theta_M$，由式（7.20）和式（7.24）可得：

$$\gamma_{\mathrm{L}}=\left|\frac{\mathrm{d}L_{M_iC}}{L_{M_iC}}\right|=\left|\frac{\mathrm{d}\theta_{\mathrm{D}}}{\theta_{\mathrm{D}}}\right|=\left|\frac{2\delta\theta_{\mathrm{M}}}{\theta_{\mathrm{D}}}\right| \tag{7.25}$$

因为 θ_{D} 由两条测向线交叉形成，所以 θ_{D} 的测量误差按单个干涉仪测角误差 $\delta\theta_{\mathrm{M}}$ 的两倍计算，即 $\mathrm{d}\theta_{\mathrm{D}}=2\delta\theta_{\mathrm{M}}$。由式（7.25）可见，单个干涉仪的测角误差 $\delta\theta_{\mathrm{M}}$ 越小，即单个干涉仪的测向精度越高，则单站测距的相对误差也越小，测距精度越高。

2. 作用范围

对于多条测向线相互交叉的固定单站无源定位来讲，其作用范围通常由最大测距距离来描述。在实际应用所能接受的最大测距相对误差 $\gamma_{\mathrm{L,max}}$ 确定的情况下，由式（7.20）与式（7.25）可计算得到最大测距距离 $L_{M_iC,\mathrm{max}}$ 为

$$L_{M_iC,\mathrm{max}}=\frac{\gamma_{\mathrm{L,max}}d_{\mathrm{mb}}\cos\theta_{\mathrm{m}B}}{2|\delta\theta_{\mathrm{M}}|} \tag{7.26}$$

由式（7.26）可知，在给定测距精度指标 γ_{L} 的要求之后，固定单站的最大测距范围主要取决于单个干涉仪的测角误差 $\delta\theta_{\mathrm{M}}$，$|\delta\theta_{\mathrm{M}}|$ 越小，单站测距的作用范围也越大。由于式（7.26）中含有 $\cos\theta_{\mathrm{mb}}$ 因子，所以被定位的目标位于干涉仪基线的法线方向上的测距距离最大，随着目标方向偏离干涉仪基线的法线方向，最大测距距离也会随偏离角度的余弦值减小而减小。

综上所述，无论是基于光学测距仪的单站定位，还是无线电波频段的固定单站测向交叉无源定位，其中的关键点都是超高精度的测向。在光学测距仪中两个潜望镜转动角度的精确测量由精密机械结构来保证，而微波频段的固定单站定位通常采用干涉仪来完成高精度测向，其测向计算公式再次表达如下：

$$\phi_{\mathrm{int}\Delta}=2\pi d_{\mathrm{int}}\sin\theta_{\mathrm{AOA}}/\lambda \tag{7.27}$$

式中，$\phi_{\mathrm{int}\Delta}$ 为干涉仪两个通道之间的信号相位差，θ_{AOA} 为信号来波方向线与干涉仪基线法线方向之间的夹角。在干涉仪基线长度 d_{int} 和被测目标信号波长 λ 保持一定的情况下，通过对式（7.27）进行微分运算，可得到干涉仪测向误差 $\delta\theta_{\mathrm{M}}$ 与通道间相位差测量误差 $\delta\phi_{\mathrm{int}\Delta}$ 之间的关系如下：

$$\delta\phi_{\mathrm{int}\Delta}=2\pi d_{\mathrm{int}}\cos\theta_{\mathrm{AOA}}\cdot\delta\theta_{\mathrm{M}}/\lambda \tag{7.28}$$

由式（7.28）可知，干涉仪高精度测向的关键环节在于尽可能地降低干涉仪通道间信号的相位差测量误差 $\delta\phi_{\mathrm{int}\Delta}$，关于这一点在本书第 3 章中已做过详细分析，在此不再重复展开阐述。根据上述理论分析结果，以图 7.9 所示的固定单站测向交叉无源定位原理给出一个应用示例进行具体说明。

例 7.1： 固定单站测向交叉无源定位所使用的两个干涉仪中点之间距离 $d_{\mathrm{mb}}=150\mathrm{m}$，每个干涉仪的测向基线长度 $d_{\mathrm{int}}=20\mathrm{m}$，测角范围为 $[-\pi/4,\pi/4]$，测角误差 $\delta\theta_{\mathrm{M}}=0.001°\approx 1.745\times10^{-5}\mathrm{rad}$，即在干涉仪基线法向的 $\pm45°$ 范围内均能实现信号来波方向测量，需要达到的相对测距精度 $\gamma_{\mathrm{L}}=5\%$，被定位的辐射源目标的工作频率为 10GHz，对应的信号波长 $\lambda=0.03\mathrm{m}$。由式（7.26）可计算出在干涉仪基线的法向上能够达到的最大测距距离 $L_{M_iC,\mathrm{max}}=215\mathrm{km}$。由式（7.25）可计算出在最大作用距离上两个干涉仪的测向线之间的夹角 $\theta_{\mathrm{D}}=0.04°\approx 6.981\times10^{-4}\mathrm{rad}$。由式（7.28）可计算出在法向上测向时干涉仪通道间信号的相位差测量误差 $\delta\phi_{\mathrm{int}\Delta}=0.0731\mathrm{rad}\approx 4.2°$。在工程上通过各种误差校正手段与数据处理算法，以及多次测量累积等方式完全能够实现干涉仪通道间信号的相位差测量误差控制在这一精度范围内。所以通

过采用长基线干涉仪高精度测向技术，此类固定单站测向交叉无源定位在工程上完全能够达到实用水平。

在本节中以光波频段的固定单站测向交叉无源定位应用向微波频段的演进为例，对利用干涉仪测向的多条测向线交叉的固定单站无源定位的数学模型及工程实用性进行了详细分析与讨论，但不同文献对上述模型有不同角度的解释，例如文献[12]通过比相测距与测角来实现单站定位；文献[13]通过设置多组相邻等长的干涉仪测向基线，模拟运动观测平台，并且将站间基线的长度控制在百米量级，以此来实现固定单站无源定位。实际上这些方法只是前述定位模型在形式上的变化，都可以归入固定单站测向交叉无源定位这一大类应用之中，从本质上讲这些方法的技术原理都是相通的。

7.3 超长基线干涉仪近场定位原理与相似性对比

7.3.1 干涉仪基线的近场与远场的划分

1. 天线近场与远场的定义

在天线测试与使用过程中都会涉及"近场"与"远场"的概念，通常情况下要求天线的使用必须满足远场条件。在远场条件下天线接收与发射的电磁波都认为是平面电磁波，但是理想的平面波在现实世界中并不存在，工程应用中的平面波是指发射天线的波前阵面扩展到一定程度时，与该应用相关的局部一小块空间范围内波前阵面可以用一个局部平面来近似而已。设接收天线的接收口面的直径大小为 D_{An}，信号波长为 λ，从发射天线辐射出来的球面波经过距离 L_d 的传播之后到达接收天线，当接收天线的接收口面对应的平面上信号的最大相位差不超过 22.5° 时，则认为接收天线所接收到的电磁波近似为平面波，由此定义并按照三角几何关系可知有式（7.29）成立：

$$\sqrt{L_d^2 + \left(D_{An}/2\right)^2} \leqslant L_d + \lambda \cdot 22.5/360 \tag{7.29}$$

式中，L_d 为发射天线至接收天线的接收口面之间的距离，由此解算得到在满足天线远场条件下距离 L_d 的取值范围为

$$L_d \geqslant \frac{2D_{An}^2}{\lambda} - \frac{\lambda}{32} \approx \frac{2D_{An}^2}{\lambda} \tag{7.30}$$

由天线的收发互易原理可知，发射天线的远场与接收天线的远场是一致的，于是一个口面直径为 D_{An} 的天线对波长为 λ 的信号进行收发，其近场与远场的分界距离为 $2D_{An}^2/\lambda$。在该距离以内的区域称为天线的近场，在该距离以外的区域称为天线的远场。按此定义，干涉仪中单元天线波束所覆盖的区域自然也有近场与远场之分，显然要确保各单元天线的正常使用，肯定需要在单元天线的远场区域来进行测向才是合理的，这是干涉仪测向最基本的要求。

2. 干涉仪基线的近场与远场的范围划分

在传统的经典干涉仪测向模型中有一个隐含的假设前提条件是：干涉仪对平面电磁波进行测向，而不是对球面电磁波进行测向。在前述对天线近场与远场的定义中，区分球面波与平面波的一个重要准则是接收口面对应的平面区域内电磁波波前的最大相位差不超过 22.5°。实际上干涉仪的整条基线所占据的空间范围都是信号的接收范围，参照天线近场与

远场的划分准则,同样可以定义干涉仪基线的近场与远场的概念,以一维线阵干涉仪为例阐释如下。

设一维线阵干涉仪最长基线的长度为 d_{int},电磁波来波方向与基线法向之间的夹角为 θ。于是干涉仪基线在 θ 方向上的口面长度 D_{int} 如式(7.31)所示,由于干涉仪测角范围一般在单元天线的 3dB 波束宽度 θ_{3dB} 以内,所以 θ 的取值范围为 $-0.5\theta_{\text{3dB}} \leqslant \theta \leqslant 0.5\theta_{\text{3dB}}$。

$$D_{\text{int}} = d_{\text{int}} \cdot |\cos\theta| \tag{7.31}$$

按照前述同样的分析与推导过程可得干涉仪基线的近场与远场的分界距离 L_{int} 为

$$L_{\text{int}} = \frac{2D_{\text{int}}^2}{\lambda} = \frac{2d_{\text{int}}^2 \cdot \cos^2\theta}{\lambda} \tag{7.32}$$

由式(7.32)可知,干涉仪基线的近场与远场区域的分界距离是随信号来波方向角 θ 逐渐变化的,满足余弦平方函数关系。在 $-0.5\pi \leqslant \theta \leqslant 0.5\pi$ 范围内,在干涉仪基线法向上的近场距离最大,最大取值为 $L_{\text{int,max}} = 2d_{\text{int}}^2/\lambda$,而与法线垂直方向上的近场距离最小,最小值为零,如图 7.10 所示。

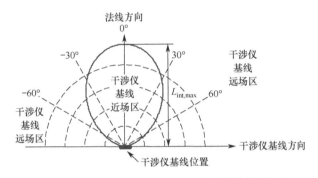

图 7.10　干涉仪基线的近场与远场范围划分图示

在工程上一维线阵干涉仪的最大测角范围一般为 $[-\pi/3, \pi/3]$,由于干涉仪基线的长度 d_{int} 一定远大于其中各单元天线的直径 D_{An},所以在测角范围内处于干涉仪基线远场的辐射源也一定位于干涉仪各单元天线的远场区。根据上述分析,只有处于干涉仪基线远场区的电磁辐射源发射的信号对于干涉仪测向应用来讲才能近似为平面波,传统的经典干涉仪也只能对基线远场区范围内的辐射源所发射的信号进行正常测向。

在常规干涉仪测向应用中干涉仪基线长度通常较短,一般在米量级,而信号波长一般在厘米至米量级,按照式(7.32)估算出的干涉仪基线的近场与远场之间的最大分界距离一般为 $100\sim1000\text{m}$,而辐射源目标与干涉仪之间的距离通常大于这一分界距离,所以常规干涉仪测向应用一般都能够轻易满足干涉仪基线的远场条件,这也是长期以来在干涉仪测向工程应用中几乎很少关注近场与远场之间差异的重要原因。但是随着干涉仪测向精度的逐渐提高,干涉仪基线的长度也达到了十几米至几十米量级,长度上百米的干涉仪也在实际中应用,甚至在射电天文观测领域中干涉仪的基线长度达到了上千千米。关于射电天文观测中上千千米基线长度的干涉仪将在 8.3 节中详细讲解,在本章中重点关注基线长度从几十米至一两百米的干涉仪对无线电波信号的测向应用问题。在此情况下,电磁辐射源目标有可能处于干涉仪基线的近场区,所辐射的电磁信号到达干涉仪时就要从球面波模型进行考虑,这样就引出了下面所要讨论的问题,即超长基线干涉仪的各个单元天线之间进行相位差测量之后,如何解算出电磁辐射源目标的位置坐标，这也被称为超长基线干涉仪的近场定位问题，该问题的求解方法接下来继续讨论。

7.3.2 超长基线干涉仪对近场球面电磁波的相位差测量与定位解算

如前所述，当辐射源目标位于超长基线干涉仪的近场区时，需要放弃经典干涉仪测向模型中的平面电磁波假设条件，于是当球面电磁波到达干涉仪基线上的各单元天线时，在二维平面条件下的测向场景如图 7.11 所示。图 7.11 中以干涉仪基线最左侧的单元天线作为 XOY 坐标系的原点，以干涉仪基线方向作为 X 轴正向，Y 轴方向与干涉仪法线方向平行。于是干涉仪最左侧单元天线 An_0 的位置坐标为 $(0,0)$，最右侧单元天线 An_{N_a-1} 的位置坐标为 $(d_{\mathrm{int}},0)$，待定位的辐射源目标的位置坐标为 $(x_{\mathrm{T}},y_{\mathrm{T}})$，其中 d_{int} 为干涉仪最长基线的长度。

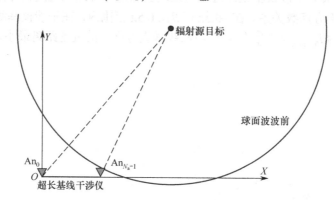

图 7.11　超长基线干涉仪对近场球面电磁波的相位差测量及无源定位应用场景

在图 7.11 所示的场景中设干涉仪基线上各单元天线的位置坐标为：$(x_{\mathrm{An},i},0)$，$i=0,1,\cdots,N_a-1$，N_a 为单元天线的总个数，显然有 $0 \leqslant x_{\mathrm{An},i} \leqslant d_{\mathrm{int}}$ 成立。于是干涉仪上任意两个单元天线 An_i 与 An_j 之间所接收到信号的相位差 $\phi_{\Delta,i,j}$ 满足关系式（7.33）：

$$\phi_{\Delta,i,j}=\frac{2\pi}{\lambda}\left[\sqrt{\left(x_{\mathrm{An},j}-x_{\mathrm{T}}\right)^2+y_{\mathrm{T}}^2}-\sqrt{\left(x_{\mathrm{An},i}-x_{\mathrm{T}}\right)^2+y_{\mathrm{T}}^2}\right] \tag{7.33}$$

在式（7.33）中仅有辐射源目标的位置坐标 $(x_{\mathrm{T}},y_{\mathrm{T}})$ 这两个未知参数，所以从理论上讲在没有相位差测量模糊的条件下只需要三个单元天线便可构建两条基线，并得到两个独立的形如式（7.33）的方程，从而完成定位解算。但实际情况是超长基线干涉仪的通道间信号的相位差测量存在以 2π 为周期的模糊，所以超长基线干涉仪中需要设计较多的单元天线来解决相位差解模糊问题。由于超长基线干涉仪通常整体部署于同一个侦察站范围内，所以在工程应用中大家把这一定位方法也简称为固定单站无源定位。

式（7.33）是超长基线干涉仪对近场辐射源目标实施无源定位的通用数学模型，各种公开文献根据附加的不同应用边界条件提出了不同的求解方法，也设计了各种应用示例。例如，文献[14]提出了基于正交基线的球面波测量模型下的相位差解模糊方法来实现单站单脉冲定位；文献[15]提出基于等长基线相位干涉仪的单脉冲定位方法，利用等长基线干涉仪接收到辐射源信号球面波的波前相位 2π 模糊数相同的原理，通过等长基线相位差的差值和来波方向来计算辐射源目标与侦察站之间的距离。其实这些方法都是前述定位模型在形式上的演变，从本质上讲定位原理都是相通的。以上的讨论与分析是在二维平面中进行的，文献[16]还将应用场景推广到了三维空间,利用旋转干涉仪来对三维空间中的近场辐射源目标进行测向定位,即在三维空间中对近场球面电磁波的相位差测量之后,进行辐射源目标位置坐标的解算;利用双天线长基线旋转干涉仪,通过相位积分实现解模糊,有效解决了单基线干涉仪在球面波近场测量应用中存在无模糊时间范围与测角精度之间的矛盾,该文献推导了在应用场景中辐射源目标的方位角、俯仰角和距离这三个参数的闭式解,最后通过计算机仿真验证了所提出算法的正确性。但是在实际工程应用中超长基线的机械旋转需要付出巨大的代价,所以只有在某些特殊场合下才有可能用到超长基线旋转干涉仪的近场定位方法。

7.3.3　超长基线干涉仪近场定位与固定单站测向交叉定位的相似性对比

由前述可知,超长基线干涉仪既可以对位于基线远场区域的辐射源目标的来波方向实施测向,也能够对位于基线近场区域的辐射源目标实施无源定位,这一定位原理与 7.2.2 节中的固定单站测向交叉定位原理实际上有着十分紧密的关联与高度的相似性,详细阐释如下。

干涉仪基线近场与远场的区分以平面电磁波与球面电磁波的近似划分为参考,具体的近场区域计算公式为式（7.32）。如果将一个长度为 d_{int} 的干涉仪的基线从中心切开,可得到两个基线长度为 $d_{int}/2$ 的干涉仪,由式（7.32）可知,新生成的两个干涉仪的近场区域面积将缩减为原来干涉仪的近场区域面积的 10% 以内（准确的占比为 1/16）。由此可见,原来干涉仪的近场区域中 90% 以上的区域将成为新干涉仪的远场区域,将这部分区域简称“近退远转换区”,于是新生成的两个干涉仪通过两条测向线的交叉方式也能够对“近退远转换区”中的电磁辐射源目标实施测向交叉定位,相关的定位模型与解算过程在 7.2.2 节中进行过详细的讲解。如果将上述干涉仪基线沿中心点对等剖分继续迭代下去,两条基线会变成 4 条基线,4 条基线会变成 8 条基线……在这一过程中,随着基线数量的增加,新生成基线的长度也在减小,对应的干涉仪基线近场区域也相应缩减,从而递进产生了第一级近退远转换区,第二级近退远转化区……与此同时,球面电磁波向平面电磁波的近似也不断在转化,如图 7.12 所示。

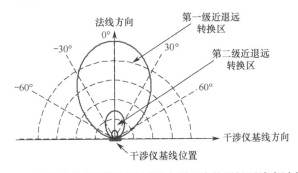

图 7.12　干涉仪基线在不断剖分过程中所对应的近场区演变过程图示

球面电磁波条件下超长基线干涉仪可以用于近场区的辐射源目标的定位,在平面电磁波条件下距离很近的两个干涉仪也可以在单个侦察站范围内对上述区域中的辐射源目标实现单站测向交叉定位,二者的测量参数都是各个单元天线之间的相位差,并没有区别,但是二者在定位解算的细节上存在差异。由 2.5.1 节“对平面电磁波测向与对球面电磁波测向的差异”中对两种模型的分析结果可知,球面电磁波条件下超长基线干涉仪定位可看成是基线剖分之后的两个干涉仪对球面电磁波测向所产生的两条双曲线的交点;而平面电磁波条件下的定位可看成是基线剖分之后的两个干涉仪对平面电磁波测向所产生的两条双曲线对应的渐近线的交点。显然这两种交点在空间位置上是不重合的，既然不重合，那么这两种交点在空间位置上的差异究竟有多大？继续分析如下。

由 2.5.1 节对双曲线及其渐近线的特性分析中所给出定理 2.1 的相关推论式（2.91）可知，双曲线上一点到渐近线的距离 d_{o2}（其中较小的一个）可表示为

$$d_{o2} \approx \frac{a_h b_h}{2d_{object}} \tag{7.34}$$

式中，a_h 和 b_h 分别为双曲线的半实轴与半虚轴的长度，d_{object} 为被定位的目标至双曲线中心点处的距离。记双曲线的焦距为 $2c_h$，且焦距对应了干涉仪基线的长度 $d_{int,new}$，即 $2c_h = d_{int,new}$，由于 $a_h^2 + b_h^2 = c_h^2$，且 $a_h^2 + b_h^2 \geqslant 2a_h b_h$，于是可得：

$$d_{o2} \leqslant \frac{c_h^2}{4d_{object}} = \frac{d_{int,new}^2}{16d_{object}} \tag{7.35}$$

由前可知，干涉仪基线近场区与远场区交界位置处到干涉仪中心的距离由式（7.32）所表达，于是由式（7.35）和式（7.32）可求得在干涉仪基线近场区与远场区交界位置处，双曲线与其对应的渐近线之间的距离 $d_{o\Delta}$ 满足如下关系式：

$$d_{o\Delta} \approx d_{o2} \leqslant \frac{d_{int,new}^2}{16\left(2d_{int,new}^2 \cdot \cos^2\theta/\lambda\right)} = \frac{\lambda}{32\cos^2\theta} \tag{7.36}$$

如果限定干涉仪的测角范围 $\theta \in [-\pi/3, \pi/3]$，则干涉仪基线近场区与远场区交界位置处，双曲线与其对应的渐近线之间的距离 $d_{o\Delta} \leqslant \lambda/8$。由此近似估算出在此位置处，两条双曲线所形成的交点与这两条双曲线所对应的渐近线所形成的交点之间的距离 d_{2l} 大约为

$$d_{2l} \approx \frac{2d_{o\Delta}}{\beta_h} \approx \frac{2d_{o\Delta}}{d_{int,new}/L_{int}} = \frac{2d_{o\Delta}}{\lambda/\left(2\cos^2\theta \cdot d_{int,new}\right)} \leqslant \frac{d_{int,new}}{8} \tag{7.37}$$

式中，β_h 为干涉仪基线近场区与远场区交界位置处相对于干涉仪基线的张角，且 $\beta_h \approx d_{int,new}/L_{int}$。由此可知：超长基线干涉仪剖分之后生成的两个新的干涉仪对球面电磁波测向所产生的两条双曲线的交点，以及这两个干涉仪对平面电磁波测向所产生的两条双曲线对应的渐近线的交点，上述两种交点之间的距离不超过新生成的干涉仪基线长度的 1/8。显然这一差异相对于整个固定单站定位系统的定位精度来讲几乎可以忽略不计。既然两种模型在输入的原始测量数据上完全一样，而且后续的定位解算结果几乎近似相同，二者存在着极大的相似关系。虽然不同的技术人员从不同的角度给出了不同的解释，也采用了不同的名称来对各自的方法进行命名，但实际上这都是同一个技术原理的不同表达方式而已，即二者在技术原理上是相通的。在工程上将超长基线干涉仪近场定位与基于高精度测向的固定单站测向交叉定位都简称为固定单站无源定位，其实在固定单站无源定位中的各种方法之间相似度极高，从本质上讲这些方法都是同根同源的，只是采用的近似条件、表述方式、求解过程有少许差异罢了。

7.4　基于干涉仪相位差变化率的运动单站无源定位

基于干涉仪相位差变化率的运动单站无源定位是近二十多年以来比较热门的一个研究点，受到了许多研究人员的关注，并在此方面公开发表了大量的技术文献。该方法主要利用

运动载体上干涉仪的测向结果，以及干涉仪在连续测向过程中的中间输出结果，即相位差参数的变化率，来共同解算静止辐射源目标的位置坐标。从本质上讲，该方法并不是一种全新的定位方法，而是在原有的多站测向交叉无源定位方法基础上的一种演进，只不过采用了不同的模型描述与解算流程而已。尽管如此，就如同计算机网络领域中的 TCP/IP 协议成为事实上的通信传输标准协议一样，"基于干涉仪相位差变化率的运动单站无源定位"这一方法也几乎成为运动单站定位应用中的典型代表而被广大工程技术人员所广泛接受了。

7.4.1　基于干涉仪相位差变化率的运动单站无源定位原理

运动单站无源定位有多种方法，基于干涉仪相位差变化率的运动单站无源定位仅仅是其中一个代表而已，由于二维平面上的相关结论也能够自然地向三维空间中进行推广，为了使大家对运动单站无源定位原理及应用有一个更加清晰的认识与理解，下面首先从二维平面上的运动单站无源定位的两种代表性的运动学模型讲起。

7.4.1.1　运动单站无源定位的两种运动学模型

在普通物理学课程中都已经详细讲解过运动学原理，大家对此也应该非常熟悉。利用运动学原理来解释运动单站对静止辐射源目标的无源定位应用如图 7.13 所示。

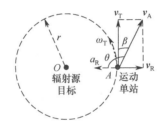

图 7.13　运动单站对静止辐射源目标进行无源定位的运动学原理图示

图 7.13 中，静止辐射源目标位于圆心 O，运动单站看成一个质点 A，OA 之间的距离为圆的半径，记为 r，质点 A 以速度 $\boldsymbol{v}_{\mathrm{A}}$ 做匀速直线运动，其大小记为 v_{A}，运动方向与 OA 之间的夹角为 θ。速度矢量 $\boldsymbol{v}_{\mathrm{A}}$ 可分解为沿圆周的切向速度分量 $\boldsymbol{v}_{\mathrm{T}}$ 和沿圆半径的径向速度分量 $\boldsymbol{v}_{\mathrm{R}}$，二者的大小分别记为 v_{T} 与 v_{R}，$\boldsymbol{v}_{\mathrm{T}}$ 与 $\boldsymbol{v}_{\mathrm{A}}$ 之间的夹角为 β，且 $\beta = \theta - \pi/2$，于是有：

$$v_{\mathrm{T}} = v_{\mathrm{A}} \cos \beta = v_{\mathrm{A}} \sin \theta \tag{7.38}$$

按照运动学原理，沿圆周的切向运动将引入虚拟的径向加速度，其大小记为 a_{R}，以及虚拟的角速度 ω_{T}，采用"虚拟"一词是因为按照牛顿定律，加速度是由力所产生的，但在图 7.13 中做匀速直线运动的质点 A 没有受到任何外力，所以此处所引入的径向加速度与角速度只能看成是一个虚拟的物理量。根据运动学原理，有式（7.39）成立：

$$a_{\mathrm{R}} = v_{\mathrm{T}} \omega_{\mathrm{T}} = \omega_{\mathrm{T}}^2 \cdot r = \frac{v_{\mathrm{T}}^2}{r} \tag{7.39}$$

由于质点的运动速度的大小 v_{A} 是事先已知的，在运动单站上的干涉仪完成对辐射源目标的测向之后，即可获得角度 θ 的测量值，并由式（7.38）可计算出 v_{T}。如果要完成单站定位，就需要在此基础上求解式（7.39）得到距离值 r。在式（7.39）中有两个需要进一步测量的参数，一个是角速度 ω_{T}，另一个是径向加速度 a_{R}。只要这两个参数中知道其中任意一个，即可由式（7.39）求解出距离值 r，从而完成定位过程，于是据此可划分运动单站对静止辐射源目标定位的两种典型模型。

1. 模型 1：基于切向运动测距的单站定位模型

在该模型中需要测量得到角速度 ω_T 的值，然后由式（7.39）求解出距离值 r，如式（7.40）所示：

$$r = \frac{v_T}{\omega_T} \tag{7.40}$$

"基于切向运动测距的单站定位"在工程应用中又被称为"基于干涉仪相位差变化率（测量）的单站定位"，因为式（7.40）中的角速度 ω_T 是通过运动平台上干涉仪的两个单元天线所接收到信号之间相位差变化率参数的测量得到的。

2. 模型 2：基于径向运动测距的单站定位模型

在该模型中需要测量得到径向加速度 a_R 的值，然后由式（7.39）求解出距离值 r，如式（7.41）所示：

$$r = \frac{v_T^2}{a_R} \tag{7.41}$$

"基于径向运动测距的单站定位"在工程应用中又被称为"基于多普勒变化率测量的单站定位"或"基于高精度频差测量的单站定位"，因为式（7.41）中的径向加速度 a_R 是通过对接收信号的多普勒频率变化率的测量或高精度频差测量得到的。

在有关无源定位的各种技术文献中对上述两种模型都进行过比较详细的分析与讨论，大家查阅文献即可，由于本书关注的重点是干涉仪测向，所以在上述两种模型中主要选取第一种模型，即"基于干涉仪相位差变化率的单站定位"模型来进行详细分析。由式（7.40）可知，该模型的关键点是通过角速度 ω_T 来计算干涉仪与辐射源目标之间的距离 r，而 ω_T 又是通过对运动平台上干涉仪的两个单元天线所接收到信号之间的相位差测量来获得的，所以接下来就对其径向距离估计的原理进行分析。

7.4.1.2　基于干涉仪相位差变化率测量的径向距离估计

记干涉仪的两个单元天线 An_0 与 An_1 之间的间距为 d_{int}，An_0 与 An_1 之间的连线构成干涉仪的基线，且运动速度 v_A 方向与该基线方向保持一致，辐射源信号的来波方向与干涉仪基线之间的夹角为 θ，如图 7.14 所示。

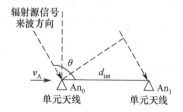

图 7.14　运动单站平台上的干涉仪测向

设测量得到的干涉仪单元天线 An_0 与 An_1 接收到辐射源信号之间的相位差记为 ϕ_Δ，由干涉仪测向原理可得如下关系式：

$$\phi_\Delta = \frac{2\pi d_{int}\cos(\pi-\theta)}{\lambda} = \frac{-2\pi d_{int}\cos\theta}{\lambda} \tag{7.42}$$

对式（7.42）等号两边同时求微分，即可得到干涉仪两个单元天线接收到的辐射源信号之间的相位差变化率 $\dot{\phi}_\Delta$ 为

$$\dot{\phi}_\Delta = \frac{2\pi d_{\text{int}} \sin\theta}{\lambda}\dot{\theta} = \frac{2\pi d_{\text{int}} \sin\theta}{\lambda}\omega_{\text{T}} \tag{7.43}$$

在式（7.43）的推导过程中利用了如下物理关系式：

$$\dot{\theta} = \omega_{\text{T}} \tag{7.44}$$

式（7.44）意味着：干涉仪测向所得到的角度 θ 的变化率 $\dot{\theta}$ 等于运动单站做虚拟圆周运动的角速度 ω_{T}，这一点是整个求解过程的关键所在，从 7.4.1.1 节的图 7.13 中也能够体会到这一变量转换的意义所在。由式（7.38）、式（7.40）和式（7.43）即可求得运动单站与辐射源之间的距离 r 为

$$r = \frac{v_{\text{A}} \cdot 2\pi d_{\text{int}} \sin^2\theta}{\lambda \cdot \dot{\phi}_\Delta} \tag{7.45}$$

式（7.45）中等号右端的 $v_{\text{A}}, d_{\text{int}}, \theta, \lambda, \dot{\phi}_\Delta$ 在单站定位过程中都能够实时测量，所以通过式（7.45）即可实现距离 r 的实时估算。

在侦察站完成上述测量与解算之后，实际上就已经得到了在以侦察站自身位置点 $(x_{\text{R,M}}, y_{\text{R,M}})$ 为坐标原点，以及以单站运动方向为零度方向的极坐标中辐射源目标的极坐标位置为 (r, θ)，在此基础上通过坐标换算，即可最终获得辐射源在二维平面上的位置坐标 $(x_{\text{T}}, y_{\text{T}})$ 如下：

$$\begin{cases} x_{\text{T}} = x_{\text{R,M}} + r \cdot \cos(\theta + \theta_{\text{xa}}) \\ y_{\text{T}} = y_{\text{R,M}} + r \cdot \sin(\theta + \theta_{\text{xa}}) \end{cases} \tag{7.46}$$

式中，θ_{xa} 为单站运动方向与 XOY 直角坐标系中 X 轴正向之间的夹角。

7.4.2　基于相位差变化率的运动单站定位与多站测向交叉定位的统一性分析

基于干涉仪相位差变化率的运动单站无源定位是对静止辐射源的定位，从本质上讲，该定位方法是在传统的多站测向交叉定位方法基础上的一种演进，只不过采用了不同的模型描述与解算过程。关于上述两种模型的统一性详细分析如下。

7.4.2.1　短基线多站测向交叉定位与运动单站定位的关联性分析

大量公开文献对基于相位差变化率的运动单站定位的技术原理、测量方法、数据处理流程等各个方面进行了比较全面的论述，虽然从理论上讲，该方法具有瞬时定位能力，但在工程应用中采用该方法进行实际定位时都有一个逐渐收敛的持续时段过程，然后才能达到一定的定位精度。如果将该持续时段内单站运动过程中所到达的每一个位置处实施的测向行为看成是独立的，那么这就会演变成多站测向交叉定位的场景。多站测向交叉定位在部分文献中也被称为"三角定位"，其基本原理可以从双站测向交叉定位扩展至多站测向交叉定位，所以下面以二维平面条件下的双站测向交叉定位为基础进行再次讨论。两个侦察站 R1、R2 与固定辐射源目标 O_{T} 之间的位置关系如图 7.15 所示。R1 和 R2 之间的距离记为 d_{S}，这两个侦察站也可看成是由一个侦察站在 ΔT_{S} 的时间内以速度 v_{A} 运动了一段距离 $d_{\text{S}} = v_{\text{A}} \cdot \Delta T_{\text{S}}$ 之后对辐射源信号来波方向的再次测量，且两个侦察站相对于同一参考方向测量得到的来波方位角分别为 θ_1 和 θ_2。

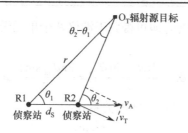

图 7.15 双站测向交叉对静止辐射源目标的无源定位示意图

在图 7.15 中记侦察站 R1 与目标 O_T 之间的距离为 r，根据图 7.15 的几何关系由正弦定理可得式（7.47）：

$$r = \frac{\sin(\pi - \theta_2) \cdot d_S}{\sin(\theta_2 - \theta_1)} = \frac{\sin\theta_2 \cdot v_A \cdot \Delta T_S}{\sin(\theta_2 - \theta_1)} \qquad (7.47)$$

在运动时间 ΔT_S 已知，且来波方向角 θ_1、θ_2 和运动速度 v_A 可由相关传感器测量得到的条件下，由式（7.47）可计算出在以侦察站 R1 为原点的本地极坐标系下，辐射源的位置坐标为 (r, θ_1)。在多站测向交叉定位中可得到多个类似于式（7.47）的等式，然后通过各种形式的最小二乘法来求得最终融合之后的辐射源位置坐标。

在上述双站测向交叉定位中记 $\Delta\theta = \theta_2 - \theta_1$，在 ΔT_S 非常小，即 ΔT_S 趋近于零时，θ_1 与 θ_2 趋近于相等，$\Delta\theta$ 趋近于零，即 $\lim\limits_{\Delta T_S \to 0} \Delta\theta = \lim\limits_{\Delta T_S \to 0}(\theta_2 - \theta_1) = 0$，且有如下关系式成立：

$$\lim_{\Delta T_S \to 0} \sin(\theta_2 - \theta_1) \approx \theta_2 - \theta_1 = \Delta\theta \qquad (7.48)$$

将式（7.48）代入式（7.47）可得：

$$r = \lim_{\Delta T_S \to 0} \frac{\sin\theta_2 \cdot v_A}{\Delta\theta / \Delta T_S} \qquad (7.49)$$

式中，$\sin\theta_2 \cdot v_A = v_T$，即 v_T 是在侦察站 R2 处相对于目标 O_T 来波方向的切向运动速度值，而 $\lim\limits_{\Delta T_S \to 0} \Delta\theta / \Delta T_S = \dot\theta$，于是可得：

$$\lim_{\Delta T_S \to 0} r = \frac{v_T}{\dot\theta} \qquad (7.50)$$

由式（7.44）可知，$\dot\theta = \omega_T$，于是式（7.50）与前述基于切向运动测距的单站定位模型中式（7.40）是完全一致的，即在双站测向交叉定位应用中将两个侦察站看成是由一个运动侦察站在不同时刻对同一辐射源目标测向后再实施交叉定位时，且在两个观测时刻间隔 ΔT_S 非常小的情况下，双站测向交叉定位的理论计算公式与基于切向运动测距的单站定位理论计算公式是一样的。

上述短的观测时间间隔代表短的运动距离，同时意味着短的定位基线。这也从另一个角度说明：在一定条件下可以将基于切向运动测距的单站定位看成是短基线情况下的多站测向交叉定位。

7.4.2.2 两种定位模型在数据处理上的统一性分析

基于切向运动测距的单站定位，即基于相位差变化率的运动单站定位的计算式在形式上比较完美，从理论上讲似乎能够通过式（7.45）实现瞬时定位，但是在实际应用中由于角度变化率 $\dot\theta = \mathrm{d}\theta(t)/\mathrm{d}t$ 的测量问题，通常需要一个观测时间段才能完成整个定位解算过程。部分文献报道的基于相位差变化率的单站定位精度达到 2%R 量级（R 为侦察站与辐射源目标之间的直线距离），定位耗时一般在 10～20s 量级。在这段时间内，单个侦察站运动的距离大约在几千米量级，而侦察站与目标之间的距离大约在百千米量级。这一过程中侦察站连续不断地实施对辐射源目标的测向，即该侦察站获得了目标信号来波方向角测量值的时间序列值 $\theta(t)$，如图 7.16 所示，然后通过 $\theta(t)$ 对时间 t 的微分运算来得到角度变化率的估计值 $\hat{\dot{\theta}}$。

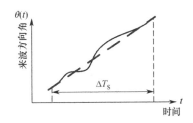

图 7.16　运动单站定位中对来波方向角连续测量的时间序列示意图

在观测时段 ΔT_S 很小的条件下，从理论上讲，来波方向角 $\theta(t)$ 与时间 t 之间近似成线性关系，如图 7.16 中虚直线所示，该直线对应的斜率就等于角度变化率 $\dot{\theta}$。但是由于噪声与测量误差等影响，实测曲线如图 7.16 中实曲线所示，为了获得角度变化率的精确测量就需要采用最小二乘法进行直线拟合，然后通过拟合出的直线对应的斜率来作为角度变化率的估计值。在工程应用中通常使用干涉仪通过通道间信号的相位差测量来获得来波方向角的时间序列，因为从理论上讲干涉仪的相位差变化率与来波方向角的角度变化率成正比例关系，如式（7.43）所示。

公开文献中已经报道了各种对角度变化率的测量估计方法。文献[17]采用对干涉仪两个接收通道接收到的信号与本振信号实施正交混频，对正交混频后的复信号进行 DFT 离散傅里叶变换，在复数相乘之后经过低通滤波估计出相位差变化率。文献[18]提出将干涉仪两通道接收到的信号进行相乘滤波，然后保留低频分量进行数字化，经过一个测频单元即可输出相位差变化率的测量值，并在此基础上通过正交移相方法将待测过程转换为复过程，从而解决了对雷达辐射源定位过程中过窄的信号脉冲宽度和过低的相位差变化率等问题。类似的方法还有很多，这些方法从数据处理上讲都可以统一为对时变的角度测量值 $\theta(t)$ 的微分运算，以此来得到角度变化率的估计值 $\hat{\dot{\theta}}$，只不过采用了不同的实现途径而已。这也说明基于切向运动测距的单站定位的基本数据全部来源于一段观测时间 ΔT_S 内的来波方向角 θ 的测量序列值，而多站测向交叉定位所采用的基本数据同样全部来源于来波方向角 θ 的测量序列值，只不过运动单站定位将 θ 的测量序列值看成是时间的函数，而多站定位将 θ 的测量序列值看成是空间位置的函数，只是思考问题的角度不同，实际上两种定位理论所采用的原始测量数据都是一致的。所以多站测向交叉定位对上述数据处理后所获得的定位结果与精度，与单站定位对上述数据处理后所获得的定位结果与精度应该是基本相同的，这意味着两种定位方法在相同的应用边界条件下，具有相同的几何精度因子 GDOP。这从另一个方面说明了二者在数据处理模型上具有某种程度的统一性，以在数据处理中采用最小二乘法为例具体分析如下。

1. 用于多站测向交叉定位求解的最小二乘算法

设一共有 N_R+1 个侦察站，第 i 个侦察站坐标为 (x_i, y_i)，$i=0,1,2,\cdots,N_R$，辐射源目标坐标为 (x_T, y_T)，第 i 个侦察站与目标之间的距离记为 r_i，且该侦察站相对于目标的真实方位角

为 θ_i，实际测量得到的方位角为 $\theta_{i,\mathrm{M}}$，其所对应的方位角的测角误差为 $\Delta\theta_{i,\mathrm{M}} = \theta_{i,\mathrm{M}} - \theta_i$，将上述 $N_{\mathrm{R}}+1$ 个侦察站看成由一个侦察站平行于 X 轴正向直线运动形成，于是有：$x_i = \dfrac{i}{N_{\mathrm{R}}}\Delta T_{\mathrm{S}} \cdot v_{\mathrm{A}} + x_0$，$y_0 = y_1 = \cdots = y_{N_{\mathrm{R}}}$，如图 7.17 所示。

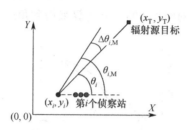

图 7.17　观测时段内等效的多站测向交叉定位示意图

如前所述，在观测时段 ΔT_{S} 很小的条件下，真实方位角序列值 θ_i 与时间 t 之间近似成线性关系，即近似有下式成立：

$$\theta_i = \theta_0 + i\frac{\theta_{N_{\mathrm{R}}} - \theta_0}{N_{\mathrm{R}}} \tag{7.51}$$

式中，$\theta_0 = \arctan\left(\dfrac{y_{\mathrm{T}} - y_0}{x_{\mathrm{T}} - x_0}\right)$，$\theta_{N_{\mathrm{R}}} = \arctan\left(\dfrac{y_{\mathrm{T}} - y_{N_{\mathrm{R}}}}{x_{\mathrm{T}} - x_{N_{\mathrm{R}}}}\right)$，利用式（7.51）将测向误差表示为矩阵形式如下：

$$\mathbf{\Delta\Theta} = \mathbf{H}_{N_{\mathrm{R}}}\mathbf{A}_\theta - \mathbf{C}_\theta \tag{7.52}$$

式中，$\mathbf{\Delta\Theta} = \left[\Delta\theta_{0,\mathrm{M}}, \Delta\theta_{1,\mathrm{M}}, \cdots, \Delta\theta_{N_{\mathrm{R}},\mathrm{M}}\right]^{\mathrm{T}}$，$\mathbf{A}_\theta = \left[\theta_0, \theta_{N_{\mathrm{R}}}\right]^{\mathrm{T}}$，$\mathbf{C}_\theta = -\left[\theta_{0,\mathrm{M}}, \theta_{1,\mathrm{M}}, \cdots, \theta_{N_{\mathrm{R}},\mathrm{M}},\right]^{\mathrm{T}}$，

$\mathbf{H}_{N_{\mathrm{R}}} = \dfrac{-1}{N_{\mathrm{R}}}\begin{bmatrix} N_{\mathrm{R}} & N_{\mathrm{R}}-1 & N_{\mathrm{R}}-2 & \cdots & 0 \\ 0 & 1 & 2 & \cdots & N_{\mathrm{R}} \end{bmatrix}^{\mathrm{T}}$，于是由最小二乘法可得：

$$\hat{\mathbf{A}}_\theta = \left[\mathbf{H}_{N_{\mathrm{R}}}^{\mathrm{T}}\mathbf{H}_{N_{\mathrm{R}}}\right]^{-1}\mathbf{H}_{N_{\mathrm{R}}}^{\mathrm{T}}\mathbf{C}_\theta \tag{7.53}$$

在求得 $\mathbf{A}_\theta = \left[\theta_0, \theta_{N_{\mathrm{R}}}\right]^{\mathrm{T}}$ 之后，结合 $d_{\mathrm{S}} = v_{\mathrm{A}} \cdot \Delta T_{\mathrm{S}}$，即可计算出辐射源目标与 $\left(x_0, y_0\right)$ 点之间的距离 r 为

$$r = \frac{\sin\theta_{N_{\mathrm{R}}} \cdot v_{\mathrm{A}} \cdot \Delta T_{\mathrm{S}}}{\sin\left(\theta_{N_{\mathrm{R}}} - \theta_0\right)} \tag{7.54}$$

在上述求解过程中需要说明的是，在此处理序列化测向的多站测向交叉定位时，没有采用传统的布朗最小二乘三角定位算法，而是将多次测向交叉定位过程通过最小二乘法拟合，转化成了双站测向交叉定位过程，而转化之后的两个侦察站具有这一过程中的最长的定位基线。

2. 用于运动单站定位中角度变化率求解的最小二乘算法

如前所述，运动单站对固定目标定位时，本质上也是在角度测量后通过最小二乘法拟合得到角度变化率参数的估计值。如果将单个侦察站每一次角度测量都看成是多个侦察站的序列化行为，则第 i 次角度测量值为 $\theta_{i,\mathrm{M}}$，对应的角度测量偏差 $\Delta\theta_{i,\mathrm{M}} = \theta_{i,\mathrm{M}} - \theta_i$，则图 7.16 中拟合出的直线要使得对应的各次测量的角度偏差的平方和最小，即使得 $\displaystyle\sum_{i=1}^{N_{\mathrm{R}}}\Delta\theta_{i,\mathrm{M}}^2$ 最小化。这一过

程与前面的式（7.52）所示的处理过程完全相同，通过最小二乘法得到的结果如式（7.53）所示，相应的角度变化率参数 $\dot{\theta}$ 为

$$\dot{\theta} = \frac{\theta_{N_R} - \theta_0}{\Delta T_S} \tag{7.55}$$

根据基于切向运动测距的单站定位计算式（7.50），可以得到辐射源目标与 (x_0, y_0) 点之间的距离 r 为

$$r = \frac{v_T}{\dot{\theta}} = \frac{\sin\theta_0 \cdot v_A \cdot \Delta T_S}{\theta_{N_R} - \theta_0} \tag{7.56}$$

由上述两种数据处理方法得到的结果对比可知，在观测时段 ΔT_S 很小的条件下，有 $\theta_{N_R} \approx \theta_0$ 成立，即按照式（7.54）计算得到的多站测向交叉定位的结果，与按照式（7.56）计算得到的基于切向运动测距的单站定位的结果基本一致。这也再次说明二者在数据处理上具有统一性。

在上述多站测向交叉定位中的最小二乘法是一种批处理，因为各个侦察站几乎能够同时获得方位角的测量值，而基于切向运动测距的单站定位中所获得的方位角测量值不是同时得到的，而是该侦察站运动到不同位置后按序得到的，实际上这并不影响问题的本质，如果将运动单站在不同位置的测量看成是一种特殊的多站，而多站测量值也可理解为按序得到的，那么两者都能够统一进行处理，这样就可以用递推最小二乘法来统一解释两种定位过程，而递推最小二乘法也反映了一个定位结果逐步收敛的过程，这与工程实际中基于切向运动测距的单站定位输出结果的收敛过程曲线是吻合的。由于批处理的最小二乘法与递推最小二乘法在各类文献中都有详细讲解，属于相对比较成熟的信号处理方法，在此不再重复介绍，在后续仿真过程中直接应用相关公式进行计算与对比如下。

7.4.2.3　仿真验证

二维平面上的仿真应用场景设置如下[19]：在平面直角坐标系的（20000，80000）位置处有一部对空搜索相控阵雷达，坐标单位为 m，一架电子侦察飞机以 250m/s 的速度从原点沿 X 轴正向飞行，该雷达每间隔 0.1s 会对飞机进行一次照射，每次照射只辐射一个脉冲，飞机上搭载了用于测向的干涉仪，只能截获雷达主瓣信号，所以在此场景下干涉仪每 0.1s 会输出一个对该雷达辐射的脉冲信号的测向数据。电子侦察飞机在 20s 内对该雷达实施无源定位，干涉仪在这一过程中一共输出 201 个测向数据，整个仿真场景如图 7.18 所示。

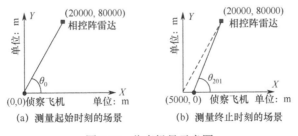

图 7.18　仿真场景示意图

图 7.18(a)和(b)分别表示测量起始时刻和终止时刻电子侦察飞机与相控阵雷达之间的相对位置。在这一过程中，干涉仪对雷达脉冲信号进行测向得到的 201 个测量值的角度值序列如图 7.19 所示。

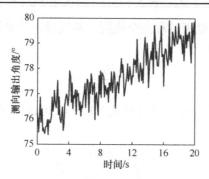

图 7.19   干涉仪获得的 201 个测向数据

1）采用批处理的多站测向交叉定位

将上述 201 个测向数据看成 201 个侦察站获得的测向结果，201 个侦察站的坐标分别为：（$25k,0$），$k=0,1,2,\cdots,200$，按照批处理最小二乘法计算得到 θ_0 和 θ_{200}，利用式（7.54）可求得相控阵雷达的位置坐标为（19689，78216）。

2）采用基于干涉仪相位差变化率（基于切向运动测距）的单站定位

干涉仪输出的直接测量数据是通道间信号的相位差，这与测向角度有成比例的对应关系，由图 7.19 中的测向角度时间序列可以求得角度变化率。通过角度变化率来估计距离值，然后结合当前的测向值来计算辐射源的位置，这是一个逐渐收敛的过程，整个估计过程中定位误差的变化曲线如图 7.20(a)所示。在经过 200 次迭代后，可求解得到相控阵雷达的位置坐标为（19643，78030）。

3）采用递推最小二乘法处理的多站测向交叉定位

如前所述，201 个测向数据是同一个运动侦察站在 201 个位置上对同一个固定辐射源目标的测向结果，该侦察站按照时间顺序可以依次输出 200 个定位结果，第 m 次的输出相对于前 $m-1$ 次来说新增加了一次测向数据，这样第 m 次的定位计算相对于前 $m-1$ 次来讲，信息量更大，定位结果也更趋于准确。将上述过程看成是由 201 个侦察站实施的多站测向交叉定位，采用递推最小二乘法来处理这一多站定位问题，定位误差的变化曲线如图 7.20(b)所示。在经过 200 次迭代后，求得相控阵雷达的位置坐标为（19689，78216）。

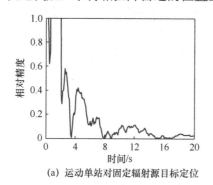

(a) 运动单站对固定辐射源目标定位

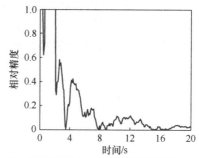

(b) 采用递推最小二乘法处理的多站测向交叉定位

图 7.20   两种不同方法求解过程中的定位误差变化曲线

由上述仿真结果的对比可见：在整个定位过程中两种方法输出的定位结果和定位误差收敛过程几乎完全一样。这也再次说明在对静止辐射源目标的无源定位应用中基于干涉仪相位差变化率的运动单站定位体制与多站测向交叉定位体制具有统一性。

7.5 基于旋转干涉仪的运动单站无源定位

由于旋转干涉仪通常采用双天线单基线形式,具有结构简单、设备量小、功耗低等特点,所以基于旋转干涉仪测向的无源定位受到了电子对抗侦察工程技术人员的广泛关注[20]。在本书 5.4 节中对旋转干涉仪的工作原理与应用特点进行了详细的阐述,如果在旋转干涉仪的基线旋转一周的时间内,电磁目标的来波方向相对于干涉仪旋转基线所在平面保持恒定,那么按照 5.4 节所述的旋转干涉仪相位差测量值解模糊方法即可得到无模糊的相位差测量值,从而能够求解出辐射源目标信号的来波方向。如果事先已知辐射源目标位于某个约束面上,那么基于旋转干涉仪的单站定位就可以划归为 7.1 节所讲述的单条测向线与约束面相交的无源定位的范畴,参照其处理流程即可完成定位解算过程。如果装载旋转干涉仪的平台处于运动状态中,但干涉仪基线旋转的速度相对于平台运动速度而言要快得多,换句话讲,在干涉仪基线旋转一周的时间内平台运动所产生的位移对于无源定位的结果几乎没有影响,在此应用场景下也可以将基于旋转干涉仪的运动单站无源定位划归为前述几节中讲述的测向交叉定位的范畴,然后按照其处理流程即可完成定位解算。

除上述几种应用场景外,本节所要讨论的基于旋转干涉仪的运动单站无源定位主要指旋转干涉仪所在的平台处于高速运动状态之中,如低轨电子侦察卫星上的旋转干涉仪,卫星平台相对于地面的运动速度高达 $7\sim8\text{km/s}$,干涉仪基线旋转一周的时间在 $1\sim10\text{s}$ 的量级,这样,旋转干涉仪的基线一边做旋转运动,一边做快速的平移运动,辐射源信号的来波方向相对于旋转干涉仪的基线旋转平面的夹角就会不断地发生变化,5.4 节中介绍的旋转干涉仪相位差测量值解模糊方法就会失效,于是就需要研究新的处理方法来实现基于旋转干涉仪的运动单站无源定位,这就是本节所要讨论的主要内容。针对这一新的工程应用场景,在本节中将测向解模糊与测向定位两个步骤综合在一起,以旋转干涉仪输出的相位差测量值为输入,结合平台的运动参数,构建综合定位处理模型实施解算,从而直接输出电磁辐射源目标的无源定位结果。实际上,这些处理方法不仅能够实现基于旋转干涉仪的运动单站无源定位,还可以推广应用于其他基于干涉仪测向的无源定位系统中。

7.5.1 基于最大后验概率的定位求解方法

文献[21,22]针对长基线旋转干涉仪测向模糊与多辐射源目标信号去交织相互交联的问题,利用旋转干涉仪基线和辐射源信号来波方向约束迹线的相互关系构建了后验概率计算模型,通过搜寻后验概率为最大值的空间位置来获得该问题的解,从而在无须深入分选信号的条件下,利用单颗电子侦察卫星上的单个旋转长基线干涉仪实现了对地面多个辐射源目标的快速高精度无源定位。

1. 基于概率的无源定位原理

对于双天线长基线旋转干涉仪来讲,每完成一次相位差测量都存在模糊,会使得某一模糊的相位差测量值对应多个无模糊的相位差真实值。根据本书 2.5.2 节介绍的一维线阵干涉仪测向在三维空间中的圆锥效应可知,旋转干涉仪的每一个无模糊的相位差在三维空间中都对应一个圆锥面,而目标就位于该圆锥面上。当然,一个有模糊的相位差就会映射出多个圆锥面,于是电子侦察卫星上的旋转干涉仪单次观测所形成的圆锥面与地球表面相交可得到多条定位线，这些定位线中只有一条是真实的，而剩余的定位线都是因为相位差测量的模糊而引入的。从理论上讲，对于地球表面一个真实的辐射源目标而言，在理想状态下旋转干涉仪在不同位置和不同角度下测量得到的真实定位线都会相交于同一点，这一点就是辐射源目标所在的位置。但是在工程实际中由于旋转干涉仪测向存在各种误差因素，使得每一次观测所得的定位线与理论定位线之间出现偏移，所以多条实际的定位线的交点就会产生发散与不稳定，使得各个定位点不能精确与目标点重合，而是散布在目标点周围的一个小区域内。单颗电子侦察卫星上的旋转干涉仪 3 次观测中的定位线分布如图 7.21 所示。

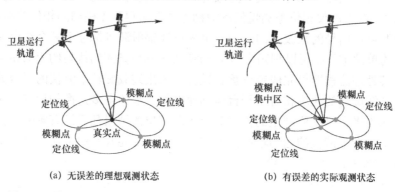

(a) 无误差的理想观测状态　　　　　　　　　　　(b) 有误差的实际观测状态

图 7.21　单颗电子侦察卫星上的旋转干涉仪 3 次观测中的定位线分布示意图

由图 7.21 可见，单星上的旋转干涉仪单次观测所形成的圆锥面与地球表面相交的交线是一个变形的椭圆线，在无误差的理想观测状态下，多个变形椭圆线会在真实目标点处形成共同的交点；而在有误差的实际观测状态下，这些变形椭圆线会在真实目标点附近区域两两交会。上述类似现象其实在 7.2 节介绍的多条测向线相互交叉的无源定位中也出现过，二者的差异在于 7.2 节中是求多条直线的共同交点，而本节中是求多条曲线的共同交点，只要把认识高度提升到这个层次上来思考，那么也可以借鉴"多站测向交叉定位"中的众多求解思想来解决本节中所遇到的问题。

文献[22]所提出的方法就是上述众多借鉴思想中的一条技术路线，其认为电子侦察卫星上的旋转干涉仪每次测量都会得到一个定位子集，记为 Q_L，由于测量误差的存在，真实目标可能落在 Q_L 之外，也可能落在 Q_L 之内，因此使用概率来对这一情况进行描述，即认为电子侦察卫星上的旋转干涉仪进行一次测量之后，就能利用测量值计算得到目标位于整个侦察区域中每一个位置上的概率，这些概率是有差异的，落在 Q_L 内的概率较大，而落在 Q_L 以外的概率较小。由于旋转干涉仪的每一次观测都是不相关且独立的，所以目标落在侦察区域中某一具体位置点的概率是多次观测对应的多个概率的乘积。这样就将上述无源定位问题转化成了求解侦察区域内目标位置分布的概率密度函数的问题，在只有一个辐射源目标的情况下，概率密度函数的峰值所对应的位置坐标就作为整个测量对应的定位结果。另外，如果用低于最高概率密度的一个定值来切割概率密度函数，则会得到若干个等概率边界曲线，对这些曲线内的概率密度进行积分，就能得到目标位于该边界曲线内的概率，所以基于概率的定位方法在得到辐射源目标位置坐标的同时，还能获得定位点附近的误差分布特性。

2. 基于最大后验概率的定位求解过程

1）目标初始定位区域的确定与描述

按照前述基于概率的无源定位原理，需要根据电子侦察卫星的位置、旋转干涉仪中天线波束的覆盖范围，以及有关目标位置的先验信息，并参考星下点为中心在地面上划分出一块目标初始定位区域 S_T。为了减小后验概率的计算量，并根据无源定位的精度要求，将该区域 S_T 划分为 N_S 个矩形子区域，子区域的大小为 $(\Delta L_T, \Delta B_T)$，并取各个子区域的中心点作为定位结果后验概率的计算点。

　　2）后验概率的计算与目标位置的确定

　　在地心地固坐标系中实时已知每个时刻电子侦察卫星的位置坐标 (x_S, y_S, z_S) 和旋转干涉仪基线所对应的单位矢量 $\gamma_R = [\gamma_x, \gamma_y, \gamma_z]$，于是目标初始定位区域 S_T 内任一个点 (x_T, y_T, z_T) 相对于旋转干涉仪基线的夹角 θ_T 满足式（7.57）：

$$\cos\theta_T = \frac{\gamma_x(x_T - x_S) + \gamma_y(y_T - y_S) + \gamma_z(z_T - z_S)}{\sqrt{(x_T - x_S)^2 + (y_T - y_S)^2 + (z_T - z_S)^2}} \tag{7.57}$$

如果旋转干涉仪对与其基线成 θ_T 夹角的信号进行测向，则输出的相位差 $\phi_{R\Delta}$ 为

$$\phi_{R\Delta} = \mathrm{mod}\left(\frac{2\pi d_{\mathrm{int}}\cos\theta_T}{\lambda} + \pi, 2\pi\right) - \pi \tag{7.58}$$

式中，d_{int} 表示旋转干涉仪的基线长度，$\mathrm{mod}(a,b)$ 表示 a 对 b 的求模函数。假设干涉仪的相位差测量中误差类似于均值为零、方差为 σ_c^2 的高斯白噪声，于是在此条件下旋转干涉仪输出的相位差测量值 $\phi_{M\Delta}$ 近似满足均值为 $\phi_{R\Delta}$、方差为 σ_c^2 的高斯分布，即条件概率 $\mathrm{pdf}_{\mathrm{con}}\left[\phi_{M\Delta}\big|(x_T, y_T, z_T)\right] \sim N(\phi_{R\Delta}, \sigma_c^2)$，具体表示为

$$\mathrm{pdf}_{\mathrm{con}}\left[\phi_{M\Delta}\big|(x_T, y_T, z_T)\right] = \frac{1}{\sqrt{2\pi}\sigma_c}\exp\left[\frac{-(\phi_{M\Delta} - \phi_{R\Delta})^2}{2\sigma_c^2}\right] \tag{7.59}$$

　　根据贝叶斯公式，在旋转干涉仪输出相位差测量值 $\phi_{M\Delta}$ 时，目标位于区域 S_T 内一点 (x_T, y_T, z_T) 的后验概率 $\mathrm{pdf}_{\mathrm{po}}\left[(x_T, y_T, z_T)\big|\phi_{M\Delta}\right]$ 为

$$\mathrm{pdf}_{\mathrm{po}}\left[(x_T, y_T, z_T)\big|\phi_{M\Delta}\right] = \frac{\mathrm{pdf}_{\mathrm{pr}}(x_T, y_T, z_T)\cdot\mathrm{pdf}_{\mathrm{con}}\left[\phi_{M\Delta}\big|(x_T, y_T, z_T)\right]}{\displaystyle\sum_{S_T}\mathrm{pdf}_{\mathrm{pr}}(x_T, y_T, z_T)\cdot\mathrm{pdf}_{\mathrm{con}}\left[\phi_{M\Delta}\big|(x_T, y_T, z_T)\right]} \tag{7.60}$$

式中，$\mathrm{pdf}_{\mathrm{pr}}(x_T, y_T, z_T)$ 表示在区域 S_T 内辐射源位于点 (x_T, y_T, z_T) 的先验概率。如果在没有特殊预知信息的情况，可以设置 $\mathrm{pdf}_{\mathrm{pr}}(x_T, y_T, z_T) = 1/N_S$，这样，最大后验概率也就自然退化成了最大似然概率。将式（7.59）代入式（7.60），可计算得到旋转干涉仪每一次测量之后，目标位于区域 S_T 内一点 (x_T, y_T, z_T) 的后验概率 $\mathrm{pdf}_{\mathrm{po}}\left[(x_T, y_T, z_T)\big|\phi_{M\Delta}\right]$。旋转干涉仪经过 N_C 次观测后将得到 N_C 个相位差测量值 $\boldsymbol{\varphi}_{M\Delta} = \left[\phi_{M\Delta,i}\big|_{i=1,2,\cdots,N_C}\right]$，由于每一次测量都是独立的，所以目标位于区域 S_T 内一点 (x_T, y_T, z_T) 的最终后验概率 $\mathrm{pdf}_{\mathrm{po,f}}\left[(x_T, y_T, z_T)\big|\boldsymbol{\varphi}_{M\Delta}\right]$ 如下：

$$\mathrm{pdf}_{\mathrm{po,f}}\left[(x_T, y_T, z_T)\big|\boldsymbol{\varphi}_{M\Delta}\right] = \prod_{i=1}^{N_C}\mathrm{pdf}_{\mathrm{po}}\left[(x_T, y_T, z_T)\big|\phi_{M\Delta,i}\right] \tag{7.61}$$

　　将式（7.59）～式（7.61）综合在一起，简化之后可得：

$$\mathrm{pdf}_{\mathrm{po,f}}\left[(x_T, y_T, z_T)\big|\boldsymbol{\varphi}_{M\Delta}\right] = \gamma_M \cdot \exp\left[-\sum_{i=1}^{N_C}\frac{\left(\phi_{M\Delta,i} - \phi_{R\Delta}\right)^2}{2\sigma_c^2}\right] \tag{7.62}$$

式中，γ_M 为一个常数。于是由式（7.62）可求得区域 S_T 内的 N_S 个矩形子区域在经过 N_C 次测量之后包含辐射源目标的后验概率 $\text{pdf}_{\text{po,f}}\left[(x_T, y_T, z_T)\,|\,\boldsymbol{\varphi}_{M\Delta}\right]$，取其中的最大后验概率所对应的点作为辐射源目标位置的估计点。

在上述定位求解过程中并没有旋转干涉仪的相位差解模糊的显式过程，但实际上该过程已经间接融入后验概率的计算过程之中了。另外，在上述建模过程中由于相位差具有 2π 周期的模糊性，将其假设为高斯分布仅仅是一种近似处理，所以上述模型从理论上讲并不严谨，不过在一定程度上如果能满足工程应用的要求也可作为一种参考，后续可以在此基础上构建更加精确与稳健的定位模型。除此之外，基于概率的无源定位思想与方法也可以推广应用于各种无源定位系统中，为定位模型的求解提供更多的方法与手段。

7.5.2 基于相位差变化率观测序列最优拟合的定位求解方法

文献[23]同样针对星载旋转干涉仪对地面辐射源目标的无源定位应用场景进行求解，但是观测量为旋转干涉仪输出的两个通道间信号相位差的变化率。由于相位差变化率为两个通道间相位差的一阶导数，因此该方法能够在一定程度上消除接收通道间固定偏差的影响，而且当接收信号连续存在时，估计相位差变化率也能避免求解绝对相位差时存在 2π 周期的模糊性问题。

假设在一次定位过程中一共进行了 N_C 次相位差变化率的测量，从而可构建一个相位差变化率的观测矢量，记为 $\dot{\boldsymbol{\varphi}}_{\Delta} = \left[\dot{\phi}_{\Delta 1}, \dot{\phi}_{\Delta 2}, \cdots, \dot{\phi}_{\Delta N_C}\right]^T$。同样将区域 S_T 划分为 N_S 个矩形子区域，并取各个子区域的中心点 (x_T, y_T, z_T) 来计算相对于 N_C 次测量时刻星载旋转干涉仪的相位差变化率的理论值序列，记为 $\dot{\phi}_{\text{th},i}(x_T, y_T, z_T)$，$i = 1, 2, \cdots, N_C$。于是实测相位差变化率与理论计算的相位差变化率满足如下关系：

$$\dot{\phi}_{\Delta i} = \dot{\phi}_{\text{th},i}(x_T, y_T, z_T) + n_{\text{e},i} \tag{7.63}$$

式中，$n_{\text{e},i}$ 为第 i 次的测量误差。假设各次观测中测量误差的方差相同，于是可得目标位置坐标的最大似然估计值 $(\hat{x}_T, \hat{y}_T, \hat{z}_T)$ 如下：

$$(\hat{x}_T, \hat{y}_T, \hat{z}_T) = \min_{(x_T, y_T) \in S_T} \left\{ \sum_{i=1}^{N_C} \left[\dot{\phi}_{\text{th},i}(x_T, y_T, z_T) - \dot{\phi}_{\Delta i}\right]^2 \right\} \tag{7.64}$$

显然可以像 7.5.1 节那样，将区域 S_T 中的所有目标位置点都穷举搜索一遍而得到式（7.64）的最终解，但这样的求解过程计算量比较大。由于该问题属于一个典型的最优化问题，所以文献[23]引入了基于粒子群优化（Particle Swarm Optimization，PSO）的方法来求解。实际上对于最优化问题的智能优化求解算法有上百种，例如，遗传算法、免疫算法、蚁群算法等，大家如果感兴趣可以尝试其他不同的算法来求解该问题。该文献最终得到的研究结论是：当干涉仪旋转平面与初始观测时刻卫星位置矢量垂直时，定位误差的分布比较均匀，在星下点各个方向上都有较好的定位精度，增大干涉仪的旋转速度能够进一步提高定位精度。

行文至此，本章从不同方面讲述了基于干涉仪测向的各种无源定位的技术原理、定位模型、求解方法及其相互之间的联系，其实在上述这些无源定位应用中都只使用了干涉仪测向这一种测量手段就完成了整个无源定位过程，也就是说，这些基于干涉仪测向的无源定位方法是独立自闭环的，不需要其他测量定位手段的联合或辅助。实际上除此之外，在电子对抗侦察的无源定位应用中还有许多干涉仪测向与其他测量手段一起应用的联合定位方法，例如测向与时差联合定位，测向与频差联合定位等，在这些联合定位应用中干涉仪测向同样发挥了关键性作用，不过其中的干涉仪测向在技术原理与求解方法上与本书已讲述过的内容类似，所以就不再重复介绍了，大家可以参照本章的思路与方法自行分析与理解即可。

本章参考文献

[1] 张紫龙, 黄晨, 施自胜, 等. 基于干涉仪测向的电子侦察卫星单星定位精度分析[J]. 火力与指挥控制, 2016, 41(1): 67-71, 76.

[2] 龚文斌, 谢恺, 冯道旺, 等. 星载无源定位系统测向定位方法及精度分析[J]. 长沙电力学院学报（自然科学版）, 2004, 19(2): 64-67, 71.

[3] 刘海军, 叶浩欢, 柳征, 等. 基于星载干涉仪测向的辐射源定位综合算法[J]. 国防科技大学学报, 2009, 31(6): 110-114, 125.

[4] 刘海军, 柳征, 姜文利, 等. 基于星载测向体制的辐射源定位融合算法[J]. 系统工程与电子技术, 2009, 31(12): 2875-2878.

[5] 孙超, 徐盼盼, 柏如龙. 基于 IFF 信号单站无源定位技术研究[J]. 无线电通信技术, 2018, 44(2): 192-196.

[6] 冯小平, 李鹏, 杨绍全. 通信对抗原理[M]. 西安: 西安电子科技大学出版社, 2009.

[7] 赵国庆. 雷达对抗原理[M]. 2 版. 西安：西安电子科技大学出版社, 2012.

[8] 贺平. 雷达对抗原理[M]. 北京: 国防工业出版社, 2016.

[9] POISEL R A. Electronic Warfare Target Location Methods [M]. 2nd edition. USA, Boston: Artech House, 2012.

[10] 石荣, 陈俊豪, 马达. 固定单站测向交叉无源定位: 从光波到微波的应用演进[J]. 舰船电子工程, 2022, 42(2): 66-71, 139.

[11] 祁蒙, 邱朝阳. 一种红外被动定位方法的工程实现[J]. 计测技术, 2016, 36(3): 14-17.

[12] 魏星, 万建伟, 皇甫堪. 基于长短基线干涉仪的无源定位系统研究[J]. 现代雷达, 2007, 29(5): 22-25, 35.

[13] 周宇, 王宏, 何洋炎. 一种基于相位差的短基线无源定位技术[J]. 舰船电子对抗, 2016, 39(3): 23-26.

[14] 韩韬. 基于 LBI 的单站单脉冲无源定位新技术研究[D]. 长沙: 国防科技大学, 2008: 5-30.

[15] 李蔚, 郭福成, 柳征, 等. 基于等长基线干涉仪的单脉冲被动定位方法[J]. 系统工程与电子技术, 2015, 37(2): 266-270.

[16] 马菁涛, 陶海红, 谢坚, 等. 基于旋转干涉仪的近场源参数估计算法[J]. 雷达学报, 2015, 4(3): 287-294.

[17] 万方, 丁建江, 郁春来. 一种雷达脉冲信号相位差变化率测量的新方法[J]. 系统工程与电子技术, 2011, 33(6): 1257-1261.

[18] 邓新蒲, 祁颖松, 卢启中, 等. 相位差变化率的测量方法及其测量精度分析[J]. 系统工程与电子技术, 2001, 23(1):20-23.

[19] 石荣, 阎剑, 张聪. 运动单站定位与多站测向定位的统一理论模型[J]. 舰船电子对抗, 2013, 36(3): 1-6.

[20] 李建军. 自旋卫星上的一维测向定位技术[J]. 电子信息对抗技术, 2007, 22(3): 23-26, 31.

[21] 姜勤波, 刘壮华, 郑健, 等. 基于最大后验概率的单星多目标无源定位算法[J]. 系统工程与电子技术, 2014, 36(10): 1906-1912.

[22] 刘壮华, 郑健, 姜勤波, 等. 基于最大后验概率的单站无源定位算法性能分析[J]. 科学技术与工程, 2013, 13(36): 10840-10846.

[23] 李腾, 郭福成, 姜文利. 星载干涉仪无源定位新方法及其误差分析[J]. 国防科技大学学报, 2012, 34(3): 164-170.

第8章　无线电波干涉效应的其他典型应用

本书前述章节对干涉仪测向技术及其在电子对抗侦察领域中的应用进行了全面的阐述，并在 1.3.2 节对利用无线电波干涉效应进行信号频率测量的瞬时测频技术进行了介绍[1]。实际上除此之外，无线电波干涉效应在电子干扰[2]、有源隐身[3]、深空探测[4]、卫星导航[5]、测控通信[6]、雷达成像[7]等专业领域中同样应用广泛，所以本书最后一章遴选了一些典型代表给予简要分析，通过与干涉仪测向处理之间的对比揭示其在技术上的本质特点，以展现利用无线电波干涉原理进行参数测量的广泛性与重要性，也期待这些精巧广博的工程实例能够给予大家启发，后续去发掘和创造出更多更好的应用，去体会各种现象背后蕴含的无线电波干涉效应的本质机理，从而获得对干涉测量技术更深刻的认识与更透彻的理解。

8.1　从杨氏双缝干涉实验结果解释雷达对抗中的交叉眼干扰原理

对单脉冲跟踪雷达实施交叉眼干扰是电子战中雷达对抗子专业方向上的重要电子进攻行动[8-10]，在各种雷达对抗教科书与大量公开文献中都有对交叉眼干扰技术原理的详细介绍[11-13]，本节不再重复，而是从电磁波干涉的视角对交叉眼干扰原理进行重新阐释，以便揭示出交叉眼干扰技术的本质机理。实际上与交叉眼干扰信号类似的信号波形以及相关的实验验证早在大约 200 年以前的光波频段就已经出现了，19 世纪初英国物理学家托马斯·杨（Thomsa Young，1773—1829 年）发表了 *Experiments and Calculations Relative to Physical Optics*（《物理光学的相关实验与计算》）的论文，详细阐述了同频光波信号产生干涉条纹的实验结果，成为光的波动性学说最重要的证据。其实雷达对抗中的交叉眼干扰所形成的条纹与杨氏双缝干涉实验中的条纹如出一辙，除信号波长不同所带来的条纹尺度大小不同之外，在其他技术机理方面都是类似的。为了更加清晰地进行类比与解释，下面首先回顾一下历史上著名的杨氏双缝干涉实验。

8.1.1　历史上的杨氏双缝干涉实验

杨氏双缝干涉实验是历史上物理学领域中的知名实验，它不仅证明了光具有波动性，而且也为后来光的波粒二相性展示以及量子力学的创建提供了重要的实验对比。大家对此实验应该都非常熟悉，因为在普通物理学课程中杨氏双缝干涉实验是波动光学部分讲授的重要内容之一，其实验场景如图 8.1 所示。图 8.1 中，光源到遮光板上双缝之间的距离相等，双缝的中点为 O_{c1}，光学成像接收屏的中点为 O_{c2}，遮光板与光学成像接收屏相互平行且距离为 L_{op}，双缝之间的距离为 d_{op}，且 $O_{c1}O_{c2}$ 的连线与遮光板、光学成像接收屏垂直。光源发出的光波信号在经过遮光板上的双缝之后，会在光学成像接收屏的中部产生明暗相间的干涉条纹。

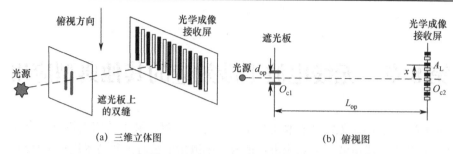

(a) 三维立体图　　　　　　　　　　　　(b) 俯视图

图 8.1　杨氏双缝干涉实验场景

设光波长为 λ_{L}，在图 8.1(b) 的俯视图中光学成像接收屏上一点 A_{L} 相对于接收屏中点 O_{c2} 的位置坐标记为 x，于是点 A_{L} 处与双缝之间的光程差 $D_{\mathrm{L}}(x)$ 如式（8.1）所示：

$$D_{\mathrm{L}}(x) = \sqrt{L_{\mathrm{op}}^2 + \left(x + \frac{d_{\mathrm{op}}}{2}\right)^2} - \sqrt{L_{\mathrm{op}}^2 + \left(x - \frac{d_{\mathrm{op}}}{2}\right)^2} \approx x d_{\mathrm{op}} / L_{\mathrm{op}} \tag{8.1}$$

在式（8.1）的化简过程中利用了 $\left|x \pm d_{\mathrm{op}} / 2\right| << L_{\mathrm{op}}$ 的特性，因为当一个正实数 $y << 1$ 时，$\sqrt{1 + y} \approx 1 + y / 2$ 成立。于是光学成像接收屏上点 A_{L} 处条纹的复振幅 $A_{\mathrm{La}}(x)$ 由式（8.2）确定：

$$A_{\mathrm{La}}(x) = \gamma_{\mathrm{op}} \sqrt{1 + \cos\left[2\pi D_{\mathrm{L}}(x) / \lambda_{\mathrm{L}}\right]} \mathrm{e}^{\mathrm{j}\phi_{\mathrm{L}}} \tag{8.2}$$

式中，γ_{op} 是由光源发光强度决定的系数，ϕ_{L} 为干涉相位，且满足关系式（8.3）：

$$\phi_{\mathrm{L}} = \mathrm{angle}_{[-\pi,\pi)}\left\{1 + \cos\left[\frac{2\pi D_{\mathrm{L}}(x)}{\lambda_{\mathrm{L}}}\right] + \mathrm{j} \cdot \sin\left[\frac{2\pi D_{\mathrm{L}}(x)}{\lambda_{\mathrm{L}}}\right]\right\} \tag{8.3}$$

式中，$\mathrm{angle}_{[-\pi,\pi)}(\bullet)$ 为求取一个复数的辐角并将其转换到 $[-\pi,\pi)$ 范围的函数，在 2.3.3 节中已定义。由式（8.2）可知，当光程差 $D_{\mathrm{L}}(x)$ 为半波长的偶数倍时，复振幅的模值达到最大值 $\sqrt{2}\gamma_{\mathrm{op}}$，即产生同相叠加的明条纹；而当光程差 $D_{\mathrm{L}}(x)$ 为半波长的奇数倍时，复振幅的模值达到最小值 0，即产生反相叠加的暗条纹。相邻两条明条纹或相邻两条暗条纹之间的距离 D_{z} 如式（8.4）所示：

$$D_{\mathrm{z}} = \lambda_{\mathrm{L}} L_{\mathrm{op}} / d_{\mathrm{op}} \tag{8.4}$$

杨氏双缝干涉实验中的现象与性质在普通物理学课程中都已详细讲解过，有关细节在此不再展开赘述。

8.1.2　对单脉冲跟踪雷达实施交叉眼干扰的原理

单脉冲跟踪雷达，以下简称单脉冲雷达，有比幅单脉冲测角与比相单脉冲测角两种方式，在工程中最常见的是比幅单脉冲测角，所以下面以此类雷达目标为干扰对象，首先建立该类单脉冲雷达测角的数学模型如下。

1. 单脉冲雷达测角的数学模型

不失一般性，在一维测角条件下单脉冲雷达对天线口面的信号通过 3 种不同的分布式加权方式来形成和波束、左波束与右波束信号，如图 8.2 所示。在此维度上雷达天线口径尺寸为 d_{a}，天线中心点为 O_{c3}，和波束直接指向天线正前方，左/右波束与天线口面的法线之间的夹角为 θ_{r}，由左/右波束来形成差波束。

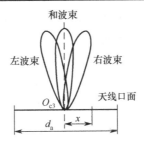

图 8.2　比幅单脉冲测角中天线波束的形成

和波束、左波束和右波束信号的复振幅 A_{sum}、A_{left}、A_{right} 实际上是对天线口面处复信号 $A_{\text{r}}(x)$ 进行不同的加权积分处理所得到的，分别如式（8.5）～式（8.7）所示：

$$A_{\text{sum}} = \int_{-d_{\text{a}}/2}^{d_{\text{a}}/2} A_{\text{r}}(x) \mathrm{d}x \tag{8.5}$$

$$A_{\text{left}} = \int_{-d_{\text{a}}/2}^{0} A_{\text{r}}(x) \exp\left(\mathrm{j}2\pi x \sin\theta_{\text{r}} / \lambda_{\text{r}}\right) \mathrm{d}x \tag{8.6}$$

$$A_{\text{right}} = \int_{0}^{d_{\text{a}}/2} A_{\text{r}}(x) \exp\left(-\mathrm{j}2\pi x \sin\theta_{\text{r}} / \lambda_{\text{r}}\right) \mathrm{d}x \tag{8.7}$$

式（8.6）和式（8.7）中，λ_{r} 为雷达信号的波长，左/右波束与和波束之间的夹角 θ_{r} 一般满足 $\theta_{\text{r}} \approx \gamma_{\text{d}} \cdot \lambda_{\text{r}} / d_{\text{a}} / 2$，$\gamma_{\text{d}}$ 为波束夹角调节系数。于是差信号 $A_{\text{diff,am}}$ 输出为

$$A_{\text{diff,am}} = A_{\text{right}} - A_{\text{left}} \tag{8.8}$$

2. 交叉眼干扰原理

针对单脉冲雷达的交叉眼干扰又称相干干扰，需要两个干扰源同时对雷达发射具有稳定相位关系的干扰信号。在工程上为了满足这一要求，通常在飞机的两个机翼的翼尖附近处分别布置一对收发互补型天线，其连接关系如图 8.3 所示，其中接收天线 R_{A1} 与发射天线 J_{A2} 处于同一位置，接收天线 R_{A2} 与发射天线 J_{A1} 处于同一位置，并在其中一路插入相移值为 π 的移相器。系统工作时还需要保证两路射频通道具有良好的幅相一致性。

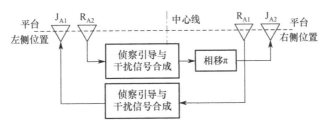

图 8.3　交叉眼干扰中互补反相收发天线配置示意图

地面的高炮火控雷达和导弹目标跟踪雷达，以及导弹导引头上的制导雷达一般都采用单脉冲测角体制，对空中目标进行测角跟踪。而飞机上的干扰机在使用交叉眼方式对上述雷达实施干扰时均会采用如图 8.3 所示的天线配置形式，R_{A1} 与 J_{A2} 位于飞机的右翼，而 R_{A2} 与 J_{A1} 位于飞机的左翼，左右之间的距离大约等于飞机的翼展尺寸，随飞机型号的不同而不同，一般在 10～30m 量级。当两个接收天线截获到雷达脉冲信号之后，按照如图 8.3 所示的流程产生干扰信号，并控制其中一路干扰信号的相位相对于另一路干扰信号保持具有 π 的恒定相位差，从而使得 J_{A1} 与 J_{A2} 两个发射天线所辐射的干扰信号在到达雷达天线口面的中心点 O_{c3} 处时，两路信号大小相等、相位刚好相反，使得雷达产生较大的测角误差。关于这一过程的复

杂数学公式推导在有关雷达对抗的教科书上都有较详细的表述，在此不再重复罗列教科书上的大篇幅公式，而是从一个全新的视角来解释交叉眼干扰原理，这就要利用交叉眼干扰中的一个关键点，即两个干扰天线所辐射的干扰信号是相干的，按照上述的干扰信号合成流程，则意味着这两路信号除了相位上有差异，其他参数都相同，这一点与前面回顾的历史上杨氏双缝干涉实验中两个双缝相干光源是相似的，这也是启发我们从杨氏双缝干涉实验结果来解释交叉眼干扰原理的重要原因。

8.1.3　相干干扰信号在空间中所形成的干涉条纹及对雷达的干扰效应

可将图 8.3 与图 8.1 进行类比，把干扰发射天线 J_{A1} 和 J_{A2} 分别看成是杨氏双缝干涉实验中遮光板上的两个相干辐射源，它们所发射的相干信号会在空间形成稳定的干涉条纹，把单脉冲雷达的天线口面看成是杨氏双缝干涉实验中的成像接收屏，这样，干扰信号在雷达天线处所形成的干涉条纹就完全决定了对单脉冲跟踪雷达的干扰效果。在此以对导弹导引头上的单脉冲制导雷达进行交叉眼干扰为例说明如下。

1. 干涉条纹的间距

通过类比，交叉眼干扰信号在单脉冲雷达天线口面处形成的干涉条纹中明暗条纹之间的间距仍然可参照式（8.4）来描述，只不过式（8.4）中各个物理量需要从杨氏双缝干涉光学实验类比映射到微波干涉信号中来，即相邻两条干扰明条纹或相邻两条干扰暗条纹之间的距离 D_{zJ} 如式（8.9）所示：

$$D_{zJ} = \lambda_J L_J / d_J \tag{8.9}$$

式中，λ_J 为干扰信号的波长，且 $\lambda_J = \lambda_r$；d_J 为干扰发射天线 J_{A1} 和 J_{A2} 在弹目垂直方向上的投影距离；L_J 为飞机与导弹导引头之间的距离。通常情况下，导弹导引头雷达工作于 X 至 Ka 频段，所以 λ_J 在 0.8~3cm 范围内；d_J 一般在 10~30m 量级。于是由式（8.9）可知，相邻两条干扰明条纹或相邻两条干扰暗条纹之间的距离 D_{zJ} 一般在 $L_J /1000$ 的量级，即使在弹目距离为 5km 时，D_{zJ} 也在 5m 左右；如果弹目距离更大，D_{zJ} 也会更大。而导弹导引头雷达的天线孔径尺寸一般不超过 0.5m，由此可见，整个导引头的雷达天线口面仅仅位于干扰信号所形成的干涉条纹中比较小的一部分空间区域。

2. 干涉条纹的位置变化

通过类比式（8.2）和式（8.3），并结合交叉眼干扰中附加 π 的相移可知，在整个雷达天线口面处的干扰信号所形成的干涉条纹的复振幅分布 $A_J(x)$ 如式（8.10）所示：

$$A_J(x) = A_J \sqrt{1 - \cos\left[2\pi D_J(x)/\lambda_J\right]} e^{j\phi_J} \tag{8.10}$$

式中，A_J 为与干扰源信号发射强度相关的一个系数，ϕ_J 为干涉相位，且满足关系式（8.11）：

$$\phi_J = \text{angle}_{[-\pi,\pi)} \left\{ 1 - \cos\left[\frac{2\pi D_J(x)}{\lambda_J}\right] - j \cdot \sin\left[\frac{2\pi D_J(x)}{\lambda_J}\right] \right\} \tag{8.11}$$

在式（8.10）和式（8.11）中，$D_J(x)$ 为两路干扰信号的路程差，类比参照式（8.1）可得：

$$D_J(x) \approx x d_J / L_J \tag{8.12}$$

在图 8.1 中，由于透过双缝的光信号完全相干，且成像接收屏的中心点处于等光程差位置，在此处所形成的是最亮的明条纹。而在图 8.3 所示的交叉眼干扰中，干扰发射天线 J_{A1} 和 J_{A2} 之

间增加了一个 π 的恒定相移，这就相当于附加了半个波长的路程差，所以类比来看，图 8.3 中的条纹相对于图 8.1 中的条纹刚好明暗相反。将 $D_{\mathrm{J}}(0)=0$ 代入式（8.10）之后可得，干涉条纹在此处的振幅 $A_{\mathrm{J}}(0)=0$，即这两路干扰信号在单脉冲雷达天线口面的中心位置处合成的干涉条纹为最暗的暗条纹。

3. 干扰对单脉冲跟踪雷达的和差信号形成的影响

由于我们只关心雷达天线口面处的干扰信号所形成的干涉条纹，所以式（8.12）中 x 的取值范围为 $[-d_{\mathrm{a}}/2,\,d_{\mathrm{a}}/2]$。如前所述，实际应用中通常 $d_{\mathrm{a}}<d_{\mathrm{J}}$，且有下式成立：

$$d_{\mathrm{a}} << \lambda_{\mathrm{J}} L_{\mathrm{J}} / d_{\mathrm{J}} \tag{8.13}$$

由式（8.11）~式（8.13）可得：

$$\phi_{\mathrm{J}} \approx \begin{cases} -\pi/2 & d_{\mathrm{a}}/2 > x > 0 \\ \pi/2 & 0 > x > -d_{\mathrm{a}}/2 \end{cases} \tag{8.14}$$

由式（8.14）可见，干涉条纹的复振幅在雷达天线中心点两边的相位刚好相反，相差了 $180°$。由式（8.5）可知，干扰信号形成的干涉条纹对单脉冲雷达的和支路信号复振幅 $A_{\mathrm{sum,J}}$ 产生的影响如式（8.15）所示：

$$A_{\mathrm{sum,J}} = \int_{-d_{\mathrm{a}}/2}^{d_{\mathrm{a}}/2} A_{\mathrm{J}}(x)\mathrm{d}x \tag{8.15}$$

将式（8.14）和式（8.10）代入式（8.15）可得 $A_{\mathrm{sum,J}} \approx 0$，这意味着交叉眼干扰所形成的干涉条纹对单脉冲雷达的和支路的影响非常小，几乎可以忽略不计。

由式（8.6）和式（8.7）可知，干扰信号形成的干涉条纹对单脉冲雷达的左波束和右波束信号的复振幅 $A_{\mathrm{left,J}}$、$A_{\mathrm{right,J}}$ 产生的影响分别如式（8.16）和式（8.17）所示：

$$A_{\mathrm{left,J}} = \int_{-d_{\mathrm{a}}/2}^{0} A_{\mathrm{J}}(x)\exp\left(\mathrm{j}2\pi x\sin\theta_{\mathrm{r}}/\lambda_{\mathrm{J}}\right)\mathrm{d}x \tag{8.16}$$

$$A_{\mathrm{right,J}} = \int_{0}^{d_{\mathrm{a}}/2} A_{\mathrm{J}}(x)\exp\left(-\mathrm{j}2\pi x\sin\theta_{\mathrm{r}}/\lambda_{\mathrm{J}}\right)\mathrm{d}x = -A_{\mathrm{left,J}} \tag{8.17}$$

于是由干扰而形成的差信号的复振幅 $A_{\mathrm{diff,J}}$ 输出最终为

$$A_{\mathrm{diff,J}} = A_{\mathrm{right}} - A_{\mathrm{left}} = 2A_{\mathrm{right}} \tag{8.18}$$

由上可见，交叉眼干扰所形成的干涉条纹造成单脉冲雷达的左波束信号与右波束信号的大小相等，而符号刚好相反，于是这对单脉冲雷达的差信号输出造成巨大影响，干扰实施方能够主动控制干扰信号分量，直接形成了新的差信号分量，而这个差信号分量远远大于正常雷达目标回波产生的差信号分量。正是这一干扰差信号分量的出现使得单脉冲雷达的角度误差剧烈增大，并出现角度跟踪失锁的现象，这即是交叉眼干扰起效的物理本质原因。

8.1.4　示例性仿真验证

在此以一个典型的空中防御场景为例来对前面的理论分析结果进行仿真验证。空中飞行的一枚导弹已锁定了 5km 距离外的一架飞机，并且飞机与导弹在同一条直线上相互迎头飞行，导弹上的导引头雷达是一部典型的比幅单脉冲跟踪雷达，工作于 15GHz，发射脉宽为 1μs 的脉冲信号对目标实施探测与跟踪，脉冲信号的峰值功率为 2.2kW，占空比为 1/100，由此可计算出其平均功率为 22W，脉冲重复周期为 100μs。该导引头上单脉冲雷达的天线口径为 0.3m，天线效率为 50%，由此可估算出天线增益约为 30dB。被此雷达锁定的飞机的雷达反射截面积（Radar Cross Section，RCS）为 6m^2，由雷达方程可计算出该飞机的雷达回波

信号功率 P_{Ra} 如式（8.19）所示：

$$P_{Ra} = \frac{2.2 \times 10^3 \times 10^3 \times 6 \times \pi(0.3/2)^2 \times 0.5}{(4\pi \times 5000^2)^2} \approx 5 \times 10^{-12}\,\text{W} = -83\text{dBm} \tag{8.19}$$

由此可推算出雷达天线口面处目标回波信号的功率密度 $P_{RaM} = 7.07 \times 10^{-11}\,\text{W}/\text{m}^2$，阻抗 Ω_s 按 377Ω 计算，对应的场强 $E_{Ra} = \sqrt{P_{RaM}\Omega_s} = 163\mu\text{V/m}$。

该飞机被导弹导引头雷达锁定之后由雷达告警接收机发出导弹逼近告警信号，并同时启动双翼尖的干扰设备对该单脉冲雷达实施交叉眼干扰，每部干扰机的发射功率为 50W，干扰发射天线的增益为 5dB，且两天线之间的距离为 18m。按照干扰方程可计算出单部干扰机发射的干扰信号到达雷达天线处的干扰信号功率 P_{JS} 如式（8.20）所示：

$$P_{JS} = \frac{50 \times 10^{0.5}}{4\pi \times 5000^2} \approx 5 \times 10^{-7}\,\text{W} = -33\text{dBm} \tag{8.20}$$

由此可推算出雷达天线口面处干扰信号的功率密度 $P_{JSM} = 7.07 \times 10^{-6}\,\text{W}/\text{m}^2$，对应的场强 $E_{JS} = 51627\mu\text{V/m}$。

虽然 $P_{JS} \gg P_{Ra}$，即 $E_{JS} \gg E_{Ra}$，但是单个干扰机无法对导引头单脉冲雷达的角度跟踪环路形成有效干扰，因为在此情况下由式（8.6）～式（8.8）可知，单个干扰机无法驱使单脉冲雷达的角度误差信号发生改变。所以需要飞机上的两部干扰机通过相干信号干涉方式来形成单脉冲雷达的角度误差信号，从而达到使雷达天线指向角度拉偏的目的。交叉眼干扰正是采用飞机上两部干扰机所发射的相干干扰信号在单脉冲雷达天线处产生干涉，并形成稳定的干涉条纹，如图 8.4 所示（为了形象地展现应用场景，图 8.4 中没有按照统一比例尺度作图）。与图 8.1 对比可知，这一场景与历史上物理光学中的杨氏双缝干涉实验场景非常类似。

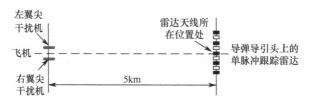

图 8.4　对单脉冲导引头雷达实施交叉眼干扰的示意图

由图 8.4 可见，雷达天线所在位置正好处于干涉条纹的暗条纹中心处，通过式（8.9）可计算出相邻两条暗条纹的间距为 5.6m，而导引头天线口径为 0.3m，由此可见，整个导引头天线几乎都处于干涉暗条纹的中心区域。为了更加形象地将单脉冲雷达天线位置处的干扰信号所产生的干涉条纹展现出来，下面沿雷达天线口面以半个波长 1cm 为空间采样间距，对天线口面范围内干扰形成的干涉条纹的复振幅进行采样，如图 8.5 所示。图 8.5 中坐标原点位置处即是雷达天线口面的中心位置。

在图 8.5 中左右两部分信号场强的幅度大小对称相等，而相位接近相反，所以由此可得干扰信号在比幅单脉冲雷达测角的和支路的输出几乎为零，这一仿真结果与前面的理论分析结果是一致的。在差信号的合成中，由于左右两部分信号场强的相位接近相反，所以差信号的绝对值实际上与整个信号幅度的加权求和成正比，这与前面的理论分析结果也是吻合的，同时说明交叉眼干扰的作用几乎全部集中在雷达的差信号支路中，而和信号支路趋近于零。虽然和信号支路中几乎没有干扰信号，但是和信号支路中的目标回波信号仍然是存在的，即交叉眼干扰信号并没有掩盖和支路中的目标回波信号。尽管如此，从图 8.5 中的干扰信号仿真结果与前面的目标回波信号计算结果对比可见，差支路中的干扰信号强度远远大于和支路中的目标回波信号强度，按照比幅单脉冲雷达的角度误差计算式，在此情况下将产生一个巨大的角度拉偏条件，使得雷达天线主波束向单一方向偏转，于是将雷达天线的指向角拉出目标所在的角位置，从而达到角度欺骗的目的。

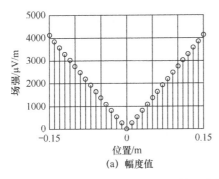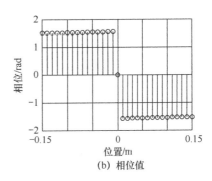

图 8.5　交叉眼干扰形成的干涉条纹的复振幅采样图像

以上从杨氏双缝干涉实验结果对雷达对抗中的交叉眼干扰原理进行了另一个视角的解释，从中可以看到无线电波干涉所产生的特有效应，也形象地展现了交叉眼干扰的本质技术机理，有利于干扰实施方更加精确地对干扰波形和干扰功率实施优化控制，从而达到既定的干扰效果。当然交叉眼干扰还能够与其他干扰方式相结合，如密集遮盖干扰、假目标拖引干扰等，从而形成更加有效的组合干扰样式，获得更好的干扰效果，但这不是本书关注的重点，感兴趣的读者可以在此基础上继续分析即可。

8.2　基于回波信号反相叠加的雷达有源隐身

"隐身"一词的本意是隐蔽身体，不露身份，使外界难以发现与识别；而在雷达探测领域中隐身是指控制目标的可观测性和特征信号的产生，降低目标被雷达发现的概率。具体来讲，雷达隐身主要是降低飞机、舰船、车辆等目标的雷达回波反射特性，使雷达对上述目标的探测距离大幅度缩减，从而达到目标防护的目的。雷达隐身技术主要包括：低散射外形技术、隐身材料技术、等离子体隐身技术和有源隐身技术等。低散射外形技术是通过对目标外形进行特殊设计，消除能产生电磁波垂直镜面反射效应的外形特征，其典型应用实例就是美国设计的首款 F-117 "夜鹰"隐身战斗机，该飞机近乎科幻般的奇特外形设计完全是为了适应电磁波垂直镜面超低反射的要求。除此之外，后续的 F-22 "猛禽"和 F-35 "闪电"隐身战斗机也在一定程度上继承了低散射外形的设计特点。隐身材料技术主要是在目标表面涂覆电磁波吸波材料，或在目标的外形结构上尽可能地采用透波吸波复合材料替代金属材料，降低反射雷达回波信号的强度。等离子隐身技术主要是利用等离子发生器或者放射性同位素在目标周围产生等离子云团，吸收入射的雷达波或者改变散射的雷达波的传播方向。雷达有源隐身技术主要包括：有源对消和自适应阻抗加载等。本节所介绍的"基于回波信号反相叠加的雷达有源隐身"就是一种采用有源对消方式的雷达有源隐身技术，又简称"有源对消"，如图 8.6 所示。其基本思想就是被雷达照射的目标在雷达接收方向上发射的电磁波信号与反射的雷达回波信号的频率和幅度相同，而相位恰好相反，两列电磁波同时向雷达接收天线方向传播，按照同频电磁波在空间中产生干涉的原理，这两列电磁波由于相位相反，在空间中叠加后相互抵消，于是从理论上讲，雷达接收天线根本无法收到目标的回波信号，这样，雷达自然也就无法发现该目标了。

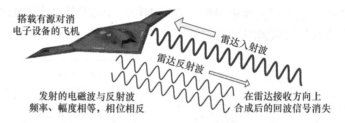

搭载有源对消
电子设备的飞机

雷达入射波

雷达反射波

发射的电磁波与反射波
频率、幅度相等，相位相反

在雷达接收方向上
合成后的回波信号消失

图 8.6　雷达回波有源对消工作原理示意图

需要说明的是，通过两列相干电磁波的反相叠加使回波信号消失仅仅针对雷达与目标的连线方向而言，在其他方向上甚至会出现由于信号干涉而增强回波信号的现象。因为能量守恒是一个不可违背的普遍物理学原理，能量既不能凭空产生，也不能凭空消失，有源对消的信号能量与雷达回波的信号能量都不会消失，二者叠加之后改变的仅仅是能量的空间分布而已。由第 1 章中展示的电磁波干涉条纹可知，振幅为零的区域与振幅加强的区域在空间中是间隔排列的，所以此处的基于回波信号反相叠加的雷达有源隐身本质上是使电磁波在空间中产生的干涉条纹的暗区域覆盖了雷达所在位置而已，这才是该技术的本质机理与最终效果。

另外，由上述分析可知，基于雷达回波信号有源对消的方法只能对单基地雷达产生隐身效果，而对多基地雷达的作用效果是不可控的，因为不知道多基地雷达的接收机在哪个方位，也无法控制空间中的电磁波干涉条纹去准确覆盖所有的雷达接收机所在位置，所以该方法对多基地雷达的作用效果较差、甚至基本无效。在本节后续的讨论中默认针对的雷达对象是单基地雷达。

8.2.1　基于回波信号反相叠加的雷达有源隐身原理

有源对消的思想并不是雷达隐身领域中首次提出的，早在 20 世纪 30 年代，德国物理学家保罗·列格（Paul Leug）就提出采用有源对消来进行噪音的控制，即两列声波信号叠加之后会产生相加或相消性干涉，从而使得声强得以增强或减弱。对声音信号进行有源对消目前已经有技术比较成熟的商业化产品在市场上销售，也正因为如此，才吸引了众多的科研人员想把该技术原理运用在反雷达探测场景中。虽然声波与无线电波二者都是波，都遵循波的干涉叠加原理，但是在对二者的应用条件进行对比之后就会发现巨大差异：在噪音对消中待抵消的声源特性已知，而在雷达探测中目标的反射特性不但复杂，而且难以测量；在空气中声波的传播速度约为 340m/s，而无线电波的传播速度近似等于光速，大约为 3×10^8 m/s，传播速度上的差异决定了系统反应时间的快慢，因此声学中的自适应闭环控制的工作速度在雷达有源隐身应用中要提升好几个数量级才能投入使用。

在雷达探测应用中目标的电磁散射特性通常用 RCS 来度量，记为 σ_{Ra}，RCS 就是对目标在指定方向上反射的雷达信号功率与入射的雷达信号功率按照一定的条件进行归一化处理后得到的结果，如式（8.21）所示：

$$\sigma_{\mathrm{Ra}} = 4\pi \lim_{R_{\mathrm{d}}\to\infty} R_{\mathrm{d}}^2\left(\left|\boldsymbol{E}_s\right|^2 \big/ \left|\boldsymbol{E}_i\right|^2\right) = 4\pi \lim_{R_{\mathrm{d}}\to\infty} R_{\mathrm{d}}^2\left(\left|\boldsymbol{H}_s\right|^2 \big/ \left|\boldsymbol{H}_i\right|^2\right) \tag{8.21}$$

式中，R_d 为测试距离，E_s 和 H_s 分别为测试距离上的反射信号的电场矢量和磁场矢量，E_i 和 H_i 分别为入射信号的电场矢量和磁场矢量。由雷达探测方程可知，只要目标的 RCS 越小，被雷达发现的概率就越低，隐身效果就越好。所以无论是采用无源手段还是有源手段，只要能够降低从目标散射的雷达信号的强度，都可以达到 RCS 缩减的目的。

目标对雷达入射波的散射实际上是目标受到雷达照射之后表面产生感应电流的二次辐射，按照电磁场理论，在无源空间中包围目标的任意闭合球面上的电磁场由目标上的感应电流分布唯一决定。从目标对雷达的隐身应用来看，往往只需要在雷达所在的一个很小的立体角范围内实现电磁对消，在此条件下只需研究与这一特定区域方向上对应的感应电流即可。目标表面感应电流的远区辐射场由目标的 RCS 表征，从理论上讲，目标在不同方向上的 RCS 数值可以精确测量，而瞬态的雷达入射场也可以精确测量，于是根据式（8.21）中 RCS 的定义，目标在雷达方向上的散射场就唯一确定了。由此可见，在雷达接收方向上与散射场相干且相位相反的电磁场是可以确定的，所以基于回波信号反相叠加的雷达有源隐身在理论上是成立的，这是一个自适应的电磁波对消系统，也可以看成是一个特殊的相干干扰手段，其系统组成如图 8.7 所示[14]。

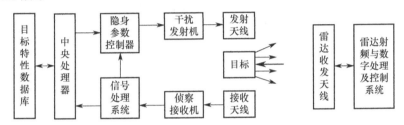

图 8.7　基于回波信号反相叠加的雷达有源隐身系统组成框图

由图 8.7 可见，目标平台上的接收天线、侦察接收机与信号处理系统实时准确地测量入射雷达电磁波信号的频率、幅度、相位、极化、波形调制、来波方向等参数，在中央处理器的协调控制下从目标特性数据库中提取出在该雷达入射波照射下目标平台的反射特性，并实时自动产生精确频率、幅度、相位、极化、波形调制的附加电磁辐射，利用相干电磁波的干涉效应，在雷达天线处抵消目标原有的回波，从而实现雷达隐身。实际的隐身效果关键取决于对入射雷达信号参数测量的精度、收发控制的实时性和对消辐射源参数控制的精确程度。

8.2.2　有源隐身在工程实现上需要满足的条件与面临的问题

文献[3]指出：虽然"基于回波信号反相叠加的雷达有源隐身"技术原理简单而明晰，但是在工程实现上所需要满足的应用边界条件众多，例如，雷达入射波信号幅度与相位等参数的实时测量，被保护目标的全方位 RCS 和雷达反射波的相位方向图的测量，对消信号的精确生成，及幅度、相位、极化等信号参数的精确控制，对消效果的评估与描述等。对其中需要满足的主要条件以及面临的问题概要分析如下。

1）针对每一个被保护的目标都需要开展大量的试验并存储海量的目标特性数据

根据前述雷达有源隐身的工作原理，不同频率、不同极化、不同调制波形、不同入射方向的雷达入射波对目标进行照射之后，其回波信号的所有特征都需要精确测量后存储在目标特性数据库中，以便供后续有源对消操作中在实时产生对消信号时调用。由于雷达的频率、调制波形千变万化，这个数据量是极其庞大的。在雷达领域中专门有一个"雷达目标特性"

的子专业方向，几十年以来就一直在从事这方面的研究工作，检索一下该方向上公开发表的技术文献，对其研究成果进行归纳总结之后可发现：截至目前，仍然没有达到有源对消所提出的要求，而且差距还不小。

2）需要精确控制主动向雷达方向辐射信号的幅度与相位

在极其简化的条件下，将雷达目标的反射回波设想为由目标平台上的一个等效辐射中心发出，同时假设主动辐射的信号也从这个等效辐射中心发出，记目标向雷达方向反射信号的幅度为 A_R，而人为通过有源方式引入一个等效的抵消信号的幅度为 B_R，两个信号频率相同，且对应初始相位分别为 ϕ_{A_R} 和 ϕ_{B_R}，于是两个信号矢量叠加之后合成信号的幅度 C_R 为

$$C_R = \left| A_R \cdot e^{j\phi_{A_R}} + B_R \cdot e^{j\phi_{B_R}} \right| = A_R \sqrt{2 + 2\cos\left(\phi_{B_R} - \phi_{A_R}\right) B_R / A_R} \qquad (8.22)$$

由式（8.22）可见，通过控制 B_R 的大小以及相位 ϕ_{B_R} 来调节有源隐身中发射信号的强度。从理论上讲，当取最佳参数 $B_R = A_R$，$\varphi_{B_R} - \varphi_{A_R} = (2k+1)\pi$，$k$ 为整数时，$C_R = 0$，即能够做到回波信号的完全抵消。但是在工程应用中信号幅度瞬时测量的精度很难优于 0.1dB，开环控制的信号幅度合成的精度也基本在这一量级上，所以在工程上要实现两个信号幅度的精确相等难度巨大。此处需要说明的是，在工程上如果采用闭环控制，信号幅度合成的精度能够做到很高，但是在此应用中目标与雷达之间是非合作的关系，只能采用开环控制，在开环控制条件下参数的高精度测量与合成控制至今都是自动控制领域没有彻底解决的一个难题。另外，从本书前面讲述的干涉仪测向应用可知，雷达信号的相位测量精度受众多因素的影响，截至目前，在世界各国电子侦察设备的全脉冲描述字中几乎都没有雷达脉冲相位参数的记录，高精度的雷达脉冲信号相位测量也是一直没有彻底解决的难题。同样在开环控制条件下，缺失了精确的参数测量，难以实施精确的控制，所以相位上的精确反相也就没有参照了。

由于目标的雷达回波信号的功率特别小，即使是对于一个 RCS 达到 $10000m^2$ 的大型目标被雷达照射时，其雷达回波功率最高也不会超过十瓦级，所以用于"回波信号反相叠加的雷达有源隐身"所需要的发射机功率在工程上也在同一量级，发射机功率是足够的，但截至目前在雷达入射波信号的精确测量与发射的对消信号的幅度相位精确控制上存在众多的工程化难题，该项技术仍然停留在理论仿真与实验室研究阶段，要达到工程实用化水平仍然有很长的路要走。实际上，早在 20 世纪 90 年代世界各国就启动了有源对消的相关研究工作，但至今仍未见有突破性进展报道[15]。

8.3　深空探测中的超大型甚长基线干涉仪测向

在深空探测应用中，一方面要对人类发射的分布于太阳系内及附近的各种航天探测器进行测控通信与数据接收，另一方面也需要开展射电天文学的相关研究，即对银河系及更遥远空间中的各种天体辐射的电磁波信号进行接收与来波方向测量。由于深空目标距离遥远，即便是口径高达几十米的大型反射面接收天线，采用传统的单脉冲比幅测角方法，测角精度最多能够达到 0.001° 量级，即 17453nrad 量级。如果观测目标的可视夹角比大型天线 3dB 波束宽度的十分之一还小时，单脉冲比幅测向方式已不能满足目标测向定位的要求，只能采用超长基线的电磁波干涉测量体制来进行高精度测向，这又被称为甚长基线干涉测量（Very Long Baseline Interferometry，VLBI）。文献[6]报道，中国科学院已经建成了主要用于天文测量的 VLBI 网，通过中科院 VLBI 网和航天测控网的联合使用圆满完成了中国嫦娥一号、嫦娥二号

的测定轨任务。中科院 VLBI 网是深空测轨系统的一个分系统，由上海 25m 口径、北京 50m 口径、昆明 40m 口径、乌鲁木齐 25m 口径的 4 台射电天文接收天线，以及上海数据处理中心构成，其中北京场站的射电天文接收天线如图 8.8(a)所示。整个 VLBI 网的测角分辨率相当于口径 3000km 左右的一个巨型综合天线系统，测角精度可以达到百分之几角秒，大约 200nrad 量级。2020 年，中国建成了世界上口径最大的射电天文接收天线，又称"中国天眼"，如图 8.8(b) 所示。这个 500m 口径球面射电望远镜（Five-hundred-meter Aperture Spherical radio Telescope，FAST）位于中国贵州省黔南布依族苗族自治州境内，在贵州喀斯特洼地内铺设了口径为 500m 的球冠形主动反射面，通过主动控制在观测方向形成 300m 口径瞬时抛物面；并采用光机电一体化的索支撑轻型馈源平台，再加上馈源舱内的二次调整装置，在馈源与反射面之间无刚性连接的情况下实现了空间目标的高精度指向与跟踪；馈源舱内配置了覆盖 70MHz～3GHz 的多频段、多波束馈源和接收机系统，从而为深空探测中的无线电信号接收提供了最强大的基础设施条件。通过上述这些超大口径天线组网构成 VLBI，将进一步增强人类接收深空中无线电波信号的技术能力。

(a) 位于北京的50m口径射电天文接收天线　　(b) 位于贵州的500m口径射电天文接收天线

图 8.8　中国国内的大口径射电天文接收天线照片

8.3.1　甚长基线干涉仪测向的工作原理

VLBI 技术起源于 20 世纪 60 年代的射电天文学领域，是通过对两个测量站同时接收同一个射电源或航天器辐射的信号进行相关处理而获得其方位信息的一项超高分辨率的天文观察技术。早期的 VLBI 中相隔成千上万千米的天线接收单元（射电望远镜）采用各自独立的高稳定氢原子钟作为本机振荡器产生标准频率参考，将接收到的信号变频转换成基带信号并数字化采样之后记录在专用磁带或硬盘之中，然后做事后相关处理，能够达到 10^{-9}s 的时差测量精度，从而获得亚毫角秒级（1°=3600 角秒）的超高空间分辨率，相当于在地球上能够分辨出月球上篮球大小的面积单元，其空间分辨率是哈勃太空望远镜的 400 倍。

1. 工作原理简述

VLBI 技术的基本原理如图 8.9 所示。

两个观测站天线之间的连线自然形成一条空间基线，基线长度记为 d_{VLBI}，来自遥远深空中的目标信号建模为平面电磁波，信号来波方向与基线之间的夹角定义为信号到达角 θ_{AOA_C}，两个天线接收同一个射电源或航天器辐射的信号之后，测量得到信号到达各个天线的时差 τ_{VLBI} 与信号到达角 θ_{AOA_C} 之间的关系如式（8.23）所示：

$$\tau_{\mathrm{VLBI}} = \frac{d_{\mathrm{VLBI}} \cos \theta_{\mathrm{AOA_C}}}{c} \tag{8.23}$$

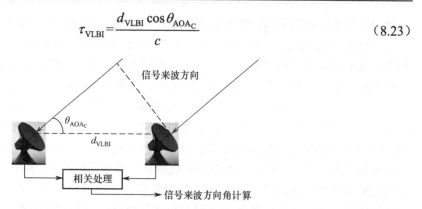

图 8.9　VLBI 甚长基线干涉仪测向技术原理图

对比图 8.9 与第 1 章中图 1.19 可知，图 8.9 中的 $\theta_{\mathrm{AOA_C}}$ 与图 1.19 中的 θ_{AOA} 互为余角，在此基础上对比 VLBI 的测向公式（8.23）与干涉仪测向公式（1.30），以及干涉仪的时差测向模型公式（3.94），并结合有关的三角几何关系可知，VLBI 测向就是一个干涉仪测向的放大版。只不过普通 VLBI 的观察量一般是信号的群时延，对应干涉仪的时差测向模型，而现在的高级 VLBI 的观察量除了群时延，还有信号的相位差，对应干涉仪的基于相位差测量的测向模型。在深空探测中观测带宽一般小于 10MHz，因此群时延的测量精度通常限制在纳秒量级；即使是在带宽不受限的射电源 VLBI 观测中，群时延的测量精度也只能达到几十皮秒量级。如果要进一步提高测量精度则必须测量信号之间的相位差，此时就需要采用连接端干涉测量（Connect Element Interferometry，CEI）技术，在 CEI 中两个观测站使用同一个频率标准，通过远程光纤通信链路进行频率同步和稳相控制，这样，整个 VLBI 系统模型就完全演变成一个标准的干涉仪测向模型了。

在 VLBI 中，群时延的测量是通过接收信号的频谱互相关来完成的，两个观测站接收来自同一辐射源的信号，互相关谱的相位与频率呈线性关系，相位直线的斜率即为两个观测站接收同一个信号的时延值，此线性关系表现在相关谱中，这样的相频图在深空探测领域中也被称为干涉条纹。实际上时差测量与相位差测量在可达精度上是有较大区别的，在同等条件下相位差参数的测量精度远高于时差参数的测量精度，关于二者的区别与联系可参见本书 3.4节中的内容，在此不再重复阐述。

2. 采用差分干涉测量技术进行 VLBI 的校正

自从 VLBI 技术问世以来，在深空航天器导航与定位领域得到了广泛应用，但是普通的 VLBI 技术容易受传输介质、站址误差、测量站时钟、设备通道延时、大气电离层和对流层扰动等因素的影响，导致较大的系统固有误差。为了降低系统测量误差，在 20 世纪 70 年代甚长基线差分干涉（ΔVLBI）测量技术被提出，该技术采用分时工作和顺序观测的方式，对角度上接近的航天器与参考射电源进行交替测量，其中参考射电源的位置是先验已知的，在假设各项误差源对射电源观测量与航天器观测量影响基本一致的条件下，通过对测量结果的差分处理来消除各项公共误差，从而提升了测向精度。

实际上，采用差分干涉测量技术进行 VLBI 校正的思想与本书 5.6.3 节中介绍的干涉仪测向的校正技术如出一辙，在不考虑应用领域差异的情况下，二者可以采用相同的数学模型来描述。

8.3.2　连接端干涉测量技术及应用

如前所述，在射电天文测量领域中，VLBI 的测量很多情况下都是对群时延的测量而非相位差的测量，尽管如此在该领域中仍然使用了"干涉仪"这个称呼。随着技术的发展进步，射电天文测量领域也开始使用具有更高精度的相位差测量技术，在该领域中对此又取了一个专门的名字"连接端干涉测量"（CEI）。CEI 技术在国外相对比较成熟，日本和美国起步较早，处于世界领先水平。

文献[6]报道，早在 20 世纪 80 年代初，美国在其东海岸部署了 CEI 系统来测量地壳的移动，该系统由 1 主 1 副相距 100km 的两个观测站组成，位置差分测量精度优于 1mm。20 世纪 90 年代，日本鹿儿岛大学成功利用百米量级的 CEI 完成了同步静止轨道（Geostationary Earth Orbit，GEO）卫星的跟踪试验，该试验的信号频段为 Ku 频段，天线口径只有 1.5m，两条正交基线的长度分别为 110m 和 130m，该 CEI 系统对两个共位 GEO 同步轨道卫星进行了实时监测，位置距离差分测量精度达到 0.21mm，定轨精度达到 80～100m。

美国国家航空航天局（National Aeronautics and Space Administration，NASA）研制的深空网从 20 世纪 80 年代开始也对同步轨道卫星开展了 CEI 观测验证试验。1987 年 NASA 利用戈尔德斯顿深空站 DSS12 和 DSS13 之间长达 6km 的基线首次进行了 CEI 试验。在 1989 年 6 月至 7 月间，NASA 利用戈尔德斯顿深空站 DSS13 和 DSS15 构成了一个实时 CEI 系统，如图 8.10 所示。DSS13 和 DSS15 之间的基线长达 21km，开展了多次 CEI 试验所获得的测试数据表明：CEI 在 S 频段 2.3GHz 和 X 频段 8.4GHz 上进行了双频观测，实现了测角精度为 50～100nrad。按照此试验数据推断，如果基线长度扩展至 100km，测角精度预计可达到 10～20nrad 水平。

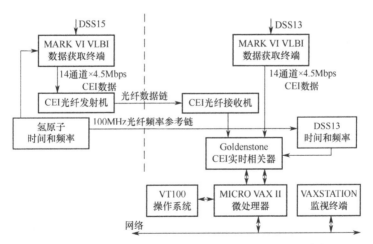

图 8.10　NASA 研制的 CEI 连接端干涉测量系统组成框图

在 1989 年美国第二代中继卫星测定轨方案论证时，NASA 利用 CEI 系统对中继卫星定轨支持能力进行了分析，采用相距 100km 的双基线射电源校准的 CEI 系统，再加上测距功能，仿真计算了该系统对 ATDRS-E 同步轨道卫星的定位能力。仿真结果表明，1h 观测弧段获得的卫星位置误差为 122m；6h 观测弧段获得的卫星位置误差为 77m；12h 观测弧段获得的卫星位置误差为 68m；30h 观测弧段获得的卫星位置误差为 40m。由此可见，采用相位差测量，而不是运用时差测量，VLBI 在最终的测角定位精度上有大幅度的提升。

8.4　干涉仪测向在卫星导航中的应用——GNSS 姿态仪

GPS、GLONASS、BD、Galieo 是全球四大导航卫星系统，这些全球导航卫星系统（GNSS）所提供的定位、测速与授时服务在军事国防与国民经济建设中发挥了巨大作用，这一点是被人们广泛认可的。几乎在每一部智能手机中都集成了卫星导航定位芯片，随时能够输出手机用户当前的位置信息，而如此便捷的服务不仅是完全免费的，而且手机中的卫星导航定位芯片的价格也便宜到令大家难以想象，一个芯片的成本仅几十元。当今社会如此普及的定位服务使得大家产生了一个惯性思维——GNSS 主要用于导航定位。实际上，GNSS 还有一个重要功能就是为运动载体的高精度姿态测量提供参考信号，即采用多天线接收机对 GNSS 中各颗导航卫星所发射信号的来波方向进行测量，便能够解算出运动载体的姿态信息，而完成这一功能的设备被称为基于 GNSS 信号的姿态测量设备，又简称 GNSS 姿态仪。姿态仪是许多领域中的必备测量设备，例如飞机与导弹的自动驾驶仪需要连续获得飞机与导弹的航向、俯仰与横滚信息，以此来实现飞行姿态的闭环反馈控制；地面或水面目标跟踪应用中也需要对平台指向与姿态进行校正，从而完成目标方向的最终解算。除此之外，姿态仪在航天器天线指向、姿态控制、航空摄影图片校正等应用中也是必不可少的。GNSS 姿态仪与传统的惯导测姿系统相比，具有精度高、体积小、成本低等特点，所以其应用的广泛性也变得越来越明显。

8.4.1　GNSS 姿态仪的工作原理

在 GNSS 姿态仪中需要对来自同一颗导航卫星的信号进行载波相位差分测量（又称载波相位差测量），以此来估算在自身载体坐标系中导航卫星信号的来波方向，如图 8.11 所示。由图 8.11 可知，GNSS 姿态仪中通过对导航卫星信号的相位差测量来实现测向的原理与电子对抗侦察中干涉仪测向原理是完全相同的。

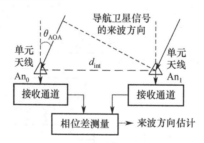

图 8.11　通过对导航卫星信号的相位差测量来实现测向

图 8.11 中单元天线 An_0 与 An_1 之间构成测向基线，其直线距离为 d_{int}，导航信号来波方向与基线法向之间的夹角为 θ_{AOA}，导航信号的波长为 λ_{N}，来自单元天线 An_0 与 An_1 的两路信号之间相位差 $\phi_{\text{N}\Delta}$ 如式（8.24）所示：

$$\phi_{\text{N}\Delta} = 2\pi d_{\text{int}} \cdot \sin\theta_{\text{AOA}} / \lambda_{\text{N}} \tag{8.24}$$

在获得相位差测量值 $\phi_{\text{N}\Delta,\text{M}}$ 后，由式（8.25）计算该导航卫星信号的来波方向 $\hat{\theta}_{\text{AOA}}$ 为

$$\hat{\theta}_{\text{AOA}} = \arcsin\left[\left(\phi_{\text{N}\Delta,\text{M}} + 2\pi k\right)\lambda_{\text{N}} / \left(2\pi d_{\text{int}}\right)\right] \tag{8.25}$$

式中，k 为整数，相位差测量值 $\phi_{\text{N}\Delta,\text{M}}$ 的取值范围为 $[-\pi,\pi)$，而在通常的 GNSS 姿态仪中

$d_{\text{int}} >> \lambda_{\text{N}}$，所以 GNSS 姿态仪存在导航信号的相位差测量模糊问题，即多个不同的 θ_{AOA} 值与同一个相位差测量值 $\phi_{\text{N}\Delta,\text{M}}$ 产生对应关系，这也是式（8.25）中在相位差测量值 $\phi_{\text{N}\Delta,\text{M}}$ 的基础上增加了 $2\pi k$ 的原因所在，其中 k 即是相位整周模糊数。在电子对抗侦察应用中一般采用多基线干涉仪来解决这一问题，即用短基线的测量结果解长基线的相位差模糊，而在 GNSS 姿态仪中一般都采用较长的单基线，所以只能通过其他方法来解相位差的整周模糊度，具有代表性的方法有：双频伪距法、模糊度函数法、模糊度协方差法等，具体原理在 8.4.2 节中再进行介绍。在此需要特别说明的是，尽管接收到的所有 GNSS 信号都十分微弱，均在接收机的噪声基底以下，是一个带内功率信噪比 $S/N|_{\text{within}}$ 为负分贝数的扩频信号，但是其扩频码是事先已知的，所以按照本书第 3 章中所介绍的去调制的测向方法，GNSS 信号的能量信噪比 E_{s}/n_0 是正分贝数的，这也使得 GNSS 姿态仪的接收机通道间信号的相位差测量精度相对较高，再加上较长的测向基线配置，所以 GNSS 姿态仪完全能够对各颗导航卫星发射的信号进行高精度测向。

前面的图 8.11 仅仅是用二维平面中的情形来说明 GNSS 姿态仪的测向原理，在实际的三维来波方向测量中，GNSS 姿态仪一般在平台上布置相互垂直的两条基线来实施平台的姿态测量，如图 8.12 所示。

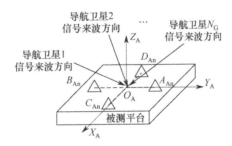

图 8.12　通过对卫星导航信号来波方向测量来解算平台的姿态参数

图 8.12 中，在被测平台上建立 $O_{\text{A}}X_{\text{A}}Y_{\text{A}}Z_{\text{A}}$ 载体坐标系，天线 A_{An}、B_{An} 构成一条基线，位于 Y_{A} 轴上，天线 C_{An}、D_{An} 构成另一条垂直基线，位于 X_{A} 轴上，且 Z_{A} 轴与 X_{A}、Y_{A} 轴构成右手直角坐标系。图 8.12 中的载体坐标系可看成是本地东北天直角坐标系将原点平移到 O_{A} 点之后，再通过三维旋转变换形成，而绕各个轴的旋转参数即对应了平台的姿态参数：航向角 α_{az}、俯仰角 α_{pi}、横滚角 α_{ro}。如图 8.12 所示，GNSS 姿态仪能够测量得到第 i 颗导航卫星的信号在载体坐标系中的来波方向，其所对应的单位矢量记为 $\gamma_{\text{G},i}$，$i=1,2,\cdots,N_{\text{G}}$，$N_{\text{G}}$ 为被测平台当前位置处可观测到的导航卫星的数目，而该来波方向在本地东北天坐标系中对应的单位矢量为 $\gamma_{\text{L},i}$，且 $\gamma_{\text{L},i}$ 在完成平台定位之后为一个已知值，于是可建立如下方程：

$$\gamma_{\text{G},i} = \boldsymbol{M}_3 \cdot \boldsymbol{M}_2 \cdot \boldsymbol{M}_1 \cdot \gamma_{\text{L},i} \tag{8.26}$$

式中，$\boldsymbol{M}_1$、$\boldsymbol{M}_2$、$\boldsymbol{M}_3$ 表示旋转变换矩阵，分别如下式所示：

$$\boldsymbol{M}_1 = \begin{bmatrix} \cos\alpha_{\text{az}} & -\sin\alpha_{\text{az}} & 0 \\ \sin\alpha_{\text{az}} & \cos\alpha_{\text{az}} & 0 \\ 0 & 0 & 1 \end{bmatrix}, \boldsymbol{M}_2 = \begin{bmatrix} 1 & 0 & 0 \\ 0 & \cos\alpha_{\text{pi}} & \sin\alpha_{\text{pi}} \\ 0 & -\sin\alpha_{\text{pi}} & \cos\alpha_{\text{pi}} \end{bmatrix}, \boldsymbol{M}_3 = \begin{bmatrix} \cos\alpha_{\text{ro}} & 0 & -\sin\alpha_{\text{ro}} \\ 0 & 1 & 0 \\ \sin\alpha_{\text{ro}} & 0 & \cos\alpha_{\text{ro}} \end{bmatrix}$$

$$\tag{8.27}$$

式（8.26）中，$\gamma_{\text{G},i}$ 为测量值，$\gamma_{\text{L},i}$ 为定位后的推算值，未知参数仅有 3 个，分别是 α_{az}、α_{pi} 和

α_{ro}。一般来讲，仅需对 3 颗导航卫星的信号来波方向实施测向即可建立式（8.26）所示的方程组，从而求解出三个姿态参数 α_{az}、α_{pi} 和 α_{ro}。在 $N_G \geqslant 4$ 的条件下，式（8.26）中方程的个数将多于未知参数的个数，此时可通过最小二乘法进行求解，如式（8.28）所示：

$$\left(\hat{\alpha}_{az}, \hat{\alpha}_{pi}, \hat{\alpha}_{ro}\right) = \arg\min \sum_{i=1}^{N_G} \left\| \gamma_{G,i} - \boldsymbol{M}_3 \cdot \boldsymbol{M}_2 \cdot \boldsymbol{M}_1 \cdot \gamma_{L,i} \right\|^2 \tag{8.28}$$

由上可见，虽然 GNSS 姿态仪最终输出的结果是载体平台的三个姿态参数，但是其核心技术之一仍然在于通过单基线干涉仪测向来实现对各个导航卫星信号的来波方向的精确测量。

8.4.2 卫星导航信号的相位差测量中整周模糊度的解算

与干涉仪测向中的相位差模糊问题一样，在 GNSS 姿态仪中同样存在载波相位差分测量以 2π 为周期的整周模糊度问题，而对该问题的求解一直是卫星导航定位领域中的一个研究热点，大量的求解方法不断被提出来。不过对这一问题的求解需要区分不同的状态，例如，载体处于静止状态还是处于运动状态；是实时求解还是可以事后计算等。另外，卫星导航信号是一直存在的，信号参数也是保持稳定的，所以这为该问题的求解提供了便利条件。

文献[16]报道了各种整周模糊度的解算方法。在 GNSS 系统中按照所能利用的测量时间的长短，整周模糊度求解方法可分为单历元和多历元两大类。单历元方法只利用一个测量时刻的测量数据即可快速求解，但是在多径与大气时延等因素的影响下容易收敛到一个局部最优点而非全局最优点，正确求解的成功率不高；而多历元方法利用一段时间内的众多观察值，提高了正确求解的概率。在众多的求解方法中利用伪距辅助估算整周模糊度的取整方法是最直接、最简单的一种方法，而其他大量的方法则主要集中在求解一个整数型最小二乘问题上，即把某个目标函数最小化，例如目前采用最多的是使模糊度残余平方和最小。由于整数型最小二乘问题不存在解析解，所以需要依据某一最优化准则来搜索最优解，具有代表性的算法包括：最小二乘模糊度搜索算法、优化 Choleshy 分解算法、LAMBDA 算法、OMEGA 算法、快速模糊度搜索滤波算法、零空间算法等。下面选取部分具有代表性的典型算法简要介绍。

1. 利用伪距取整的估计方法

比较卫星导航的伪距观测方程与载波相位观察方程可知，由双差伪距 d_P 和双差载波相位 ϕ_P 可计算出双差整周模糊度 N_P 的估计值如下：

$$\hat{N}_P = \text{round}\left[\phi_P / (2\pi) - d_P / \lambda_N\right] \tag{8.29}$$

式中，λ_N 表示导航卫星信号的波长，$\text{round}(\bullet)$ 表示四舍五入的取整函数。因为双差测量值中的几何距离、卫星星历误差和对流层延时等变量都被抵消掉了，所以利用伪距取整的估计方法与导航卫星星座的几何构型无关。

该方法估计的整周模糊度值 $\hat{N}_P$ 的准确度由双差伪距 d_P 的测量精度决定。如果 d_P 的精度为 1m，导航卫星的波长按 0.2m 计算，那么 N_P 的估计误差可达 5 个波长，这对于精密定位与姿态测量来讲都是一个很大的误差。为了提高估计精度，可以采用多个时刻的测量值求平均的方法来将整周模糊度值的估计误差降低到 1 个波长量级。实际上，该方法与本书 2.2.2 节讲述的干涉仪测向中联合到达时间差估计的相位差解模糊的思想是非常类似的，导航卫星信号的伪距差测量从本质上讲对应了调制信号到达干涉仪各个单元天线之间的时间差测量，所以该思想在不同应用领域中都发挥了相同的作用。该方法的关键在于时差估计的精度，即双差伪距估计的精度，只要精度能够达到波长量级，就能够确保成功完成整周模糊度的准确求解。

2. 利用多频接收机同时测量的方法

前面的伪距取整估计方法是针对单频接收机而言的，同一颗导航卫星会同时在多个频点上发射不同频率的导航信号，所以将不同频率上信号的双差伪距和双差载波相位测量值融合在一起，可以一并求解出各个频率上信号的整周模糊值。以双频导航接收机为例，有第一个频率上的双差载波相位观测方程和双差伪距观测方程，再加上第二频率上的双差载波相位观测方程和双差伪距观测方程，这样就有 4 个方程，而未知参数仅有三个：双差几何距离、双差整周模糊度 N_{P1} 和 N_{P2}，而其余的各种误差在姿态仪应用条件下均可以忽略，于是便能够利用加权最小二乘等方法求解出 N_{P1} 和 N_{P2}。双频接收处理的好处在于：能够通过更多的约束条件来检测不同频率条件下各种测量值之间是否保持一致，降低了整周模糊度估计误差的均方差。

实际上，GNSS 姿态仪利用多频导航接收机来求解整周模糊度的思想也给了干涉仪测向中解相位差模糊的方法以新的启示。如果在同一个目标平台上有多个频率不同的辐射源，这些辐射源信号都在同一个来波方向上，在此条件下对属于同一个平台上的多个不同频率的辐射源信号进行测向时，就可借鉴上述 GNSS 中的多频处理方法与流程来提升干涉仪测向解模糊的概率。

8.5　多波长信号干涉测距及其在测控通信中的应用——侧音测距

8.5.1　侧音测距的工作原理

航天测控系统既是航天器发射入轨与返回阶段的重要支持保障系统，又是航天器在轨运行的重要控制系统，世界上各个航天大国都建有功能完善的航天测控系统，以我国为例，就有"C 频段测控网""S 频段测控网"和"跟踪与数据中继卫星系统"（Tracking and Data Relay Satellite System，TDRSS）测控网等。实时精确测量航天器与地面站之间的距离是航天测控系统的基本功能之一，常用的测距方法主要有两种：伪码测距和侧音测距，其中侧音测距就是地面测控站向航天器发射一组频率为 $f_{to,k}$ 的纯音信号，$k=1,2,\cdots,N_{to}$，对上行载波 f_c 进行调相，其中 N_{to} 为侧音的个数，ϕ_c 为初相，得到调制后的信号 $S_{TTC}(t)$ 如式（8.30）所示[17]：

$$S_{TTC}(t)=A_{TTC}\cdot\cos\left[2\pi f_c t+\phi_c+\sum_{k=1}^{N_{to}}m_k\cdot\sin\left(2\pi f_{to,k}t+\phi_k\right)\right]$$

$$=A_{TTC}\sum_{n_1=-\infty}^{+\infty}\cdots\sum_{n_k=-\infty}^{+\infty}\left\{\left[\prod_{k=1}^{N_{to}}J_{n_k}(m_k)\right]\cdot\cos\left[2\pi f_c t+\phi_c+\sum_{k=1}^{N_{to}}n_k\cdot\left(2\pi f_{to,k}t+\phi_k\right)\right]\right\}$$

（8.30）

式中，A_{TTC} 为信号幅度，m_k 和 ϕ_k 分别为第 k 个侧音的调制度和初始相位，$J_{n_k}(m_k)$ 为第一类贝塞尔函数，下标 n_k 为阶数，如式（8.31）所示：

$$J_{n_k}(m_k)=\sum_{i=0}^{\infty}\frac{(-1)^i(m_k/2)^{n_k+2i}}{i!(n_k+i)!}$$

（8.31）

在工程实际应用中，各个侧音调制一般采用较小的调制度以减小相互之间的交叉干扰，并通过滤波器滤除了高次谐波和频率乘积项，所以在式（8.30）中通常可以忽略高阶项和频率乘积项，最终得到只包含中心残留载波和各个侧音副载波的信号表达式。除中心残留载波外，在频域中各个侧音信号的一对谱线对称分布在中心残留载波的两侧，且各个侧音副载波与中心残留载波之间的频率间隔刚好等于各个侧音的频率。记原信号的总功率为 P_r，则中心残留载波的功率 P_c 与各个侧音副载波的功率 $P_{to,k}$ 如式（8.32）所示。由此可见，各个侧音信号的相对功率大小由其对应的调制度决定。

$$\begin{cases} P_c = P_r \cdot J_0^2(m_1) J_0^2(m_2) \cdots J_0^2(m_{N_{to}}) \\ P_{to,k} = 2P_r \cdot J_1^2(m_k) \sum_{l=1, l \neq k}^{N_{to}} J_0^2(m_l) \end{cases} \tag{8.32}$$

经过调制后的纯音信号分布在残留载波的两侧，航天器利用具有相位相参功能的应答机将上行侧音转发回地面测控站，地面站对接收到的信号进行调相解调之后恢复出侧音信号，通过对比本地位置处上行发射的侧音与下行接收的侧音之间的相位差，从而计算出地面站与航天器之间的距离 d_{SE}。设其中一个测距侧音信号的频率为 f_{tone}，那么上下行该侧音信号之间的相位差 $\phi_{tone\Delta}$ 与 d_{SE} 之间的关系如式（8.33）所示：

$$\phi_{tone\Delta} = 2\pi \cdot 2d_{SE} / (c / f_{tone}) = 4\pi d_{SE} / \lambda_{tone} \tag{8.33}$$

只要把式（8.33）中 $\lambda_{tone} = c / f_{tone}$ 看成是侧音信号的波长，对比式（8.33）与前面的干涉仪测向公式即可发现二者极其相似，在已知 f_{tone} 和 $\phi_{tone\Delta}$ 测量值的条件下，便可求解出 d_{SE} 如式（8.34）所示：

$$d_{SE} = \phi_{tone\Delta} \cdot \lambda_{tone} / (4\pi) = c \cdot \phi_{tone\Delta} / (4\pi f_{tone}) \tag{8.34}$$

侧音测距与干涉仪测向中的相位差测量面临相同的问题，即相位差 $\phi_{tone\Delta}$ 具有 2π 周期的模糊性，单个侧音测距无法兼顾无模糊测量与高精度测量之间的矛盾。因为当侧音信号频率很低时，$\phi_{tone\Delta}$ 的取值区间在 $[-\pi, \pi)$，虽然无相位差测量模糊，但测距精度不高；反之，当侧音信号频率很高时，虽然测距精度较高，但 $\phi_{tone\Delta}$ 越来越模糊。于是参照多基线干涉仪测向原理，需要使用一组频率各不相同的侧音信号，通过逐级解模糊的方法来获得高精度的距离测量值。

一个实际的例子是我国微波统一 S 频段（United S Band，USB）侧音测距体制中，地面测控站发射了由 7～9 个侧音组成一组信号，其频率分别为：100kHz、20kHz、4kHz、800Hz、160Hz、32Hz、8Hz、2Hz、0.5Hz，其中相邻两个侧音之间的频率比为 4 或 5，这一特点与前述长短基线组合干涉仪设计中的相邻基线长度比非常相似。以上 9 个测距音称为原侧音信号，其中 100kHz 的信号决定测距精度，称为主侧音；其他侧音主要是参与相位解模糊过程，称为匹配侧音或次侧音。在具体工程实现过程中为了方便，一般将 4kHz 及其以下频率的次侧音折叠至 16kHz 侧音上去，即实际所发射的这组侧音信号的频率为：100kHz、20kHz、16kHz、16.8kHz、16.16 kHz、16.032 kHz、16.008kHz、16.002kHz、16.0005kHz。如果侧音测距过程中信号的相位差测量精度能够达到 1°，最高测距精度由频率最高的侧音决定，在这组侧音信号中 100kHz 侧音对应的波长 $\lambda_{tone} = 3 \times 10^8 \text{m/s} \div 100\text{kHz} = 3000\text{m}$，于是可估算出测距精度为 $3000 \text{ m} \times 1/360 \div 2 \approx 4.167\text{m}$；而最大无模糊测距距离由频率最低的侧音决定，在这组侧音信号中 0.5Hz 侧音对应的往返测距的最大无模糊距离等于 $3 \times 10^8 \text{m} \div 0.5 \div 2 = 300000\text{km}$，在上述计算过程中除以 2 是考虑到侧音测距过程是一个往返测距过程，单向距离及测距精度需要折半计算。

8.5.2　侧音测距的工程实现

文献[18]对 USB（统一 S 频段）载波测控系统中的侧音测距技术的工程实现进行了具体介绍。USB 测控系统原理框图如图 8.13 所示，主要包括地面测控站与卫星应答机两大部分。

由图 8.13 可见，地面测控站将遥控指令以 PSK（Phase Shift Keying）方式调制在副载波上，副载波一般选定在 8～16kHz 之间，避免对测距用的次侧音造成干扰，遥控副载波再对载波进行 PM（Phase Modulation）调制，然后向卫星所在方向进行发射。与上行遥控类似，卫星上的应答机将遥测信息以 PSK 方式调制在副载波上，遥测副载波再对载波进行 PM 调制，然后向地面站所在方向进行发射。上述遥控与遥测共同构成一个闭环控制系统。

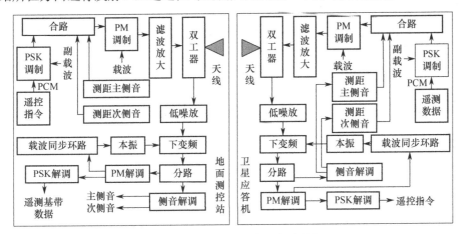

图 8.13　USB 测控系统原理框图

在图 8.13 中，以同时采用两个侧音信号实施测距为例进行了说明，一个主侧音与一个次侧音，它们对载波进行同时调相，载波受各种副载波调制之后，载波分量的功率降低，但不会完全消失，功率降低之后的载波分量称为残留载波，所以这种多副载波对载波调相的调制方式也被称为残留载波调制。在上述各个副载波调相之后残留的载波分量可用于实现多普勒测速、测角与角跟踪，从而整个系统最终完成跟踪测轨（包括测距、测速、测角）、遥控和遥测三种功能的综合。

在这种采用遥控/遥测和测距两种副载波进行线性 PM 调制的工作方式中，各个信号分量在频域上的频谱位置如图 8.14 所示，其中图 8.14(a)展示的是上行遥控信号的频谱，图 8.14(b)展示的是下行遥测信号的频谱。由于上述复合调制的精确频谱比较复杂，所以图 8.14 中仅绘制了主要信号的频谱成分，并且以示意方式表示。

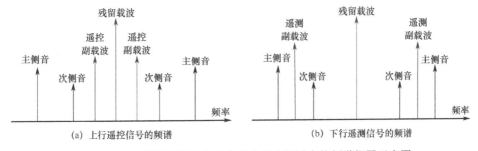

(a) 上行遥控信号的频谱　　　　　　　　(b) 下行遥测信号的频谱

图 8.14　USB 测控系统中各个信号分量在频域中的频谱位置示意图

1）侧音信号的调制

如前所述，统一测控系统中在一个主载波上调制了若干个测控信号，包括遥控、遥测和多个侧音信号，调制方式通常为 PM 调制，如式（8.30）所示。使用一个载波完成多种功能信号的传输，优点是大大减小了地面站的种类与数量，同时也简化了航天器上的设备，减小了航天器的体积、质量和功耗。

　　2）侧音信号的解调

　　侧音测距信号是一个标准的调相信号，对调频和调相信号进行解调的传统方法是运用锁相环技术，即采用锁相环电路对载波信号进行相位跟踪，在跟踪误差范围内锁相环便会输出原有的相位调制信息。关于使用锁相环解调 PM 信号的详细方法与电路设计在各类公开文献中都有详细的讲述，在此不重复展开赘述。实际上，对于侧音测距信号，如果在各个副载波的调制度都非常小的情况下，还可以采用相干解调的方法，即将一个正交载波信号与接收到的调相信号相乘并低通滤波，于是有式（8.35）成立：

$$R_c(t) = \text{Filter}_L\left[S_{\text{TTC}}(t)\sin(2\pi f_c t)\right]$$

$$= \text{Filter}_L\left(\frac{1}{2}\left\{\sin\left[4\pi f_c t + \phi_c + \sum_{k=1}^{N_{\text{to}}} m_k \cdot \sin(2\pi f_{d,k} t + \phi_k)\right] - \sin\left[\sum_{k=1}^{N_{\text{to}}} m_k \cdot \sin(2\pi f_{d,k} t + \phi_k)\right]\right\}\right)$$

$$= \text{Filter}_L\left\{-0.5\sin\left[\sum_{k=1}^{N_{\text{to}}} m_k \cdot \sin(2\pi f_{d,k} t + \phi_k)\right]\right\} \approx -0.5\sum_{k=1}^{N_{\text{to}}} m_k \cdot \sin(2\pi f_{d,k} t + \phi_k)$$

$$(8.35)$$

式中，$\text{Filter}_L\{\cdot\}$ 表示低通滤波算子，其中最后一步在各个副载波的调制指数都非常小的情况下进行了近似处理，从而能在基带解调出各个副载波信号。利用上述解调的各个副载波信号就能够完成各个侧音信号的相位差测量与测距解算了。

　　从以上对侧音测距技术的分析可知：其通过多波长信号的相位差测量来实现测距与多基线干涉仪对同一个信号的相位差进行测量来实现测向在技术处理流程上是非常相似的，二者之间很多处理方法与应用技巧都可以相互借鉴。

8.6　干涉合成孔径雷达

　　干涉合成孔径雷达（InSAR）是一种重要的全天时、全天候、远距离对地观测设备，也是传统合成孔径雷达（Synthetic Aperture Radar，SAR）成像技术与无线电波干涉技术相结合的产物。InSAR 相对于 SAR 的最大区别在于：InSAR 不仅能够获得同一目标区域的一对 SAR 复图像，而且这对复图像之间存在相干性，通过图像相位信息生成的干涉图样能够推算两次成像过程中在各个像素点位置对应处的无线电波的传播路径差，从而能够反演出目标区域的地形、地貌、表面的微小变化与数字高程信息，所以又被称为三维合成孔径雷达（3 Dimension Synthetic Aperture Radar，3D SAR）。InSAR 的测量结果应用十分广泛，例如，高程地图的构建、重点区域的地表变形监测等。InSAR 与高程测量精度受雷达系统距离分辨率限制的雷达高度表相比，能够获得波长量级的高精度数字高程模型。

　　InSAR 的装载平台主要有飞机与卫星两种。早期英国 DERA（德拉）公司研制过机载 C 频段小功率双天线 InSAR[19,20]，瑞士研制过名为 DO-SAR 的机载 C 频段双天线 InSAR[21]，德国高频物理研究所研制过 35GHz 毫米波频段由两个透镜天线组成的机载 InSAR[22]，美国 NASA 的喷气推进实验室（Jet Propulsion Laboratory，JPL）将干涉仪技术与极化技术相结合研制了 L/C 两个频段的双天线多极化 InSAR[23]，加拿大 Intermap（交互地图）公司也研制了机载 L 频段 InSAR 试验系统。国内早期的公开文献已报道过中科院电子学研究所、中国航天科工二院二十三所等单位，研制过 X 频段双天线机载 InSAR、毫米波频段的三基线机载 InSAR

等原理样机，并开展了相关的测试试验。在星载 InSAR 方面，早在 1994 年美国就利用航天飞机上的 X 频段 SAR 开展了单天线双航过测高的 InSAR 试验[24]；2000 年年初美国又在航天飞机上加装了可伸出达到 60m 远的用于接收 C/X 频段信号的副天线，与主天线一起构成双天线系统，开展了双天线单航过测高的 InSAR 试验[25]。随后，加拿大开始研制两颗雷达卫星 SAR2 和 SAR3 进行 InSAR 试验，这两颗卫星既能进行单天线双航过测高，也能够将两颗卫星前后排列组成一个距离为数千米的双天线系统进行双天线单航过测高[26]；德国也研制了 Terra SAR-X 雷达卫星，同样具备 InSAR 工作模式[27]。进入 21 世纪以后，世界各国对于 InSAR 的开发与利用都处于蓬勃发展的阶段。

8.6.1　InSAR 的主要类型

InSAR 技术通常采用双天线同时观测，或者是单天线平台两次接近平行的观测，获取地面同一区域的两幅复图像，其成像场景如图 8.15(a)所示，其中 An_0 与 An_1 表示两个天线，H_{InS} 表示天线 An_0 的高度。由目标与天线位置之间的几何关系可知，在两个雷达天线接收的回波信号所形成的两幅复图像的对应像素点位置处会产生相位差，从而形成干涉相位图，而且干涉相位图中包含了斜距上的目标点与两个天线距离之差的精确信息。所以综合利用雷达天线的高度、工作波长、天线基线长度和倾角，以及波束视角之间的几何关系，便能够精确推算出 SAR 图像上每一个像素点所对应区域的三维位置及高度的变化信息。

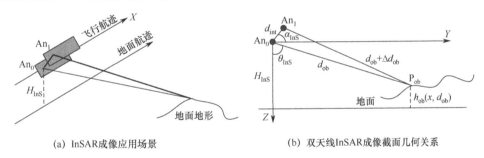

(a) InSAR成像应用场景　　　　(b) 双天线InSAR成像截面几何关系

图 8.15　InSAR 成像场景及其几何关系图示

按照不同的测量模式，InSAR 分为单次通过 InSAR、重复通过 InSAR 和差分 InSAR 三种类型。

单次通过 InSAR 是在雷达一次飞行过程中就完成干涉测量的 SAR 系统，在同一个平台上安装有两个天线，所以又被称为"双天线 InSAR"、双天线单航过测高 InSAR。单次通过 InSAR 利用一个天线发射信号，两个天线同时接收目标反射回波的方式进行工作，该工作方式称为"标准模式"；单次通过 InSAR 的另一种工作模式是"乒乓模式"，即利用两个天线分别轮流发射信号并接收回波信号。根据两个天线的位置和雷达飞行航向之间的关系，单次通过 InSAR 还可进一步细分为交轨式 InSAR 和顺轨式 InSAR 两个子类。交轨式 InSAR 中两个天线之间的连线所构成的基线与航向垂直，在此条件下两幅复图像之间对应像素点的相位差是由两个天线与地面目标点之间的路径差造成的，而路径差又与地形紧密关联，如果已知干涉测量系统的几何参数，那么就可以将两幅复图像的相位差信息转化为对应的高程信息，从而能够重建包括距离、方位和高程在内的目标三维特征信息。机载 InSAR 通常均采用双天线单次通过法，双天线的间距一般为 1~2m。

重复通过 InSAR 一般只适用于星载应用，通常只有一个天线，通过对 InSAR 卫星的精确轨道设计来使得对同一区域进行两次重复的 SAR 成像，而且这两次成像之间的卫星运动的轨迹相差很小，以此来模拟双天线单次通过 InSAR 的测量效果。星载 InSAR 在 20 世纪 90 年代曾经采用过单天线双航过模式；2000 年年初美国在航天飞机上加装了一个距离主天线 60m 的副天线之后，也具备了双天线单次通过的工作模式，实际上双天线单航过模式比单天线双航过模式在高度方向上的测量精度提高了三倍左右。

差分 InSAR 有"二轨法""三轨法"和"四轨法"三种，一般只适用于星载，通常也只有一个天线。其中"三轨法"差分 InSAR 最为常用，也最能体现差分 InSAR 的特点与优势。"三轨法"需要 SAR 卫星对同一地区获得的 3 幅单视复图像，以第一幅图像为主图像分别与第二、第三幅图像进行干涉处理，从而得到两幅干涉图像的相位图。利用这两幅相位图进行再次差分处理来计算得到目标区域地形的微小形变信息。

关于上述三类 InSAR 的详细分析可参见文献[28,29]。在本书中简要介绍 InSAR 是为了展示无线电波的干涉测量技术应用的广泛性与干涉处理方法的通用性，所以接下来，主要以双天线 InSAR 为例对其工作原理进行阐释。

8.6.2　双天线 InSAR 的工作原理

双天线 InSAR 成像几何关系如图 8.15(b)所示，图 8.15(b)中坐标系的 Z 轴正向垂直向下，雷达沿 X 轴正向飞行，且 X 轴、Y 轴与 Z 轴构成右手直角指标系。雷达上的两个天线 An_0 与 An_1 之间的基线垂直于雷达飞行航线，基线长度为 d_{int}，与水平方向（Y 轴）之间的夹角为 α_{InS}，θ_{InS} 为天线的视角，H_{InS} 为天线 An_0 距离水平面的高度，设两个天线与目标点 P_{ob} 之间的最短距离分别为 d_{ob} 和 $d_{\text{ob}} + \Delta d_{\text{ob}}$，于是经 SAR 成像处理后得到的两幅复图像 $\text{Pic}_1(x, d_{\text{ob}})$ 和 $\text{Pic}_2(x, d_{\text{ob}})$ 可分别表示为

$$\begin{cases} \text{Pic}_1(x, d_{\text{ob}}) = \gamma_b(x, d_{\text{ob}}) \exp(j\phi_1) \exp\left[j(2\pi/\lambda) \cdot 2d_{\text{ob}}\right] \\ \text{Pic}_2(x, d_{\text{ob}}) = \gamma_b(x, d_{\text{ob}}) \exp(j\phi_2) \exp\left[j(2\pi/\lambda) \cdot (2d_{\text{ob}} + Q_r \cdot \Delta d_{\text{ob}})\right] \end{cases} \tag{8.36}$$

式中，$\gamma_b(\cdot)$ 表示目标点 P_{ob} 的后向散射系数，ϕ_1 和 ϕ_2 分别为与目标点 P_{ob} 自身特性有关的随机相位信息，λ 为信号波长，Q_r 为与雷达工作模式有关的常数，对于标准模式 $Q_r = 1$，对于乒乓模式 $Q_r = 2$。

将两幅 SAR 复图像经过配准之后进行干涉处理，即用一幅复图像乘以另一幅复图像的共轭，可得：

$$\begin{aligned} \text{Phase}(x, d_{\text{ob}}) &= \text{Pic}_1(x, d_{\text{ob}}) \cdot \text{Pic}_2^*(x, d_{\text{ob}}) \\ &= \gamma_b^2(x, d_{\text{ob}}) \exp\left[j(\phi_1 - \phi_2)\right] \exp\left[-j(2\pi/\lambda) \cdot Q_r \cdot \Delta d_{\text{ob}}\right] \end{aligned} \tag{8.37}$$

在一次观测过程中可认为两幅复图像中反映目标特性的随机相位信息是相同的，即 $\phi_1 = \phi_2$，于是求得干涉图像的相位差 $\phi_{\Delta\text{InS}}(x, d_{\text{ob}})$ 如下：

$$\phi_{\Delta\text{InS}}(x, d_{\text{ob}}) = (2\pi/\lambda) \cdot Q_r \cdot \Delta d_{\text{ob}} \tag{8.38}$$

按照图 8.15(b)所示的 InSAR 成像几何关系，由余弦定理可得：

$$d_{\text{ob}} + \Delta d_{\text{ob}} = \sqrt{d_{\text{ob}}^2 + d_{\text{int}}^2 - 2d_{\text{int}} d_{\text{ob}} \sin(\theta_{\text{InS}} - \alpha_{\text{InS}})} \tag{8.39}$$

由于 $d_{\text{int}} \ll d_{\text{ob}}$，将式（8.39）进行泰勒级数展开，并保留到二次项，然后代入式（8.38）中化简后可得：

$$\phi_{\Delta \mathrm{InS}}\left(x,d_{\mathrm{ob}}\right) \approx -\left(2\pi/\lambda\right) \cdot Q_{\mathrm{r}} \cdot d_{\mathrm{int}} \sin\left(\theta_{\mathrm{InS}} - \alpha_{\mathrm{InS}}\right) \tag{8.40}$$

由图 8.15(b)可知，目标高程 $h_{\mathrm{ob}}\left(x,d_{\mathrm{ob}}\right)$ 可由式（8.41）计算：

$$h_{\mathrm{ob}}\left(x,d_{\mathrm{ob}}\right) = H_{\mathrm{InS}} - d_{\mathrm{ob}} \cos\theta_{\mathrm{InS}} \tag{8.41}$$

联立求解式（8.40）和式（8.41）可得目标高程 $h_{\mathrm{ob}}\left(x,d_{\mathrm{ob}}\right)$ 与干涉仪相位差 $\phi_{\Delta \mathrm{InS}}\left(x,d_{\mathrm{ob}}\right)$ 之间的关系如式（8.42）所示：

$$h\left(x,d_{\mathrm{ob}}\right) = H_{\mathrm{InS}} - d_{\mathrm{ob}} \cos\left\{\alpha_{\mathrm{InS}} + \arcsin\left[-\left(\lambda/2\pi\right) \cdot \phi_{\Delta \mathrm{InS}}\left(x,d_{\mathrm{ob}}\right)/\left(Q_{\mathrm{r}} \cdot d_{\mathrm{ob}}\right)\right]\right\} \tag{8.42}$$

在 InSAR 应用中，雷达系统的参数包括波长 λ、基线长度 d_{int}、基线与水平方向的夹角 α_{InS}、飞行高度 H_{InS} 等都能够实时测量得到，而相位差 $\phi_{\Delta \mathrm{InS}}\left(x,d_{\mathrm{ob}}\right)$ 由干涉复图像测量得到，斜距值 d_{ob} 由近程点的斜距和采样点数 k_{s} 计算得到，如式（8.43）所示：

$$d_{\mathrm{ob}} = d_{\mathrm{ob},0} + k_{\mathrm{s}} \cdot c_{\mathrm{cmd}}/\left(2f_{\mathrm{ds}}\right) \tag{8.43}$$

式中，$d_{\mathrm{ob},0}$ 为初始参考位置处的斜距值，f_{ds} 为距离向的采样频率。最终由以上一系列公式便能够解算出被观测区域的三维地表参数。

将式（8.40）与标准的干涉仪测向公式进行对比后可知，InSAR 应用中高程数据的获得从本质上讲利用了无线电波的干涉测量原理，通过同频信号干涉产生的相位差信息来推算来波方向的精确角度，由几何关系式（8.42）最终反演出目标点的高程测量值。由此可见，干涉仪测向原理在 InSAR 的高程测量中同样发挥了关键性作用。所以本书前面章节所阐述的干涉仪测量的建模方法、解算过程、误差特性等都可借鉴并应用到 InSAR 系统的高程测量数据处理过程中，在此基础上还可发展出多天线多基线的 InSAR。有关多基线 InSAR 的基线构型设计、相位解模糊、测量影响因素分析、原理样机的研制等内容可参见文献[30]，在此不再展开重复阐述。

8.6.3　各种 InSAR 成像试验中的干涉图样与目标的三维重建

本节以公开文献报道过的各种 InSAR 成像试验为例，对机载与星载 InSAR 的干涉图样及信息提取结果进行介绍，以展现电磁波干涉效应在三维成像应用中所发挥的重要作用，以及干涉图样中所蕴含的目标信息。

1. 英国 DERA 公司开展的 C 频段 InSAR 测高试验

20 世纪 90 年代英国 DERA 公司开发了一个小功率机载双天线 SAR 试验样机，工作频段的中心频率为 5.7GHz，对应波长 $\lambda=0.0526\mathrm{m}$，雷达发射机的峰值功率仅有 9.4W，天线增益 19.9dB，脉冲重复频率为 10kHz，脉宽 5μs，单个天线长 0.4m，双天线组成的基线长 1.8m，搭载于飞机上以 80～100m/s 的速度飞行。由于发射功率太小，所以在成像试验中的实际作用距离为 2～4km，成像的距离分辨率为 2.1m。DERA 公司利用这台样机对 Brecon Beacon（布雷肯灯塔）小山坡开展了双天线单航过测高试验，由于作用距离近，所以只能对山坡的很小一部分区域进行成像测高。图 8.16(a)是目标区域 SAR 成像的幅度强度图，图 8.16(b)是该区域对应的两幅复图像形成的相位干涉图样。在图 8.16(a)中幅度强度较深的右下方一小部分对应了图 8.16(b)中干涉条纹 2π 变化较快的部分，图 8.16(a)中左上方一小部分的反射强度较弱，也比较平坦，相应地在图 8.16(b)中干涉条纹的变化也较小[19]。这一初步的试验结果基本反映了该目标区域的高度变化趋势。

(a) 目标区域SAR成像的幅度强度图

(b) 由两幅复图像生成的相位干涉图样

图 8.16   在 Brecon Beacon 地区开展的 InSAR 成像试验结果

2. 瑞士 DO-SAR 机载双天线 InSAR 测高试验

瑞士研制的 DO-SAR 有 C/X/Ka 三个频段，但仅有 C 频段具有双天线测高能力，样机工作的中心频率为 5.3GHz，峰值功率 1kW，反射体主天线安装于上面，天线增益为 20dB，开槽波导副天线安装在下面，二者间距 1.0m，干涉极化采用收发垂直极化模式，发射信号带宽 50～200MHz，成像分辨率为 0.8～3m，飞机飞行高度 100～3600m，天线视角为 30°～89°，于是成像带宽度范围为 500m～10km。

1994 年 5 月在瑞士西北部 5010thum（图姆）和 Berne（伯尔尼）两城市之间开展了试飞成像测高试验，试验区内既有平地，也有小山岗，相距 12km，高度差大约 100m[20]。图 8.17(a) 是试验区中一个 1.5km×1.5km 区域的单视 SAR 强度图像，采用的信号带宽为 200MHz，距离分辨率与方位分辨率均为 0.8m。在经过滚动角补偿之后，截取其中一小部分由双图像产生的相位干涉图样如图 8.17(b)所示。将干涉图样相位解扰后进行成像区域的高度估算，恢复出来的含有高度信息的三维图像如图 8.17(c)所示，该区域内没有山岗，只有一片树林和一条小河。将图 8.17(c)的一个切面显示在图 8.17(d)中来观察，可看到切面中左边为林木区，以地面为参考面，最高的树顶距离地面 25～30m，年幼林的高度在 15m 左右，右边的杂草区约 7m 高，最右边还有水面。从实测数据看，这些 InSAR 成像试验还是比较成功的。

3. 航天飞机搭载 X 频段 SAR 开展的首次单天线双航过 InSAR 试验

20 世纪末，美国航天飞机上搭载了德国与意大利合作研制的 X-SAR，对意大利的 Etna（埃特纳）火山开展了单天线双航过测高试验。X-SAR 的多普勒带宽约为 1.15kHz，相当于方位波束宽 0.14°。1994 年 10 月 8 日航天飞机飞过 Etna 火山，记录下了 X 频段的复 SAR 图像，并于第二天 10 月 9 日再次以相近的轨道飞过 Etna 火山，也记录下了 X 频段的复 SAR 图像。由于两次轨道的微小差异，Etna 火山上地物的不同高度使得接收信号存在不同的相位差，这些相位差变化所形成的干涉条纹图样如图 8.18(a)所示，由此可以解算出对应像素点的数字高程，最终恢复出的 Etna 火山的三维图像如图 8.18(b)所示。

由上可见，无论是机载 InSAR，还是星载 InSAR，通过复图像的干涉条纹图样都能够解算出被观测区域的高程信息，再加上 SAR 本身的二维成像信息，即可对被观测区域进行三维重建，从而得到立体三维图像，这是 InSAR 应用中最显著的特点。正是这一特点使得 InSAR 在军事情报学、生态学、水文学、地质学、海洋学、气象学、考古学与天文学中都获得了极其广泛的应用。不仅如此，近年来 InSAR 发展了大量的新技术，例如，分布式 SAR 干涉技术、单/双站 SAR 极化干涉技术、SAR 多频多基线干涉技术等[31]，其应用也逐步拓展到陆地和海洋目标的检测和速度估计等领域中[32]。由于篇幅有限，在此就不展开描述了，感兴趣的读者通过检索公开文献资料即可获得该方向上更多的内容介绍。

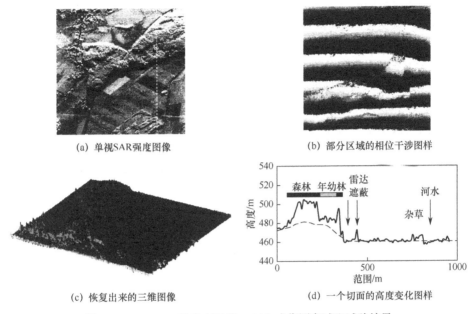

(a) 单视SAR强度图像　　　　　　　　　　(b) 部分区域的相位干涉图样

(c) 恢复出来的三维图像　　　　　　　　　　(d) 一个切面的高度变化图样

图 8.17　DO-SAR 机载双天线 InSAR 成像测高试飞试验结果

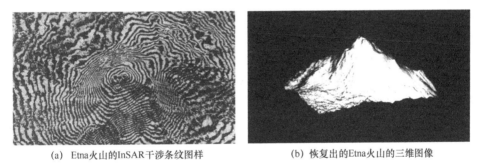

(a) Etna火山的InSAR干涉条纹图样　　　　　(b) 恢复出的Etna火山的三维图像

图 8.18　航天飞机针对意大利 Etna 火山开展的单天线双航过 InSAR 成像试验结果

8.7　干涉仪测向技术研发与工程应用的后续发展展望

到此为止，本书主要对与电子对抗侦察相关的干涉仪测向的技术原理与实现方法进行了详细的分析与讲解，对无线电波干涉测量在电子对抗、深空探测、卫星导航、测控通信、雷达成像等专业领域的应用也进行了简要介绍，全面反映了在军事国防与国计民生各行各业中电磁波干涉效应开发利用的进展与现状。干涉仪测向作为电子对抗侦察中信号来波方向测量的主要手段在技术与装备等多个方面都会继续向前发展，在本书即将收尾之际，在此用极其概要的篇幅进行条目性总结与预判，憧憬未来，干涉仪测向技术研发与工程应用还会在如下几个方面继续进行深度挖掘与广度拓展：

（1）测向精度的进一步提高；

（2）测向适应信号种类的进一步拓宽；

（3）测向灵敏度的进一步提升；

（4）测向速度的进一步加快；

（5）基于干涉仪测向的无源定位误差的进一步减小；

（6）对存在时频交叠的多信号测向能力的增强；

（7）全自动高效率的干涉仪标校；

（8）三维立体基线干涉仪的设计与应用；

（9）干涉仪测向与阵列信号处理的深度融合；

（10）干涉仪测向与其他测向方法的综合应用，等等。

干涉仪测向仅仅是电磁波干涉效应开发利用的众多应用中的一个代表方向而已，无论是在雷达探测、通信导航、电子对抗等工程实现方面，还是在天文、气象、海洋、大气等自然科学研究方面，基于电磁波干涉原理的应用开发还有许许多多。新技术的探索与新产品的研制是永无止境的，希望本书对干涉仪测向原理、方法与应用的归纳总结能起到百家争鸣和抛砖引玉的作用，也期待着后续在此方向上会有更多更好的技术与产品得以面世，进一步推动干涉仪测向应用的持续发展。

本章参考文献

[1] EAST P W. Fifty years of instantaneous frequency measurement [J]. IET Radar Sonar Navig., 2012, 6(2): 112-122.

[2] 石荣, 杜宇. 从杨氏双缝干涉实验解释交叉眼干扰原理[J]. 雷达科学与技术, 2019, 17(4): 455- 460.

[3] 袁艺, 黄晓霞. 国外有源隐身技术发展研究[J]. 国防技术基础, 2010(10): 54-56, 60.

[4] 汤普森, 莫兰. 斯文森. 射电天文的干涉测量与合成孔径(上册)[M]. 2 版. 李靖, 孙伟英, 王新彪, 等译. 北京: 科学出版社, 2016.

[5] 吴美平, 胡小平, 逯亮清, 等. 卫星定向技术 [M]. 2 版. 北京: 国防工业出版社, 2013.

[6] 唐歌实. 深空测控无线电测量技术[M]. 北京：国防工业出版社, 2012.

[7] 张直中. 机载和星载合成孔径雷达导论[M]. 北京: 电子工业出版社, 2004.

[8] NERI F. Introduction to Electronic Defense System[M]. 2nd edition. USA, New York: SciTech, 2006.

[9] MARTINO A D. Introduction to Modern EW System[M]. USA, Boston: Artech House, 2012.

[10] 崔炳福. 雷达对抗干扰有效性评估[M]. 北京: 电子工业出版社, 2017.

[11] 周一宇, 安玮, 郭福成, 等. 电子对抗原理与技术[M]. 北京: 电子工业出版社, 2014.

[12] 赵国庆. 雷达对抗原理[M]. 2 版. 西安: 西安电子科技大学出版社, 2015.

[13] 贺平. 雷达对抗原理[M]. 北京: 国防工业出版社, 2016.

[14] 邓扬建, 张杰儒. 雷达有源隐身技术研究[J]. 电子对抗技术, 1997, 12(4): 11-17.

[15] 石荣, 刘江. 20 世纪美军雷达有源干扰技术发展历程回顾[J]. 舰船电子对抗, 2019, 42(2):1-6, 13.

[16] 谢钢. GPS 原理与接收机设计[M]. 北京: 电子工业出版社, 2009.

[17] 李海涛. 深空测控通信系统设计原理与方法[M]. 北京: 清华大学出版社, 2014.

[18] 孙伟, 程剑, 朱文明. 深空测控中的 USB 测控技术[J]. 数字通信世界, 2010(7): 84-87.

[19] CURRIE A, BULLOCK R, YOUNG S, et al. Single and multiple pass height finding interferometry from an airborne platform[C]. IET Radar Conference, 1997, 114-118.

[20] BULLOCK J R. Estimation and correction of roll errors in dual antenna interferometric SAR[C]. IET Radar Conference, 1997: 253-257.

[21] FALLER N P, MEIER E H. First results with the airborne single-pass DO-SAR interferometer[J]. IEEE Transactions on Geoscience and Remote Sensing, 1995, 33(5): 1230-1236.

[22] BOEHMSDORFF S, ESSEN H, SCHIMPF H, et al. Millimeter-wave interferometric SAR and polarimetry [C]. Proceedings of SPIE - The International Society for Optical Engineering, 1998, 3375: 70-77.

[23] VAN Z J J, CHU A, HENSLEY S, et al. The AIRSAR/TOPSAR integrated multi-frequency polarimetric and interferometric SAR processor[C]. IEEE International Geoscience and Remote Sensing Symposium Proceedings, 1997: 1358-1360.

[24] MOREIRA J R, SCHWAEBISCH M, FORNARO G, et al. First results of X-SAR interferometry[C]. Proceedings of SPIE - The International Society for Optical Engineering, 1995: 343-355.

[25] WERNER M. Shuttle Radar Topography Mission (SRTM) Mission Overview[J]. Frequenz, 2001, 55(3/4): 75-79.

[26] GIRARD R, LEE P F, JAMES K. The RADARSAT-2&3 topographic mission: an overview[C]. IEEE International Geoscience and Remote Sensing Symposium Proceedings, 2002: 1477-1479.

[27] META A, MITTERMAYER J, PRATS P, et al. TOPS Imaging With TerraSAR-X: Mode Design and Performance Analysis[J]. IEEE Transactions on Geoscience & Remote Sensing, 2010, 48(2): 759-769.

[28] 张景发, 李发祥, 刘钊. 差分 InSAR 处理及其应用分析[J]. 地球信息科学, 2000(3): 58-64.

[29] 孙希龙, 余安喜, 梁甸农. 差分 InSAR 处理中的误差传播特性分析[J]. 雷达科学与技术, 2008, 6(1): 35-38.

[30] 李道京, 潘舟浩, 乔明, 等. 机载毫米波三基线 InSAR 技术[M]. 北京: 科学出版社, 2015.

[31] 黄海风, 张永胜, 董臻. 星载合成孔径雷达干涉新技术[M]. 北京: 科学出版社, 2015.

[32] 高贵, 王肖洋, 欧阳克威, 等. 干涉合成孔径雷达运动目标检测与速度估计[M]. 北京: 科学出版社, 2017.

缩略语

英文缩略语	英文全称	中文释义
3D SAR	3 Dimension Synthetic Aperture Radar	三维合成孔径雷达
AC	Alternating Current	交流
ADC	Analog to Digital Converter	模数转换器
APSK	Amplitude Phase Shift Keying	幅度相移键控
ATR	Air Transport Racking	空运托架
AOA	Angle of Arrival	到达角
AWGN	Addictive White Gaussian Noise	加性高斯白噪声
BD	Bei Dou	北斗（卫星导航系统）
BP	Back Propagation	反向传播
BPSK	Binary Phase Shift Keying	二进制相移键控
CEI	Connect Element Interferometry	连接端干涉测量
CIC	Cascaded Integrator Comb	级联梳状积分器
CORDIC	Coordinate Rotation Digital Computer	坐标旋转数字计算机
CPCI	Compact Peripheral Component Interconnect	紧凑型外围组件互连
CPU	Central Processing Unit	中央处理器
CRLB	Cramer-Rao Lower Bound	克拉美-罗下界
CUDA	Compute Unified Device Architecture	统一计算设备体系结构
DAB	Digital Audio Broadcasting	数字音频广播
DAC	Digital to Analog Converter	数模转换器
DBF	Digital Beam Forming	数字波束形成
DFT	Discrete Fourier Transform	离散傅里叶变换
DIFM	Digital Instantaneous Frequency Measurement	数字瞬时测频
DOA	Direction Of Arrival	到达方向
DRFM	Digital Radio Frequency Memory	数字射频存储器
DSP	Digital Signal Processor	数字信号处理器
DVB-T	Digital Video Broadcasting – Terrestrial	地面数字视频广播
ELINT	Electronic Intelligence	电子情报
ES	Electronic Support	电子支援
ESM	Electronic Support Measure	电子支援措施
ESPRIT	Estimating Signal Parameter via Rotational Invariance Techniques	基于旋转不变性技术的信号参数估计
FAST	Five-hundred-meter Aperture Spherical radio Telescope	500m 口径球面射电望远镜
FFT	Fast Fourier Transform	快速傅里叶变换
FIR	Finite Impulse Response	有限冲激响应
FPGA	Field Programmable Gate Array	现场可编程门阵列
GDOP	Geometric Dilution of Precision	几何精度衰减因子
GEO	Geostationary Earth Orbit	同步静止轨道

（续表）

英文缩略语	英文全称	中文释义
GPS	Global Positioning System	全球定位系统
GLONASS	Global Navigation Satellite System	全球导航卫星系统
GNSS	Global Navigation Satellite System	全球导航卫星系统
GPU	Graphics Processing Unit	图像处理器
HF	High Frequency	高频
IF	Intermediate Frequency	（接收机中的）中频
IFF	Identification Friend or Foe	敌我识别
IFM	Instantaneous Frequency Measurement	瞬时测频
IPcore	Intellectual Property Core	知识产权核
InSAR	Interferometric Synthetic Aperture Radar	干涉合成孔径雷达
JPL	Jet Propulsion Laboratory	喷气推进实验室
LF	Low Frequency	低频
LFM	Linear Frequency Modulation	线性调频
LHCP	Left Hand Circular Polarization	左旋圆极化
LIGO	Laser Interferometer Gravitational-wave Observatory	激光干涉引力波天文台
LMS	Least Mean Square	最小均方
LP	Linear Polarization	线极化
LPF	Low Pass Filter	低通滤波（器）
LTCC	Low Temperature Co-fired Ceramic	低温共烧陶瓷
MCU	Microcontroller Unit	微控制器
MEMS	Micro-Electro-Mechanical System	微机电系统
MF	Middle Frequency	（电磁频谱常见频段中的）中频
MFSK	M-ary Frequency Shift Keying	M 进制频移键控
MIMO	Multiple Input Multiple Output	多输入多输出
ML	Maximum Likelihood	最大似然
MMIC	Monolithic Microwave Integrated Circuit	单片微波集成电路
MPSK	M-ary Phase Shift Keying	M 进制相移键控
MUSIC	Multiple Signal Classification	多重信号分类
NASA	National Aeronautics and Space Administration	美国国家航空航天局
NAVSPASUR	Naval Space Surveillance	海军空间监视系统
NCO	Numerically Controlled Oscillator	数控振荡器
NLS	Nonlinear Least Square	非线性最小二乘
OFDM	Orthogonal Frequency Division Multiplex	正交频分复用
PA	Pulse Amplitude	脉冲幅度
PCB	Printed Circuit Board	印制电路板
PCM	Pulse Code Modulation	脉冲编码调制
PDW	Pulse Description Word	脉冲描述字
PF	Pulse Frequency	脉冲频率
PM	Phase Modulation	调相
PSK	Phase Shift Keying	相移键控
PSO	Particle Swarm Optimization	粒子群优化

英文缩略语	英文全称	中文释义
PW	Pulse Width	脉冲宽度
QAM	Quadrature Amplitude Modulation	正交幅度调制
QPSK	Quad Phase Shift Keying	四进制相移键控
RBF	Radius Base Function	径向基函数
RCS	Radar Cross Section	雷达反射截面积
ReLU	Rectified Linear Unit	线性整流单元
RF	Radio Frequency	射频
RHCP	Right Hand Circular Polarization	右旋圆极化
RMS	Root Mean Square	均方根
RWR	Radar Warning Receiver	雷达告警接收机
SAR	Synthetic Aperture Radar	合成孔径雷达
SDRAM	Synchronous Dynamic Random Access Memory	同步动态随机存储器
SHF	Super High Frequency	超高频
SNR	Signal to Noise power Ratio	功率信噪比
SSF	Signal Subspace Fitting	信号子空间拟合
TDRSS	Tracking and Data Relay Satellite System	跟踪与数据中继卫星系统
TOA	Time of Arrival	到达时间
TSSOP	Thin Shrink Small Outline Package	紧缩的薄小外形封装
UHF	Ultra High Frequency	特高频
USB	United S Band	统一 S 频段
VHF	Very High Frequency	甚高频
VLBI	Very Long Baseline Interferometry	甚长基线干涉测量
VSAT	Very Small Aperture Terminal	甚小口径终端
WiMAX	World Interoperability for Microwave Access	全球微波接入互操作性
WLAN	Wireless Local Area Network	无线局域网
WSF	Weighted Subspace Fitting	加权子空间拟合